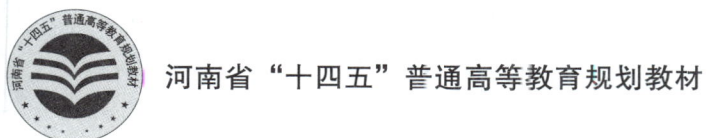
河南省"十四五"普通高等教育规划教材

涂附磨具与抛光技术

● 主编 邹文俊

郑州大学出版社

图书在版编目(CIP)数据

涂附磨具与抛光技术/邹文俊主编. —2版. —郑州：郑州大学出版社，2023.1
ISBN 978-7-5645-9289-9

Ⅰ.①涂… Ⅱ.①邹… Ⅲ.①涂附磨具-抛光 Ⅳ.①TG74

中国版本图书馆 CIP 数据核字(2022)第 231509 号

涂附磨具与抛光技术
TUFU MOJU YU PAOGUANG JISHU

策划编辑	崔 勇	封面设计	苏永生
责任编辑	崔 勇	版式设计	苏永生
责任校对	杨飞飞	责任监制	李瑞卿
出版发行	郑州大学出版社	地　　址	郑州市大学路40号(450052)
出 版 人	孙保营	网　　址	http://www.zzup.cn
经　　销	全国新华书店	发行电话	0371-66966070
印　　刷	辉县市伟业印务有限公司		
开　　本	787 mm×1 092 mm　1/16		
印　　张	22.75	字　　数	554 千字
版　　次	2017年9月第1版 2023年1月第2版	印　　次	2023年1月第4次印刷
书　　号	ISBN 978-7-5645-9289-9	定　　价	79.80 元

本书如有印装质量问题，请与本社联系调换。

编写指导委员会

主 任 委 员	邹广田	院士	吉林大学
副主任委员	邹文俊		河南工业大学
委　　　员	（以姓氏笔画为序）		
	左宏森		河南工业大学
	李　颖		河南工业大学
	何伟春		河南工业大学
	张琳琪		河南工业大学
	徐三魁		河南工业大学
	栗正新		河南工业大学
	郭荣勋		河南泰和汇金粉体科技有限公司
	唐地源		济南圣泉集团股份有限公司
	陶洪亮		广东奔朗新材料科技有限公司
	彭　进		河南工业大学
	潘　涛		江苏三菱磨料磨具有限公司

编者名单

主　编　邹文俊
副主编　夏绍灵　王艳荣
编　委　（以姓氏笔画为序）
　　　　王艳荣　邹文俊　张琳琪
　　　　夏绍灵　彭　进　程文喜

前 言（第2版）

有"工业美容师"之称的涂附磨具在现代工业中的应用越来越广泛，尤其在高精密、大面积和复杂型面的加工中越来越凸显其重要性。本教材以涂附磨具的制备和应用为主线，详细阐述了原材料及处理、粘结机理、产品的制备、磨削和抛光的基本原理。针对涂附磨具产品在抛磨过程中的性能要求，重点介绍了涂附磨具结构三要素的基本要求、粘结剂配方制定原则、产品工艺设计特点与生产规律。

在国家推进数字化教学的背景和以学生为中心的教学理念下，本教材以2017年版教材为蓝本，经过多年的教学实践，结合行业技术的新发展，编者对2017年版教材进行了充实与调整。在内容和形式上，除了较为明显的章节调整之外，为提高学生对课本知识点的掌握和行业相关知识的拓展，每一章都增加了思考题，并以二维码形式增加了行业发展历史、行业大咖介绍、最新理论、工艺流程等知识拓展内容。

本次修订主要有以下特点：(1)基本体系和路线与原版保持一致，即遵循先理论后应用的原则；(2)修正原版出现的错误，补充部分内容的缺失；(3)增加涂附磨具及抛光技术出现的新技术、新产品；(4)适应出版物新发展方向，将图、文、声等相结合，形成初步的立体教材格局。

参加本次教材修订的人员有：河南工业大学邹文俊、彭进(第1章)，河南工业大学张琳琪(第2、4、5、7章)，河南工业大学王艳荣(第3、6、8章)，河南工业大学程文喜(第9章)，河南工业大学夏绍灵(第10、11章)。本教材由王艳荣副教授通稿校阅。

在编写本教材时参考并引用了国内外一些技术人员的研究资料、网络图片及视频，也获得了行业部分公司提供的视频。由于版面限制，不能一一在参考文献中体现，在此谨致谢意。本教材的编写得到了中国机床工具工业协会涂附磨具分会、全国磨料磨具标准化技术委员会的大力支持,也得到了山东圣泉集团、江苏三菱磨具等行业企业和同仁的大力支持,在此表以感谢。

本教材是普通高等教育材料科学与工程(超硬材料与磨料磨具专业方向)专业系列教材之一,同时也可作为高分子材料与工程、复合材料与工程等专业的辅助教材以及超硬材料和磨料磨具、涂附磨具等行业相关科技工作者的重要参考书。力求全面系统地反映现代涂附磨具制造最新技术及磨削抛光最新技术,由于内容涉及面广,谬误之处在所难免,敬希广大读者批评指正。

编　者
2023 年 1 月于郑州

前 言

　　以磨料磨具为工具的磨削加工,是加工业中非常重要的一类方法,同时也是精密加工和超精加工中最基本的和首选的加工方法,在工业上得到广泛的应用。磨料磨具作为加工业中必不可少的工具,具有"工业的牙齿"之誉,与现代工业发展有着密不可分的关系。磨料磨具及其应用技术的发展促进了现代工业的快速发展,而现代工业进一步的发展需求又反过来促进了磨料磨具技术进步和产品品种及应用范围的扩大。磨料磨具的应用已经渗透到航天航空、船舶、冶金、石油、煤炭、化工、轻工、纺织、仪器仪表、医疗器械、工程陶瓷、耐火材料、家具制造、食品加工等各个领域。涂附磨具作为一种主要的磨具品种,广泛应用于汽车、机械、航天航空、化工、建材等工业领域,对金属、木材、石材、玻璃、陶瓷、宝石以及塑料、皮革、漆面等具有优异的粗磨、精磨、抛光作用,被誉为"工业美容师"。涂附磨具由于具有可弯曲性,可以折叠、弯曲、卷绕,也可以撕开或剪裁成条、块等各种形状,满足不同加工的要求,使用方便,适用面广,适于大面积和复杂型面的加工,是其他磨具无法替代的产品(近十年来在磨削领域所占的比重逐年增加,在国民经济中占有重要的地位)。国内涂附磨具行业经过近七十年的发展已初具规模,特别是近二十年来,发展更为迅速,涂附磨具企业犹如雨后春笋般地出现,生产的自动化、联动化和规模化水平不断提高,新材料、新工艺、新技术的应用使得高附加值产品不断涌现,行业技术水平不断提高,应用领域不断扩大,为涂附磨具的发展奠定了良好的基础。

　　本书系统地介绍了涂附磨具的基本概念、主要特征以及各种涂附磨具产品的制造工艺,重点介绍了涂附磨具原材料的基础知识、涂附磨具制造的生产工艺、工艺装备和产品的质量检测,阐述了研磨抛光技术。并且对涂附磨具新产品、新材料、新工艺进行了详细介绍,突出应用,其中有不少内容是作者的研究总结。使读者对涂附磨具制造及磨削应用技术有一个全面系统的了解。

本书由河南工业大学材料学院邹文俊教授任主编,全书由白鸽磨料磨具有限公司赵新立高级工程师主审;本书共分11章,其中第1、3章由邹文俊教授编写,第2、8章由张书森副教授编写,第4、5章由张琳琪副教授编写,第6章由彭进教授编写,第7章由王艳荣副教授编写,第9章由程文喜副教授编写,第10、11章由夏绍灵副教授编写,全书由张书森副教授统稿。本书在编写过程中得到了中国机床工具工业协会涂附磨具分会、全国磨料磨具标准化技术委员会以及行业同仁的大力支持,在此表示衷心的感谢。

本书力求全面系统地反映现代涂附磨具制造最新技术及磨削抛光最新技术。由于内容涉及面广,谬误之处在所难免,敬请广大读者批评指正。

编 者

2017 年 5 月

目 录

第1章 概述	1
1.1 涂附磨具的基本概念	1
1.2 涂附磨具的分类	2
1.3 涂附磨具的特点	4
1.4 涂附磨具的发展历史	5
1.5 涂附磨具的发展趋势	6
思考题	8
第2章 磨料	9
2.1 概述	9
2.2 磨料的种类	10
2.3 磨料的性质	14
2.4 磨料的处理	19
2.5 新型磨料	21
思考题	27
第3章 基材	28
3.1 基材的要求和分类	28
3.2 原纸	28
3.3 原布	34
3.4 其他基材(钢纸、无纺布、薄膜)	52
思考题	54
第4章 粘结剂	55
4.1 概论	55
4.2 粘结机制	56

4.3	淀粉	62
4.4	动物胶	68
4.5	纤维素衍生物类	69
4.6	聚乙烯醇	71
4.7	聚乙酸乙烯酯乳液	73
4.8	聚丙烯酸酯胶粘剂	74
4.9	酚醛树脂	78
4.10	脲醛树脂	83
4.11	环氧树脂	86
4.12	醇酸树脂	92
4.13	聚氨酯	97
4.14	橡胶胶乳	100
4.15	光固化树脂	100
4.16	粘结剂的主要性能检测	106
思考题		110

第5章 辅助材料 112

5.1	固化剂与促进剂	112
5.2	填料	112
5.3	分散剂	116
5.4	流平剂	117
5.5	触变剂	118
5.6	增韧剂与增塑剂	119
5.7	稀释剂	120
5.8	柔软剂	120
5.9	防腐剂	123
5.10	浸透剂	123
5.11	吸湿剂	124
5.12	消泡剂	124
5.13	抗静电剂	125
5.14	增稠剂	126
5.15	颜料	127
思考题		130

第6章 基材处理及浆料 132

6.1	基材处理的目的	132
6.2	浆料配方	133

6.3	浆料配合和调制	136
6.4	布基处理工艺	144
6.5	其他基材的处理	152
	思考题	155

第7章　涂附磨具大卷制造　156

7.1	涂附磨具大卷制造的工艺流程	156
7.2	胶料的配制	157
7.3	涂胶	159
7.4	植砂	165
7.5	干燥与固化	175
7.6	制造后处理	180
7.7	涂附磨具制造过程中的环保处理	185
	思考题	188

第8章　涂附磨具制品　189

8.1	砂布和砂纸	189
8.2	砂带	196
8.3	其他砂带制备技术	209
8.4	砂盘	217
8.5	研磨轮	225
8.6	其他异型产品	236
8.7	超硬材料涂附磨具	240
8.8	涂附磨具性能测定	246
	思考题	252

第9章　涂附磨具磨削技术　253

9.1	涂附磨具磨削加工的特性及应用	253
9.2	涂附磨具的磨削原理、方法及设备	255
9.3	涂附磨具的选择	267
9.4	砂带磨削	274
9.5	页状砂布砂纸磨削与应用	293
	思考题	298

第10章　抛光技术及磨具　299

10.1	抛光技术的特点	299
10.2	抛光磨具用磨料及辅助材料	302
10.3	流体及半流体磨具	303

3

10.4　固结抛光磨具 ··· 310
思考题 ·· 317

第11章　抛光方法及应用 ··· 318

11.1　机械抛光 ·· 318
11.2　电解抛光 ·· 325
11.3　化学抛光 ·· 328
11.4　超声波抛光 ··· 330
11.5　磁力研磨抛光 ·· 332
11.6　流体抛光 ·· 334
11.7　磁流变抛光 ··· 336
11.8　激光抛光 ·· 338
11.9　无磨料低温抛光 ··· 341
11.10　化学-机械抛光 ·· 343
思考题 ·· 346

参考文献 ·· 347

第1章 概述

1.1 涂附磨具的基本概念

涂附磨具是用粘结剂将磨料粘结在布、纸等可挠性材料上而制成的可以进行研磨和抛光的工具。与固结磨具相比，具有可挠曲性，形状多样，品种丰富，可以进行柔性加工。

根据涂附磨具的定义，涂附磨具由三大部分组成：基体、磨料和粘结剂，称为涂附磨具三要素，其结构如图1-1所示。

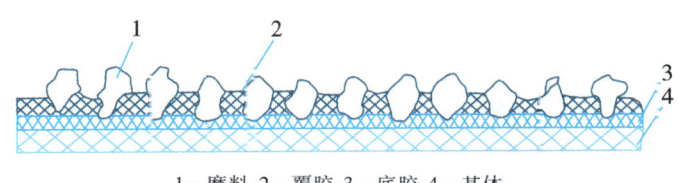

1—磨料；2—覆胶；3—底胶；4—基体。

图1-1 涂附磨具的结构示意图

1.1.1 基体

基体是磨料和粘结剂的承载体，常见的基体主要有：布、纸、塑料薄膜、钢纸、非织造布和复合基体等，它是涂附磨具区别于其他磨具，使之具有可挠性的主导因素。

1.1.2 磨料

涂附磨具中起关键磨削作用的要素，常用的有金刚石、立方氮化硼、刚玉、碳化硅、天然金刚砂等。

1.1.3 胶粘剂

涂附磨具通过胶粘剂将磨料与基体牢固地粘结在一起，使之具有一定形状和强度。胶粘剂按照作用可以分为底胶、复胶、基体处理剂和产品转换用胶粘剂等。

从涂附磨具的结构示意图可以看出，高品级的涂附磨具应具有磨料的尖角朝外，磨料规则排布、等高排列，胶粘剂粘接牢固等特点。这既需要选择高质量的原材料，同时也需要先进的生产工艺来保证。因此，其性能除了由原材料三要素作为基本因素，还需要通过制造工艺来保证。

由于品种繁多，用途广泛，涂附磨具在制造方法上也千差万别。总体而言，大多数品种涂附磨具的制造工艺分为三大工序:基材处理工序、制造工序和转化工序。图1-2是典型的涂附磨具产品生产工艺流程。

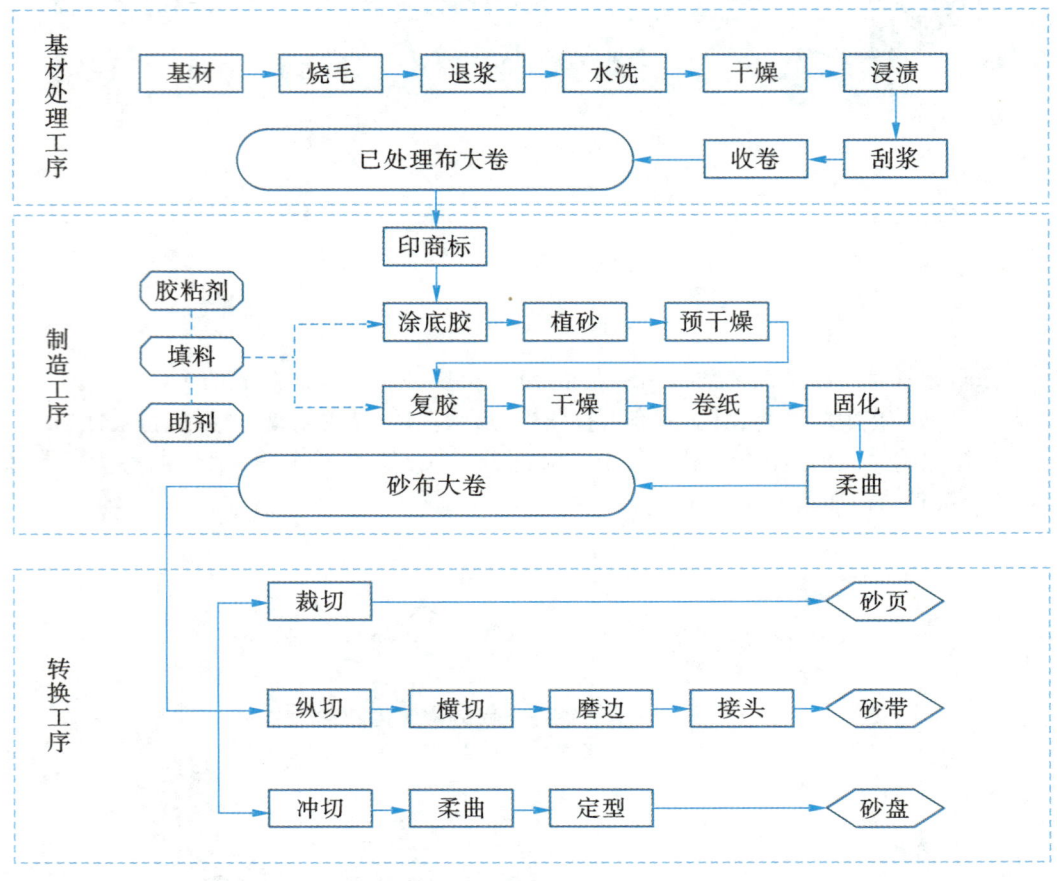

图1-2　典型涂附磨具生产工艺示意图

基材处理的目的是改善和提高基材的物理机械性能,以保证良好的涂胶植砂质量,赋予产品以良好的使用性能。

制造是用胶粘剂将磨料粘接在基材上形成磨具的生产过程,它是整个涂附磨具制造工艺的核心工序。

产品转换是涂附磨具行业独有的一道工序,通过转换工厂将砂带大卷等产品通过分切、再加工等工艺制备出丰富多样的涂附磨具制品,满足下游不同类型客户的需求。由于现代涂附磨具的飞速发展,涂附磨具行业已经逐渐分为专门制作涂附磨具大卷的制造企业和专门用大卷制作不同形状的涂附磨具制品的转换企业两类。

1.2　涂附磨具的分类

涂附磨具产品种类多样,既可以根据基材、磨料和粘结剂等原材料进行分类,也可以根据产品的形状进行分类,甚至根据产品的制造方法或使用方法进行分类。随着涂附磨具的发展,分类也逐步改进,涂附磨具分类的目标是为了更好地识别产品,认识到不同的产品具有不同的性能、不同的用途和不同的用户。

1.2.1 根据产品形状分类

这是最常见的分类方法,根据不同的涂附磨具产品形状,通常将涂附磨具分为砂页、砂卷、砂带、砂盘、异型品等五类制品(见表1-1)。考虑到近年来轮状涂附磨具的迅速发展,目前也有人将异型产品中的轮状涂附磨具单独分类,称为研磨轮。

表1-1 涂附磨具的形状分类

形状	砂页	砂卷	砂带	砂盘	研磨轮	其他
品种	页状砂纸 页状砂布 无纺布砂页 网格砂布 海绵砂页 海绵磨块	纸砂卷 布砂卷 无纺布砂卷	宽砂带 窄砂带 无纺布砂带 超硬砂带	砂页盘 (百页片) 钢纸砂盘 无纺布砂盘 毛毡盘	砂页轮 (千页轮) 无纺布研磨轮 (飞翼轮、卷紧轮等) 布轮 羊毛轮	砂圈 砂垫 砂绳

1.2.2 根据不同磨料分类

根据产品所用磨料材质的不同,涂附磨具可分为刚玉涂附磨具、碳化硅涂附磨具、锆刚玉涂附磨具、陶瓷刚玉涂附磨具、超硬涂附磨具、复合磨料涂附磨具等。

1.2.3 根据基材品种分类

根据产品所用基材的不同,涂附磨具可分为纸基产品(砂纸、纸砂带)、布基产品(砂布、砂带)、钢纸基(硫化纤维)涂附磨具(钢纸砂盘)、无纺布基涂附磨具(无纺布抛光轮、无纺布砂带)、聚酯砂磨、海绵磨块等。

1.2.4 根据植砂密度分类

涂附磨具的植砂密度表示涂附磨具表面磨粒的疏密度,以磨粒对基材的覆盖率表示,可以称之为涂附磨具的组织。按植砂密度的不同,涂附磨具可分为密植砂(密组织)涂附磨具、疏植砂(疏组织)涂附磨具和半疏植砂(半疏组织)涂附磨具等三类(见表1-2)。

表1-2 根据植砂密度的涂附磨具分类

名称	表面磨料覆盖率	标记	用途
密植砂涂附磨具	100%	CLK/CL	金属、非金属等大多数表面坚硬材料研磨和抛光
半疏植砂涂附磨具	70%~100%	—	介于两者之间
疏植砂涂附磨具	50%~70%	OPK/OP	漆面、软质木材等

1.2.5　根据产品形状和原材料综合分类

在1981年通过的中国第一个涂附磨具标准《涂附磨具：页状砂布砂纸标准》中，将涂附磨具分为干磨砂纸、干磨砂布、耐水砂纸和耐水砂布四大类。但是近年来，随着动物胶等原材料退出产品应用，原有的分类方法已不能覆盖产品种类，涂附磨具产品的发展呈现出如下几个特点：

一是随着涂附磨具应用的不断扩大，涂附磨具制品的形状五花八门，越来越多不同形状的产品应用于不同的磨床或工具，产品形状成为产品分类的最主要的依据。

二是随着混纺布基、聚酯布基、无纺布基、海绵基、金属基等新基材的出现和发展，基材构成了涂附磨具分类的另一个主要因素。

三是新品种磨料大量应用，它构成了涂附磨具分类的又一个主要特征。

因此，实际上已经逐步形成了涂附磨具按形状、基材与磨料的综合分类方法。

首先，根据产品形状特征将涂附磨具产品基本归类。包括砂页、砂卷、砂带、砂盘、研磨轮、砂圈等名称。

其次，根据磨料的名称和基材的品种分类。例如，基材包括纸基、布基、钢纸基、布-纸复合基、网格布基、无纺布基、聚酯薄膜基、海绵基、金属基等；磨料包括刚玉、碳化硅、锆刚玉、陶瓷刚玉磨料、复合磨料、超硬磨料等。将磨料和基材加到产品名称中。

最后，根据表面涂层、粘结剂、耐水、植砂密度、应用等作为产品其他的描述。

产品的粒度与尺寸大小规格不作为品种分类的依据，而作为产品的规格。

根据以上原则，涂附磨具产品可细分为300种以上，例如聚酯布基碳化硅砂带、聚酯薄膜基金刚石砂盘等。

1.3　涂附磨具的特点

涂附磨具是近年来发展最快的研磨工具之一，是实现各类材料的"万能柔性磨削"的先进制造技术之一，它在制造和使用上具有很多其他磨具所没有的特点。

1.3.1　广泛的适应性

应用广泛是涂附磨具的最大特点，从简单的生活用品到比较复杂的机械加工；从一般的粗加工到精密、高精度研磨；从简单的平面研磨到复杂型面的加工；从微小零件到大面积、高效率磨削；从木材、塑料、玻璃、石材到钢铁、有色金属、单晶硅/多晶硅，几乎任何产品都可以使用涂附磨具加工。涂附磨具的使用广泛性是其他磨具不可比拟的，有"万能磨具"之称。例如，大面积的、宽度达到4.2 m的平面，如人造板、钢板、不锈钢板等的加工，是涂附磨具独特的应用领域，是固结磨具不可能完成的。

涂附磨具作为一种柔性磨具，特别适用于复杂型面，如航空发动机叶片等复杂形状的机械零件、复杂形状的家具组件的加工。

1.3.2　冷态磨削

相对砂轮磨削而言，砂带磨削有"冷态磨削"之称，即磨削温度低，工件表面不易出现烧伤等现象。涂附磨具几乎能磨所有的材料,除了固结磨具(砂轮)能加工的以外,它还可以加工诸如铜、镁、铝、锌等软质有色金属和木材、皮革、塑料等非金属材料,特别是它的"冷态磨削"使之在加工耐热难磨材料,如钛合金、镍合金、铝合金、不锈钢乃至钨、钴等的磨削加工中更显出独特的优势。

1.3.3 高效率

由于涂附磨具表面磨料的等高性和定向排列,95%以上的磨粒都在工作面上,涂附磨具能够以极高的效率加工表面质量及精度要求都较高的大型或异型工件,如大面积板材、金属带材或线材、长径比很大的工件的内外圆和复杂异型工件等。磨削效率高,磨削比可高达300∶1,甚至400∶1。目前,已知的砂带磨削对钢材的切除率已达到700 $mm^3/(mm \cdot s)$,甚至超过了车削或铣削等。

1.3.4 高表面质量

涂附磨具磨削工件表面质量高,主要表现在表面粗糙度值小,残余应力状态好,以及表面无微观裂纹或金相组织变化等现象。从表面粗糙度来看,砂带磨削目前已可达 Ra 0.01 mm,达到了镜面磨削的效果,而对于粗糙度值在 Ra 0.1 mm 以上的情况,则非常容易达到。

1.3.5 使用方便、安全

涂附磨具是一种可以卷曲、折叠,可以裁、剪、切、冲成各种形状的柔性磨具,能适应不同加工的需要。这种磨具既轻又软,携带方便,无论在室内、室外、高空、地下都能方便地使用。

涂附磨具的使用,从最简单的手工打磨,到手提式风动、电动工具打磨,再到一般的砂带打磨机、砂带磨床,直至技术先进、复杂的智能化、自动化的数控磨床、机器人,都有使用。相对于砂轮磨削操作容易、设备简单,装卸方便,一般几分钟即可完成,不需要修整和平衡。

涂附磨具本身质量轻,其磨削工艺结构系统的平衡状态易于控制,即使在高速运转情况下破裂,一般危害性也较小。而固结磨具往往由于外力发生事故,都会引起严重的人身、设备事故。

正是由于以上这些特点,涂附磨具日益受到人们的广泛重视,在世界范围之内受到各行各业的青睐,在工业上得到越来越广泛的应用。

1.4 涂附磨具的发展历史

涂附磨具是历史最悠久的一种磨削工具,早在13世纪20年代的我国南宋时期,人们就采用天然树脂将破碎的贝壳粘接在羊皮上,制成了能够打磨器物的研磨工具,这是世界上最早的涂附磨具。

16世纪欧洲人用天然磨料粘附在动物兽皮上制成磨具。1808年欧洲人把磨细的浮石与烧熔的漆混合,用刷子涂在纸上,开始生产现代砂纸的雏形——干磨砂纸。1831年

中国涂附磨具的发展现状与思考

英国人洛脱坡(Lothrop)发明了砂布,他将皮胶与金刚砂或砂子、玻璃粉混合,涂在一块布上制成了砂布。1844年,在法国专刊上介绍了一台制造砂布的机器,涂附磨具开始机械化生产。1885年诺顿(Norton)品牌诞生于美国马萨诸塞州伍斯特市的一群陶瓷专家和企业家手中。1902年美国3M公司在美国明尼苏达州由5名年轻人创立,开始砂纸的制造。

1896年德国人霍夫曼·舒瓦贝(Hoffman Schwabe)综合当时西方国家各种结构的砂布、砂纸生产设备的成功之处,创建了专门设计生产砂布、砂纸、印刷和造纸设备的公司,于1904年设计制造了第一条悬挂式涂附磨具生产线。1893年美国人成功冶炼出碳化硅,随后工业冶炼出刚玉磨料,标志着合成磨料开始替代天然磨料。1907年德国化学家贝克莱特成功合成了世界上第一个合成高分子——酚醛树脂。1951年,静电植砂工艺研究成功。人造磨料、合成树脂及静电植砂的诞生与发展,标志着现代涂附磨具工业的开始。

我国的砂布、砂纸家庭手工作坊最早出现在上海。1936年,张一尘在上海创办"经用实业社",仿制进口页状木砂纸,商标为金刚钻,这是中国第一个涂附磨具。旧中国的涂附磨具工业技术落后,配方简单,发展缓慢,加上连年的战争,至1949年,全国页状木砂纸、砂布和水砂纸的产量只有4.5万平方米。

1949年后,由当时的沈阳苏家屯砂轮厂(即后来的第一砂轮厂)筹建的我国第一个国营的砂布砂纸生产车间正式投产。1960年上海砂轮厂建成当时我国最宽的(1000 mm)平跑式干磨砂布生产线,将基布刮浆与涂胶、植砂组合在一条生产线上,大大提高了干磨砂布的生产效率。1964年,我国从民主德国引进的第一条涂附磨具生产线在第二砂轮厂(现郑州白鸽)建成投产,这是我国第一条悬挂干燥的机械化生产线。至1976年,中国涂附磨具工业在计划经济指导下,由小到大,从手工生产到机械化生产,产品由低级向中级发展,逐步建立起了初步完整的涂附磨具工业体系,形成了遍布全国的涂附磨具生产网,取得了长足的发展与进步。

改革开放以后,我国的涂附磨具,无论在产量、质量和品种上都有了飞速的发展。以第二砂轮厂和上海砂轮厂为代表,先后引进国外先进成套涂附磨具生产线并成功投产。酚醛树脂代替了动物胶,砂带、砂盘等机械应用的产品逐步代替了手工应用的页状产品,由此我国涂附磨具的品种和质量水平有了一个质的飞跃。至2000年我国涂附磨具产量突破1亿平方米,产值达到7.4亿元。

进入21世纪,中国涂附磨具经济结构发生了巨大变化,得益于先进制造技术的普及,在原材料磨料、制造技术、磨削应用等方面又有了进一步的发展与创新,中国涂附磨具正在从大国向强国迈进。至2020年,中国涂附磨具总产量已近5亿平方米,总产值近60亿元,年产值占整个磨料磨具总产值的份额达到36.33%。

中国涂附磨具行业发展周期现状分析

1.5 涂附磨具的发展趋势

自20世纪60年代以来,欧、美、日等工业发达国家在砂带磨床技术及砂带制造技术方面有了新的突破,取得了巨大的成就,已进入向现代化发展的新阶段。从日用汤勺到宇航器件,各行各业无不竞相采用砂带磨削技术,新型机大量涌现,砂带磨床朝着小型化、便携性、智能精巧和强力、高效、大功率宽砂带磨床两个方向发展。在大磨床方面,如美国生产的砂带磨床最大宽度达 5.0 m,最大功率达 200 kW。砂带磨削技术在国外已得到了广泛应用,磨床拥有量不断增加,据资料显示:砂带磨末与砂轮磨床产值比,美国为 49:51,德国为 45:55,日本为 25:75,英国、瑞士等国发展也很快。用涂附磨具进行磨削加工,已成为这些发达国家获得高额经济效益的重要手段,砂带磨削的功能已远超出了除锈、粗磨、抛光等范围,并与特种加工方法和现代化技术紧密结合。砂带是涂附磨具磨削技术发展的关键和重要标志,是衡量一个国家磨削技术发展水平高低的标准。

国外涂附磨具已进入高精密、高效率、高寿命、绿色化的发展阶段。高性能的磨具需要先进的制造、检测装备来保障其性能、质量稳定性。随着高端、高性能磨具制品的发展,国外磨具制造、检测设备的发展趋势为自动化、智能化、节能化。

(1)高精密　国外 40 μm 以细粒度的精密砂带磨削后的工件表面尺寸精度、形状精度和表面粗糙度与同类砂轮磨削相当,尺寸精度可达 0.1 μm,Ra 值可达 0.01 μm,即达到镜面效果,磨削后的工件表面残余应力及冷硬程度仅为砂轮磨削的 1/10。

汽车曲轴、凸轮轴、发动机叶片等都需要高精密砂带进行柔性加工,例如采用超精密聚酯薄膜砂带研磨抛光,聚酯薄膜背基平整性好,在精密抛光过程中可以很好地控制打磨参数。使用寿命长,打磨时间更短,耐油和乳化液。

(2)高效率　目前国外的强力砂带,如重负荷磨削、锆刚玉砂带、陶瓷磨料砂带、金字塔砂带等磨削的切削速度已达 40 m/s,磨削压力为 100～300 MPa,对各种难加工材料如不锈钢板材、各种焊缝的加工表现出"削铁如泥"的效果,对铸铁材料切除率可达 870 cm³/min,对铸铁件一次切深可达 5～10 mm,加工效率比普通铣削提高了 5～10 倍。

(3)高寿命　超硬磨料砂带保形性好,使用寿命长,减少停机换带时间,提高生产效率,有较好的综合性能。例如同样生产汽车玻璃,碳化硅砂带每副使用寿命为 30 min,每次更换砂带及调试时间约为 15 min;德国金刚石磨边砂带,每副砂带使用寿命约为 3 天,生产线 24 小时连续运作。

堆积磨料的原理是将数倍的普通磨料颗粒堆积成一个大的磨粒团,在磨削过程中,磨粒团可以均匀地分离脱落,露出新的剖面,保持完美平整、锋利,可以将磨削寿命增长 5～10 倍,由于层层脱落,可以起到很好的散热、防堵塞的效果,最关键的是,由于不断地出现新锋利剖面,可以实现工件表面磨削效果的前后始终如一。堆积磨料砂带领域美国 3M 公司的 Trizact 金字塔系列产品和德国 VSM 的 Compact Grain 系列产品还处于领先地位。3M 的金字塔形砂带采用印刷植砂技术赋予砂带的独特结构,彻底改变了粗细不一,前后变异较大的研磨效果,产品研磨效率和表面品质长时间保持高品质。

(4)绿色化　一些工业发达国家已开展了砂带磨削应用和制造绿色化研究工作。通过砂带磨削替代固结磨具湿磨或传统游离磨粒抛光加工,实现了"以磨代抛"的高效、超精密、绿色化加工,大大提高了材料去除率,同时避免了由于加工废液带来的环境危害。

使用超硬砂带替代普通砂带,实现诸如干式磨削、消除加工粉尘、减少磨削残渣等改善加工环境,磨削效率和寿命大大增加。

(5)自动化与智能化　国外生产设备的自动化程度高,生产制造技术向高效精密化、操作自动化、控制智能化、集成一体化方向发展,从配料、生产、加工到检测的生产过程,集成在一条生产线的生产方式逐渐增多,使得生产效率、产品质批及其稳定性得到大幅提高,生产成本显著降低。

尽管我国的涂附磨具得到了巨大的发展和进步,但无论从品种上、还是质量上,还不能完全满足工业发展的需要。我国涂附磨具行业要坚持科技研发,增强技术创新和核心竞争力,尽快实现我国从涂附磨具制造大国向世界涂附磨具制造强国迈进。

思考题

1. 请画出涂附磨具结构示意图,并说明涂附磨具结构三要素的作用。
2. 什么是植砂密度?根据植砂密度可将涂附磨具分为哪几种?分别应用于哪些方面?
3. 请从涂附磨具的特点阐述其应用前景。
4. 结合你对涂附磨具的理解,请谈谈能够提高涂附磨具使用寿命的方法有哪些。
5. 根据国家"十四五"制造业绿色发展计划,结合自己对涂附磨具的理解,请你谈谈在涂附磨具制造业中的绿色发展方向。

第 2 章 磨料

2.1 概述

磨料是指在磨削、研磨和抛光中起切削作用的材料,是所有磨具的灵魂。它是一种具有高硬度和一定机械强度的颗粒材料,是磨具产生磨削、抛光作用的基本因素。磨料品种繁多,性质各异,一般而言,作为一种磨料应当具备以下 5 个方面的基本性能。

(1)较高的硬度　磨料应具备较高硬度,其硬度要高于被加工工件的硬度,要有良好的耐磨蚀性,一般而言,磨料硬度越高,其耐磨蚀性能就越好,切削性能也会越好。

(2)适宜的韧性　磨料的韧性是指在加工过程中抵抗破裂、保持切削刃的能力,磨料应具有适宜的韧性,以便使磨粒的磨削刃变钝后破裂,从而形成新的磨削刃。在磨削过程中,磨粒承受着不同的外力,如果其韧性太低,磨削时磨粒很快破裂,磨粒在没有完全发挥作用时脱落,一方面造成浪费,另一方面增加加工成本;反之,磨粒变钝后如不破碎,不能产生新的切削刃,必然降低磨削效率。因此,磨料应具有适宜的韧性,当磨粒磨钝后,在磨削力的作用下,自行破碎,产生新的切削刃,使磨具锋利、耐用。

(3)良好的热稳定性　磨具在切割、磨削或抛光过程中,尤其是高速磨削和重负荷磨削中,磨料与工件的接触区域,会产生大量的热,局部温度可高达 1 500 ℃,因此,要求磨料在高温条件下能保持固有的硬度和强度。例如,金刚石的常温硬度最高,但超过 800 ℃ 就会碳化变为石墨,其硬度和强度急剧下降,这就在一定程度上限制了金刚石的应用领域。

(4)化学稳定性　磨料应具有一定的化学稳定性,在磨削加工过程中,不与工件、结合剂、冷却液等发生化学反应。磨削不是单纯的机械过程,化学反应在中间起相当重要的作用,所以磨料应具备化学稳定性,以免发生化学磨蚀。例如用碳化硅(SiC)磨料加工钢材时,会发生下列反应:

$$SiC(固)+4Fe(液) \longrightarrow FeSi(固)+Fe_3C(固)$$

由于磨料与被加工对象发生化学反应,使磨料固有的机械性能发生变化,从而会影响磨削效果。

(5)可加工性　磨料应具有可加工制粒性,能制成尺寸范围广、形状均匀、尺寸整齐的颗粒。由于磨削加工是利用磨具表面许多颗粒所构成的切削刃来进行的,因此,要把磨料加工成所需要的粒度。有些物质,如硬质合金,虽然硬度高,但由于它的韧性较大,与磨料相比,难以加工成颗粒状,因此,不适宜制造磨料。

随着制造业越来越追求高效率、高寿命和高精度,单层磨料结构的涂附磨具越来越不能满足自动化、智能化加工的需求。近年来,新型磨料(如锆刚玉磨料、陶瓷刚玉磨料和堆积磨料等)的使用极大地增强了涂附磨具的耐用度和磨削特性,使得对磨料的研究始终处于磨料磨具的创新热点。

2.2 磨料的种类

磨料可以分为天然磨料和人造磨料两大类,涂附磨具常用的磨料见表2-1。

表2-1 涂附磨具常用的磨料

类别		品种	代号	主要成分
天然磨料		石榴石	G	$Fe_3Al_2(SiO_4)_3$
		金刚砂	E	$\alpha-Al_2O_3$
		硅石(石英砂)		SiO_2
人造磨料	刚玉类	棕刚玉	A	$\alpha-Al_2O_3$
		白刚玉	WA	$\alpha-Al_2O_3$
		单晶刚玉	SA	$\alpha-Al_2O_3$
		微晶刚玉	MA	$\alpha-Al_2O_3$
		铬刚玉	PA	$\alpha-Al_2O_3/Cr_2O_3$
		锆刚玉	ZA	$\alpha-Al_2O_3/ZrO_2$
		黑刚玉	BA	$\alpha-Al_2O_3/Fe_2O_3$
	碳化物类	绿碳化硅	GC	SiC
		黑碳化硅	C	SiC
		碳化硼	BC	B_4C
	超硬磨料	金刚石	RVD、MBD 等	C
		立方氮化硼	CBN	BN
	其他	氧化铁		Fe_2O_3
		氧化铬		Cr_2O_3
		氧化铈		CeO_2
		玻璃砂	GL	SiO_2

2.2.1 天然磨料

天然磨料是直接用天然矿岩石经过拣选、破碎、分级或其他加工处理后制成的磨料。常用的天然磨料有以下几种:

2.2.1.1 金刚砂

天然的不纯的刚玉砂,主要成分除了 α-Al_2O_3 以外,还有 Fe_2O_3、Fe_3O_4,颗粒为块状,主要用来制备低档砂纸,进行木材或金属抛光。

2.2.1.2 石榴石

石榴石化学组分较为复杂,不同元素构成不同的组合,但适于作磨料的仅有铁铝石榴石一种,其化学式为 $Fe_3Al_2(SiO_4)_3$。深红色的透明石头常被称为宝石,它亦是最常见的石榴石宝石。

石榴石的晶形较好,脆性大,摩氏硬度范围为 6.5~7.5。如果将石榴石在高温下处理,硬度和韧性都可以增加,主要用于制造普通砂纸,用来加工木材或用于抛光产品。

2.2.1.3 硅石(石英砂)

硅石、燧石或石英的化学成分为 SiO_2,常夹杂有 Al_2O_3、Fe_2O_3、CaO、MgO、TiO_2 等少量杂质,显微硬度为 8.04 GPa。石英砂采自石英矿床,经机械破碎、磨细,在机械力的作用下,成不规则的多菱角形状,可用作磨料的石英矿有脉石英、石英岩和石英砂等。可以用来制作普通砂纸,用来加工木材、皮革、橡胶等。

随着科学技术的发展,人造磨料的品种已达几十种之多,天然磨料由于受自身的缺陷以及产量等因素的影响,已被越来越多的人造磨料所取代。

2.2.2 人造磨料

人造磨料分刚玉系列、碳化物系列、超硬系列等几大类。

2.2.2.1 刚玉系列人造磨料

属于刚玉系的人造磨料有棕刚玉、白刚玉、锆刚玉、微晶刚玉、单晶刚玉、铬刚玉、镨钕刚玉、黑刚玉及矾土烧结刚玉等。

(1)棕刚玉 棕刚玉(A)是以铝矾土、无烟煤和铁屑为原料,在电弧炉内经高温冶炼而成,主要化学成分:Al_2O_3,含量 95%~97%。

棕刚玉的硬度高,韧性高,抗破碎能力较强,抗氧化、抗腐蚀,具有良好的化学稳定性,是一种用途广泛的磨料。其磨削性能好,价格便宜,适用于磨削抗张强度高的金属材料,如普通碳素钢、硬青铜、合金钢、可锻铸铁等。

(2)白刚玉 白刚玉(WA)是以铝氧粉为原料,经电弧炉高温熔融再结晶而形成的一种高纯度刚玉晶体。白刚玉中 Al_2O_3 的含量应在 98% 以上,其硬度高于棕刚玉,但脆性较大,韧性低。适用于磨削淬火钢、高碳钢、高速钢等,由于白刚玉有微刃结构,适合镜面磨削。

(3)单晶刚玉 单晶刚玉(SA)是以矾土、无烟煤、铁屑和黄铁矿(FeS_2)为原材料,在电弧炉内共熔冶炼而成。单晶刚玉呈灰白色,其颗粒形状多为等积形,晶体内不含杂质,具有多棱角的切削刃,在同样的磨削力作用下,所形成的力矩小于其他磨料,因此它不易折碎,机械强度较高,单颗粒抗压强度为 22~38 kg,而棕刚玉仅为 10~20 kg。

单晶刚玉由于有较高的硬度和韧性,所以切削能力较强,可用来加工工具钢、合金钢、不锈钢、高钒钢等韧性大、硬度高的难磨材料。

(4)微晶刚玉　微晶刚玉(MA)所采用的原材料及冶炼方法与棕刚玉基本相同,在停炉后立即把熔液通过流放或倾倒的方式倒入模子内急速冷却(一般在30 min以内),因而得到微细结晶的集合体。晶体尺寸一般为80~300 μm,由于微晶化的结果,其强度较棕刚玉高,磨粒的自锐性较好。适用于磨削不锈钢、碳素钢、轴承钢以及特种球墨铸铁等材料,由于磨粒在磨削过程中呈微刃破碎状态,也被用于精密磨削甚至镜面磨削。

(5)铬刚玉　铬刚玉(PA)的冶炼工艺与白刚玉相同,只是在冶炼过程中加入一定量的氧化铬(Cr_2O_3),呈浅紫色或玫瑰色。

铬刚玉中由于引入Cr^{3+}改善了磨料的韧性,其韧性较白刚玉高,而硬度与白刚玉相近。用于加工韧性较大的材料时,其加工效率比白刚玉高,并且工件表面的光洁度也较好。铬刚玉适应于磨削韧性高的淬火钢、合金钢、精密量具及仪表零件等光洁度要求较高的工件。

(6)锆刚玉　锆刚玉(ZA)是以氧化铝、氧化锆为原料在电弧炉内经2 000 ℃以上高温冶炼而成,是含有10%~40%二氧化锆(ZrO_2)的刚玉。锆刚玉的主要矿物相是α-Al_2O_3和Al_2O_3-ZrO_2形成的共晶体,次晶相为斜锆石,还存在少量玻璃相。根据ZrO_2的含量,一般分为ZA25锆刚玉(ZrO_2 25%)和ZA40锆刚玉(ZrO_2 40%)。

由于锆刚玉的微晶化结构,其表现出韧性大、强度高、耐磨性好的优点,适用于重负荷磨削,用于加工耐热合金钢、钴合金和奥氏体不锈钢。在磨削过程中,自锐性好,不易烧伤工件。

(7)黑刚玉　黑刚玉(BA)的冶炼方法与棕刚玉相同,是以三水铝矾土为原料,加少量还原剂,经熔炼而成。呈黑色,主要化学成分:Al_2O_3不低于77%、SiO_2为10%~12%、Fe_2O_3为7%~10%、TiO_2约3%,比重不小于3.61。黑刚玉具有很好的自锐性,磨削时发热量少,加工件的光洁度较好,适用于零件电镀前底面抛光,铝制品和不锈钢的抛光,也可用于抛光光学玻璃、加工木材等。由于它的亲水性好,广泛用于涂附磨具的研磨抛光产品。

2.2.2.2 碳化物系列人造磨料

(1)黑碳化硅　碳化硅是用石英砂、石油焦(或煤焦)、木屑等原料在电阻炉内经高温冶炼而成。分为黑碳化硅(C)和绿碳化硅(GC)两种,均为六方晶体,比重为3.20~3.25,显微硬度为2 840~3 320 kg/mm^2。

黑碳化硅具有金属光泽,含SiC 98%以上,其韧性高于绿碳化硅,但硬度较低,多用于磨削或切削抗张强度低的非铁材料,如木材、皮革、塑料、玻璃、陶瓷、石材、耐火材料、铸铁和有色金属等。

(2)绿碳化硅　绿碳化硅制造方法同黑碳化硅,但采用的原材料纯度要求较高,绿色,呈半透明状,六方晶形,其SiC含量较黑碳化硅高,物理性能与黑碳化硅相近,但性能略较黑碳化硅脆,其硬度介于刚玉和金刚石之间,机械强度高于刚玉。

绿碳化硅含SiC 99%以上,自锐性好,适用于加工硬度高、脆性大的非铁材料,如硬质合金、光学级玻璃等。

(3)碳化硼　碳化硼(B_4C)是通过电炉中焦炭和氧化硼反应得到的。碳化硼是一种具有金属光泽的灰黑色粉末,化学式为B_4C,是已知最坚硬的三种材料之一(仅次于金刚石和立方相氮化硼),硬度接近金刚石,莫氏硬度为9.5。

与金刚石、立方氮化硼相比,碳化硼制造容易、成本低廉,因而使用更加广泛,在某些地方可以取代价格昂贵的金刚石,用于宝石、硬质合金等硬质材料的磨削和抛光。

2.2.2.3 超硬磨料

(1)金刚石　人造金刚石是以石墨为原料,以某些金属或合金为触媒,在高温高压下,使石墨结构转变为金刚石结构而成。金刚石是由具有饱和性和方向性的共价键结合起来的晶体,因此它具有极高的硬度和耐磨性,是目前所知自然界中最硬的物质,其莫氏硬度为10,显微硬度为10 000 kg/mm²,金刚石的显微硬度为刚玉的150倍,石英的1 000倍。

金刚石具有较高的抗压强度、优良的导热性、化学稳定性、耐磨性,以及较强的切削能力。特别适用于硬脆非金属材料和非铁金属的加工,广泛用于石材、建材、玻璃、特种陶瓷、单晶硅、多晶硅、宝玉石及硅锆合金、硬质合金等硬脆材料制品复杂形面的磨抛加工。

金刚石种类很多,国内现有六种标准型号:RVD、MBD、SCD、SMD、DMD、MSD。用于涂附磨具的以 RVD 和 MBD 居多,其中 RVD 型金刚石结晶缺陷多,表面粗糙,不规则的针片状颗粒较多,颗粒强度较低,性能较脆,自锐性好,适用于轻负荷研磨抛光类产品;MBD 金刚石晶型较 RVD 更完整,多角状的颗粒较多,表面切削刃多,颗粒强度较 RVD 高,适合绝大多数非金属材料制品的磨削加工。

(2)立方氮化硼　立方氮化硼(CBN)是以六方氮化硼为原料,碱金属或碱土金属或它们的氮化物作触媒,在高压高温下转变为立方晶体的氮化硼。这一转变与石墨转变为金刚石相似。

立方氮化硼是一种新型的超硬磨料,其硬度仅次于金刚石,而热稳定性、化学稳定性均优于金刚石,特别是对铁族金属的化学惰性好,不易与钢材起反应,磨既硬又韧的钢材时具有独特的优点。其耐磨性比普通磨料高30~40倍,例如 CBN 磨具磨削高钒、高钴高速钢时的磨削比为82.5,是单晶刚玉的147倍,是绿碳化硅的196倍,是白刚玉的330倍。特别是某些易发热、粘附现象严重的难加工材料,例如不锈钢、钛合金、镍基合金等材料的磨削加工,CBN 磨具磨削力小、磨削温度低,相对于普通磨料有无可比拟的优势。

金刚石和 CBN 磨料砂带作为涂附磨具中的特殊成员,因其高硬度和优良的耐磨性在工程陶瓷、半导体玻璃等脆硬材料的精密和超精密加工中已取得初步应用。早期的金刚石、CNB 砂带几乎都通过镍或铬电镀在金属带基上制成。近年来,聚酯超强化薄膜的出现为基体来源开辟了一条全新的道路。金属基体电镀金刚石砂带,在加工玻璃、水晶和高档装饰材料时,磨削精度高且切除均匀;聚酯基树脂金刚石砂带,最小可达3 500#粒度,适合各类异型面的超精密磨削与抛光,如半导体硅晶片和天文用光学玻璃等。虽然金刚石和 CBN 砂带成本昂贵,但它们是砂带向脆硬材料高精度高速发展的一个重要方向,今后有望从降低制造成本等方面来加快应用。

2.2.2.4 其他磨料

氧化铁化学式为 Fe_2O_3,呈红色或深红色,无定形粉末。制备方法有湿法和干法。湿法制品结晶细小、颗粒柔软、较易研磨,适于作颜料。干法制品结晶大、颗粒坚硬,适宜于精密的五金仪器、光学玻璃等的抛光。

氧化铬化学式为 Cr_2O_3，为浅绿至深绿色细小六方结晶，莫氏硬度 8.5～9。可制成抛磨材料，广泛用于不锈钢、宝石、精密机械等的研磨抛光。

氧化铈化学式为 CeO_2，淡黄或黄褐色粉末，密度 7.13 g/cm³。氧化铈抛光玻璃具有抛光速度快、光洁度高和使用寿命长的优点。氧化铈之所以是极有效的抛光用化合物，是因为它能用化学分解和机械摩擦两种形式同时抛光玻璃。稀土铈抛光粉广泛用于照相机与摄影机镜头、电视显像管、眼镜片等的抛光。

玻璃砂是将玻璃粉碎而制成，主要矿物成分也是 SiO_2，主要用作制造加工木材的砂纸。

2.3 磨料的性质

2.3.1 化学成分

锆刚玉

磨料的机械性质与磨料的化学成分有着密切的关系，磨料的化学成分是反映磨料质量和性能的主要指标。磨料的化学成分对磨料的物理、化学、机械性能有决定性的作用，即使化学成分有微小的变化，可能会造成其性能产生较大的差异。

例如，白刚玉由于比棕刚玉中 Al_2O_3 的含量高，因而其硬度高于棕刚玉，性脆，具有良好的切削性能；黑刚玉因 Al_2O_3 含量较低，故其硬度较低，而韧性较好，适用于制作涂附磨具。不同磨料的化学成分可参考相关的国家或行业标准，例如：GB/T 2478《普通磨料 棕刚玉》、JB/T 1189《普通磨料 锆刚玉》。

当棕刚玉的 Al_2O_3 含量达到 97.5% 以上时，磨粒的脆性增加，韧性降低，但磨料的硬度和磨削能力并不降低，性能介于棕刚玉和白刚玉之间，被称之为"半脆刚玉"或"高铝刚玉"。"半脆刚玉"有良好的自锐性，磨削锋利而不易烧伤工件。当"半脆刚玉"磨粒进行煅烧处理之后，晶型细化，韧性增加，增加了相对耐磨能力。特别适用于热敏性钢及合金、硬度较低的有色金属材料（如铝、铜、锌、铅）和非金属材料（如木材、塑料）的磨削。半脆刚玉和棕刚玉性能比较见表 2-2。

表 2-2 半脆刚玉和棕刚玉性能比较

项目	棕刚玉	半脆刚玉
TiO_2、SiO_2 含量	高	低
脆性	8.3	9.5
磨削寿命	较长	较短
切削性	热	冷
磨削手感	压力大，振动感强	压力小，平顺

注：参考李砚咸《涂附磨具》，P24，中国原子能出版社

高温煅烧使半脆刚玉中 Ti 元素发生偏析，变蓝（$Ti_2O_3 \rightarrow TiO_2$），$TiO_2$ 在 1 100 ℃ 以下是棕色，而在 1 200 ℃ 以上是蓝色。通过颜色可判断 TiO_2 含量：浅蓝色为 1.5% 左右，蓝

色为 2.2%~2.4%,深蓝色为 2.7% 以上,这就是行业中所谓的"蓝火(bluefired)刚玉"。

2.3.2 粒度

人造磨料冶炼出来以后,如果用于制造磨具或研磨材料,就必须加工成粗细不同的颗粒,并将大小相近的颗粒按一定范围分级,由大到小用规定的数字来表示,称为粒度号。换言之,磨料粒度是表示磨料颗粒大小的。由于磨粒形状不规则,磨粒的尺寸实际上是以宽度来表示的。

磨料的粒度主要是用来标识磨粒大小的,实际上要筛分出单一磨粒尺寸的磨料是不可能的。某一名义的粒度号磨料中不同尺寸磨粒的质量分数,称之为磨料的粒度组成,所以磨料各粒度的尺寸范围是其基本粒的尺寸范围,国家标准规定了不同粒度磨料的组成。

我国固结磨具用的磨料,其粒度号以字母 F 打头,简称 F 砂,有 37 个粒度号,即 F4~F1200。

涂附磨具使用的磨料,共有 28 个粒度号,简称 P 砂,其粒度号以字母 P 打头,即 P12~P2500。

P 砂是专门适应涂附磨具,特别是静电植砂的要求而制定的磨料型号,相对于固结磨具的 F 砂,其特点:一是基本粒含量比 F 砂略高 4%~9%,粗颗粒含量比 F 砂略高,细颗粒偏少;二是粒度波动控制严格,有利于静电植砂工艺,磨料大小均匀、等高排列,从而提高涂附磨具磨削时磨粒的参与度,提高磨削效率;三是磨粒形状的长宽比大于 3∶1,静电植砂有利于磨粒尖刃朝上,提高磨削锋利性。

涂附磨具的磨粒是均匀地分布在基材表面的,基本上是单层分布,要求磨粒有很好的等高性。若磨料颗粒大小不匀,非正常的标准粒度,会出现细磨粒占据了一定的位置,使有效的起磨削作用的磨粒减少,因而降低了磨削效力;或者细磨粒首先占据一定位置,而粗磨粒粘附其上,形成磨料层的重叠,上层磨粒因粘结差,磨削中易脱落,同样降低其磨削效力。这两种情况在静电植砂中更易形成,因细粒更易被电极吸引,而先粘附于粘结剂表面。因此,针对某些涂附磨具产品,应该对磨料的粒度组成有所选择。

筛选也是选择磨料粒度组成的办法之一。筛选的目的是改变磨料的粒度组成。理想的涂附磨具要求磨料颗粒大小应均匀,磨料颗粒在产品的表面排列均匀整齐,有很好的等高性;在使用时,磨削稳定,磨削痕迹均匀一致,磨削时各个磨粒受力均匀,不致因磨削力集中于部分磨粒,而过早磨损,造成磨损不均,使用寿命下降。

2.3.3 形状

颗粒形状是颗粒物料的重要特性之一,它影响着颗粒的比表面积、颗粒强度、堆积密度等性能。通常把磨料的形状分为以下四种:

①等积形或标准形 $H(高)∶L(长)∶B(宽)=1∶1∶1$
②片状形 $H(高)∶L(长)∶B(宽)=1∶1∶1/3(或 1/3∶1∶1)$
③剑状形 $H(高)∶L(长)∶B(宽)=1/3∶1∶1/3$
④混合形

影响磨粒形状的因素主要是磨料的化学成分、制造方法和破碎方法。长期的生产实践证明,用球磨机加工的磨粒,其形状多为等积形,而用对辊机加工的磨粒,绝大多数为片状、剑状和针状。

磨粒的最佳形状是等积形,这类磨粒具有较高的抗压、抗折及抗冲击强度,由这类磨粒制造的磨具具有较强的磨削能力。但对某些品种的涂附磨具,例如磨木材的砂带/砂布,磨料的锋利性更加重要,因此使用片状和针状的磨粒更好。这种长径比大的 P 砂还有利于静电植砂,通过静电植砂工艺将磨粒一粒粒竖起来,达到提高涂附磨具锋利性的目的。但对金属板材等的重负荷磨削,为了提高产品的耐磨性,长径比接近 1 的等积形 F 砂最耐磨。

近年来,由于溶胶凝胶法等化学合成磨料的出现,金字塔形、方形、矩形、三角形、棒状等形状的磨料越来越引人关注,它们在锋利性、耐用度等方面表现出各自的特点。

2.3.4 硬度

磨料的硬度是指磨料抵抗其他物质刻划或压入其表面的能力。影响磨料硬度的因素主要有内部结构和化学成分,磨料的硬度随温度的升高而降低。磨料的硬度是用显微硬度表示的,测量仪器是显微硬度计。显微硬度是一种压入硬度,又分为维氏(Vickers)显微硬度和努普(Knoop)显微硬度。二者之间的区别在于所用的压头不同。我国和欧洲各国采用的是维氏硬度,美国则采用努普硬度。

在磨料磨具行业常用来表示磨料硬度的,还有莫氏硬度。莫氏硬度是以十种常见不同硬度的矿物作为标准,按大小顺序排列构成的。常用磨料的硬度见表 2-3。

表 2-3 常用磨料硬度表

名称	莫氏硬度	努普硬度/GPa	显微硬度/GPa
金刚石	10	60~102	80~120
立方氮化硼(CBN)	9.8	44.1	75~90
碳化硼(B_4C)	9.7	26.9	37~43
碳化硅(SiC)	9.2~9.6	24.3	33
单晶刚玉	9.4		21.6~23.5
白刚玉/铬刚玉	9.4		21.6~22.6
棕刚玉/微晶刚玉	9.4	16~20	19.6~21.6
锆刚玉	9.0~9.4		14.7
金刚砂	8.5~9.0		
石榴石	7.5~8.5		13.3
石英(SiO_2)	6.8~7.0	8.2	8.0

磨料的硬度虽然不是决定磨料磨削效率的唯一因素,但却是磨料最重要的物理性质之一,是关系磨料质量的重要指标,与加工材料的硬度相比,磨料的硬度越大,其加工效率越高,在磨料硬度低于加工工件硬度的条件下,其加工效率会大幅度地降低。

2.3.5 韧性

磨料的韧性是指在外力作用下,磨粒抵抗破碎的能力。磨料的韧性实质上是磨料多种物理性能及在使用过程中耐磨蚀能力的综合体现,是衡量磨料质量的重要指标之一。

磨料必须具备一定的韧性,才能保证磨料磨粒切削刃的切削能力,并且又能在磨粒切削刃被磨钝的情况下自行磨锐,表现出一定的自锐性(自锐性是指磨削加工中新的磨粒切削刃不断形成或钝化磨粒由结合剂中脱落,从而保持了砂轮的切削性能),从而获得良好的磨削效果。

一般而言,磨料的韧性越大,单位质量磨料的工件磨削量越多,但韧性过大会影响磨具的自锐性。磨料的韧性对磨具的锋利度和耐用度有着较大影响,在其他条件不变的情况下,磨料的韧性越大,磨具的锋利度越低,耐用度越高,加工效率越低,反之,磨具的锋利度越高,耐用度越低,加工效率越高。

磨料韧性的测定方法有多种,其表示方法也各不相同。国内常用球磨法测量,它是将规定质量的待测磨料装入规定转速的球磨机中(装一定规格、质量的铜球),转至规定的总转数后,测定未被破碎的颗粒质量与回收样总质量之比,作为该磨料的韧性值。国标 GB/T 23538 规定了普通磨料球磨韧性的测定方法,行业标准 JB/T 10987 规定了金刚石冲击韧性测定方法。

磨料的韧性是其多种性能的综合反映,磨料的化学成分、晶体结构、颗粒尺寸及形状等都影响磨料的韧性。一般说来,刚玉类韧性好于碳化硅,棕刚玉好于白刚玉,黑碳化硅好于绿碳化硅。

2.3.6 抗压强度

磨粒在磨削过程中要反复受到磨削力的作用,并在接触工作时要受到冲击载荷及磨削温度的影响,磨粒还会产生热应力。因此,磨粒必须有一定的机械强度,才能保证磨粒发挥切削作用。磨粒的强度与材质及结晶有直接关系。一般来说,刚玉系磨粒的强度高于碳化物系磨粒。在刚玉系磨粒中,锆刚玉的强度最高,棕刚玉的强度高于白刚玉。在碳化物系磨粒中,黑碳化硅的强度高于绿碳化硅。

单颗粒静压强度是指处于静止状态下的单颗粒样品产生完破碎所需的试验力。它与磨具和砂布砂纸的磨削性能有重要的关系。磨料的抗压强度与其颗粒形状、表面状态、破碎方式、结晶状态等有关。磨料呈单晶状态晶形完整的磨粒强度较高。

JB/T 10985 规定了超硬磨料的抗压强度测定方法,利用抗压强度测定仪,将一粒磨料置于抗压强度测定仪工作台垫片上。先量出颗粒尺寸,然后逐渐加负荷至破碎,记录负荷值,即为该颗磨粒的抗压强度值,单位为牛(N)。

2.3.7 堆积密度

堆积密度是指颗粒状的磨料在自然堆积状态下,单位体积内所含磨料的质量,单位是 g/cm³。堆积密度是磨料颗粒密度、颗粒形状、粒度组成等物理性能的综合体现,与磨具成型性能、强度、气孔率等密切相关,甚至可直接影响到磨具的磨削性能,是磨料的重要参数。

磨料堆积密度的影响因素主要包括粒度、粒度组成和颗粒形状等。

一般而言，等积形磨料的堆积密度最大，粗粒度磨料的堆积密度大于细粒度的磨料。磨料的粒度组成与堆积密度有很大的关系，改变各粒度群的组成可有效地调节磨料的堆积密度。一般来说，在相同的条件下，刚玉的堆积密度比碳化硅的大，粗粒度比细粒度的堆积密度大，等积形磨料的堆积密度比片状、针状的大，用球磨机加工的磨料的堆积密度比对辊机、颚式破碎机加工的大。

就磨具的生产而言，用于生产固结磨具的磨料，其堆积密度应尽可能得大，从而使得磨具具有较高的强度、硬度以及良好的磨削、切削性能；用于生产涂附磨具的磨料，其堆积密度应尽可能得小，这样可以保证磨具的锋利性。

磨料的堆积密度可以通过整形来改变，用球磨机整形可提高磨料的堆积密度，用对辊机或颚式破碎机整形能降低磨料的堆积密度。另外，采用混合磨粒可以提高磨料的堆积密度，如果粗细粒度搭配适当，能使磨料的堆积密度达到最大值。

国标或行业标准对磨料堆积密度的测定方法有明确的规定，普通磨料堆积密度的测定可参照国标 GB/T 20316.1、GB/T 20316.2 进行，超硬磨料堆积密度的测定可参照行业标准 JB/T 3584 进行。

2.3.8 亲水性

固体物质表面由于带有极性基团的分子，对水有较大的亲和能力，可以吸引水分子，易被水所润湿，这种属性称为亲水性，也称为毛细现象。

普通磨料都具有亲水性，亲水性的好坏对磨料与结合剂结合的程度有较大的影响，一般来说，亲水性越好的磨料与结合剂结合的程度越牢固，反之，结合的程度就差。

不同种类、不同粒度的磨料，其亲水性有一定的差异，同一种磨料，如采用不同的加工方法制粒，则其亲水性也不同。除此之外，磨料的化学成分、磨粒表面的孔隙以及磨粒表面的清洁程度等因素对磨料的亲水性也有影响。

对涂附磨具专用磨料而言，要求磨粒应具备较好的亲水性或较大的毛细现象数值。如果磨料的亲水性较差，可以通过煅烧处理或表面涂层处理，提高磨料的毛细现象数值。

磨料的亲水性是以磨料在一定直径的玻璃管内紧密堆积，下端浸入水中，在规定的时间内水在管中上升的高度来表示的。在规定时间内水上升的高度越高，表明磨料的亲水性越好。亲水性的测定可参照行业标准 JB/T 12208 进行。

2.3.9 清洁度

磨料的清洁度是以磨料颗粒表面粘附的微细粉尘的多少表示的。很明显，清洁度不合格的磨料投入使用，会降低磨料与粘结剂结合的强度。还会造成生产现场粉尘大，工人的工作环境差，职业病发病率高。

磨料中杂质的来源，主要有：冶炼过程中反应不完全的二氧化硅、碳、三氧化二铁等副产品以及夹杂的粉尘、灰尘；在破碎及搬运过程中夹杂进去的粉尘杂质以及粘附在颗粒表面的超细微粉等。

粘结剂要获得良好的粘结强度，必要的条件是粘结剂完全浸润磨料的表面，如果磨料的表面被污染，有灰尘和污物等，污染层表面能低，内聚强度也低，则粘结剂分子不容易浸透磨粒表面,磨料与粘结剂结合程度就差。

对于静电植砂,磨料的清洁度差,容易造成静电场的异常放电。影响产品的植砂均匀度,磨料粘结不牢;而且植砂量不易控制,余砂量大,生产成本增加。

所以,除去磨料表面的粉尘、挥发物等杂质,提高磨料的纯度和清洁度,可有效提高磨粒和粘结剂的结合力,提高砂面的均匀度,同时可降低粘结剂的用量,提高涂附磨具的磨削强度。

目前,提高磨料的清洁度主要采用清吹和水洗两种方法。粗颗粒磨料适合采用清吹法,利用清吹机气流将磨料颗粒表面粉尘和杂物带走;水洗法通过将磨料放入水中进行搅拌清洗,由水流将颗粒表面粉尘和杂物带走,适合所有粒度磨料,并且清洗更干净。

2.4 磨料的处理

在提高涂附磨具的磨削效果和耐用度方面,除了正确选择磨料及粒度外,也可以通过对磨料进行适当的处理,改善磨料的形状、韧性及毛细现象数值,达到相应的目标。磨料的处理包括机械、热和化学方法。

2.4.1 整形

磨料整形是通过机械处理的方法,以消除磨粒的暗裂纹,减少聚合粒,改善其形状,提高磨料强度。机械处理的方法之一是球磨法,将磨料与一定数量的大小匹配的钢球放入球磨机中,球磨一定时间后,经过筛分除去细粒。钢球的大小比例、球料比和球磨时间对于整形的效果至关重要。气流法是借助高速气流,使磨粒互相碰撞来达到整形的目的。磨料经整形后,等积形磨粒增加,而片状、针状减少,因此磨料机械强度、韧性、堆积密度、耐磨性均有增加,但锋利性稍有下降。

2.4.2 煅烧处理

磨料的煅烧处理是将磨料放置在不同结构的间歇式或连续式窑炉内,在一定温度下,加热适当时间,以达到提高磨料的机械物理性能的过程。

棕刚玉磨料热处理工艺及对其力学性能影响的研究

试验证明,煅烧对刚玉类磨料有较明显的效果,而对碳化硅磨料效果不如刚玉类磨料明显。因此目前煅烧处理基本以棕刚玉为主,将磨料置于 800~1 300 ℃的高温下直接煅烧 2~4 h,取出冷却,即可使用。煅烧后的棕刚玉磨料根据不同煅烧温度由低到高表现为深棕色、棕蓝色、蓝色、浅蓝色和蓝灰色。

有数据报道,棕刚玉磨料经煅烧后显微硬度可提高10%,韧性提高10%,磨削量提高3%,耐用度提高30%~50%。磨料煅烧处理作用包括:

(1) 消除暗裂纹 磨料在破碎过程中造成了暗裂纹,500~600 ℃热处理可以使裂纹扩大,磨粒分裂,形成新的完整的磨粒,提高了磨粒的强度。当热处理进入磨料的初期塑性阶段时,杂质的迁移进一步弥补微裂缝。

(2) 提高磨料抗压强度和冲击韧性 热处理使刚玉中低价钛变为高价钛,棕刚玉由棕色变为深蓝色。首先,固熔棕刚玉晶体内的 Ti^{3+} 被氧化而引起了晶格收缩,TiO_2 能使晶型细化,从而提高了磨料的抗压强度;其次,煅烧还会消除在制粒过程中所造成的内应力。因此,用煅烧后的磨料生产的各种磨具,不仅耐用而且锋利,提高了磨具的磨削性能。但随着温度继续升高,钛将进一步氧化,棕刚玉由深蓝色向灰白色转化,磨削性能反而下降。

(3)用原布消除磨料中的杂质　由于磨料表面的挥发物等杂质被清除,低熔点物质被烧掉,磨料表面毛细现象增加。800~900 ℃ 灼烧 120 min,磨料的亲水性能提高 3.5 倍。亲水性好的磨料用于涂附磨具,其耐用度能提高 30%~50%。同时,磨料的纯度和清洁度的提高,提高了磨粒和结合剂的结合力,降低了结合剂的用量,提高了磨具的强度。

(4)提升了磨具的外观和切削能力　棕刚玉经过煅烧后,内里的磁性物质降低,减少了表面产生锈斑的概率。

此外,有报道高温煅烧后的棕刚玉颗粒的比表面积大幅增加,因此磨料与基体之间粘接牢固了许多。有资料表明煅烧磨料的砂纸比一般砂纸耐用度提高 30%~50%。

煅烧棕刚玉的缺点:

(1)防潮能力降低　煅烧后的棕刚玉的比表面积增加,亲水性提升,导致其防潮能力下降,因此保存时要注意干燥通风。

(2)流动性变差　高温煅烧后熔点低的物质被清除,堆积密度下降,比重下降,进而导致流动性变差。

2.4.3　碱处理

将磨料浸泡于 NaOH 溶液中约 30 min,然后洗净,烘干后可使用。也可将其加热到 500 ℃,再经冷却,洗涤,干燥即可。还可进一步进行涂层处理。由于碱对磨料有一定的腐蚀能力,从而增加了磨料表面的粗糙程度,提高了磨粒表面的毛细管作用,有利于磨料与粘结剂的粘结效果,使磨粒不易从砂带表面脱落下来,从而提高了砂带的磨削效果与耐用度。另外,也因氢氧化钠与氧化铝发生化学反应,生成水溶性铝酸钠,磨粒表面羟基增多,极性提高。磨料羟基化后呈碱性,而酚醛树脂的羟基呈酸性,因而提高了磨粒与粘结剂的结合力。

由于碱对氧化铝有一定浸蚀作用,所以这种方法对刚玉系列的磨料效果比较好。

2.4.4　表面涂附处理

磨料的涂附处理是在磨料的表面涂上一层薄薄的物质,再经热处理、松散过筛而成。其作用是提高磨粒表面的粗糙度,增加亲水性。经涂层处理的磨料习惯称为镀衣磨料。表面涂附处理的方法主要有:金属盐处理、树脂处理、硅烷处理、陶瓷液-硅烷处理。

2.4.4.1　涂金属盐的处理

将磨料浸泡于浓度为 0.1%~1.0% 的金属盐溶液中约 30 min,然后取出烘干,并将烘干的磨料煅烧至 500 ℃ 约 30 min,冷却后即可使用。如用 0.5% 硫酸亚铁处理的棕刚玉,再经 800 ℃ 高温煅烧处理后,所制成的砂带,其磨削效率可提高 4%~20%。常用的金属盐有硫酸亚铁、醋酸镍、氧化镍、硫酸铜、硫酸铜-硼砂、硝酸铁、硝酸钴等。还有将三氧化二铁或四氧化三铁等材料用粘结剂在磨料表面进行粘附,500~800 ℃ 煅烧 30 min,冷却后即可使用的镀衣磨料,也有明显的磨削效果。

镀铁棕刚玉磨料的制备及性能

2.4.4.2 陶瓷涂层处理

以长石、黏土或石灰石等为主要成分的陶瓷结合剂,将红色氧化铁与上述陶瓷结合剂混合均匀,高压喷涂于磨料表面,并经高温烧结(约 800 ~ 1 100 ℃),使磨料表面包裹一层薄薄的氧化铁陶瓷材料,以利于磨料与粘结剂的粘结,特别是提高磨料磨削导热性,从而提高砂带的耐用度。

包覆棕刚玉磨料的研制与应用

2.4.4.3 金属氧化物树脂液表面涂层处理

以液体酚醛树脂直接处理磨料,或将磨料浸泡在加入一定量的金属氧化物(如前所述的三氧化二铁、四氧化三铁、氧化钛或氧化锆)组成的树脂混合液中,约 30 min 取出烘干即可使用。由于树脂液浸透性好,可渗入磨料的微小孔隙中,所以增加了磨料对粘结剂的粘结,提高了砂带的耐用度,又由于树脂液中加了金属氧化物,增加了砂带中磨粒的散热性,有利于砂带效率的提高。

2.4.4.4 涂硅烷的处理

硅烷又称有机硅烷偶联剂,它是以硅氧为主链的有机高分子化合物,它的分子两端通常含有性质不同的基团,一端与被粘物(如磨料等)表面发生化学作用或物理作用,另一端则能与粘结剂(如合成树脂)发生化学作用或物理作用,从而使被粘物和粘结剂很好地偶联起来,获得良好粘结。因此,涂硅烷有利于磨料与粘结剂的结合。

涂附的方式有:一是将硅烷液直接涂附于磨料的表面,涂层最理想最有效的厚度是单分子厚度,这在操作上是比较困难的;另一种简单的方法是将硅烷直接加入到粘结的胶液中,这种方法的效果不如前者;还常常使用一定浓度的硅烷-乙醇溶液进行磨料的浸渍、烘干工艺处理,使磨料表面涂附上一层偶联剂。

2.5 新型磨料

传统的涂附磨具是只具有一层磨料的磨具,磨粒均匀分布在基材表面。与固结磨具比较,其优点是通过静电植砂,磨粒定向排列,产品磨削锋利;其缺点是自锐性少,磨具磨削寿命短。传统涂附磨具失效原因主要有三点:磨具堵塞、磨粒脱落、磨粒钝化。磨具堵塞是由于磨屑粘附在磨具表面,磨粒被磨屑覆盖;磨粒脱落是由于粘结剂粘结强度有限,当磨削冲击力大于结合剂对磨料的结合力时,磨料自行脱落;磨粒钝化是磨具使用一定时间后,磨粒因自身磨损而钝化,锋利度下降,磨削效率降低。

传统的涂附磨具采用棕刚玉、碳化硅等常规磨料作为磨削材料,尽管这些常规磨料颗粒具有高硬度和较高的强度,但是由于现在难加工材料的不断使用,自动化、智能化研磨抛光设备的不断应用,对磨削效率、寿命和精度提出了更高的要求。而采用常规磨料制造的涂附磨具磨削性能下降比较快,磨削效率不高,寿命短,严重影响了它的发展和应用。

为了提高磨料的自锐性、耐用度和涂附磨具的磨削性能,自 20 世纪八九十年代以来有两方面的变化,一方面超硬磨料开始应用于涂附磨具;另一方面新型磨料不断涌现,如锆刚玉、陶瓷刚玉磨料、堆积磨料等。

2.5.1 锆刚玉

锆刚玉磨料冶炼的工业技术

锆刚玉是以氧化铝、氧化锆为原料,在倾倒式电弧炉中经 1 900 ℃ 以上高温熔融,然后快速冷却而形成的共晶体。美国诺顿公司于 1917 年最先发明锆刚玉,但直至 1965 年才研制出 ZrO_2 含量为 25% 左右 AZ25 锆刚玉。它微观结构粗糙、韧性好、不易破碎,适合于固结磨具的重负荷磨削。1975 年 ZrO_2 含量为 40% 左右 AZ40 锆刚玉开发成功,它具有微晶化结构,韧性高、自锐性好,既能用于涂附磨具,也可用于固结磨具,而且磨削更锋利,在重负荷砂带等涂附磨具上取得了巨大的成功。

锆刚玉是一种由 $\alpha\text{-}Al_2O_3$ 与 ZrO_2 组成的共晶集合体,在冶炼过程中应尽可能使两种结晶相互交错构成微晶型晶体。由于共晶体的存在,锆刚玉随着磨削的进行,切刃逐渐磨钝,磨削压力增加,热量增加,磨粒沿 ZrO_2 晶体边缘裂开,产生新的切刃。

在磨削过程中,由磨削力和磨削热产生的能量向氧化锆传递,从而诱导了氧化锆的相变过程,导致磨粒出现的裂纹正好被体积变化的 ZrO_2 堵死,从而对磨料起到增韧作用。在磨削过程中,磨削力和磨削热都是诱导相变,从而产生增韧的因素。这就是锆刚玉韧性为什么这么高的机制所在。

通过控制结晶尺寸、控制氧化锆含量,可以获得优异性能的锆刚玉。约 5 μm 到 25 μm 的微晶化结构赋予产品使用的锋利性和更长的寿命,高韧性赋予磨粒高抗破碎性。氧化锆含量是否稳定,是判断锆刚玉质量是否稳定的最重要指标。实验证明氧化锆含量相差 5%,产品磨削性能相差约 40%。AZ40 锆刚玉磨料化学成分典型分析值为 Al_2O_3 54.50%、ZrO_2 41.50%、TiO_2 2.50%、Al_2O_3 0.20%。

锆刚玉质地坚韧、结构致密、强度高、热震性好,适用于高速重负荷磨削,可荒磨铸铁、铸钢、合金钢和高速钢等,特别适合于钛合金、耐热合金、高钒钢、不锈钢的磨加工。

2.5.2 陶瓷刚玉磨料(SG 磨料)

1981 年,美国 3M 公司首次推出名为"Cubitron"的新型磨料,随后,Norton 公司开发了 SG 磨料,这些新型磨料的化学成分主要是 Al_2O_3,但是与传统电熔刚玉相比,具有十分独特的均匀微晶结构,其韧性比普通刚玉高 2~3 倍,磨削能力比普通刚玉高 1~3 倍,易保持切削尖刃的锋利,现在统称为陶瓷刚玉磨料或陶瓷磨料。

陶瓷刚玉磨料一般由氢氧化铝或拟薄水铝石等氧化铝的前驱体经过干燥、造粒、烧结得到。其中,前驱体的合成方法主要包括固相法和液相法两种。液相法因制备过程简单、能耗小、环境污染小等一系列优点,成为目前应用最广的陶瓷刚玉磨料制备方法之一,其中的溶胶-凝胶法最受研究者青睐。

陶瓷刚玉磨料的制备采用了溶胶-凝胶工艺,该工艺在理论上确保了体系化学成分的均匀性。并且其采用烧结而有别于传统刚玉磨料的熔融的制备工艺,这从另一方面确保了磨粒是烧结多晶体,降低烧结温度,从而可以在其硬度不变的前提下,提高其韧性。由于陶瓷刚玉磨料的制备工艺不同于传统刚玉磨料,导致其微观结构和普通的氧化铝磨料有所不同。因此,陶瓷刚玉磨料在磨削性能方面表现出许多不同于普通氧化铝基磨料的特性,具有强度高、韧性高、自锐性好、磨削效率高、使用寿命长等优点。陶瓷刚玉磨料的出现受到了机械、汽车和航空航天工业等行业的青睐,填补了普通磨料与超硬磨料之间的空白,被誉为具有革命性的新一代氧化铝磨料,具有广阔的发展前景。相比较于传统电熔刚玉,陶瓷磨料具有以下优点。

(1) 晶粒细小,结构均匀　陶瓷刚玉磨料因其采用溶胶-凝胶法工艺,制备过程中,原料分布均匀,反应完全,杂质少,所需烧结温度低,因此制得的磨料显微结构均匀,晶粒细小(见图2-1)。溶胶-凝胶法制备的陶瓷刚玉磨料晶粒尺寸非常细小,只有100～500 nm,仅为普通刚玉磨粒晶体尺寸的几百分之一,一颗46#粒度的陶瓷刚玉磨料中含有上亿个晶粒。

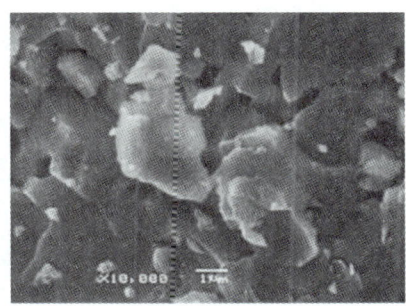

图2-1　陶瓷刚玉磨料的微观结构 SEM 图

(2) 韧性好,使用寿命长　溶胶-凝胶法制备的陶瓷刚玉磨料由于其显微结构不同,所以在磨粒断裂行为上有所不同。陶瓷刚玉磨料表现为沿晶断裂破坏,而传统的电熔刚玉磨粒多呈穿晶断裂破坏,陶瓷刚玉磨料的磨粒韧性比传统的电熔刚玉磨粒高得多,是后者的1.5～2倍,磨削热小,磨削温度低,砂轮形状保持性好,耐用度高,在应用于精密磨削时易获得较高的精度和尺寸形状一致性。

(3) 自锐性好,磨削效率高　在磨削时,传统电熔刚玉磨粒在工作面被磨去后扁平钝化,在磨削力的作用下磨粒容易从磨具上脱落,使用寿命短,而溶胶-凝胶法制备的陶瓷刚玉磨料的整个磨损过程也是磨粒自身的自锐过程,在使用寿命期间,磨粒表面层被磨钝的微小晶粒在磨削力的作用下从磨粒上脱落后,会不断暴露出新的锋利的微小磨削刃,使磨粒始终处于锋利状态。用陶瓷刚玉磨料做成的磨具具有寿命长,自锐性好,切削效率高,不易烧伤工件的特点。因此,能够保持稳定的磨削性能,可进行大切深、大进给、重负荷磨削。砂轮修整频次少,在有效提高生产效率的同时大大降低了生产成本。

(4) 通用性好,性价比高　溶胶-凝胶法制备的陶瓷刚玉磨料化学成分比白刚玉更纯净,杂质少得多,硬度也比白刚玉高,它均匀细小的微晶结构,高的韧性和微破碎性能使它在磨削工具钢、各种合金钢等难加工材料方面得到广泛应用。采用陶瓷磨料制成的涂附磨具特别适合于高压强下加工难磨材料,如航天合金、高镍合金钢等。

早期,世界上只有圣戈班(Saint-Gobain)、3M(仅供固结磨具)、太巴克(特殊技术)、VSM、Hermes 等有生产供应。美国3M 公司称为"Cubitron",其结晶最大在3 μm 以内;NortonⅡ公司称为 SG 磨料,其晶型为几个 μm;德国 Hermes 公司称为 CB 磨料,其结晶最大在5 μm 以内。日本的一种 CX 磨料其晶型号称1 μm,其实在3 μm 以内。近几年,国内山东鲁信、苏州远东等企业陆续开发了自己的陶瓷刚玉磨料,在部分领域已经开始替代进口,取得了极大的进步。

传统磨料不具有锋利的研磨颗粒,研磨时金属表面不能被快速撕裂,而是先褶皱再在挤压的情况下被撕裂脱落。传统磨料砂带是耕犁式磨削(见图2-2),研磨效果不均匀、不规则,细小粉尘多。

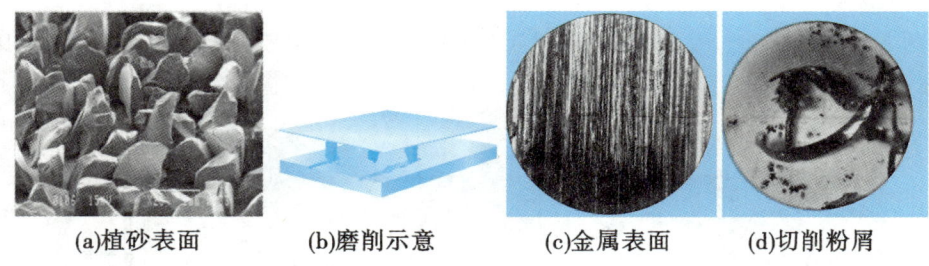

(a)植砂表面　　(b)磨削示意　　(c)金属表面　　(d)切削粉屑

图2-2　传统电熔刚玉砂带

21世纪初,3M公司发明了一种创新性的、具有精确等边三角形外形的第二代陶瓷刚玉磨料(Cubitron Ⅱ,酷切二代)。利用3M公司独特的静电植砂技术,涂覆时可以使这些具有精确外形的陶瓷刚玉磨料尖角一致朝上(见图2-3),每颗磨料就像一把把独立的切削工具,在切削过程中每颗矿砂能同步磨损,从而达到超长的寿命。

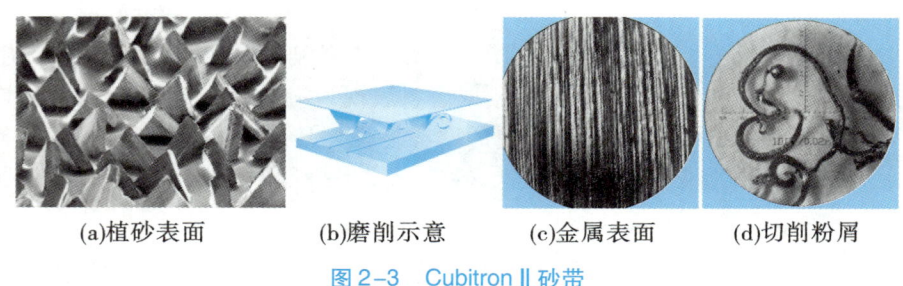

(a)植砂表面　　(b)磨削示意　　(c)金属表面　　(d)切削粉屑

图2-3　Cubitron Ⅱ 砂带

Cubitron™ Ⅱ 磨料具有锋利的切削面,磨钝后会部分破碎而产生新的锋利部位,继而大大提高研磨效率。Cubitron Ⅱ 砂带更像是切割式磨削,工件表面一致性较好,粉屑规则、细长。

传统磨料在研磨时不能及时地撕裂金属表面,不断堆积的褶皱会产生大量热量,极易造成工件表面氧化烧伤严重,从而改变工件表面的性能,对工件后续处理和应用产生不良影响。

Cubitron™ Ⅱ 磨料在打磨过程中会及时地撕裂金属表面,使被研磨部位迅速脱落,起到良好的散热作用,减少无效摩擦,降低工件表面温度,保持金属原有色泽。

总体而言,对于难加工金属材料,特别是打磨发热敏感材料,例如不锈钢、钛合金、镍基合金、铜合金等,利用溶胶-凝胶法生产的陶瓷刚玉磨料可以发挥快速打磨、冷切削的优点,可以使打磨过程变得更轻松、更持久和更安全,不容易产生热应力裂纹和烧伤工件,非常适合铸件浇冒口的打磨、焊缝打磨等有大金属去除量的打磨加工。

2.5.3 堆积磨料

堆积磨料(compact-grain)是由细粒度的刚玉或碳化硅用高强度粘结剂及辅助材料结合在一起、组织均匀的磨料团颗粒。一直以来,涂附磨具是以单层磨料为标志性特征,随着涂附磨具应用领域的不断扩大和本身技术的发展,高效率、高耐用度成了必须的要求,单层磨料产品已经难以胜任,堆积磨料赋予了产品多层磨料结构,使得涂附磨具具有类似固结磨具的多层磨削特性,在磨削过程中磨料磨损脱落后,新磨料不断出现,保持良好的自锐特性,解决了涂附磨具磨削过程中磨屑的堵塞问题。

堆积磨料

堆积磨料与固结磨具结构相似,每一颗堆积磨料都可以形象地比喻为一个"微型磨具"。其结构由气孔、粘结剂、磨料三个要素组成,如图2-4所示。粘结剂包括陶瓷结合剂、树脂结合剂等,磨料包括刚玉、碳化硅、金刚石、立方氮化硼等,辅助材料包括吸热材料、助磨材料、润滑材料等。通过调节不同的磨粒率、气孔率和抗压强度,可制备满足不同性能材料和加工工艺的堆积磨料。

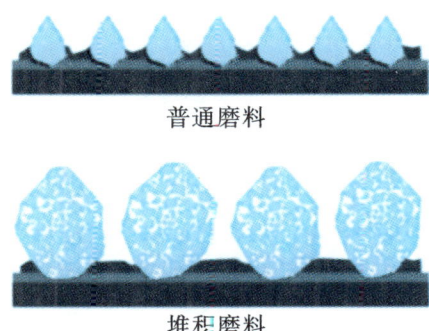
图2-4 堆积磨料砂带示意图

堆积磨料的形状根据制备方法不同,可以分为随机颗粒和几何形状颗粒两大类,包括:不规则形状、球形、四面体形、带形、板型等。如美国3M公司研制的金字塔堆积磨料砂带(TrizactTM 953FA)和法国Saint-Gobain(原美国Norton)的NORaX金字塔砂带(图2-5),前者由外形规则整齐排列的四棱锥磨粒组成,磨料除常规的氧化铝和碳化硅以外,还有陶瓷刚玉磨料;后者由外观相对粗糙、近似球状的磨粒团构成。

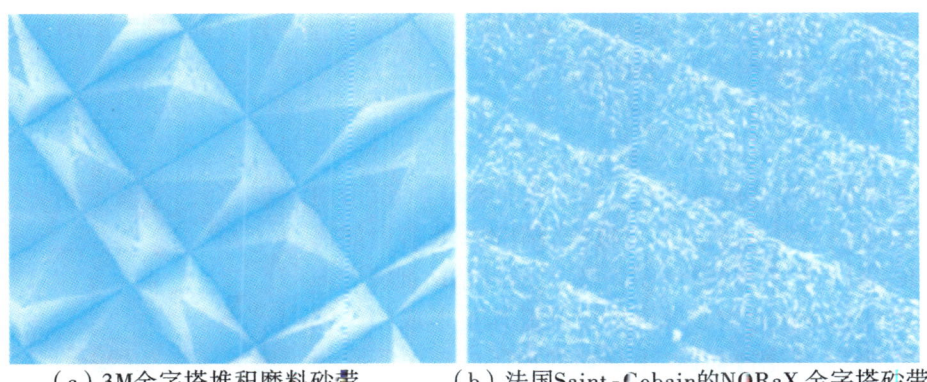

(a)3M金字塔堆积磨料砂带　　(b)法国Saint-Gobain的NORaX金字塔砂带

图2-5 金字塔堆积磨料砂带

但就本质而言,它们的内部结构是相似的,即每个大磨粒都由大量比锥形磨粒或磨粒团更小的磨粒粘接而成。表层磨粒切除一定量的材料后会钝化,磨钝的小磨粒会从锥形磨粒或磨粒团上破碎脱落,位于里层的新磨粒就会露出来参与磨削,因此,新型堆积磨料砂带由于在磨削过程中不断有锋利的切削刃产生,所以具有较长的寿命和对材料均匀一致的切除率。图2-6是相同粒度堆积磨料砂带和普通砂带切除率与磨削时间的关系曲线。从图中不难看出，普通磨料砂带磨削前期材料切除率虽然比堆积磨料砂带略高，但随着磨削时间的增加快速下降；相反，堆积磨料砂带材料切除率下降速度比普通磨料砂带要慢，而且随磨削时间的递增逐渐减小并趋于零，寿命约为普通磨料砂带的4倍以上。

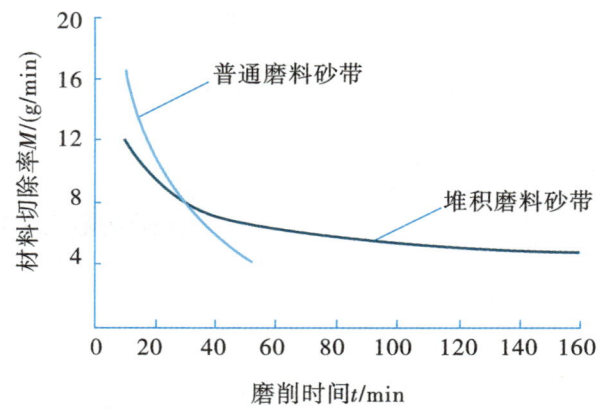

图2-6　堆积磨料砂带、普通磨料砂带的切除率与磨削时间关系曲线

堆积磨料涂附磨具磨削效率高、磨粒容屑空间大、磨屑不易堵塞、自锐性好，磨削热小、寿命超长、磨削表面质量稳定。适合钛合金、不锈钢、碳钢铸件、镀锌工件、五金配件等表面磨削和抛光处理，也用于耐热钢、镍铬合金、高低钢合金等加工工件，以及金属罐体、管材、医疗器械等表面打磨和抛光。特别适用于数控磨床等自动化抛光设备使用。

堆积磨料的一个最主要的问题是如何涂胶植砂。由于磨料颗粒又大又重，静电植砂比较困难。底胶复胶会进入颗粒而使堆积磨料变硬，改变颗粒的性能；复胶覆盖颗粒将使它不再锋利。关键是允许多少树脂渗透进入颗粒。

堆积磨料应用的又一个问题是：堆积磨料产品在磨削一段时间以后，磨削压力被粘结剂分担，颗粒无法再自锐，磨削将停止。

2.5.4　空心球磨料

空心球磨料被公认为世界上最有效的磨料，不仅可用于工件的研磨和抛光，而且其重负荷磨削效果显著。如德国Hermes公司空心球磨料（图2-7）是通过粘结剂将许多表层粘有细小磨粒的空心球壳固定在基体上形成的一种复合磨粒砂带，球壳薄而脆，由热塑性树脂或玻璃等脆硬材料制成。其中单个球壳上的磨粒数量高达200多个，磨料种类通常是锆刚玉或陶瓷刚玉。类似于堆积磨料，磨钝后高度相对较低的新磨粒将突出来参与切削，所以具有很长的使用寿命。砂带使用一段时间后，磨粒开始破碎、开孔，但仍然具有很高的机械强度和长时间保持持续空心球磨料中的塑料小球的材料很有讲究的，一是要考虑材料的

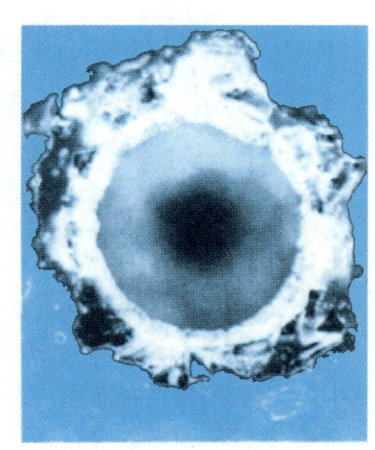

图2-7　空心球磨料

脆性和韧性,必须与整个空心球磨粒的脱落与磨损相匹配,以及它们之间的同步磨损特性;二是塑料空心球的强度问题,即在机械磨削力的作用下,不易破裂或压缩变形;三是塑料空心球的球径与磨料的粒径之间的比例关系问题,磨料粒径与塑料球径之比根据所用磨料粒度的不同而确定,一般为(6~20)∶1。

空心球磨料的制法是这样的,先用40%的环氧树脂溶液(已加固化剂)与空心球混合,然后将粘有粘结剂的空心球与刚玉磨料(如P400,平均直径为35 mm)混合,使磨粒粘在空心球壳上,空心球、粘结剂与磨料之间的质量比为1∶10∶100,然后将其干燥过筛即成,其平均直径为0.425 mm。

思考题

1. 涂附磨具对磨料的基本要求有哪些?
2. 请分析比较不同的刚玉类磨料的制备方法和性能的不同。
3. 分析对比刚玉类磨料、碳化硅类磨料、超硬磨料的性能特点,分别适用的加工对象。
4. 磨料为什么要进行处理?当磨料的种类选定之后,可以采用哪些方法对其进行处理?
5. 请谈谈煅烧处理的作用。
6. 碱处理磨料为什么能提高磨料与粘结剂的粘结性能?
7. 分析锆刚玉磨料之所以韧性高的原因。
8. 新型的磨料中陶瓷磨料、堆积磨料和空心球磨料应用在涂附磨具产品中有哪些优越的性能?
9. 根据自己的理解,说明与普通磨料砂带产品相比堆积磨料砂带磨削优点。

第 3 章 基材

3.1 基材的要求和分类

3.1.1 基材的要求

基材是磨料和粘结剂的承载体,是涂附磨具具有可挠性的主导因素,因此作为基材的材料,必须具有下列性质:

(1)基材对粘结剂有很强的粘结能力。这是基材的起码要求,只有具有了牢固的粘结,才使基材具有作为"承载体"的意义。固然,粘结牢固主要取决于粘结剂的选择,但是基材的选择也非常重要,基材本身的表面活性能的大小(即纤维种类)、织物组织、密度等也会影响到粘结能力。

(2)基材必须具有一定的可挠曲性。

(3)基材必须具有一定的强度和较小的伸长率。基材的强度与涂附磨具的强度密切相关。只有具有高强度,才能承受拉力负荷、磨削负荷和膨胀负荷等各种力的作用,粗粒度磨具对此要求更高,特别是在用于高效率磨削的砂带和砂盘,强度尤其重要。

伸长率大小是基材十分重要的性能,伸长率太大,磨料就会脱落,丧失磨削能力。对于砂带来说,伸长太多,超过磨床的可调范围,砂带将无法使用。

(4)基材表面必须平整。只有平整的表面,才可能涂胶植砂均匀,粘结性能均衡,涂附磨具产品的等高性才能得到保证,并使被磨削加工对象的平整度、光洁度、精准度得到有效的控制。特别是细粒度精密抛光产品,基材表面的平整性更为重要。

(5)资源广,价格便宜。

3.1.2 基材的分类

涂附磨具的基材主要有纸、布、钢纸、复合基材、无纺布、聚酯薄膜等。其中纸基、布基用量最大。

3.2 原纸

造纸原理与工程

以纸为基体的涂附磨具在整个涂附磨具产品中占有相当大的比重。其特点是表面平整,伸长率小,基体处理简单,制作成本相对较低;且经过处理纸基还有抗静电、防火、防浸的性能。

制造涂附磨具所用的原纸,是用特别结实而富有弹性的纤维制成的优质纸浆混合物抄造而成的。

3.2.1 原纸的分类

按照制纸的原料,纸可分为四大类:植物纤维纸、合成纤维纸、矿纤维纸(玻璃纤维)和金属纤维纸。

3.2.1.1 植物纤维纸

植物纤维纸主要原料是植物纤维,植物纤维是由纤维素、木素和半纤维素三大部分构成,此外,还有少量的果胶、丹宁、蜡质、灰分等次要成分。

纤维素是纸张的基本成分,其分子式用$(C_6H_{10}O_5)_n$来表示,n是聚合度。纤维素的末端带有羟基,在第2,3,6位上带有三个羟基。由于大量羟基的存在,使纤维素有很强的亲水性,并使其大分子间产生大量氢键,从而提高了纤维素的强度。另一方面,由于这些羟基具有醇的性质,故能被酯化或氢化,在末端位置上的羟基还具有还原性。

植物纤维纸的强度取决于纤维间的交叉、纤维间的氢键结合和单纤维自身强度。天然纤维素的聚合度越高,结晶度越大,其纸张的强度越大。如木材纤维素,聚合度为9 300,结晶度在50%以上,故此木材纸浆制造的原纸强度较大。

植物纤维化学

纤维素的结构式如下:

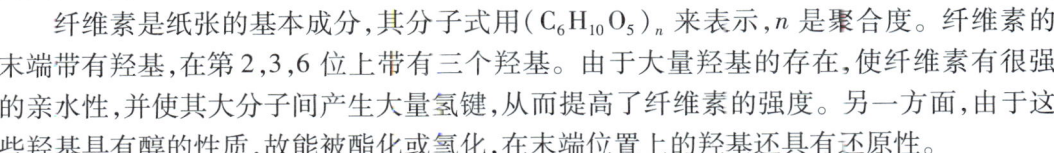

就天然纤维来说,自然界中造纸原料有七大类(即:草木、竹、木材、皮料、麻料、胶料等七类)350余种,但是,只有木材纤维能用作涂附磨具的用纸原料。由于涂附磨具应用条件不同,对原纸的质量要求也不同,国内现有原纸生产不能满足涂附磨具行业的应用需要。通常要对单一的100%未漂白亚硫酸盐木浆的原纸进行改进。

目前,聚合物乳液在造纸工业和纸品加工中已成为不可缺少的物质,它大量地被用作纸浆添加剂、纸张浸渍及纸张涂层剂,以提高纸的干(湿)拉伸强度、抗撕裂强度及耐水性等性能,用以克服纸的渗水、渗油及透气等固有的缺点。并可用作纸张粘合剂,以对纸张进行各种各样的加工和应用。

现代造纸过程

聚合物乳液广泛地用作纸浆添加剂。在形成纸以前,在打浆工序,将纸纤维均匀地分散在水中,形成纸浆,可将聚合物乳液直接加入到打浆机中(或加入打浆机下游的贮浆池内),让乳液和纸浆充分混合,并设法使乳液聚合物均匀地固定在纸纤维上,然后经过抄纸和干燥,即可制得乳液改性的纸张。加入少量乳液就可以显著地改善纸的性能,比如仅添加干纸重2%~5%的聚合物乳液,就可以显著地提高纸的干(湿)拉伸强度、伸长率、耐化学药品性、戳穿强度、耐擦性、施胶性、耐破度、柔韧性及耐折性等性能;若加入乳液量较大,比如加入干纸重50%~100%的乳液,可赋予纸张很高的柔性和抗撕裂强度。

作为纸浆添加剂常用的乳液有氯丁胶乳、丁腈胶乳、丁苯胶乳、聚丙烯酸酯乳液、苯丙乳液、聚醋酸乙烯酯乳液等。

添加氯丁胶乳可大幅度地提高纸的湿强度。在氯丁胶乳用量仅为干纸重2%时,纸的湿抗撕裂强度就比纯态时高200%,湿耐折强度为纯态时的250%;当氯丁胶乳用量为干纸重5%时,对未漂白牛皮纸的湿拉伸强度可提高50%,耐破度可提高80%。

若采用"湿部加料"的方法(在纸张即将成型时加入),向纸浆中加入1份丁腈胶乳和5份白土,可显著提高纸的光泽度、可切性黏土的粘结牢度,并可以减少由于白土的加入而引起的纸张耐破度及其他物理性质的下降;添加丁腈胶乳可以提高纸张的耐油性和耐溶剂性;羧基丁腈胶乳可赋予纸张以优异的干强度和湿强度;若将水溶性酚醛树脂和丁腈胶乳联合使用,焙烘后可赋予织物极好的力学性能。

丙烯酸系聚合物乳液是最常用的纸张添加剂。可以通过采用不同的丙烯酸酯、甲基丙烯酸酯和丙烯酸进行乳液共聚合,或者向以上乳液加入不同量脲醛树脂交联剂,则可在很大范围内来调节乳液聚合物的软硬程度,进而得到不同性质的纸张。

聚醋酸乙烯酯乳液也可用作纸浆添加剂,若在100份干纸中加入40份聚醋酸乙烯酯,其干强度将由0.88 MPa 增加至 1.18 MPa,而其湿强度则由 0.039 MPa 增至 0.196 MPa。当醋酸乙烯酯和氯乙烯共聚物乳液用作纸浆添加剂时,其最佳共聚组成是80%醋酸乙烯酯和20%的氯乙烯;若将醋酸乙烯酯与马来酸二丁酯共聚物乳液和聚丙酰胺混合使用,可赋予纸张最高强度。

3.2.1.2 合成纤维纸

所谓合成纤维纸是用分散剂将化学纤维(如维尼纶纤维、尼龙纤维、聚丙烯纤维、人造丝等)悬浮在水中,经过机械加工后,再通过使用高分子胶粘剂或通过化学纤维本身的熔化粘接而制得的纸张。可见,化学纤维纸的强度既依赖于单纤维的强度,也与纤维间的粘附强度有关。

目前,用于制备合成纤维纸的纤维种类主要有:①维尼纶纤维,通常为聚乙烯醇缩甲醛纤维;②尼龙6、尼龙66及丙烯腈-乙烯类共聚物纤维;③符合造纸规范的人造丝;④符合造纸规范的聚酯纤维;⑤符合造纸规范的聚丙烯纤维。

目前,国内外部分厂家为了提高植物纤维纸的强度和耐水性,在植物纤维纸浆料制造过程中加入少量的化学纤维,得到复合纤维纸,并经过浸渍和涂布加工,制备高性能的涂附磨具专用原纸。

3.2.2 加工纸

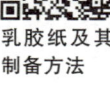
加工纸

由原纸经加工制成的纸总称为加工纸,按加工方法的不同,可分为涂布加工纸、浸渍加工纸、变性加工纸、复合加工纸、机械加工纸、真空镀膜纸等。

3.2.3 乳胶纸

乳胶纸及其制备方法

乳胶纸作为高品质涂附磨具原纸,要求其具有较强的耐水性、柔软性(固化后)、抗溶剂性(抵抗砂纸生产中的胶粘剂,如醇酸清漆、醇酸磁漆、氨基树脂漆、醇酸稀料等有机溶剂)、较高的尺寸稳定性、良好的植砂性、平整性、耐磨性、高的干强度及持久耐高温性(110~150 ℃固化6 h后仍不变色并保持一定的柔软性),这些特性决定了乳胶纸的生产必须采用特殊的纤维原料，高性能的胶乳及特殊的耐热结构。

目前，国内砂纸厂生产的高档砂纸所采用的乳胶纸均来自美国、日本、德国、法国等国家。国外乳胶纸主要在纸浆中加入化学助剂，并通过浸渍处理和表面涂布处理，使纸张达到砂纸的使用要求，其制造工艺如下所示。

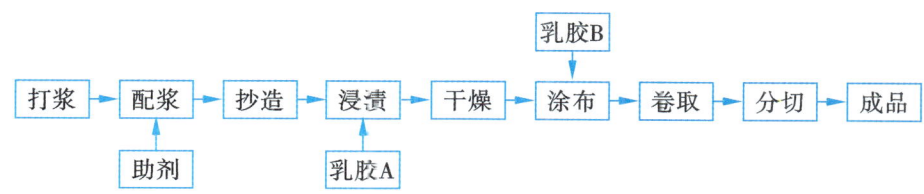

从工艺中可以看出，原纸的制造中分别通过浸渍加工加入一种聚合物胶乳，采用涂布加工方法在原纸正面和背面加入另外一种聚合物胶乳。由于基体内部和外表面均含有乳胶成分，具有柔软性强，使用寿命长（为普通砂纸的 4~5 倍）；可防堵塞、防静电和不透油；具有超强的研削力，可提高工件表面粗糙度；在操作时无粉尘污染等特点。制成的乳胶纸砂纸广泛用于汽车、飞机、造船、机械、轻工、制革、家具、装修等行业的打磨与抛光。

3.2.4 原纸的物理机械性能

原纸的品种规格很多，它们的质量好坏由其物理机械性能指标来表示，涂附磨具对原纸的要求也是用这些指标来表示的。

（1）定量 指每平方米原纸的质量（g/m^2）。定量是纸最基本的一项物理指标，它的高低及其均一性，影响着纸张所有的物理、机械、光学等性能。涂附磨具用原纸的定量同样是其非常重要的指标，在很大程度上影响其他的物理机械性能。因此，涂附磨具原纸也是按定量来分类的。

根据原纸的定量不同，涂附磨具原纸一般可以分为 A、B、C、D、E、F、G 等几个等级，质量依次增加。表 3-1 是涂附磨具用原纸的种类及基本用途。一般细粒度采用轻型纸，柔软性好；粗粒度和砂带采用重型纸，强度高。页状砂纸和耐水砂纸采用轻型纸，用于金属的除锈、木制品抛光、油漆和腻子打磨等；砂带的纸采用中型纸、重型纸，用于木材、人造板、皮革等的磨加工。

表 3-1 涂附磨具用原纸种类与用途

型号	定量/(g/m^2)	用途
A	80	细粒度、页状、盘状
B	100	页状、卷状、盘状
C	120	页状、卷状、盘状
D	160	页状、卷状、带状、盘状
E	250	卷状、带状、盘状

续表 3-1

型号	定量/(g/m²)	用途
F	300 以上	卷状、带状、盘状
防水 A	100	细粒度耐水砂纸
防水 B	120	中粒度耐水砂纸
防水 C	140	粗粒度耐水砂纸

(2)厚度　指纸样在一定压力下直接测量出的厚度(mm),一般说来,同一品种的纸,定量越高,厚度越大,强度越高,柔软性越低。也存在定量小的纸比定量大的纸厚度大的情况,这是因为两种纸的紧度不同。涂附磨具原纸的厚度一般约为 0.1~0.4 mm。

测量纸张厚度所用仪器是纸张测厚计。测量面积(2±0.2) cm²,压强(10.0±1.0) N/cm²。

(3)紧度　指纸张结构紧密程度,即每立方厘米原纸的质量(g/cm³)。定量相同时,紧度大,则厚度小,纸张结构紧密,强度大,但易折断;相反,若紧度小,则厚度大,纸张结构松,较柔软,但也会带来吸胶量大的缺点。因此,涂附磨具用原纸应具有适中的紧度。紧度可用定量和厚度来计算。

$$紧度 D = \frac{定量 W}{厚度 d \times 1000} \tag{3-1}$$

鉴别纸张的
纵向和横向

(4)纵向和横向　与造纸机平行的方向称为纵向,垂直纵向的方向称为横向。

纸的纵向与横向不仅在抗张强度与伸缩率等方面有明显的差别,而且在耐折性、撕裂度、挺度和伸长率等方面也有差别。同时,纸的某些性质(如紧度)在纵向的不同位置与在横向的不同位置的差别也不同。因此,在测定纸张的定量、紧度、平滑度等性能指标时,取样应沿横向在全宽上取得,而不可沿纵向取一长条来裁切纸样。

(5)正面和反面　原纸贴向造纸机铜网的一面称为反面,另一面为正面。

鉴别纸张的
正面和反面

纸张正反面的差别是由于长纤维和细小纤维、填料粒子和胶料粒子在纸幅两面的分布不同,网子对纸面的印痕不同等造成的。原纸两面性的差别,突出表现在平滑度方面,一般正面较光滑、平整。涂附磨具一般在原纸的正面进行涂胶植砂。

(6)抗张强度　指在标准试验方法规定的条件下,单位宽度的纸断裂前所能承受的最大张力。抗张强度一般用在抗张试验仪上所测出的抗张力值除以样品宽度来表示,单位为 kN/m。

很显然,抗张强度忽略了厚纸与薄纸的差别,只反映了单位宽度所能承受的最大拉力,反映不出纸张的"质地"强度即单位截面积上的抗张强度。因此,表示纸张抗张强度的指标,通常用裂断长和抗张指数。

(7)裂断长　指纸由于本身的重量而断裂的长度[(N·m)/g]。由下式计算得出

$$裂断长 = \frac{试样绝对抗张强度(N)}{试样宽度(m) \times 试样的定量(g/m²)} \tag{3-2}$$

抗张指数:即单位截面积的抗张强度。其等于试样被拉断时的张力除以试样的截面积。单位是 N/m²。

(8)伸长率　纸在拉伸断裂时的长度增加值与原有长度之比值(%)。以百分率表示。

测定纸的抗张强度和伸长率,目前我国最常用的仪器为摆锤式抗张力试验机,即肖伯尔式拉力机。

(9)耐破度　纸在单位面积上所能承受的均匀地增大的最大压力,单位为 N/cm²,这是绝对耐破度。相对耐破度是将绝对耐破度换算成定量为 100 g/m² 的纸的耐破度,计算公式为

$$相对耐破度 = \frac{试样的耐破度 \times 100}{试样的定量} \quad (3-3)$$

耐破度实际上是强度和脆性的反映。

(10)撕裂度　指撕裂预先切口的纸至一定长度所需的力,单位为 gf(克力),也是反映纸的强度和脆性的一项重要机械性能指标。

纸张的撕裂度有内撕裂度和边撕裂度两种。通常情况下,撕裂度指的是内撕裂度,它是指先将纸张切出一定的切口,然后再从切口开始撕到一定的距离时所需要的力,单位是 mN 或 gf。这两个单位间的换算关系是 1 gf=9.087 mN。而边撕裂度,是指沿纸的一边,被一平面内的力撕开所需的力,单位是 N。

(11)耐折度　指在规定的试验条件下,在专门仪器中一定张力作用下,在试样折断前所能经受往复 180°的折叠的次数。以双折次表示,也有以往复折叠次数的对数表示的。

耐折度是对纸张强度和挠性的综合度量。它主要取决于纤维本身的强度,与厚度、紧度也有密切关系。测定纸张耐折度的仪器主要有两种,一种为肖伯尔式耐折度测定仪,这种仪器将纸条来回折叠 180°,纸所受的初张力为(770±10) gf,拉伸后最大张力为(1 000±10) gf。另一种为 MIT 耐折度测定仪,它是直立式,折叠角度为 135°,折头左右摆动,纸所受的张力为 500 gf,1 000 gf 或 1 500 gf,可根据需要调节,但在折叠过程中张力基本恒定。

(12)水分　亦称湿度,指原纸试样在 105 ℃±2 ℃的温度下烘干至恒重时所减少的重量与试样原重量之比,以百分率表示。

纸中水分的增减变化对纸的各种性质影响很大,随着水分的变化,纸的定量、抗张强度、柔韧性、耐折度等都将发生变化。水分过低,会使纸的刚性增加而变得发脆,因此纸张在它的最佳性能下应有一个恰当的水分含量。

(13)灰分　原纸试样按规定的温度(925 ℃)进行灼烧后残渣的重量与原试样的绝干重量之比,以百分率表示。

(14)纤维配比　指造纸时,几种纸浆原料混合的比例。不同的纸,各种性能要求不同,纤维配比也不同。涂附磨具原纸一般均采用 100% 未漂白的硫酸盐木浆。

(15)抗水度　指液体通过原纸所需的时间。将一滴水滴于原纸的一面,测量水透过原纸至另一面的时间。

(16)平滑度　是评价纸张表面凹凸程度特性的一项指标,它表示纸张表面平整光滑的程度。通常所说的平滑度,是指在一定的真空度下,一定体积的空气,通过受一定压力、一定面积的试样表面与玻璃面之间的间隙所需要的时间,以秒表示。

检测纸张平滑度的方法很多,有光学法、触针放大法、印刷试验法、电容法、空气泄漏法等。比较实用且应用较广的是空气泄漏法。根据空气泄漏原理设计的平滑度仪种类也不少。有别克(bendkk)式、葛尔来(garley-fill)式等,我国普遍采用别克式平滑度仪。

(17)吸水性 采用吸水性测定仪,测定一定时间、一定面积试样的吸水量,单位为 g/m^2。它也在一定程度上反映原纸的紧密程度和渗透性。

(18)透气性 采用透气性测定仪,测定一定量空气通过原纸试样的时间(min/mL),或一定时间通过试样的空气体积(mL/min)。透气性在一定程度上反映了原纸纤维的紧密程度和原纸的渗透性。

此外,还有吸收性、伸缩性、润湿强度、热处理后强度损失,以及施胶度、白度、透明度、尘埃度等。

法国阿尔若·维根斯公司(ARJO WIGGINS)生产的砂纸原纸包括轻型砂带纸基和重磅纸砂带纸基。轻型纸基砂带可选纸型有乳胶纸和牛皮纸,前者包括15%(定量120~150 g/m^2)和30%(定量120~130 g/m^2)两种乳胶纸,后者包括普通涂层多用途砂带纸、防渗透涂层多用途砂带纸和防渗透高平滑度砂带纸,可根据底胶不同,植砂粒度的不同等选择不同的原纸。

3.3 原布

布是涂附磨具最重要的基材,因其柔性好,强度高,是涂附磨具应用最广的一种基材。用于制造涂附磨具的基材布主要有纯棉布、涤棉混纺布和聚酯布。随着涂附磨具发展,后两者将成为涂附磨具原布的主要品种。

布是用纤维为原料,通过纺织构成一定组织而形成的织物,应用时需要进行严格的基材处理(见第6章)。

布因为纤维种类的不同可形成不同的品种,纺织纤维可以分为两大类:一类是天然纤维,是自然界存在的,可以直接取得的纤维;另一类是化学纤维,是用天然或合成高分子化合物经化学加工制得的纤维。

天然纤维根据其来源可以分为植物纤维和动物纤维两类。植物纤维是由植物的种子、果实、茎、叶等处得到的纤维,如棉、苎麻、亚麻等。植物纤维的主要化学成分是纤维素,故也称纤维素纤维。动物纤维是由动物的毛或昆虫的腺分泌物中得到的纤维,如羊毛、蚕丝等。动物纤维的主要成分是蛋白质,故也称蛋白质纤维。

化学纤维根据其原料可以分为人造纤维和合成纤维两类。人造纤维是用含有天然纤维或蛋白质纤维的物质,如木材、甘蔗、芦苇、大豆蛋白质纤维、酪素纤维等及其他失去纺织加工价值的纤维原料,经过化学加工后制成的纺织纤维,如粘胶纤维、醋酸纤维、铜氨纤维等。合成纤维是以石油、天然气、煤等为原料,先合成单体,再聚合而制成的纺织纤维。常见的合成纤维有聚酯纤维、聚酰胺纤维、聚乙烯醇纤维、聚丙烯腈纤维、聚丙烯纤维、聚氯乙烯纤维等。

3.3.1 棉纤维

由于棉基材与各种粘结剂粘结性好,表面平整,挠曲性好;强度高,来源充足等的原因,砂布在过去采用的基材绝大部分是棉布。

棉纤维的横断面是不规则的腰圆形,中有中腔;纵断面呈扁平带状,自然形成不规则的螺旋形扭转,这称为棉纤维的扭曲性,这种扭曲性是棉纤维可以纺纱的必不可少的条件。

棉纤维的化学组成(表3-2所示)中90%以上是纤维素,其他蜡状物、果胶等含量虽少,但对棉纤维优良性能的发挥影响较大,应在染整加工做成中加以除去。

表3-2 棉纤维的化学组成

项目	含量范围	一般含量
纤维素	93.0%~95.0%	94.5%
蜡质物质	0.3%~1.0%	0.6%
果胶物质	1.0%~1.5%	1.2%
含氮物质	1.0%~1.5%	1.2%
灰分	0.8%~1.8%	1.2%
其他	1.0%~1.5%	1.3%

3.3.1.1 棉纤维的化学性质

(1)耐酸性 酸对纤维有腐蚀作用,在酸的水溶液作用下纤维水解,强力下降,无机酸如硫酸、盐酸、硝酸对棉纤维有腐蚀作用,热稀酸和冷浓酸能使纤维溶解,有机酸如甲酸等作用较弱。酸对棉纤维的作用随温度、浓度、时间的不同而改变。

(2)耐碱性 棉纤维对稀碱液稳定,在18%氢氧化钠溶液中处理可产生丝光作用,应用于棉织物染整工艺中的丝光工艺,与浓氢氧化钠溶液作用,生成碱纤维素。

(3)耐有机溶剂性 棉纤维对有机溶剂有较强抵抗力,有机溶剂仅能溶解纤维素中的伴生物质,如棉蜡质和脂肪。

(4)耐氧化剂性 棉纤维经氧化剂(如过氧化物、次氯酸钠等漂白剂)长时间处理后,分子链断裂,强力下降以致纤维素分解。

(5)耐光性 紫外线对棉纤维破坏力强,使分子链断裂,聚合度下降,强力降低。

(6)水的作用 膨化,但不溶解;横截面增大40%~50%,长度增加1%~2%,脱脂纤维吸水性增强。

(7)耐热性 在100℃热空气中,纤维吸收的水分蒸发;160℃时纤维脱水;240℃时纤维破坏变黄,400~450℃时碳化。

(8)耐微生物腐蚀性 含水率大于9%、相对湿度在75%以上时,纤维素易被微生物分解,棉纤维受霉菌的作用较剧烈。

(9)染色性 棉纤维吸色性强,一般染料均可染色。

3.3.1.2 棉纤维(细绒棉)的物理机械性质

棉纤维(细绒棉)的物理机械性质见表3-3。

表 3-3　棉纤维(细绒棉)的物理机械性质

项目	指标范围	项目	指标范围
纤维长度/mm	23～33	传热系数/[kcal/(m·℃·h)]	0.05(0 ℃)
纤维细度/(m/g)	4 500～7 000	日照强度(强力降低50%的小时数)	940
纤维成熟度(成熟度系数)	0.9～2.1	摩擦系数：棉与棉	0.22～0.29
天然转曲/(转曲数/cm)	50～80	棉与钢	0.26～0.33
单纤维强力/g	3～5	棉与皮革	0.28～0.35
断裂伸长率	7%～12%	双折射	0.040～0.043
断裂长度/km	20～28	抗压性	80%～84%
相对强度/(g/旦)	2.0～3.5	压缩能恢复系数	38%
初始模数/(g/旦)	68～93	扭转刚度/(dyn/cm^2)	0.04～0.06
断裂功/[g·cm/(cm·旦)]	0.11	剪切强度/(×10^8 dyn/cm^2)	12.9
回潮率	7.0%～9.5%	击穿电压/(kV/mm)	4.5
密度/(g/cm^3)	1.50～1.55	质量比电阻/[Ω·(g/cm^2)]	10^6～10^7
比热/[cal/(g·℃)]	0.315～0.319	介电常数(60 Hz,20 ℃,65% 相对湿度)	7.7

3.3.2　麻纤维

麻纤维

麻纤维具体内容见二维码。

3.3.3　羊毛

羊毛

羊毛具体内容见二维码。

3.3.4　化学纤维

化学纤维

化学纤维具体内容见二维码。

3.3.4.1　化学纤维的分类

化学纤维的分类如下：

化学纤维分类：

- 化学纤维
  - 再生纤维
    - 再生纤维素纤维
      - 粘胶纤维
      - 铜氨纤维
      - 皂化醋酯纤维
    - 纤维素酯纤维
      - 纤维素醋酯纤维
      - 纤维素硝酸酯纤维
    - 再生蛋白纤维
      - 酪素纤维
      - 丝素纤维
      - 大豆蛋白纤维
      - 花生蛋白纤维
      - 玉米蛋白纤维
      - 石油蛋白纤维
  - 合成纤维
    - 碳链纤维
      - 聚乙烯纤维(乙纶)
      - 等规聚丙烯纤维(丙纶)
      - 丙烯腈系纤维
        - 聚丙烯腈纤维(腈纶)
        - 改性聚丙烯腈纤维
      - 聚乙烯醇缩甲醛纤维(维纶)
      - 含氯纤维聚氯乙烯及其共聚物纤维(氯纶)
      - 含氟纤维聚四氟乙烯及其共聚物纤维(氟纶)
    - 杂链纤维
      - 聚酰胺纤维
        - 脂肪族聚酰胺纤维(锦纶6、锦纶66等)
        - 含脂环的脂肪族聚酰胺纤维（凯纳）
        - 含芳香环的脂肪族聚酰胺纤维(尼龙6T)
      - 全芳香族聚酰胺纤维
        - 聚对苯二甲酰对苯二胺纤维(芳纶1414)
        - 聚间苯二甲酰间苯二胺纤维(芳纶1313)
        - 聚对苯甲酰胺纤维(芳纶14)
      - 聚酯纤维
        - 聚对苯二甲酸乙二酯纤维(涤纶)
        - 聚对苯二甲酸环乙己基-1,4-二甲酯纤维(柯台尔)
        - 芳香族聚酯纤维
      - 聚氨酯弹性纤维(氨纶)
      - 其他:聚甲醛纤维、聚酰亚胺纤维、聚酰胺-酰腈纤维、聚苯并咪唑纤维、酚醛纤维、聚脲纤维等
  - 无机纤维
    - 玻璃纤维
    - 石英玻璃纤维
    - 硼纤维
    - 陶瓷纤维
    - 金属纤维

3.3.4.2 常用化学纤维命名

常用化学纤维命名见表3-4。合成纤维一律称"纶";纤维素短纤维一律称"纤";两者长丝则末尾加一"丝"字。

表 3-4　常用化学纤维命名

纤维名称	简称		缩写	国际商品名称
	短纤维	长丝		
聚酰胺纤维 聚己内酰胺纤维 聚己二酸己二胺纤维	锦纶 锦纶6（锦纶） 锦纶66	锦纶丝 锦纶丝 锦纶丝	PA PA6 PA66	锦纶、贝纶、卡普隆、耐纶
聚对苯二甲酸乙二酯纤维	涤纶	涤纶丝	PET	达可纶、特丽纶、帝特纶、拉夫桑
聚丙烯腈纤维	腈纶	腈纶丝	PAN	爱克司纶、开司米纶、奥纶、阿克利纶
聚乙烯醇缩甲醛纤维	维纶	维纶丝	VL	维尼纶、妙纶
聚氯乙烯纤维	氯纶	氯纶丝	PVC	开美纶
聚丙烯纤维	丙纶	丙纶丝	PP	梅拉克纶、丽纺、帕纶
嵌段共聚氨基甲酸酯纤维	氨纶	氨纶丝	PUB	乌利当、司班达克司
聚乙烯纤维	乙纶	乙纶丝	PE	
粘胶纤维	粘纤	粘胶丝	VI	嫘萦
铜氨纤维	铜氨纤	铜氨丝	CU	
高湿模量粘胶纤维	富纤	富强丝	PO	虎木棉、波里诺西克纤维
醋酯纤维	醋纤	醋酸丝	AC	
三醋酸纤维	三醋纤	三醋丝		
过氯乙烯纤维	过氯纶	过氯纶丝		

3.3.4.3　典型合成纤维

（1）聚酯纤维（涤纶纤维/PET）　聚酯纤维是由有机二元酸和二元醇缩聚而成的聚酯经纺丝所得的合成纤维。工业化大量生产的聚酯纤维是用聚对苯二甲酸乙二醇酯制成的，中国的商品名为涤纶，是当前合成纤维的第一大品种。其大分子链化学结构式为

$$\left[\begin{matrix} O \\ \| \\ C \end{matrix} - \bigcirc - \begin{matrix} O \\ \| \\ C \end{matrix} - O - CH_2 - CH_2 - O \right]_n$$

聚酯纤维由一个苯环、两个酯基和两个亚甲基（—CH_2）构成。—CH_2—CH_2—是柔性链；苯环使分子链的刚性增大，熔融熵减小，结晶速率减缓，所以按传统的熔体纺丝法得到的初生纤维一般为非晶态，但经过拉伸取向可诱导快速结晶，不仅取向度高，而且结晶度也高。

涤纶有优良的耐皱性、弹性和尺寸稳定性，有良好的电绝缘性能，耐日光，耐摩擦，不霉不蛀，有较好的耐化学试剂性能，能耐弱酸及弱碱。在室温下，有一定的耐稀强酸的能

力,耐强碱性较差。涤纶的染色性能较差,一般须在高温或有载体存在的条件下用分散性染料染色。

(2)聚酰胺纤维(锦纶/尼龙/PA) 锦纶是聚酰胺纤维的商品名称,又称尼龙(Nylon)。英文名称为Polyamide(简称PA),其基本组成物质是通过酰胺键$\{C-N\}$连接起来的脂肪族聚酰胺。目前市场上主要的聚酰胺纤维主要包括两大类,其化学结构分别为:

尼龙66 $\{-N(CH_2)_6-N-C-(CH_2)_4-C-\}_n$

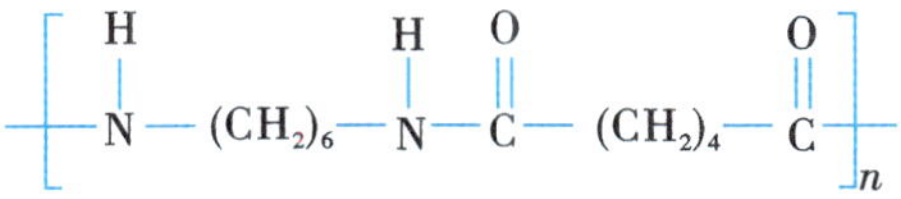

尼龙6 $\{-N-(CH_2)_5-C-\}_n$

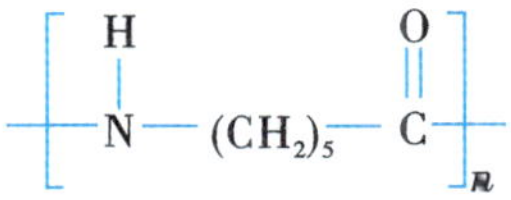

锦纶分子中有—CO—、—NH—基团,可以在分子间或分子内形成氢键结合,也可以与其他分子相结合,所以锦纶吸湿能力较好,并且能够形成较好的结晶结构。锦纶分子中的—CH_2—(亚甲基)之间因只能产生较弱的范德华力,所以—CH_2—链段部分的分子链卷曲度较大。尼龙的晶格示意如下:

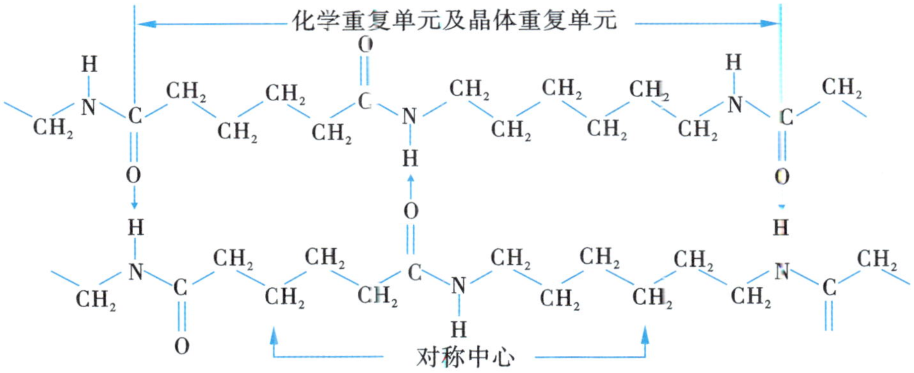

聚酰胺纤维最突出的优点是耐磨性高于其他所有纤维,比棉花耐磨性高10倍,比羊毛高20倍,在混纺织物中稍加入一些聚酰胺纤维,可大大提高其耐磨性;当拉伸至3%~6%时,弹性回复率可达100%;能经受上万次折挠而不断裂。聚酰胺纤维的强度比棉花高1~2倍、比羊毛高4~5倍,是粘胶纤维的3倍。但聚酰胺纤维的耐热性和耐光性较差,保持性也不佳,做成的衣服不如涤纶挺括。

(3)聚丙烯腈纤维(腈纶/PAN) 腈纶是聚丙烯腈纤维在我国的商品名,通常是指用85%以上的丙烯腈与第二和第三单体的共聚物,经湿法纺丝或干法纺丝制得的合成纤维。丙烯腈含量在35%~85%的共聚物纺丝制得的纤维称为改性聚丙烯腈纤维。其主要重复单元化学式:—CH_2—CH(CN)—。

腈纶在内部大分结构上很独特,呈不规则的螺旋形构象,且没有严格的结晶晶区,属准晶结构,但有高序排列与低序排列之分。聚丙烯腈纤维的性能极似羊毛,弹性较好,伸长 20% 时回弹率仍可保持 65%,蓬松卷曲而柔软,保暖性比羊毛高 15%,有合成羊毛之称。强度 22.1~48.5 cN/dtex,比羊毛高 1~2.5 倍。耐晒性能优良,露天曝晒一年,强度仅下降 20%。能耐酸、耐氧化剂和一般有机溶剂,但耐碱性较差。纤维软化温度 190~230 ℃。

(4)聚乙烯醇缩醛纤维(维纶) 维纶是聚乙烯醇缩醛纤维的商品名称,也叫维尼纶。其性能接近棉花,有"合成棉花"之称,是现有合成纤维中吸湿性最大的品种。强度比锦、涤差,化学稳定性好,不耐强酸,耐碱。耐日光性与耐气候性也很好,但它耐干热而不耐湿热(收缩)弹性最差,织物易起皱,染色较差,色泽不鲜艳。维纶的耐磨性和强度也比棉花要好,因此维纶在很多方面可以与棉混纺以节省棉花。

(5)聚丙烯纤维(丙纶) 丙纶是用石油精炼的副产物丙烯为原料制得的合成纤维等规聚丙烯纤维的中国商品名,又称聚丙烯纤维。原料来源丰富,生产工艺简单,产品价格相对比其他合成纤维低廉。丙纶最大的优点是质地轻,其密度仅为 0.91 g/cm³,是常见化学纤维中密度最轻的品种,所以同样质量的丙纶可比其他纤维得到的较高的覆盖面积。丙纶的强度高,伸长大,初始模量较高,弹性优良,所以耐磨性好。丙纶的吸湿性很小,几乎不吸湿,一般大气条件下的回潮率接近于零。但它有芯吸作用,能通过织物中的毛细管传递水蒸气,但本身不起任何吸收作用。丙纶弹力丝强度仅次于锦纶,但价格却只有锦纶的 1/3;制成织物尺寸稳定,耐磨弹性也不错,化学稳定性好。但热稳定性差,不耐日晒,易于老化脆损,为此常在丙纶中加入抗老化剂。

3.3.4.4　混纺织物

混纺化纤织物是化学纤维与其他棉毛、丝、麻等天然纤维混合纺纱织成的纺织产品。例如:涤棉布、涤毛华达呢等。以涤棉混纺物为例,它是以涤纶为主要成分,采用 65%~67% 涤纶和 33%~35% 的棉花混纱线织成的纺织品,涤棉布既突出了涤纶的风格又有棉织物的长处,在干、湿情况下弹性和耐磨性都较好,尺寸稳定,缩水率小,又具有挺括、不易皱折、易洗、快干的特点,但不能用高温熨烫和沸水浸泡。

3.3.4.5　复合纤维

复合纤维是指由两种或两种以上聚合物,或具有不同性质的同一聚合物,经复合纺丝法制成的化学纤维。它是 20 世纪 60 年代发展起来的物理改性纤维。利用复合纤维制造技术可以获得兼有两种聚合物特性的双组分纤维、永久卷曲纤维、超细纤维、空心纤维、异形细纤维等多种改性纤维。优点是体积高度蓬松,弹性好,抱合好,覆盖能力好。

3.3.5　常用纤维性能

3.3.5.1　纤维的机械强度

纺织纤维在各种外力的作用下,抵抗变形的性能称为纺织纤维的机械性能。外力作用包括拉伸、压缩、弯曲、扭转、磨擦等各种形式。纤维的强度是指纤维抵抗外力破坏的能力,它在很大程度上决定了纺织商品的耐用程度。纤维的断裂强度可用纤维的绝对强力来表示,它是指纤维在连续增加负荷的作用下,直至断裂时所能承受的最大负荷。其法定单位为牛顿(N)或厘牛顿(cN)。由于纤维的强力与纤维的粗细有关,所以对不同粗细的纤维,绝对强力无可比性,因此,常用相对强度来表示纤维的强度。相对强度是指单位线密度(每特或每旦)纤维所能承受的最大拉力。法定计量单位为牛/特(N/tex)或厘牛/特(cN/tex)。

涤纶、维纶强力较高,伸长中等;帛、麻的伸长较低;羊毛则强力较低。伸长曲线能充分反映纤维在轴向逐渐增加作用力下的机械性能,常称为纤维的特性曲线。拉伸曲线的形态和拉伸数值对织物的服用性能有明显关系,并可供混纺产品设计时参考。例如:拉伸曲线形态接近的纤维混纺时,成纱中的纤维强力利用率高,使成纱强力相应提高。

常用纤维断裂强度和断裂伸长率见表3-5。

表3-5 常用纤维断裂强度和断裂伸长率

纤维名称			断裂强度/[cN/dtex(克力/旦)]		干湿强度比/%	断裂伸长率/%	
			干	湿		干	湿
棉(陆地棉)			1.76~3.08(2.0~3.5)	2.2~3.96(2.5~4.5)	102~110	7~12	
羊毛			0.88~1.50(1.0~1.7)	0.669~1.43(0.76~1.63)	76~96	25~35	25~50
蚕丝			2.99~3.52(3.4~4.0)	1.85~2.46(2.1~2.8)	70	15~25	27~33
粘胶	短纤	普通	2.2~2.73(2.5~3.1)	1.23~1.76(1.4~2.0)	60~65	16~22	21~29
		强力	3.17~3.70(3.6~4.2)	2.38~2.90(2.7~3.3)	70~75	19~24	21~29
	长丝	普通	1.50~2.02(1.7~2.3)	0.70~1.06(0.8~1.2)	45~55	18~24	24~35
		强力	2.99~4.58(3.4~5.2)	2.2~3.60(2.5~4.1)	70~80	7~15	20~30
腈纶	长丝		2.82~4.4(3.2~5.0)	2.64~4.4(3.0~5.0)	90~100	12~20	12~20
丙纶	短纤		3.96~6.16(4.5~7.0)	3.96~6.16(4.5~7.0)	100	30~60	30~60
	长丝		3.96~6.6(4.5~7.5)	3.96~6.6(4.5~7.5)	100	25~60	25~60
锦纶6	短纤		3.78~6.16(4.3~7.0)	3.34~5.28(3.8~6.0)	83~90	25~55	27~58
	长丝	普通	4.22~5.63(4.8~6.4)	3.70~5.10(4.2~5.9)	84~92	28~45	36~52
		强力	5.63~8.36(6.4~9.5)	5.28~7.04(5.9~8.0)	84~92	16~25	20~30
锦纶66	短纤		3.08~6.34(3.5~7.2)	2.64~5.37(3.0~6.1)	80~90	16~66	18~68
	长丝	普通	2.64~5.28(3.0~6.0)	3.29~4.58(2.6~5.2)	85~92	25~65	30~70
		强力	5.28~8.36(5.9~9.5)	4.49~7.04(5.1~8.0)	85~90	16~28	18~32
涤纶	短纤		4.14~5.72(4.7~6.5)	4.14~5.72(4.7~6.5)	100	35~50	35~50
	长丝	普通	3.78~5.28(4.3~6.0)	3.78~5.28(4.3~6.0)	100	20~32	20~32
		强力	5.54~7.92(6.3~9.0)	5.54~7.92(6.3~9.0)	100	7~17	7~17

3.3.5.2 纤维的弹性和弹性模量

纤维的弹性就是指纤维变形的恢复能力。纤维的弹性回复率(或称回弹率)是表示纤维弹性大小的常用指标,是指急弹性变形和一定时间的缓弹性变形占总变形的百分率。纤维的弹性回复率高,则纤维的弹性好,变形恢复的能力强。用弹性好的纤维制成的纺织品尺寸稳定性好,使用过程中不易起皱,并且较为耐磨。例如:涤纶具有优良的弹性,其制成的服装具有挺括、耐磨等特性。

纤维弹性模量也称"初始模量",是指纤维拉伸曲线上开始一段直线部分的应力应变比值。纤维弹性模量的大小表示纤维在小负荷作用下的难易程度,它反映了纤维的刚性,并与织物的性能关系密切。当其他条件相同时,纤维的弹性模量大,则织物硬挺;反之,弹性模量小,则织物柔软。表3-6为常用纤维在不同伸长率下的弹性回复率和弹性模量。

表3-6 常用纤维的弹性回复率和弹性模量

纤维名称			不同伸长率下的弹性回复率/%				弹性模量/[cN/dtex(克力/旦)]
			2%	3%	5%	10%	
棉(陆地棉)			74		45	断裂	59.8~81.8(68~93)
羊毛			99	86~93	69	50~52	9.68~22(11~25)
蚕丝						54~55(8%)	44~88(50~90)
粘胶	短纤	普通		55~80	56	41	26.4~61.6(30~70)
		强力		55~80	56	41	44~79.2(50~90)
	长丝	普通		60~80	45	32	57.2~74.8(65~85)
		强力		60~80	45	32	96.8~102.1(110~116)
	高湿模量	短纤		60~85			61.6~96.8(70~110)
		长丝		55~80			52.8~88(60~100)
醋酯	短纤			70~90			22~35.2(25~40)
	长丝			80~95			26.4~39.6(30~45)
	三醋酯纤维			88			22~35.2(25~40)
氯纶	短纤	普通		70~85			13.2~22(15~25)
		强力		80~85			26.4~44(30~50)
	长丝			80~90			26.4~39.6(30~45)
涤纶	短纤	普通		97	88	66	44~61.6(50~70)
		高强低伸					61.6~79.2(70~90)
	长丝			95~100	96	67	79.2~140.8(90~160)
维纶	短纤	普通		70~85	50~60	45~50	22~61.6(25~70)
		强力		72~85	50~60	45~50	61.6~92.4(70~105)
	长丝(强力)			70~90			61.6~158.4(70~180)
腈纶	短纤			90~95	88	56	22~54.6(25~62)
	长丝			70~95	88	56	33.4~74.8(38~85)
丙纶	短纤			96~100			17.6~48.4(20~55)
	长丝			96~100			15.8~35.2(18~40)
锦纶6	短纤			95~100	98	92	7.04~26.4(8~30)
	长丝			98~100	98~100	93~99	17.6~39.6(20~45)

续表 3-6

纤维名称		不同伸长率下的弹性回复率/%				弹性模量/ [cN/dtex(克力/旦)]
		2%	3%	5%	10%	
锦纶66(长丝强力)			98~100	98~100	98~99	18.5~51.0(21~58)
麻	亚麻	84(1%)	—	—	—	132~233.2(150~265)
	苎麻	84(1%)48(2%)	—	—	—	143.3~356.1(135~405)

3.3.5.3 纤维的密度

纤维的密度是指单位体积纤维的质量。常用单位为 g/cm^3,常见纤维的密度见表3-7。纤维的密度与纤维的组成、大分子排列堆砌以及纤维形态的结构有关。

表 3-7 常见纤维的密度　　　　　　　　单位:g/cm^3

纤维名称	粘胶	醋酯	三醋酯	棉(陆地)	羊毛	丝	麻	偏氯纶
密度	1.5~1.52	1.32	1.30	1.54	1.32	1.32~1.45	1.5	1.70
纤维名称	氯纶	涤纶	维纶	腈纶	丙纶	锦纶6	锦纶66	
密度	1.39	1.38	1.26~1.30	1.14~1.17	0.91	1.14	1.14	

3.3.5.4 纤维的吸湿性能

纺织纤维放在空气中,会不断地和空气进行水汽的交换,即纺织纤维不断地吸收空气中的水汽,同时也不断地向空气中放出水汽。纺织纤维在空气中吸收或放出水汽的性能称为纤维的吸湿性。纺织纤维的吸湿性是纺织纤维的重要物理性能之一。纺织纤维吸湿性的大小对纺织纤维的形态尺寸、重量、物理机械性能都有一定的影响,从而也影响其加工和使用性能。纺织纤维吸湿能力的大小还直接影响服用织物的穿着舒适程度。吸湿能力大的纤维易吸收人体排出的汗液,调节体温,解除湿闷感,从而使人感到舒适。所以在商业贸易、纤维性能测试、纺织加工及纺织品的选择中都要注意纤维的吸湿性能。

在常见的纺织纤维中,羊毛、麻、粘胶纤维、蚕丝、棉花等吸湿能力较强,合成纤维的吸湿能力普遍较差,其中维纶和锦纶的吸湿能力稍好,腈纶差些,涤纶更差,丙纶和氯纶则几乎不吸湿。目前,常将吸湿能力差的合成纤维与吸湿能力较强的天然纤维或粘胶纤维混纺,以改善织品的吸湿能力。

3.3.5.5 耐热性和灰化状态

织物在高温下保持其力学性能的能力称为耐热性。织物的耐热性取决于纤维的耐热性。天然纤维中,麻的耐热性最好,其次是蚕丝和棉,羊毛最差。化学纤维中,粘胶纤维、涤纶纤维的耐热性都非常好,其次是腈纶,而锦纶、维纶、丙纶的耐热性较差(锦纶遇热收缩,维纶不耐湿热,丙纶不耐干热),氯纶是耐热性最差的。纤维的耐热性和灰化度见表3-8。

表 3-8 纤维的耐热性和灰化度

纤维名称	耐热性及灰化状态
棉	120 ℃、5 h 变黄,400~450 ℃ 碳化
羊毛	100 ℃ 时硬化,150 ℃ 分解,300 ℃ 碳化
蚕丝	235 ℃ 分解,275~456 ℃ 燃烧
粘胶	不软化,不熔融,260~300 ℃ 开始变色分解,燃烧残留少许白色软灰
醋酯	软化点 200~230 ℃,熔点 260 ℃,在软化收缩的同时徐徐燃烧,留下少许黑色硬块,用手捏很易破碎
锦纶 6	软化点 180 ℃,熔点 215~220 ℃,在熔融的同时徐徐燃烧,冷却时变成玻璃状硬球,不能自燃
锦纶 66	230 ℃ 发黏,250~260 ℃ 熔融,150 ℃ 稍发黄
涤纶	软化点 238~240 ℃,熔点 258~263 ℃,在熔融时徐徐燃烧,熔融时变成小球,冷却后固化,不能自燃
维纶	软化点 220~240 ℃,熔点不明显,在软化收缩的同时,徐徐燃烧变成黑色或褐色不规整物质
腈纶	软化点 190~240 ℃,熔点不明显,熔融收缩时燃烧,变成黑块状固体
丙纶	软化点 140~160 ℃,熔点 165~177 ℃,在 100 ℃ 收缩 0~5%,在 130 ℃ 收缩 5%~12%
氯纶	熔点 200~210 ℃,开始收缩温度:短纤维(普通)90~100 ℃,(强力)60~70 ℃,长丝 60~70 ℃,在软化收缩时产生黑烟,变成黑色炭块,不能自燃

纺织品在加工过程(如漂染、整理、定型等)和使用中常受到热的作用。因此在加工中温度的掌握应考虑到纤维的基本热学性质。作为纤维热学性能的指标有玻璃化温度、软化点和熔点,其数值见表 3-9。

表 3-9 纤维的热学性能指标　　　　　　　　　　　　单位:℃

纤维名称	玻璃化温度	软化点	熔点
涤纶	67~81	240	258~263
锦纶 6	50	180	215~220
锦纶 66	55	225	250~260
腈纶	80~100	190~240	不明显
维纶	65~85	216~230 在水中 160	不明显
丙纶	−35	140~165	160~177
氯纶	70~80	90~100	200~210
氨纶	—	—	200~230

3.3.5.6 耐酸性、耐碱性

（1）耐酸性　指纤维对酸的抵抗能力。一般蛋白质纤维耐酸性优于纤维素纤维。羊毛和蚕丝不受或较少受有机酸和无机酸的影响，但随着温度升高和酸浓度增大，强酸对其破坏作用会增加。棉、麻和粘胶纤维耐酸性较差，有机酸对棉纤维影响不大，而硫酸、盐酸、硝酸等无机酸对棉纤维破坏作用很大，麻对酸的稳定性比棉好些，加热条件下酸会使麻受到损伤，而冷浓酸对麻几乎不发生作用。

化学纤维中丙纶和氯纶的耐酸性最好，涤纶的耐酸性也较好，它们在有机酸和无机酸中都有良好的稳定性。腈纶能耐有机酸，但在浓硫酸中会溶解。锦纶在合成纤维中是耐酸性最差的，各种浓酸都会使其分解。维纶则易溶解于强酸中。

（2）耐碱性　天然纤维中纤维素纤维比蛋白质纤维耐碱性能好，故棉、麻、粘胶纤维能耐碱，它们的耐碱性按强度依次为棉>麻>粘胶纤维。蚕丝和羊毛的耐碱性很差，碱对它们有强烈的腐蚀作用，碱浓度越大，温度越高，腐蚀作用越强。

化学纤维中氯纶在室温下不受碱影响。维纶、丙纶耐碱性尚可。腈纶在强碱液中会溶解，锦纶耐碱性好于涤纶。涤纶耐碱性是最差的，强碱会腐蚀涤纶表面，但其在弱碱中稳定性尚好。

3.3.5.7 溶解性能

不同纤维的溶解性能见表3-10。

表3-10　不同纤维的溶解性能

纤维名称	溶解性能
棉	不溶于一般溶剂，溶于75%的硫酸
羊毛	不溶于一般溶剂，溶于次氯酸钠、5%的苛性钠
蚕丝	不溶于一般溶剂，溶于75%的硫酸、5%的苛性钠
粘胶	溶于59%的硫酸、浓盐酸、铜氨溶液、铜乙二氨溶液
醋酯	不溶于乙醇、乙醚、苯、四氯乙烯等，而溶于丙酮、冰醋酸、酚、浓硫酸等
锦纶6	不溶于一般溶剂，溶于酚类（酚、间甲酚等）、浓盐酸、甲酸。在冰醋酸里膨润，加热可使其溶解
锦纶66	不溶于一般溶剂，溶于某些酸类化合物和90%的甲酸
涤纶	不溶于一般溶剂，溶于热间甲酚、热邻氯化苯酚、热硝基苯、热二甲基甲酰胺及40%的苯酚-四氯乙烷的混合溶剂
腈纶	不溶于一般溶剂，溶于二甲基甲酰胺、二甲基亚砜、热饱和氯化锌、65%的热硫氰酸钾溶液
维纶	不溶于一般溶剂，在热吡啶、浓盐酸、酚、甲酚、浓蚁酸里膨润或溶解
丙纶	不溶于脂肪醇、甘油、乙醚、二硫化碳和丙酮，室温下在氯化烃中膨润，在72%氯化烃中30℃溶解
氯纶	不溶于乙醇乙醚、汽油，但苯、丙酮、热四氯乙烯能使其膨润，溶于四氢呋喃、环己酮、二甲基甲酰胺及热二烃烷

注："一般溶剂"系指乙醇、乙醚、苯、丙酮、汽油、四氯乙烯；以上的百分数为质量分数

3.3.5.8 染色性能

不同纤维的染色性能见表3-11。

表3-11 不同纤维的染色性能

纤维名称	染色性能
棉	可用直接染料、还原染料、偶氮染料、媒染染料染色;以及各种硫化染料染色;也可用颜料染色
羊毛	可用酸性染料、耐缩绒染料、铬溶染料、媒染染料、还原染料及靛类染料染色
蚕丝	可用直接染料、酸性染料、碱性染料以及各种媒染染料染色。加碱时要加保护剂
粘胶	可用直接染料、还原染料、碱性染料、色酚染料、硫化染料、活性染料、媒染染料及颜料染色
醋酯	一般所用染料:分散染料、显色性分散染料、色酚染料。还原性染料、媒染染料、酸性染料、碱性染料也能染色
锦纶6	一般所用染料:分散染料、酸性染料及其他染料
锦纶66	一般所用染料:分散染料、酸性染料、金属络合染料。其他染料也可染色
涤纶	可用分散染料、色酚染料、还原染料染色,也可进行载体染色或高温染色
维纶	可用一般染料进行染色,如直接染料、酸性染料、硫化染料、硫化还原染料、还原染料、可溶性还原染料、色酚染料、金属络合染料、分散染料、显色性分散染料、颜料。其他染料也可染色
腈纶	一般可用分散染料、阳离子染料、碱性染料、酸性染料。其他染料也可染色
丙纶	可用颜料进行纺前染色,还可用分散染料、酸性染料、金属络合染料及某些还原染料、硫化染料和偶氮染料进行染色
氯纶	一般所用染料:分散染料、色酚染料、金属染料(以载体染料为主)

3.3.5.9 纤维的静电序列与静电荷密度

(1)纤维的静电序列 纤维的静电序列见表3-12。

表3-12 纤维的静电序列

(+)玻璃	锦纶	羊毛	蚕丝	粘纤	棉	麻	钢	硬橡皮	醋纤	维纶	涤纶	合成橡胶	腈纶	聚乙烯	赛璐珞	照相软片	(-)玻璃纸

注:①上列中任两种物质摩擦,左边的带正电(+),右边的带负电(-);②表列次序当试验条件变化时,排列也稍有变化;③表列中物质,相距越远者静电电位越大。

(2)纤维的静电荷密度 合纤丝(或纱)在准备加工中会产生不同程度的静电(大多很严重),这与纤维的静电荷密度有关。几种纤维在不同线速度下的静电荷密度($\times 10^{-11}$ C/cm^2)及最大电位(kV)见表3-13。

表 3-13　纤维在不同线速度下的静电荷密度及最大电位

纤维名称	不同线速度下的静电荷密度/($\times 10^{-11}$ C/cm²)				线速度为 800 m/min 时的最大电位/kV
	92 m/min	250 m/min	460 m/min	800 m/min	
氯纶	15.39	20.51	27.36	35.91	5.8
锦纶	1.71	6.84	16.24	42.75	7.0
涤纶	1.71	3.42	7.69	17.11	2.2
腈纶	很小	1.71	2.0	3.42	1.6
醋纤	很小	很小	2.0	2.2	1.5
粘纤	0	0	0	0	—

由表 3-13 可知，随着线速度的提高，纤维上电荷密度增加，即带电量增加，其中氯纶和锦纶丝上带电量最大，电位也最高。

3.3.5.10　纤维的耐磨性、耐气候性、耐蛀耐霉性

纤维及其制品在加工和实际使用过程中，由于不断经受磨擦而引起磨损。而纤维的耐磨性就是指纤维耐受外力磨损的性能。纤维的耐磨性与其纺织制品的坚牢度密切相关。耐磨性的优劣是衣着用织物服用性能的一项重要指标。纤维的耐磨性与纤维的大分子结构、超分子结构、断裂伸长率、弹性等因素有关。一般认为，纤维在拉伸过程中凡吸收变形能较大，而去负荷时释放变形能也大的纤维比较耐磨。纤维的耐磨性与纤维的耐疲劳性成正相关。常见纤维耐磨性高低的顺序：锦纶＞丙纶＞维纶＞乙纶＞涤纶＞腈纶＞氯纶＞毛＞丝＞棉＞麻＞富强纤维＞铜氨纤维＞粘胶纤维＞醋酯纤维＞玻璃纤维。

纺织原料中以锦纶耐磨性最好，因此，适宜做耐磨性要求高制品等。涤纶耐磨性仅次于锦纶，特别在湿态条件下，涤纶的耐磨性接近干态，在合成纤维中以腈纶纤维的耐磨性最差。通常纤维耐磨性能指标，是以纤维在一定张力下纤维相互摩擦或纤维与磨料摩擦至断裂时的摩擦次数表示，几种纤维的耐磨性能见表 3-14。

表 3-14　纤维的耐磨性能

纤维名称		粘纤	锦纶	涤纶	腈纶	醋纤
纤度/D		2	3	2	2.5	4
磨断时摩擦系数	干态	880	8 800	1 980	135	409
	湿态	28	3 890	1 870	139	58

纤维的耐磨性、耐气候性、耐蛀耐霉性比较见表 3-15。

表 3-15 纤维的耐磨、耐气候、耐蛀耐霉性比较

纤维名称	耐磨性	耐气候性(耐日光性)	耐蛀耐霉性
棉	中等	强度下降,有变黄的倾向	耐蛀不耐霉
羊毛	中等	强度下降,染色性稍稍变差	不耐蛀耐霉
蚕丝	中等	强度下降显著,60 天下降 55%,140 天下降 65%	不耐蛀耐霉
粘胶	较差	强度稍微下降	耐蛀不耐霉
醋酯	中等	强度几乎不降低	耐蛀耐霉
锦纶 6	优良	强度降低,稍微变黄	耐蛀耐霉
锦纶 66	优良	在长期日光照射下有某些变质	耐蛀耐霉
涤纶	优良	强度几乎不降低	耐蛀耐霉
维纶	良好	强度几乎不降低	耐蛀耐霉
腈纶	较差	强度几乎不降低	耐蛀耐霉
丙纶	优良	耐间接日光,如用光稳定剂,可耐直接日光	耐蛀耐霉
氯纶	良好	强度几乎不降低	耐蛀耐霉

3.3.6 布基纤维原料的鉴别方法

布基纤维原料的鉴别方法

布基纤维原料的鉴别方法具体内容见二维码。

3.3.7 纤维原料对织物性能的影响

纤维原料对织物性能的影响具体内容见二维码。

纤维原料对织物性能的影响

3.3.8 原布的物理机械性能

3.3.8.1 原布的一般物理机械性能

(1)纱线的支数和号数

1)支数 以单位质量纱线的长度来表示,有公制和英制两种。

公制支数:以每克纱线的若干米来表示,如 80 支纱表示此种纱线每克重有 80 m 长。

英制支数:以每磅纱线有若干个 840 码来表示,如 42 支纱表示此种纱线每磅有 42×840 码长。(1 磅=0.4536 kg)(1 码=0.9144 m)

支数以"s"表示,支数越大,纱线越细。

$$公制支数=1.715×英制支数 \tag{3-4}$$

2)号数 以单位长度的纱线的质量来表示。

单位长度为 1 000 m,在公定回潮率时的质量克数叫号数,也叫特克斯(tex),简称特数,如 28 号表示此种纱线 1 km 长为 28 克;9 000 m 长丝或天然丝在公定回潮率时质量的

克数(g)称为旦数。

$$号数 = \frac{583}{英制支数} = \frac{1\,000}{公制支数} \qquad (3-5)$$

股线是由两根或两根以上的单纱并合加捻而成的。两根单纱并合加捻的叫双股线，三根单纱并合加捻的叫三股线。如两根单纱只并合不加捻的叫双纱。

股线的支数通常用捻合的单纱支数来表示。如 42s/2 表示两根 42 支单纱并合加捻的股线。

(2) 原布的组织 指经纱和纬纱按一定规律相互浮沉交织，使布基表面形成一定的纹路和花纹。

基本组织有三种：平纹、斜纹和缎纹。此外还有它们的演变组织。

平纹组织是最简单的组织，这种组织在棉布中占的比重最大。这种组织经纬纱采取一浮一沉，上下相互交叉而成，即由经纬纱各一根上下相互交叉形成，也称为一上一下组织，可用 1/1 表示。其特点是：交织点最多，手感硬实，质地紧密坚牢，表面平整，正反面形状一样，应用最广，如平布府绸就属于此种组织。如图 3-1 所示。

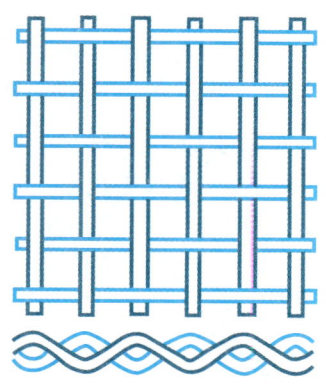

图 3-1 平纹组织结构

斜纹组织是交织点连续而成斜向的纹路，至少需要经纬纱各三根才能组成一个完全组织，有 2/1（二上一下）、2/2（二上二下）、3/1（三上一下）、4/1（四上一下）、3/2（三上二下）等。其特点是：手感紧密厚实，表面光泽和柔软性好，如：斜纹、哔叽、华达呢、卡其等都属于这种组织。如图 3-2 所示。

缎纹组织的特点是交织点不相连续，即在织物上形成一些单独的、不相连接的经纬交织点，相互间距离较远而均匀，至少需要经纬纱各五根，才能组成一个完全组织。由于其经纬纱交织点少，经纬纱浮出很长，因此不太结实，不耐磨，易起毛，但其手感表面光滑、柔软，光泽好，主要用于丝织物，如直贡、横贡缎等。常见缎纹组织有 5/2 或 1/4、5/2 或 4/1 两种。如图 3-3 所示。

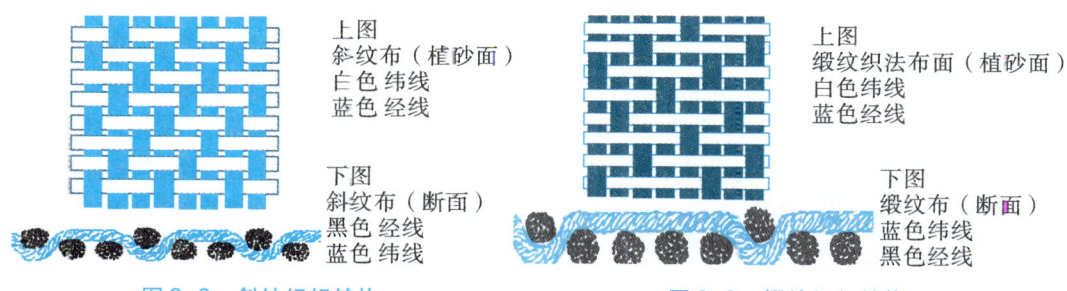

图 3-2 斜纹组织结构　　　　　　图 3-3 缎纹组织结构

(3) 密度 棉布分经纱密度和纬纱密度两种，表示 10 cm 长度内经纱或纬纱的根数。

(4) 厚度 用厚度计或千分尺测定。

(5) 重量 以 1 m² 去边干燥质量表示，单位为 g。

(6)棉结杂质 又叫棉杂粒数,包括棉结和杂质,棉结是由于原棉中的未成熟棉或死棉的低劣纤维在纺纱中不可能处理干净,纠结成黄色的或白色的小疙瘩。杂质是由于原棉品质不良,清棉、梳棉不完善,在棉纱上残留的籽屑、碎叶、软皮等杂物。其多少用疵点格百分率表示,用 15 cm×15 cm 玻璃板(225 个方格,每格 1 cm²)点疵点格数,计算可得。

(7)缩水率 棉布浸水前后,经向或纬向在处理前后的长度差与缩水前长度之比。

(8)断裂强度和伸长率 分经向和纬向两种。采用 5×20 cm 布条,在抗拉强度试验机上拉断所能负重的载荷重(N),称为断裂强度;断裂时原布伸长的绝对值占原长的百分比称为断裂伸长率。

3.3.8.2 涂附磨具对原布的要求

砂带基布

(1)重量 不同的涂附磨具对原布的重量也有不同的要求。砂带基布按照单位面积质量(G)可分为轻型布(110 g/m² ≤ G ≤ 170 g/m²,用于超柔软精密砂带、页状或卷状砂布,代号为 L)、中型布(170 g/m² ≤ G ≤ 250 g/m²,用于一般砂带和细粒度抛光砂带,代号为 M)和重型布(G ≥ 250 g/m²,主要适用于粗粒度及强力磨砂带,代号为 H)。

(2)纤维品种 不同纤维品种在涂附磨具中的用途见表 3-16。

表 3-16 纤维品种在涂附磨具中的用途

品种		用途
天然纤维	棉	一般砂带、页状砂布
	麻	砂带、网格砂布
	再生纤维	页状砂布
人造纤维	尼龙	砂带
	聚酯	重负荷砂带
	粘胶(长丝织物)	网格砂布
	玻璃	做增强材料

总的说来,棉布具有以下的优越性能:与各种粘结剂粘结性能优良;表面平整,挠曲性好;强度较高,伸长小;来源充足,价格便宜。因此,在涂附磨具用原布中占绝大比例。

人造纤维和合成纤维制品表面平整,强度高,但伸长一般较大,对粘结剂有选择性,处理的难度较大。由于原布处理技术的提高,人造纤维和合成纤维制品的应用也有了迅速的发展,尤其是聚酯布。聚酯布表面平整,具有很高的断裂强度和良好的防水性能,而且经过高温拉伸定型后,伸长率也很小,使用时不变形,在涂附磨具中的应用日益加强。

涤棉混纺布因其具有织物厚实、表面平整、强度高、价格便宜等优点,在我国涂附磨具中得到了迅速发展。但由于涤棉混纺中两种纤维对原布处理的要求不同,因此在进行原布处理时应认真对待。

(3) 组织　涂附磨具用原布一般采用斜纹组织的棉布、涤棉混纺布、聚酯布作为基材,这是由于它的质地厚实松软强度高。斜纹组织以斜纹布和华达呢 2/2 组织为好,强度高,抛光可采用平纹布。

(4) 支数　对于细粒度砂布支数越大越好,纱越细越平整。支数大、纱线细、表面光洁的细斜纹,适于生产细粒度砂布;支数小、纱线粗、强度大、厚实、柔软的粗斜纹适于生产粗粒度的涂附磨具。

涂附磨具采用的纯棉布和涤棉混纺布织物密度应用最多的是 Nm20/28,聚酯布应用最多的是 20/20;适用于制作多接头搭接砂带的聚酯布的支数是 Nm28/12。

(5) 经纬密度、强度和伸长率　涂附磨具用的原布纱线密度要适中,以保持柔软性和强度。密度大、强度高,但柔软性差,而且影响对胶粘剂的吸附;密度小、强度低,但柔软性好,吸胶量也会过大。

高经密,低纬密是涂附磨具对原布密度的第二个要求。从表 3-17 也可以看出,砂带原布径向的断裂强力和伸长率远远大于纬向。原布经向强度大延伸率小,而纬向强度小便于撕裂。

涂附磨具采用的纯棉布和涤棉混纺布织物密度应用最多的是每厘米经 35/纬 19 根,聚酯布是经 37/纬 15 根和经 40/纬 19.5 根;适用于制作多接头搭接砂带的聚酯布经 35/纬 24 根等。

伸长率较小也是涂附磨具对原布的一个要求。

(6) 涂附磨具原布的分类　砂带基布按照砂带用途分为Ⅰ型布、Ⅱ型布和Ⅲ型布。Ⅰ型布为精磨用基布,满足工件表面粗糙度值 $Ra<0.2$ μm 的加工要求;Ⅱ型布为普磨用基布,满足工件表面粗糙度值 0.2 μm$\leq Ra<1.6$ μm 的加工要求;Ⅲ型布为粗磨用基布,满足工件表面粗糙度值 $Ra\geq 1.6$ μm 的加工要求。表 3-17 列出了不同用途砂带原布的质量要求。

表 3-17　砂带原布的质量要求

序号	项目		要求		
			Ⅰ型布	Ⅱ型布	Ⅲ型布
1	布面平整度≤		0.01	0.02	0.03
2	单位面积质量偏差		±1.0%		
3	织物密度偏差	经向≥	-1.5%		
		纬向≥	-1.0%		
4	厚度偏差		±5.0%		
5	幅宽偏差		±1.0%		
6	上浆率		6%		
7	纤维含量偏差		±2%		

续表 3-17

序号	项目			要求		
				Ⅰ型布	Ⅱ型布	Ⅲ型布
8	断裂强力/N	轻型布 L	经向≥	850		
			纬向≥	350		
		中型布 M	经向≥	1 100		
			纬向≥	500		
		重型布 H	经向≥	1 700		
			纬向≥	700		
9	断裂伸长率	轻型布 L	经向≤	28%		
			纬向≤	18%		
		中型布 M	经向≤	36%		
			纬向≤	20%		
		重型布 H	经向≤	38%		
			纬向≤	25%		
10	定负荷伸长率	轻型布 L	经向≤	18%		
			纬向≤	15%		
		中型布 M	经向≤	18%		
			纬向≤	15%		
		重型布 H	经向≤	18%		
			纬向≤	15%		
11	加热收缩率	纯棉布	经向	—		
		棉/化纤混纺布	经向≤	3.5%		
		纯化纤布	经向≤	6.0%		

3.4 其他基材(钢纸、无纺布、薄膜)

3.4.1 钢纸

钢纸

钢纸是 20 世纪 60 年代从国外引进的纸张产品。所谓钢纸是一种变性加工纸,又称为硫化纤维纸,它是一种很结实的由多层纤维辊压原纸再用 $ZnCl_2$ 溶液处理,使纤维膨胀互相粘合,压合而成。一般厚度为 0.4~1.5 mm,钢纸基材的涂附磨具差不多都用来制作钢纸砂盘。它的优点是抗张强度大、伸长率小、表面平整、耐热性好,用它制成的磨具能承受特别高的机械负荷。目前还没有其他基材可以代替它。钢纸砂盘磨削效率高,使用广,几乎用于所有的工业部门,尤其是汽车、机械制造和仪器等的打磨抛光。

3.4.2 无纺布基材

无纺布是将天然纤维、合成纤维分别或混合制成一种纤维网,再通过加热、加压或者粘合的方法,形成片状物和宽幅大卷。由于它不经过一般纺织过程而具有相当于布匹的外貌和用途,因此称为无纺布或非织造布、不织布,是一种新兴的基体材料。

无纺布

无纺布的性能与所用纤维原料有关。无纺布生产用纤维主要是棉纤维、丙纶(PP)、涤纶(PET)。此外,还有锦纶(PA)、粘胶纤维、腈纶、乙纶(HDPE)、氯纶(PVC)。一般来说,棉纤维制成的无纺布柔软、疏松、粘接性好,常与其他纤维掺混使用。尼龙纤维无纺布柔韧性好,耐皱缩;聚酯及聚丙烯扁纤维常用于制造具有良好耐水、耐化学性的聚酯纤维无纺布;维尼龙纤维、醋酸纤维素纤维、聚丙烯纤维无纺布,在服装、地毯等制造中均得到应用。综合性能较好的无纺布通常是几种纤维掺混在一起而制得的。作为涂附磨具基体所使用的无纺布,根据纤维的性能和使用条件,可用棉纤维无纺布、聚酯纤维无纺布和尼龙纤维无纺布等。

将磨料粘结在无纺布纤维条杆上,形成一种松软的、专用于抛光的无纺布涂附磨具(或称研磨无纺布),可制成页状、卷状、带状、盘(碟)状、轮状等多种产品,具有质量轻、弹性好、质地柔软、耐酸碱、抗撕裂等特点。干磨和湿磨均可以使用。研磨无纺布在近年来发展速度比较快,应用面也非常广,主要用于精磨和表面清理。

3.4.3 聚酯薄膜

聚酯薄膜(PET)是一种无色透明、有光泽的薄膜,机械性能优良,刚性、硬度及韧性高,耐穿刺,耐摩擦,耐高温和低温,耐化学药品性,耐油性,气密性和保香性良好,是常用的阻透性复合薄膜基材之一。

聚酯薄膜

根据生产聚酯薄膜所采用的原料和拉伸工艺不同可分为以下两种。

3.4.3.1 双向拉伸聚酯薄膜

双向拉伸聚酯薄膜(BOPET)是利用有光料(也称大有光料),即在原材料聚酯切片中不添加钛白粉,经过干燥、熔融、挤出、铸片和纵横拉伸的高档薄膜,用途广泛。其制造方法是在聚酯熔点以下和玻璃化温度以上,经两次纵向拉伸,拉伸后的膜在240 ℃的温度下进行热定型,使分子排列固定而成。经过双向拉伸的聚酯薄膜与其他薄膜相比,具有相对密度大,抗张强度高,延伸率较次,冲击强度大,耐热性好的特点,其抗张强度大于400 N/cm^2,熔点260 ℃,可在$-17 \sim 150$ ℃范围内长期使用,热收缩性小,在130 ℃的温度下,经过20 min,其收缩率为0.2%。由于超强化聚酯薄膜具有优良的耐热性,厚度薄,强力高,经久不变形,尺寸稳定,耐磨和低吸湿性,耐溶剂性,使其成为金刚石涂附磨具的主要带基,主要用于精磨,在加工非金属材料方面呈现优异的磨削性能。由于BOPET会受到强碱的侵蚀,使用时应注意。BOPET膜吸水率低,耐水性好,也适宜用来包装含水量高的食品。

3.4.3.2 单向拉伸聚酯薄膜

单向拉伸聚酯薄膜(CPET)是利用半消光料(原材料聚酯切片中添加钛白粉),经过干燥、熔融、挤出、铸片和纵向拉伸的薄膜,在聚酯薄膜中的档次和价格最低,主要用于药品片剂包装。由于使用量较少,厂家较少大规模生产,大约占聚酯薄膜领域的5%左右,标准厚度为 150 μm。

此外,涂附磨具的基材还有海绵基,毛毡基、金属基等。

思考题

1. 谈谈涂附磨具对基材的基本要求有哪些?结合涂附磨具应用和制备特点说明为什么?

2. 对纸基材和布基材用于涂附磨具产品制造时的各自特点进行分析比较。

3. 加工纸的品种有哪些?结合你对纸基产品的了解,说明采用不同加工方法得到的纸可用于哪些涂附磨具产品的制造。

4. 根据棉纤维和合成纤维的物理化学性质,请分析其作为涂附磨具基材使用时应注意的问题。

5. 分析比较纯棉纤维、羊毛纤维、粘胶纤维及 PET、PA、PAN、VL、PP 纤维的断裂强度、伸长率、弹性模量、吸湿性、耐热性、耐磨性、耐酸性、溶解性、耐蛀耐霉性。

6. 根据本章所学基材知识和自己对涂附磨具产品的了解,请说出你目前所知道的基材种类,依据其特点说明该基材适合制作哪些涂附磨具产品。

7. 什么是原布的组织?涂附磨具常用组织有哪些?适合制备哪些涂附磨具产品?

8. 为什么涂附磨具要求布基径向强度大,延伸率小?

9. 聚酯薄膜具有什么特点使其也可用作涂附磨具制造的基材?

第4章 粘结剂

4.1 概论

本书中,粘结剂指涂附磨具在整个制造过程中所使用的粘结剂的总称,它包括作为主要部分的涂附磨具制造的粘结剂,如底胶和复胶;也包括基体处理粘结剂,即通常所说的浆料;还包括在涂附磨具转换过程中使用的粘结剂,如砂带接头胶、页轮、砂页盘、砂套等异型产品所使用的粘结剂等。

4.1.1 粘结剂应具备的性能和组成

4.1.1.1 粘结剂的性能要求

涂附磨具品种很多,对粘结剂的性能要求也不同,但它们必须具备下列性能:①与基体、磨料具有良好的浸润性和粘结性;②胶膜坚硬并具有一定的柔软性;③具有良好的耐热性;④能在较低温度下烘干和固化;⑤工艺性能好,操作方便、流平性、成膜性好,减少污染,防火防爆等。

4.1.1.2 粘结剂的组成

涂附磨具生产过程中,使用的粘结剂种类不同,其组成也不相同,一般来说,主要成分有:①胶料,如动物胶、酚醛、环氧、油漆等;②溶剂,如水、松节油、松香水、苯、二甲苯、醇酸稀料等;③固化剂,如NH_4Cl,环烷酸钴、环烷酸铅~钙等;④增韧剂,如邻苯二甲酸二辛酯、邻苯二甲酸二丁酯等;⑤填充剂,如碳酸钙、氧化铁红等;⑥防腐剂,如甲醛、乙萘酚等;⑦着色剂,如墨汁、色浆等;⑧增稠剂,如PVA等。

4.1.2 粘结剂的分类

粘结剂种类很多,能满足涂附磨具工艺性能要求的粘结剂,主要有天然胶剂、半合成胶剂和合成胶剂。具体分类如下:

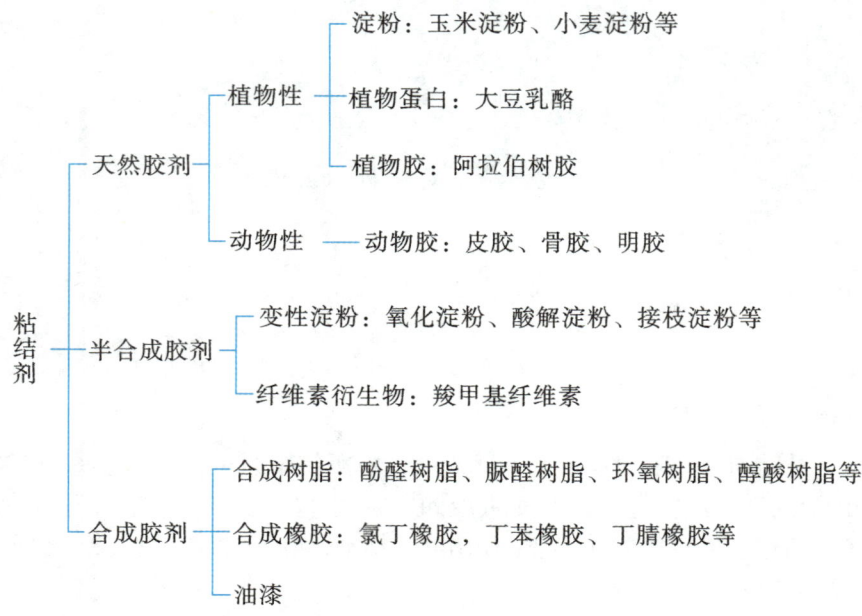

4.2 粘结机制

涂附磨具的制造和使用是一个典型的粘接过程,通过粘结剂将磨料粘接在基体上。要保证在磨削抛光使用过程中,磨料尽可能长时间不从基体上脱落,需要粘结剂和磨料、基体之间具有足够的粘接强度,因此如何提高粘接强度就是一个迫切的问题。

粘接过程是一个复杂的物理、化学或者两者兼有的过程。它包括粘结剂的液化、流动、润湿、固化、变形、破坏等诸多过程。粘接力的生成,不仅和粘结剂与被粘接材料的特性相关,而且还与粘接过程中的粘接工艺、材料界面密切相关。因此,粘接涉及材料力学、界面科学、流变学、高分子化学、高分子物理及固体表面科学等。总之,要想获得良好的粘接性能,必须探索粘接过程的规律以及与粘接相关的基础理论。

4.2.1 粘接理论

粘附力的产生包括粘结剂与被粘物之间的物理作用、化学作用和机械作用。物理作用指分子间力即范德华力、氢键力,它们广泛存在于粘接中。化学作用指粘结剂与被粘物之间的形成牢固的化学键结合,即离子键力、共价键力、金属键力、配位键力。机械作用指由于被粘物表面存在大量细小的孔隙,胶粘剂分子由于扩散、渗透作用而进入被粘物内部,形成了机械的"钩键""锚键",即所谓机械力。由此产生了各种粘接机制,主要有机械理论、吸附理论、扩散理论、静电理论、弱边界理论、化学键理论、配位键理论、酸碱理论等,每种理论都只能解释一部分粘接现象。

4.2.1.1 吸附理论

吸附理论是以分子间作用力,即范德华力为基础建立的。吸附理论认为,粘接力的主要来源是粘接体系的分子作用力,是粘结剂分子与被粘物按分子在界面上相互吸附所产生的,是物理吸附和化学吸附共同作用的结果,而物理吸附则是产生粘接作用的普遍性原因。同时,吸附理论也认为,粘结剂对被粘物表面的吸附作用来自固体表面对粘结剂分子的吸附作用,这种吸附作用可以是分子间作用力,也可以是氢键、离子键和共价键,很显然,如果能够在被粘物表面与粘结剂之间形成化学键,就更有利于物体的粘接。

粘结剂分子与被粘接材料表面分子的相互作用过程有两个阶段,首先是液体粘结剂分子由布朗运动向被粘接材料表面移动,使二者所有的极性基团(或链段)相互靠近。其次是吸附力的产生,当粘结剂的表面分子与被粘接材料的表面分子间距离小于 0.5 nm 时,分子间便产生吸附作用,就产生了范德华力或氢键力的结合,并使分子间距进一步缩短达到能处于最大稳定状态的距离,完成粘接作用。根据吸附理论,如果粘结剂分子中极性基团的极性越大,数量越多,则对极性被粘物的粘接强度就越高。

吸附理论正确地把粘接现象与分子间作用力联系在一起,在一定范围内解释了粘接现象。但是,它还存在着许多不足。例如吸附理论不能解释粘结剂与被粘接物之间的粘接力大于粘结剂本身的强度这一事实,不能解释诸如极性的粘结剂能粘接非极性的聚苯乙烯类化合物的现象。

4.2.1.2 机械结合理论

机械结合理论是最早提出的理论。理论认为,粘接只是一个机械结合过程,是粘结剂对两个被粘物的粘接面机械附着作用的结果。它是以所有固体表面均为粗糙、多孔为基础,当粘结剂流动、扩散、渗入、填满凹凸不平、细小孔隙的被粘物表面后。一旦胶凝固或固化,粘结剂与被粘物表面便通过互相的咬合而连接起来。形成了无数微小粘结剂的"钉键""钩键""根键""榫键",把两个被粘物牢牢地结合在一起。因此,机械结合理论认为:胶钉越多,粘结剂渗透得越深,孔隙填充越满,粘接强度越高。

很明显,机械结合力对粘接强度的贡献与被粘物材料的表面状态有关。对金属特别是玻璃等表面缺陷比较小的材料的粘接,机械结合力对粘接强度贡献甚小;而对海绵、泡沫塑料、织物、纸张等多孔性材料的粘接,机械结合力则占主导地位;对非极性的多孔材料的粘接,机械结合力则起着决定性作用。因此,机械结合理论不能解释非多孔性,如表面光滑的玻璃等物体的粘接现象,具有一定的局限性。

4.2.1.3 扩散理论

扩散理论认为,高分子材料之间的粘接是由于粘结剂与被粘物表面分子(或链段)彼此之间处于不停的热运动引起的相互扩散作用,使粘结剂与被粘物之间的界面逐步消失,变成一个过渡区,最后在过渡区形成相互穿透的交织的牢固结合,粘接接头的强度随时间的延长而增至最大粘接强度。

粘结剂和被粘物间的相互扩散是产生粘接力的主要因素,粘接强度与它们的相容性有关。因此扩散理论强调两点:一是粘结剂的大分子与被粘接材料的表面要相容,即溶度参数相近;二是强调扩散。这样才能形成良好的过渡区的网络结构,获得更好的粘接强度。

但是,扩散理论对不同聚合物材料之间的粘接作用还不能作完满的解释,对聚合物材料与金属、陶瓷、玻璃等材料之间的粘接几乎无法解释,也无法解释不同种类聚合物之间的粘接作用。

4.2.1.4　静电理论

静电理论是将粘结剂与被粘物视作一个电容器。电容器的两块夹板就是双电层。即当两种不同的材料接触时，粘结剂分子中官能团的电子通过分界线或一相极性基向另一相表面定向吸附，形成了双电层。由于双电层的存在，欲分离双电层的两个极板，就必须克服静电力。当被粘物与粘结剂剥离时，可以视为两块极板的分离，此时两极之间便产生了电位差，并随着极板间的距离增大而增大（即随着剥离力的增大两者之间的距离增大），到一定极限值时，便产生了放电现象，在黑暗时会有发光的放电现象和听到轻微的爆声。此时，由于双电层的形成，粘结剂与被粘物之间就有静电力产生，从而产生了粘接力。

在胶膜剥离实验中证实了静电作用的存在。但静电作用仅存在于能形成双电层的粘接体系中，不具有普遍意义。静电理论无法解释用炭黑作填料的粘结剂以及导电胶的粘接现象。由两种以上互溶的高聚物构成的粘接体系，二者均不能成为电子的授、受者，无法形成双电层。因此，静电理论无法解释这类体系的粘接现象。故该理论存在明显的缺陷。

4.2.1.5　化学键理论

化学键理论认为粘接作用主要是化学键力作用的结果。粘结剂与被粘物分子间产生化学反应而获得高强度的主价键结合。化学键包括离子键、共价键和金属键。而化学键是分子中相邻两原子之间的强烈吸引力，一般化学键要比分子间的范德华力大一两个数量级，这种化学键的结合十分牢固。由于化学键对粘接强度有相当大的影响，所以早就被人们所重视。化学键理论被许多事实所证实，在相应的领域中是成功的。尤其重要的是，界面有了化学键的形成，对粘接接头的抗水和介质腐蚀的能力有显著提高，这是不可忽视的。

化学键粘接现象为许多实例所证实。例如用电子衍射法证明，硫化橡胶与黄铜表面形成硫化亚铜，通过硫原子与橡胶分子的双键反应形成化学键。已经证明，铝、黄铜、不锈钢、铂等金属表面从溶液中吸附酚醛树脂时，均产生化学键连接。另外，聚氨酯粘接木材、皮革等也存在化学键粘接作用。

化学键理论为许多事实所证实，在相应的领域中是成功的。但是，它的不足也是显而易见的。它无法解释大多数不发生化学反应的粘接现象。

4.2.1.6　配位键理论

配位键理论认为，强的粘附作用来源于粘结剂分子与被粘物在界面上生成的配位键（氢键就是一种特殊的配位键）。粘接时，粘结剂涂覆在被粘物表面后，受被粘物表面的吸引，粘结剂开始润湿被粘物材料表面，同时胶分子向被粘物材料移动。在移动过程中，胶分子中带电荷部分（通常是带未共享电子或 x 电子的基团）逐渐向被粘物材料带相反电荷部分靠近，当这两部分距离小于 0.35 nm 时，就结合形成配价键。配价键的形式依据胶与被粘物材料的不同而不同，常见的有含有未共享电子对的粘结剂与金属形成的配价键和粘结剂与被粘物材料之间含有未共享电子对，或给电子部分与缺电子部分或氢离子形成电荷转移配价键。

粘附性来源于界面上的配位键，生成配位键既需要提供未共享电子对的一方，又需要接受电子对的一方。就是说比较理想的粘接应当是，当被粘物材料是电子供给体则应采用电子接受体材料的粘结剂进行粘接；当被粘物材料是电子接受体，则应采用电子供给体的粘结剂进行粘接。如果在粘接中，粘结剂与被粘物均能提供电子对或均为接受电子对的一方，则粘接就很难成功。聚四氟乙烯材料之所以难以粘接就是典型的例子。因为聚四氟乙烯可以提供电子对，而一般的粘结剂大多也可提供电子对，这样两者都能提供电子对，粘接时不能产生粘附的配位键，这就是聚四氟乙烯难粘的原因之一。

另外，金属之所以容易粘接是因为其中的金属原子都有空的价轨道，能够接受某些未共享电子对或π键，生成配位键，粘结剂分子能有效地提供未共享电子对或π键，跨过界面生成配位键。

配价键理论似乎比其他粘接理论能够更好地、更本质地解释各种粘接现象，在道理上说得通，实践中能得到验证，但绝不能否定其他理论，而是现有理论的深入探讨和补充。

可以看出，以上每种理论都不能够解释所有的粘接现象，有的只能解释一种或几种粘接现象，而仅仅反映了粘接现象本质的一个侧面。有学者认为，粘接的吸附理论和扩散理论是粘接的形成过程，而静电理论则是粘接形成后的一种结果，都不是产生粘接力的实质，粘接的实质应当是粘结剂与被粘物材料之间形成配价键力结合、范德华力结合、机械结合、共价键及离子键结合等。在这些结合中，配价键力结合和范德华力结合是普遍存在的。而机械结合、共价键及离子键结合则是出现在个别的粘接情况中。

各种粘接理论都能解释一些粘接现象，但都有一定的局限性。具体运用时，要对具体情况做具体分析，并将各种理论相互补充。但是，粘接界面上两种分子之间的作用力是基本的，这已被许多粘接现象所证实。扩散现象发生在粘接过程中，特别是对于聚合物之间的粘接更适合，当粘接界面形成之后，其粘接接头强度仍然是分子间力（吸附理论）的作用结果。

4.2.2　粘接过程

综合以上粘接理论，大多数学者认为粘结剂与被粘物之间的粘接，是由于机械联结、分子之间相互扩散、物理吸附以及形成化学键、配价键、双电层等因素的综合结果。也就是说，粘结剂与被粘物粘接所产生的粘接力是上述各种粘接理论的叠加产物。粘结剂的不同，被粘物的不同，粘接接头形式不同，粘接工艺不同，这些因素对于粘接力贡献的大小就会不同。

粘接实际上是一个界面现象，粘接的过程可分为两个阶段：第一阶段是液态粘结剂分子借助布朗运动在被粘物表面扩散并逐渐靠近被粘物表面。第二阶段是产生吸附作用，当粘结剂分子与被粘物表面的分子间的距离接近至 10 Å 时，次价力、化学键、配价键、静电力等便开始起作用并随距离进一步减小而增至最大，这两过程不能截然分开，在胶液变为固体前都在进行。从以上看到促使粘结剂与被粘物表面间分子的接触是产生强粘接作用的关键。而粘结剂对被粘物表面的润湿则是使粘结剂分子扩散到表面并产生胶接作用的必要条件。

4.2.2.1　润湿

要使粘结剂将被粘物表面紧密的胶接（粘合），即得到最佳胶接效果，其先决条件就是要使粘结剂与被粘物表面达到最大限度的接触,也就是完全的润湿。

液体与固体之间的"润湿"程度一般用接触角 θ 来表示,接触角 θ 越小,润湿性就越好。$\theta=180°$,即 $\cos\theta=-1$ 表示完全不润湿;$\theta=0$,即 $\cos\theta=1$ 时表示完全润湿。粘结剂与被粘物之间形成浸润状态,是粘接接头具有良好粘接性能的先决条件。浸润得好,被粘物和粘结剂分子之间紧密接触而发生吸附,则粘接界面形成了巨大分子间作用力,同时排除了粘结剂表面吸附的气体,减少了粘接界面的空隙率,提高了粘接强度。

所谓接触角 θ 即是液滴与固体、气体接触的三相界面点作液滴曲面的切线与固体表面的夹角。浸润液滴在固体表面上的状况及浸润如图4-1所示。在平衡状态下,界面张力与接触角 θ 的关系可以用杨氏(Young)方程表示:

$$\gamma_{sv} = \gamma_{sl} + \gamma_{lv}\cos\theta \qquad (4-1)$$

$$\gamma_{sv} = \gamma_s - \pi_e \qquad (4-2)$$

$$\gamma_{lv} = \gamma_l - \pi_e \qquad (4-3)$$

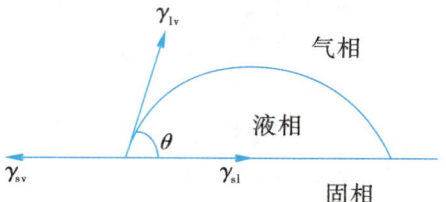

图4-1 液滴在固体表面的浸润状态

式中:γ_{sv} 为固体/气体的界面张力;γ_{sl} 为固体/液体的界面张力;γ_{lv} 为液体/气体的界面张力;γ_s 和 γ_l 分别为真空状态下固体的表面能和液体的表面张力;π_e 为吸附自由能,即吸附于固体或液体表面气体分子膜的压力,表示吸附在固体或液体表面的气体所释放的能量。π_e 一般可以忽略不计,当 $\pi_e=0$ 时,$\gamma_s=\gamma_{sl}$,$\gamma_l=\gamma_{lv}$,则式4-1变为

$$\gamma_s = \gamma_{sl} + \gamma_l\cos\theta \qquad (4-4)$$

$$\cos\theta = \frac{\gamma_s - \gamma_{sl}}{\gamma_l} \qquad (4-5)$$

当接触角 $\theta=180°$,$\cos\theta=-1$,表示胶液完全不能浸润被粘接固体;当接触角 $\theta=0°$,$\cos\theta=1$,表示胶液完全浸润的状态。在实际中,θ 为 $0°$ 或 $180°$,这两种情况都不会存在,大都是介于两者之间。粘结剂对表面的接触角 θ 应小于 $90°$,一般情况下,金属表面都能较好被粘结剂润湿,在较好润湿的表面,适当的粗糙度还可进一步使接触角更小,因此为获得较好的润湿,通常可以用除去表面的低能物质及灰尘、尽量减少气泡与空隙、适当的粗糙度及减小粘结剂黏度等措施来达到目的。

如果希望完全润湿,则 $\theta=0$,即 $\cos\theta=1$。而对于一般有机液体的液/固体系,γ_{sl} 可以忽略不计,因此可以发现为了能够在固体的表面充分润湿,液体的表面张力必须小于固体的表面张力,

$$\gamma_s > \gamma_l \qquad (4-6)$$

式(4-6)表明,即 $\gamma_s > \gamma_l$ 是粘结剂在被粘物表面润湿、扩展的必要条件。由此可知,以各种方法提高固体表面能 γ_s,便可选择具有较高 γ_l 的粘结剂,从而获得最强的界面粘接力。固液界面张力 γ_{sl} 趋近于零,对产生良好的润湿、扩展是有利的,γ_{sl} 的大小取决于液体(粘结剂)和固体(被粘物)的结构。

4.2.2.2 涂附磨具中的粘接现象

磨粒是一种表面粗糙、多孔的颗粒,亲水性很好,很容易吸附液体粘结剂,也就是说,液体粘结剂对它的浸润性很好。为了提高粘结剂对磨粒的粘接强度,可以对磨粒进行一系列处理,如整形、煅烧、涂层处理等,也包括磨粒制造过程中的酸碱洗、水洗,其目的都

在于提高磨粒的亲水性,增强磨粒的毛细管作用。

布、纸等基材都是一些表面疏松、多孔、多毛的材料,一般来说,液体粘结剂对基材的浸润性是十分良好的,在粘结剂的涂敷过程中,极易被基材吸附,因此为了避免底胶、复胶大量吸入基材内,影响基材的性能和磨粒的粘结,必须首先对基材进行处理。但基材处理一方面要注意基材处理剂的选择,以保持基材一部分柔软的性质,另一方面又要保持底胶、复胶对处理好的基材有良好的浸润性,否则会影响它们之间的粘结性。

4.2.2.3 粘接破坏

胶接接头的结构在形成和使用过程中,由于粘结剂的固化造成体积的收缩、被胶接材料和粘结剂不同的热膨胀率及受环境等外界因素的作用等都将造成胶接结构中的内应力,而内应力的分布也是不均匀的。因此胶接结构的破坏从组成该结构的薄弱部分开始,根据接头破坏的位置可以划分为四种破坏类型:被粘物破坏、内聚破坏、界面破坏和混合破坏,如图 4-2 所示。

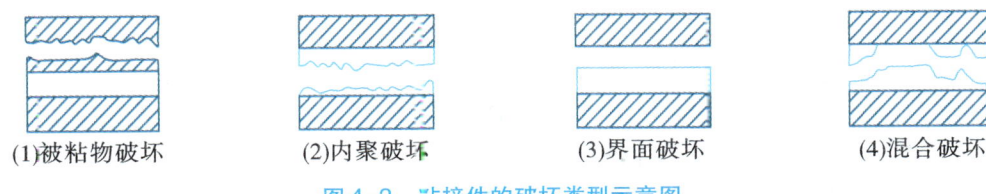

图 4-2 粘接件的破坏类型示意图

(1) 被粘物破坏　被粘物材料在外力的作用下发生破坏,即粘接强度取决于被粘物材料的力学强度。

(2) 内聚破坏　在外力作用下,粘接件的破坏完全发生于粘结剂相之中。呈内聚破坏的粘接件的粘接强度约等于胶层的内聚强度。

(3) 界面破坏　粘接件在外力作用下的破坏完全发生于粘结剂被粘物的界面区,即胶层完全从界面上脱开。

(4) 混合破坏　在外力作用下,粘接件的破坏兼有内聚破坏和界面破坏两种类型,是内聚破坏和界面破坏之间的一种过渡状态。

涂附磨具在磨削时的受力情况是相当复杂的,既有剪切力,又有正拉力和剥离力,一般认为剪切力多些,正拉力少些。磨具在磨削时受到破坏,究竟以哪种破坏为主呢?

在涂附磨具开始磨削时,磨粒切刃以其高硬度和适当的韧性切入工件,发生磨削作用。随着时间的推移,切刃逐渐磨钝,磨削阻力增大,当磨削阻力达到一定程度时,应发生磨粒破裂,产生新的切刃,即发生了被粘物-磨粒的破坏,此时不应发生其他破坏,即粘结剂的内聚强度和它与磨粒、基材的粘附强度应大于磨粒本身的强度。

继续磨削,连续发生几次磨粒破裂,产生新的切刃,但当第一层磨粒基本丧失磨削作用后,应发生磨粒的脱落,使磨粒暴露出来,继续发挥磨削作用。即发生内聚破坏、界面破坏和混合破坏。事实上磨粒的断裂更新和脱落更新几乎是同时发生的。至于被粘物-基材本身的破坏则是不希望的。如果磨料和基材粘接不好,在磨粒未丧失磨削力之前过早地发生内聚破坏和界面破坏,就会大量脱砂,这显然也是不行的。

但是磨削的条件千变万化,对粘结强度的要求却不是一致的。如在加工硬金属时,由于工件难加工,磨粒极容易磨钝,丧失磨削力,为了达到优良的磨削效果,则要求磨粒迅速更新,即要求磨粒迅速脱落,以使新的磨粒马上进入磨削,这就要求粘结剂的内聚强度不宜过大。又如在加工木材时,由于木材好加工,则希望磨粒粘结牢固,以增长磨粒的寿命。对于砂带接头而言,在磨削时受力主要是剪切力,要求接头强度一定大于基材本身的强度。因此对粘结进行研究,希望寻找使粘结牢固的最好的条件,但并不是粘结越牢越好,磨削是一个复杂的作用,要根据实际情况来确定。

4.3 淀粉

改性淀粉

淀粉植物纤维有较好的粘结性和成膜性,而且价格低廉,资源丰富,退浆废液易处理,也不易造成环境污染,因此淀粉作为主粘接剂在浆料中应用已有很久历史。在涂附磨具中作为原布处理粘结剂占有相当重要的地位。目前,上浆生产中广泛使用的淀粉粘结剂一般为天然淀粉和变性淀粉。

4.3.1 淀粉的组成及种类

淀粉的结构及相关性质综述

淀粉存在于某些植物的种子、块茎或果实中,它是由 α-葡萄糖(单糖)缩聚而成的高分子化合物,属于多糖类的碳水化合物,分子式为$(C_6H_{10}O_5)_n$。分子中含有大量羟基,相邻两个葡萄糖环以甙键连接,通过甙键,相邻两个葡萄糖环可以旋转形成各种超分子构象。根据植物的种类,淀粉有小麦淀粉、玉蜀黍淀粉、马铃薯淀粉、米淀粉、木薯淀粉等不同品种。根据淀粉分子结构和分子量的不同,淀粉分为直链淀粉和支链淀粉两种,各种淀粉含量如表4-1,其结构式如下:

直链淀粉　　　　　支链淀粉

表4-1 淀粉的种类和组成

淀粉种类	直链淀粉含量	支链淀粉含量	淀粉种类	直链淀粉含量	支链淀粉含量
小麦淀粉	24%	76%	甘薯淀粉	20%	80%
大麦淀粉	17%	83%	马铃薯淀粉	22%	78%
米淀粉	17%	83%	木薯淀粉	17%	83%
糯米淀粉	0%	100%	橡子淀粉	20%	80%
玉蜀黍淀粉	21%	70%	蕉藕淀粉	24%	76%

直链淀粉聚合度200~900,分子呈无分支的螺旋结构,在淀粉中含量约20%~25%,能溶于热水,水溶液不很黏稠,遇碘反应呈蓝色。直链淀粉形成的浆膜具有良好的机械性能,浆膜坚韧,弹性较好,在浆膜中起"增塑"的作用。支链淀粉聚合度600~6 000,分子呈支链结构,在淀粉中含量约为75%~80%,不溶于水,在热水中膨胀,遇碘反应呈紫色,使浆液变得极其黏稠,很难形成完整的薄膜。淀粉浆料的黏度主要由支链淀粉形成,使纱线能吸附足够的浆液量,保证浆膜一定的厚度,增强织物的耐磨性。直链淀粉和支链淀粉在上浆工艺中相辅相成,起到各自的作用。

4.3.2 淀粉的性质

淀粉在常温下不溶于水,但与水共热后,淀粉在高温下溶胀、分裂形成均匀糊状溶液,变成半透明状胶体的现象,称为淀粉的糊化。各种淀粉的糊化温度随原料种类、淀粉粒大小等的不同而异。

淀粉改性的研究进展

黏度是浆液重要的性质指标之一,它直接影响了浆液对经纱的被覆和浸透能力。黏度越大,浆液越黏稠,流动性能就越差。这时,浆液被覆能力加强,浸透能力削弱。在浆液熬制的过程中,如果温度低于糊化温度,浆料不熟,黏度小,直接影响对基材的粘结和浆膜的形成;如果温度高于糊化温度,淀粉不适当地长期加热和搅拌,会使浆液黏度下降,破坏其粘结性。因此,在浆料调制的过程中如何正确地掌握好淀粉糊化的温度,是一件十分重要的任务。各种淀粉的糊化温度和黏度变化见表4-2。

表4-2 各种淀粉的糊化温度和黏度

淀粉种类	糊化温度/℃			温度对黏度的影响(浆液浓度7.5%)										
				不同温度时的黏度/mPa·s						持续100℃的黏度变化/mPa·s				
	开始膨胀	开始糊化	糊化终止	50℃	60℃	70℃	80℃	90℃	100℃	30 min	60 min	90 min	120 min	150 min	180 min
小麦淀粉	50	60	85	2	3.5	3.5	4.5	50	97	98	40	45	42	43	43
籼米淀粉	70	80	95			2	4	12	37	69	66	61	58	58	57
玉蜀黍淀粉	65	80	85	1.5	1.5	2.5	65	73	56	51	50	48.5	47	45	45
甘薯淀粉		58	67			3	12	31	45	41	41	28	27	20	19
马铃薯淀粉	45	65	72												
木薯淀粉	45	58.7	80	2	2	64	44*	44*	55*	43	36	32	27	23	17
橡子淀粉	60	70	90	1	1	2.5	3	25	35	38.5	42	45.5	46		
蕉藕淀粉	66	66	70	2	2.5	26	33*	44*	52*	61*	62*	22*	18*	17*	17*

注:①有*记号的为用中号圆筒回转体测试的;②橡子淀粉系由四川、安徽两种橡子混合制成,混合比为2:1

此外,上浆过程中,黏度应保持稳定,使上浆量和浆液对纱线的浸透与被覆程度维持不变。

4.3.3 各种淀粉浆液的性能

冷水可溶性马铃薯淀粉的低温上浆性能

根据"相似相容"原理,由于淀粉大分子中含有羟基,具有较强的极性,它对含有相同基团或极性较强的纤维材料有高的粘附力,如棉、麻、粘胶等亲水性纤维,相反,对疏水性纤维的粘附力就很差,不能用于纯合成纤维的原布上浆。

淀粉浆料的浆膜一般比较脆硬,浆膜强度大,但弹性较差,断裂伸长小。以淀粉作为主粘结剂时,浆液中要加入适量柔软剂,以增加浆膜弹性,改善浆纱手感。柔软剂的加入可增加浆膜弹性、柔韧性,但浆膜机械强度亦有所下降。为此,柔软剂加入量应适度。淀粉浆膜过分干燥时会发脆,从原布上剥落,在气候干燥季节,车间湿度偏低时,浆液中要适当添加吸湿剂,以改善浆膜弹性,减少剥落。

不同原料制备的淀粉浆液的性能有所区别,使用的原布处理也不同:

(1) 小麦淀粉 其浆液黏度的热稳定性、成膜性和浸透性均较好,粘着力较强,适用于纯棉、粘纤及化学纤维品种。采用硬质麦与采用软质麦制成的淀粉相比,前者的浆液黏度较高且稳定,成膜质量较好。

(2) 米淀粉 浆液不耐高温久煮,黏度变化剧烈,但粘着力较强;米淀粉中蛋白质含量较高,浆膜性能较脆,弹性差。

(3) 玉蜀黍淀粉 浆液耐煮,黏度热稳定性好,但在持续高温 3 h 后,黏度会剧烈下降,浆液浸透性好、粘着力强,浆膜强度高,上浆效果较小麦淀粉浆为好、浆膜较小麦淀粉的硬,上浆率不宜过大,适用于纯棉基材,与合成浆料混合使用于合成纤维品种效果亦好。

(4) 甘薯淀粉 浆液不耐煮,尤其在高温时黏度下降剧烈,浆液浸透性、吸湿性较好,不易起泡沫,浆膜性脆,不耐磨,适用于纯棉基材。

(5) 马铃薯淀粉 马铃薯淀粉易糊化,用以制成的浆液黏度较高,但分子易分裂,因此,长时间搅拌或煮沸,均易使黏度剧烈下降,浆液浸透性较差,但被覆性较好,浆膜的机械性能较好,适用于纯棉基材。

(6) 木薯淀粉 木薯淀粉分子的吸湿性好,因此,膨胀温度低,易糊化。浆液的黏性好,不耐煮,黏度变化很大,但在煮沸后继续保温搅拌 45 min 左右黏度即稳定。因此调浆时应掌握此特点。

浆膜的柔韧性差,上浆时落浆较多,但混以 CMC 后,用于纯棉品种的效果也好。因木薯淀粉中含有微量(0.01%~0.35%)的氰酸,可抑制微生物的活动,故木薯淀粉及其浆液不易变质。用甲醛处理后的交联木薯淀粉,可显著改善原木薯淀粉的性能。适用于纯棉基材及粘纤基材。

(7) 橡子淀粉 橡子淀粉的质量与橡仁的不同产地、处理、保管方式,加工橡仁时浸泡温度、时间、磨筛细度、纯度、烧碱、次氰酸钠处理的程度等有密切关系。

橡子淀粉浆液耐煮,黏度稳定,浸透性好,粘着力较强,但浆膜较粗硬,弹性不佳,因而上浆率不宜过高,以免上浆时落物增多。因橡子淀粉在加工中已经烧碱、次氰酸钠处理,故使用时一般不再加分解剂。适用于纯棉基材。

(8) 蕉藕淀粉 浆液黏度高,但浸透性差,在同样浓度时,上浆率比小麦淀粉浆小。适用于纯棉基材。

在浆料调制的过程中,为稳定上浆质量,控制浆液对经纱的被覆和浸透程度,浆液用于经纱上浆宜处于黏度稳定阶段。在淀粉浆液调制时,浆液煮沸之后必须焖煮 30 min,待达到完全糊化之后,再放浆使用。同时,一次调制的浆使用时间不宜过长,玉蜀黍淀粉一般为 3~4 h。否则,在调浆和上浆装置中,由于长时间高温和搅拌剪切作用,浆液黏度会下降,从而影响上浆质量。

4.3.4 变性淀粉

以各种天然淀粉为母体,通过化学、物理或其他方式使天然淀粉的性能发生显著变化而形成的产品称为变性淀粉。

淀粉大分子结构中分子量及羟基等化学基团决定着淀粉的化学、物理性质,也是各种变性可能的内在因素。淀粉的变性技术不断发展,变性淀粉的品种也层出不穷。各种变性淀粉的变性方式及变性目的见表 4-3。

变性淀粉

改性淀粉/PVA 水溶性薄膜的制备与性能表征

表 4-3 各种变性淀粉的变性方式及变性目的

变性技术发展阶段	第一代变性淀粉 转化淀粉	第二代变性淀粉 淀粉衍生物	第三代变性淀粉 接枝淀粉
品种	酸解淀粉,糊精,氧化淀粉	交联淀粉,淀粉酶,醚化淀粉,阳离子淀粉	各种接枝淀粉
变性方式	解聚反应、氧化反应	引入化学基团或低分子化合物	接入具有一定聚合度的合成物
变性目的	降低聚合度及黏度,提高水分散性,增加使用浓度(高浓低黏浆)	提高对合纤的粘附性,增加浆膜柔韧性,提高水分散性,稳定浆液浓度	兼有淀粉及接入合成物的优点,代替全部或大部分合成浆料

目前常用的变性淀粉如下:

4.3.4.1 酸解淀粉

在淀粉悬浊液中加入无机酸溶液,利用酸可以降低淀粉分子苷键活化能的原理,使淀粉大分子断裂,聚合度降低,形成酸解淀粉。酸解反应时及时地用碱中和,终止分解反应,控制淀粉的降解程度,是提高酸解淀粉质量的关键。

酸解淀粉的外观和原淀粉基本相同。在水中经加热后,酸解淀粉粒子容易分散,也容易达到完全糊化状态。由于淀粉粒子膨胀较小,分子量明显降低,故成浆后浆液黏度低,流动性好,但黏度稳定性比原淀粉略有下降。

酸解淀粉浆膜较脆硬,与原淀粉相似。浆液对亲水性纤维具有很好的粘附性,在混合浆中可代替 10%~30% 的合成浆料,是一种适宜于一般混纺纱上浆的变性淀粉浆料。

4.3.4.2 氧化淀粉

氧化淀粉是用强氧化剂对淀粉大分子中苷键进行氧化断裂,并使其羟基氧化成醛基和羧基所形成的产品。常用的氧化剂有次氯酸钠、过氧化氢、高锰酸钾、高碘酸氧化淀粉等。氧化后,淀粉大分子得到裂解,聚合度下降,并含有羧基基团,羧基的存在是氧化淀粉的结构特点。

氧化淀粉外观为色泽洁白的粉末。用其配置的浆料黏度低,流动性好,浸透性强,黏度稳定性好,不易凝胶,与原淀粉相比,它对亲水性纤维的粘附性有所提高,形成浆膜比较坚韧,是棉纱、粘胶纱的良好浆料。

4.3.4.3 酯化淀粉

淀粉大分子中的羟基被化学活泼性较强的酯化剂(有机酸或无机酸)酯化后形成的产物称之酯化淀粉。用于经纱上浆的主要有醋酸酯淀粉、磷酸酯淀粉、氨基甲酸酯淀粉(尿素淀粉)和其他酯化淀粉。

酯化淀粉的酯化程度以取代度(DS)表示,取代度是指淀粉大分子中每个葡萄糖基环上羟基的氢被取代的平均数,取代度的数值在 0~3 之间。

疏水性酯基引入淀粉分子的大分子链上后,对疏水性合成纤维的粘附性、亲和力加强。因此从原理上说,酯化淀粉浆料对聚酯纤维混纺或纯纺纱有较好的上浆效果。与磷酸酯淀粉相比,醋酸酯淀粉和聚酯纤维的溶度参数比较接近,因此上浆效果比磷酸酯淀粉为好,也较为实用。醋酸酯淀粉和磷酸酯淀粉的浆液黏度稳定,流动性好,不易凝胶,浆膜也较柔韧,可用于棉、毛、粘胶、涤棉混纺纱上浆。

4.3.4.4 醚化淀粉

淀粉大分子中的羟基被各种试剂(卤代烃、环氧乙烷等)醚化,生成的醚键化合物称为醚化淀粉。醚化淀粉除保留原有淀粉化学结构外,还引入了醚化基团。醚化基团的数量反映了淀粉的醚化程度,对醚化淀粉性质有很大影响。醚化淀粉的醚化程度亦以取代度表示。醚化淀粉的亲水性和水溶性改善程度与取代基性能及取代度有关。取代度过低,水溶性改善不明显;相反,则水溶性良好,溶解速度快,但成本提高。

醚化淀粉浆液黏度稳定,浆膜较柔韧,对纤维素纤维有良好的粘附性。低温下浆液无凝胶倾向,故适宜于羊毛、粘胶纱的低温上浆(55~65 ℃)。醚化淀粉具有良好的混溶性,加入一定量的醚化淀粉,能使混合浆调制均匀。

4.3.4.5 交联淀粉

淀粉大分子的醇羟基与交联剂发生交联反应形成以化学键连接的三维网状结构大分子,即称为交联淀粉。目前最常用的交联剂有三偏磷酸钠、三聚磷酸钠、甲醛、三氯氧磷、环氧氯丙烷。

用交联淀粉调制的浆液黏度热稳定性好,聚合度增大,黏度也增加,浆膜刚性大、强度高、伸长小。浆纱中,一般使用低交联度的交联淀粉,进行以被覆为主的经纱上浆,如麻纱、毛纱上浆。也可与低黏度合成浆料一起,作为涤棉、涤麻、涤粘纱的混合浆料。

4.3.4.6 接枝淀粉

为了改善淀粉浆上浆浆膜脆、吸湿性差、对涤棉纱粘附力差的缺点,将改善淀粉浆料上浆性能的高分子单体的低聚物接枝到亲水的、半刚性的淀粉大分子上,形成接枝淀粉。淀粉接枝共聚的单体通常是乙烯基单体,可以是一种,也可以是两种或者两种以上。使用一种单体时常用丙烯腈、低烷基丙烯酸酯、丙烯酸、乙酸乙烯酯等;当使用两种或两种以上单体时,常用甲基丙烯酸、甲基丙烯酸甲酯、氨基甲酰基丙烯酸酯。一般水溶性单体比非水溶性单体更易与淀粉接枝,如丙烯酰胺等。淀粉的接枝共聚是通过自由基反应来实现的,自由基引发可以采用 Co 射线或电子束照射、微波辐射、低温等离子体、光引发、超声波等物理方法;也可以利用氧化还原反应产生自由基,其关键在于选择性能优良的引发剂。

经过接枝改性之后,可以使接枝淀粉兼有淀粉和高分子单体构成的侧链两者的长处,又平抑了两者的不足,表现出优良的综合上浆性能。例如,丙烯酸酯类的化合物接枝淀粉,所形成的接枝淀粉共聚物兼有淀粉和丙烯酸酯类浆料的特性,可以对涤棉纱和合纤上浆,并且淀粉浆膜的柔软性和弹性得到改善。

与其他变性淀粉相比,接枝淀粉对疏水性纤维的粘着性、浆膜弹性、成膜性、伸度及浆液黏度稳定性均有很大提高,因此,接枝淀粉是最新一代的、从原理上说也是最有前途的一种变性淀粉。例如,应用接枝淀粉对涤棉纱上浆,可以替代部分或全部聚乙烯醇浆料,不仅可以减少浆纱毛羽,还可以减少由聚乙烯醇浆料退浆引起的环境污染。

变性淀粉还有许多种类。与天然淀粉相比,变性淀粉在水溶性、黏度稳定性、对合成纤维的粘附性、成膜性、低温上浆适应性等方面都有不同程度的改善。因此,在经纱上浆中,变性淀粉的使用品种将越来越多,使用比例、使用量也会越来越大,以至完全替代聚乙烯醇浆料,是一种绿色浆料。

4.3.5 淀粉分解剂

未经分解剂分解作用的淀粉浆黏度很高,浸透性极差,不适宜原在上浆使用。经分解剂分解作用后,部分支链淀粉分子链裂解,浆液黏度下降,浸透性能得以改善。淀粉分解剂可分为碱性、酸性及氧化分解剂三类,分解剂用量应按照各类淀粉的不同特性、适当掌握。淀粉的分解度一般掌握在 60%~75%。

4.3.5.1 碱性分解剂

(1)硅酸钠 即矽酸钠,俗称水玻璃,分子式:Na_2SiO_3。它是一种碱性的硅酸盐,可与任何比例的水混合而溶解,水溶液呈弱碱性,其胶状性能有利于浆料质量。其纯净的水溶液应是无色透明的,但一般均含有铁、碳等杂质而呈灰色或灰绿色,遇酸能中和其碱性而析出硅酸,以致影响分解作用及产生结硅现象。使用时在加入硅酸钠之前,浆液中的酸份应先中和。用量:对于干淀粉 6%~12%。质量规格:比重(40°Bé 左右)1.380~1.390,氧化钠(Na_2O)含量 10.5%~11.0%,二氧化硅(SiO_2)含量 24.5%~25.5%,Na_2O 与 SiO_2 分子数比例 1:2.3~1:2.4,铁质含量不超过 0.03%。

(2)烧碱 又名火碱、苛性钠,学名氢氧化钠,分子式:NaOH。比重 2.130。固体烧碱为白色结晶体,工业用品含氢氧化钠不少于 95%,液体烧碱纯净者为白色,若含有铁质等杂质,则微带暗红色或灰色,比重 1.332(36°Bé),含氢氧化钠 30%,为强碱性的物质,有强腐蚀性,固体烧碱易潮解,露置空气中易吸收二氧化碳而转化成纯碱(Na_2CO_3),溶于水并放出热量。在加入分解用烧碱前,浆液中酸份应先中和。用量:对小麦淀粉 0.5%~1%,对玉蜀黍淀粉 1.2%,对马铃薯淀粉 1%。烧碱量范围在 0.6%~1.2%内,可适当增加分解烧碱的用量,粘纤布基上浆时,不宜采用烧碱作分解剂。

(3)硼砂 分子式:$Na_2B_4O_7 \cdot 10H_2O$。为白色半透明的结晶体,比重 1.72,易溶于水,水溶液呈碱性,具有防腐性,因此,用作分解剂时可减少防腐剂的用量。用量:淀粉量的 0.75%~1.0%。

4.3.5.2 酸性分解剂

（1）硫酸　分子式：H_2SO_4。无色或黄色油状液体，比重 1.82（66°Bé），含 H_2SO_4 92%～98%，具有极强的腐蚀性，遇水激烈地放热而吸收水分。

（2）盐酸　分子式：HCl。无色或淡黄色发烟液体，具有刺激性气味，比重 1.149（19°Bé），含 HCl 29.6% 时腐蚀性极强。

用量：硫酸对淀粉量的 0.4%～0.5%，盐酸对淀粉量的 0.2%～0.3%，使用硫酸时要注意，稀释时只能以浓硫酸注入水中，用硫酸或盐酸作分解剂，作用剧烈，控制浆液质量较困难，必须严格控制分解反应时间与温度，当达到所需的黏度及分解度时，应迅速用碱将酸中和，以免作用过度及防止酸残留在布基上，而造成布发脆。目前一般已不采用硫酸式盐酸作分解剂。

（3）有机酸　淀粉在浸渍过程中，由于酵母、霉菌等生物体分泌的各种酶的作用而产生，即黄水中存在的酸。一般将淀粉生浆在室温 20 ℃时浸渍 36 h，酸分解 0.2%～0.3% 时即可调合使用。浸渍时间越长，室内温度越高，则产生酸越多。搅拌比不搅拌产生酸快，浆液酸值宜控制为 0.06%±0.02%，以使浆液质量稳定。

4.3.5.3 氧化分解剂

（1）次氯酸钠　分子式：$NaClO_3$。无色或淡黄色液体，有氯的气味，含有效氯 10%～14%，对金属有腐蚀作用，用以调制淀粉浆，粘附力较高，流动性及浸透性较好，不易结皮。用量：一般为有效氯重量对淀粉重量的 0.5%～1.2%，调和时，浆液应保持微碱性，温度 32～52 ℃，宜贮存于密闭的容器中，并存放于干燥凉爽暗处。

（2）漂白粉　分子式：$Ca(ClO_3)_2$。白色的粉末，有强烈的氯气味，含有效氯 25%～30%，极易吸湿，在室温时也会逐渐分解，而在 50%～70% 时分解较快，漂白粉与肥皂作用会产生不溶性肥皂，对人体气管和皮肤有刺激作用。用量：一般有效氯重量为淀粉重量的 0.12% 左右，宜贮存于密闭的容器中，并放于干燥凉爽暗处。

（3）氯胺 T　又名氯亚明，学名对甲苯磺酰氯胺钠，分子式：$C_7H_7O_7NClSNa \cdot 3H_2O$。白色或黄色的结晶状粉末，略有氯的气味，含有效氯 23%～26%，水溶液呈微碱性，对淀粉的氯化分解作用开始于 80 ℃，至 90～100 ℃结束，对淀粉的分解作用，pH 值在 7～8 时较为稳定，而在酸性中消失很快。用量：对小麦淀粉为 0.4%，对玉蜀黍淀粉为 0.5%，对马铃薯淀粉为 0.16%～0.2%，对甘薯淀粉为 0.25%，对木薯淀粉为 0.16%，在加入氯胺 T 前，浆液必须呈中性或微碱性，二萘酚、肥皂及油脂与氯胺 T 会起化学反应，必须待分解作用完毕后再加入，需贮藏在盖紧的棕色玻璃瓶中，并放于干燥凉暗处。

4.4　动物胶

动物胶

动物胶主要用于全动物胶磨具和半树脂磨具中。随着涂附磨具的发展和粘结剂品种的增多，目前动物胶由于耐水性、耐磨性较差，容易发霉变质，上胶过程中需要加热保持胶液的流动性以及价格的原因在涂附磨具行业应用较少，已经基本上被合成胶粘剂所取代。

4.5 纤维素衍生物类

纤维素衍生物有羧甲基纤维素(CMC)、羟乙基纤维素(HEC)、甲基纤维素(MC)等，其中 CMC 通常作为淀粉和动物胶的代用品，用在原布处理的粘结剂中，也作增稠剂使用。

天然高分子材料

4.5.1 羧甲基纤维素钠(CMC)

4.5.1.1 CMC 化学结构

羧甲基纤维素钠(CMC)是以废棉、短绒等为主要原料，先与 NaOH 发生碱化反应，成为碱纤维素，然后添加氯乙酸，与葡萄糖单元上羟基上的氢与氯乙酸中的羧甲基基团发生取代反应得到，是一种具有高分子结构的纤维素醚。分子式为 $C_6H_7O_2(OH)_2OCH_2COONa$，结构式为

羧甲基纤维素钠

4.5.1.2 CMC 物理性质

纯 CMC 为无臭、无味、无毒、易吸湿的白色粉末，有一定的热稳定性，能溶于水，不溶于有机溶剂，其水溶液为粘胶状。取代度<0.4 时为碱溶性的；取代度≥0.4 时为水溶性的。随着取代度的增加，溶液的透明度及稳定性也相应改善，一般工业用品的取代度大多在 0.4~1.0 之间。

4.5.1.3 CMC 化学性质

CMC 是一种高分子阴离子型电解质，呈中性或微碱性，遇重金属盐(如 $PbSO_4$，$FeCl_3$，$FeSO_4$，$CuSO_4$，$K_2Cr_2O_7$，$AgNO_3$，$SnCl_2$ 等)会产生沉淀，但多数均能重新溶于氢氧化钠溶液中，遇酸类溶液而使其 pH≤5 时，也会产生沉淀现象。

4.5.1.4 CMC 的水溶液性质

CMC 水溶液具有良好的胶粘性、乳化性、扩散性，并且质地细腻，黏度随着浓度的增加而近似直线地上升，高黏度时更为显著，在温度升高时，CMC 溶液的黏度下降，但如果温度不超过 110 ℃，则虽然持续升温 3 h，温度下降后黏度仍能复原，CMC 浆的粘附力高，与其他浆料对比见表 4-4。

表4-4　各种品种浆料的粘附性

浆料品种	CMC	褐藻酸钠	玉蜀黍淀粉	小麦淀粉	橡子淀粉
粘附性(g/cm², 4%浓度)	1 052	778	399.5	368	298.5

4.5.1.5　CMC的几项主要品质指标

衡量CMC质量的主要指标是取代度(DS)和纯度。从结构式中可以看出每个葡萄糖单元上共有3个羟基,即C2、C3、C6羟基,葡萄糖单元羟基上的氢被羧甲基取代的多少用取代度来表示。若每个单元上的3个羟基上的氢均被羧甲基取代,定义为取代度是3,CMC取代度的大小直接影响到CMC的溶解性、乳化性、增稠性、稳定性、耐酸性和耐盐性等性能。一般认为取代度在0.6～0.7左右时乳化性能较好,而随着取代度的提高,其他性能相应得到改善,当取代度大于0.8时,其耐酸、耐盐性能明显增强。CMC的取代度分为三档:高取代度为1.2以上;中取代度为0.5～1.2;低取代度为0.25～0.5。

有效成分(即纯度)为绝干品中含纯粹CMC的百分数。

黏度是CMC很重要的物理指标,指2%浓度的CMC水溶液在25℃时的黏度。CMC的黏度分为三档:高黏度为1 000～2 000 mPa·s以上;中黏度为300～1 000 mPa·s;低黏度为50～100 mPa·s。

其他的主要品质指标:酸碱度、氯化物含量、含水率等。

4.5.1.6　浆料用CMC的规格

浆料用CMC的规格见表4-5。

表4-5　浆料用CMC的规格

取代度	黏度/(mPa·s)	有效成分	pH值	氧化物
0.6～0.7	400～600	≥90%	6.5～7.5	≤7%

如用作辅助剂,也有采用取代度为0.8～0.9,黏度为800～1 200 mPa·s的规格。

4.5.1.7　浆液性质及应用

CMC的浆膜光滑坚韧,吸湿性好,在其他质量指标相同的条件下,黏度的差异对浆料液粘附力大小无显著影响。

CMC可单独使用或与其他粘着剂辅助剂混用。可以采用98℃以上高温上浆,以加强浸透性;不宜选用黏度过高的CMC,以防止上浆时压浆辊打滑及降低浆液的流动性,尤其当调和浓度大于3%时,更应注意此点。还须采用1 000 r/min左右的螺旋桨式高速搅拌器调浆。CMC浆液的pH值宜保持在7以上,一般掌握在8～9,pH值偏离中性过多时会使黏度下降,当CMC浆的pH≤5时,会产生析出沉淀现象。适用于各类纯棉及化纤纯纺、混纺品种。

4.5.2 其他纤维素的衍生物

其他纤维素的衍生物具体内容见二维码。

其他纤维素的衍生物

4.6 聚乙烯醇

聚乙烯醇(PVA)是将醋酸乙烯进行聚合,变成聚醋酸乙烯,再将后者在30~42 ℃反应温度下,在碱的醇溶液中进行醇解(或皂化)得到,反应式为

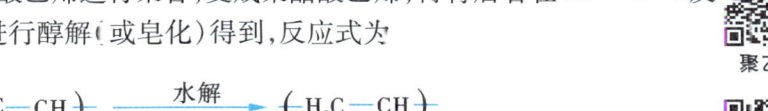

聚乙烯醇

醇解法制备聚乙烯醇

4.6.1 PVA 的性质

聚乙烯醇是白色粉末,因含有水亲和性大的羟基,易溶于水,其溶解度随水温的上升而增高,水溶液的稳定性良好,不溶于酒精、苯、丙酮等有机溶液剂。PVA 溶于水后是透明状的液体,与各种纤维都有良好的粘附性及成膜性,浆液黏度稳定,浆膜强度好,弹性好,光滑耐磨。

聚乙烯醇简介

PVA 的性质主要决定于它的聚合度和醇解度(在分子链上由酯基水解得到的乙烯醇结构单元占的百分数)。

完全醇解型——指醇解度为98%~99%,其结构式为

$$-CH_2-CH(OH)-[CH_2-CH(OH)]_n-CH_2-CH(OH)-$$

另一类为部分醇解型—指醇解度为85%~90%,其结构式为

$$[CH_2-CH(OH)]_x-[CH_2-CH(OOCCH_3)]_y$$

醇解度越高,水溶性越差,但其耐水性越好,如大于99%的聚乙烯醇是高度结晶的聚合物,通常只有在沸水中才能溶解。醇解度低的 PVA,其水溶液黏度的稳定性较好。

无机物质如硫酸钠、硫酸铵等盐类和硼酸、硼砂等混入水时,会使 PVA 的膨润性降低,溶解性变差。

PVA 遇高温会产生结晶化现象,使其溶解性降低,但上浆过程中短时间经受100%~120%温度,不致产生此影响。

聚乙烯醇聚合度越高,水溶液性越差,聚合度为1 700 的 PVA 要在温水中才能溶解,在聚合度500~2 400间有多种型号,如表4-6所示。

表 4-6 聚乙烯醇类型的选择

用途要求	选用型号	聚合度	水解度	性能特点
耐水要求很高的胶粘剂	17-99	1 700	>99.8%	高强度
	15-100	1 500	>99.5%	高耐水性
耐水胶粘剂	05-100	500	>99%	耐水性好,胶粘剂稳定性好
再分散型乳液胶粘剂	05-88	500	88%±2%	易溶于水
	09-88	900	88%±2%	
	10-88	1 000	88%±3%	
	12-88	1 200	88%±2%	
	15-88	1 500	88%±4%	
	17-88	1 700	88%±2%	
	20-88	2 000	88%±2%	
高固体含量胶粘剂	05-75	500	73%~75%	低黏度
高黏度胶粘剂	30-88	3 000	88%±2%	高黏度
	24-88	2 400	88%±2%	触变性好

PVA 热熔温度为 160~200 ℃,在 140 ℃时呈暗色,超过 200 ℃开始分解,与油脂类、烃类、氯化物及二硫化碳等都不起作用,一般能与碘发生蓝色反应,也能与刚果红起作用。

4.6.2 PVA 的选择

不同醇解度的 PVA 浆液对不同纤维的粘附性存在差异。完全醇解 PVA 对亲水性纤维,如棉、粘纤、麻具有良好的粘附性及亲和力;部分醇解 PVA,由于大分子中疏水性醋酸根的作用,对疏水性合成纤维具有较好的粘附性。

在涂附磨具中,聚乙烯醇主要应用在基材处理粘结剂中,醇解度一般为 88%,而聚合度有低至 600 和高至 1 700 的,都可采用,混合使用更好,既考虑了水溶性,又保证了成膜性能。

4.6.3 PVA 浆液的调制

胶粘剂的配制方法是将聚乙烯醇(5~10 份)与水(95~90 份)混合,在搅拌下加热到 80~90 ℃直至呈浅黄白色的透明液体即成。浆料调制过程中,可以通过添加填料(淀粉、松香、明胶酪素、黏土、钛白粉等都可以作为填料),降低成本,调节胶接速度和固化速度;增塑剂(如甘油、聚乙二醇、山梨醇、聚酰胺、脲素衍生物等)能够增加胶膜的柔性。为了提高聚乙烯醇的耐水性,可添加能使聚乙烯醇交联的有无机盐(如硫酸钠、硫酸锌、硫酸铵、钾明矾等)、无机酸(如硼酸)、多元有机酸和醛类化合物,或通过加热也能使聚乙烯醇交联熟化。

PVA 一般在水中易结团块,而影响溶解,须按醇解度、聚合度类型等具体情况而提高水温及加强搅拌力,以使加速溶解,部分醇解型 PVA 在温度 90 ℃左右时易起泡沫,可采取反复关小及开大蒸汽的方法,直至泡沫逐步消失,PVA 能适应 100 ℃左右高温,可采用 55~65 ℃的低温上浆工艺。可单独使用,一般宜采取对主浆料总量 50%~60% 的比例,与淀粉或 CMC 丙烯酸类粘着剂等混合使用。

4.6.4 PVA 浆液的性质

聚乙烯醇水溶液胶粘剂适用于粘接纸张、织物和木材等。PVA 浆膜弹性好,断裂强度高,断裂伸长大,耐磨性好。其拉伸强度、断裂强度及耐屈曲强度均较原淀粉、变性淀粉、CMC 等浆料好,表 4-7 所示 CMC、PVA 和淀粉的浆膜性能比较。PVA 聚合度越高,浆膜强度越高。由于大分子中羟基的作用,PVA 浆膜具有一定的吸湿性能,吸湿性随醇解度、聚合度的增大而减小,在相对湿度 65% 以上的空气中能吸收水分,使浆膜柔韧,充分发挥其优良的力学机械性能。

表 4-7 不同粘结剂浆料的性能

粘结剂	断裂强度/cN	急缓弹性伸长	耐屈曲性/次	吸湿率
CMC	713	28.5%	1 151	25.5%
PVA	645	93.0%	10 000 以上	16.15%
玉蜀黍淀粉	817	4.9%	345	—
小麦淀粉	—	—	188	20.1%

聚乙烯醇调浆时浆液易起泡、浆液易结皮、浆膜分纱性差是其主要缺点。为克服这些缺点,可以对聚乙烯醇进行变性处理。比较成熟的变性方法有 PVA 丙烯酰胺共聚变性、PVA 内酯化变性、PVA 磺化变性及 PVA 接枝变性。变性聚乙烯醇浆料在 40~50 ℃温水中保温搅拌 1 h 可溶,溶液均匀,与其他粘着剂混溶性强,浆液不会结皮,在调制和上浆过程中不易起泡。变性聚乙烯醇浆料适宜于低温(85 ℃以内)上浆,并且黏度稳定。浆膜机械强度减小,于是分纱性良好,浆膜完整、光滑,而且退浆方便。此外,在 PVA 浆液中往往混入部分浆膜强度较低的粘着剂材料(如 CMC、玉蜀黍淀粉、变性淀粉等),以改善干浆纱的分纱性能,但要注意与这些天然淀粉混合时易分层。在与其他合成浆料混用时,能良好均匀地混合,混合液比较稳定,不易发生分层脱混现象。

4.7 聚乙酸乙烯酯乳液

聚乙酸乙烯酯(PVAc)乳液又称白乳胶,是由乙炔与乙酸合成乙酸乙烯,再经过乳液聚合而得到的一种乳白色均匀的稠厚液体。分子式为

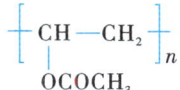

聚醋酸乙烯酯乳液改性研究进展

早期使用的多为聚乙酸乙烯酯的均聚乳液，一般利用水解度为80%左右的聚乙烯醇为保护胶体，以过氧化物为引发剂，固含量为50%左右，乳胶粒直径一般为0.5~2 μm，黏度一般为3~20 Pa·s。

乳液的组分还包括增稠剂、增塑剂、溶剂、填料、防腐剂等。增稠剂常使用聚乙烯醇，用量一般为4%~5%，增塑剂使用邻苯二甲酸二丁酯，用量一般为0~7%，我国的牌号是按增塑剂不同量而规定的。

4.7.1 聚乙酸乙烯酯乳液性质

耐水性优良的聚醋酸乙烯酯乳液的合成研究

聚乙酸乙烯酯乳液是一种热塑性胶，固化速度快，不必加热和添加固化剂，在不超过100 ℃下加热可加速干燥。这种PVAc乳液为单组分，具有价格低、生产方便、粘接强度高、无毒等特点，广泛应用于木材加工、织物粘接等领域中。使用后应将乳液盖紧，或在表面浇一层很薄的水，避免结皮。但是这种单组分PVAc均聚乳液的耐水性差，在湿热条件下，粘接强度会有很大程度的下降；其成膜的抗蠕变性差，即使长时间静载荷作用下，胶层也会产生滑动。同时，它的耐湿性、耐寒性及耐机械稳定性也较差。使用和贮藏温度应在10~40 ℃。调整稀稠可在30~40 ℃下加入蒸馏水，加入最大量以20%~40%为宜，充分搅拌均匀，然后使用。

针对PVAc上述缺点，可加入交联剂，如乙二醇、脲醛树脂、酚醛树脂等，使其与聚合物中少量的羟基反应，生成缩醛，克服其外力作用下的形变。

4.7.2 聚乙酸乙烯酯乳液应用

聚乙酸乙烯酯乳液在涂附磨具制造中，由于其价格便宜、低温固化快、浆膜柔韧性好等优点，所以在棉布及聚酯布的浆料中都有广泛的应用。应用时和其他粘结剂配合使用，如：与热塑性PVA树脂配合使用，提高织物的硬挺性；与酚醛树脂、脲醛树脂等热固性树脂配合使用，提高其耐水性和硬度。除此之外，也有在底胶粘结剂和砂套制作的粘结剂中应用。

4.8 聚丙烯酸酯胶粘剂

聚丙烯酸酯

聚丙烯酸酯对植物纤维纸基透水性材料性能的影响

聚丙烯酸酯(polyacrylates)系列聚合物乳液胶粘剂是一类重要的原布处理胶粘剂，在织物处理过程中，具有非常重要的地位。近年来，随着丙烯酸系聚合物的不断发展和进步，品种不断增加，在涂附磨具行业中不仅可以用于布基材的处理，而且在纸基材处理、研磨无纺布制造以及底胶改性、防堵超涂层粘结剂等方面也得到越来越广泛的应用。

4.8.1 聚丙烯酸酯胶粘剂分类

从组成上分，丙烯酸酯树脂包括纯丙树脂、苯丙树脂、硅丙树脂、醋丙树脂、氟丙树脂、叔丙(叔碳酸酯-丙烯酸酯)树脂等。按其成膜特性分为热塑性丙烯酸树脂和热固性丙烯酸树脂。热塑性丙烯酸树脂其成膜主要靠溶剂或分散介质(常为水)挥发使大分子或大分子颗粒聚集融合成膜，成膜过程中没有化学反应发生，为单组分体系，施工方便，但涂膜的耐溶剂性较差；热固性丙烯酸树脂也称为反应交联型树脂，其成膜过程中伴有几个组分可反应基团的交联反应,因此涂膜具有网状结构,因此其耐溶剂性、耐化学品性好。

4.8.2 聚丙烯酸酯胶粘剂的合成

丙烯酸类及甲基丙烯酸类单体是合成丙烯酸树脂的重要单体。该类单体品种多,用途广,活性适中,可均聚也可与其他许多单体共聚。甲基丙烯酸酯的均聚物要比酯基相同的丙烯酸酯的玻璃化温度高、硬度大、强度高。在丙烯酸酯中,丙烯酸甲酯的均聚物玻璃化温度为8 ℃,是最硬的。在甲基丙烯酸酯中,甲基丙烯酸甲酯的均聚物的玻璃化温度为105 ℃,是很硬的聚合物。在丙烯酸系聚合物中,随着酯基碳原子数的增多,玻璃化温度下降,如聚丙烯酸丁酯的玻璃化温度为-54 ℃,聚丙烯酸-2-乙基己酯的玻璃温度为-72 ℃,是很软的聚合物。丙烯酸系单体,很容易进行乳液聚合和乳液共聚合,可以根据需要通过分子设计合成出软硬程度不同的聚丙烯酸酯乳液粘结剂。

改性聚丙烯酸酯复合乳液的研究进展

此外,常用的非丙烯酸单体有苯乙烯、丙烯腈、醋酸乙烯酯、氯乙烯、二乙烯基苯、乙(丁)二醇二丙烯酸酯等。近年来,随着科学、技术的进步,新的单体尤其是功能单体层出不穷,而且价格不断下降,推动了丙烯酸树脂的性能提高和价格降低。比较重要的功能单体有:有机硅单体、叔碳酸酯类单体(包括 Veova 10,Veova 9,Veova11)、氟单体(包括烯类氟单体——三氟氯乙烯、偏二氟乙烯、四氟乙烯、氟丙烯酸单体)、表面活性单体及其他自交联功能单体等。常用的单体及其功能见表4-8。

表4-8 丙烯酸酯单体及功能

单体名称	功能
甲基丙烯酸甲酯,甲基丙烯酸乙酯,苯乙烯,丙烯腈	提高硬度,称之为硬单体
丙烯酸乙酯,丙烯酸正丁酯,丙烯酸月桂酯,丙烯酸-2-乙基己酯,甲基丙烯酸月桂酯,甲基丙烯酸正辛酯	提高柔韧性,促进成膜,称之为软单体
丙烯酸-2-羟基乙酯,丙烯酸-2-羟基丙酯,甲基丙烯酸-2-羟基乙酯,甲基丙烯酸-2-羟基丙酯,甲基丙烯酸缩水甘油酯,丙烯酰胺,N-羟甲基丙烯酰胺,N-丁氧甲基(甲基)丙烯酰胺,二丙酮丙烯酰胺(DAAM),甲基丙烯酸乙酰乙酸乙酯(AAEM),二乙烯基苯,乙烯基三甲氧基硅烷,乙烯基三乙氧基硅烷,乙烯基三异丙氧基硅烷,γ-甲基丙烯酰氧基丙基三甲氧基硅烷	引入官能团或交联点,提高附着力,称之为交联单体
丙烯酸与甲基丙烯酸的低级烷基酯,苯乙烯	抗污染性
甲基丙烯酸甲酯,苯乙烯,甲基丙烯酸月桂酯,丙烯酸-2-乙基己酯	耐水性
丙烯腈,甲基丙烯酸丁酯,甲基丙烯酸月桂酯	耐溶剂性
丙烯酸乙酯,丙烯酸正丁酯,丙烯酸-2-乙基己酯,甲基丙烯酸甲酯,甲基丙烯酸丁酯	保光、保色性
丙烯酸,甲基丙烯酸,亚甲基丁二酸(衣康酸),苯乙烯磺酸,乙烯基磺酸钠,AMPS	实现水溶性,增加附着力,称之为水溶性单体,表面活性单体

聚丙烯酸酯的聚合方法很多,主要采用溶液聚合法和乳液聚合法。其中,涂附磨具中主要使用乳液胶粘剂作为浆料粘结剂。乳液聚合即将丙烯酸酯单体在乳化剂作用下在水中乳化,加入水溶性引发剂进行自由基聚合反应。

若其中加入2%~5%的丙烯酸和甲基丙烯酸可显著地提高粘结剂的耐油性、耐溶剂性和粘结强度,并可改善乳液的冻融稳定性及对颜色填料的润滑湿性,并可赋予聚合乳液以碱增稠特性。若在共聚物中引入丙烯腈单体,可增进乳液粘结剂的粘结强度、硬度和耐油性。若引入苯乙烯可以提高乳液粘结剂的硬度和耐水性,但苯乙烯用量太大,会降低粘结剂在被粘物上的粘结力、粘结强度。若在聚合物分子链上引入羧基、羟基、N-羟甲基、氨基、酰胺基、环氧基等,或外加氨基树脂等作交联剂,可制成交联型丙烯酸系聚合物乳液粘合剂,通过交联可提高粘合剂的粘结强度、耐油性、耐溶剂性、抗蠕变性及耐热性。

4.8.3 聚丙烯酸酯胶粘剂性能

丙烯酸系聚合物粘合剂具有优良的耐候性,耐老化性特别好,既耐紫外线老化,又耐热老化,并且抗氧化性好。这类乳液粘结剂粘结强度高,耐水性好,比醋酸乙烯酯乳液粘结剂弹性大,具有很大的断裂伸长,其耐油性和耐溶剂性对不同的聚丙烯酸酯来说差别很大,低级丙烯酸酯聚合物(如PMMA),耐油性、耐溶剂性好,随着其酯基的增大,耐油性和耐溶剂性逐渐变差。但其耐水性和对被粘物的粘结强度增大。

聚丙烯酸酯乳液干燥成膜温度较高,约在100 ℃以上,对酸较稳定,低温下与稀酸不发生作用,在高温或浓酸中高聚物发生水解。当温度高于200 ℃发生解聚,达到350 ℃分解。聚丙烯酸酯乳液可以与任意比例的水混溶,可与淀粉、动物胶及部分水解级PVA均匀混合。

4.8.4 常用丙烯酸酯类浆料

4.8.4.1 聚丙烯酸甲酯

聚丙烯酸甲酯简称PMA,属丙烯酸酯类浆料,工厂中简称"甲酯浆"。它由丙烯酸甲酯(85%)、丙烯酸(8%)、丙烯腈(7%)共聚而成。浆料为总固体率约14%的乳白色黏稠胶体,pH值大约为7.5~8.5。聚丙烯酸甲酯可与任何比例的水相互混溶,水溶液黏度随温度升高而有所下降,恒温条件下黏度比较稳定。由于聚丙烯酸甲酯大分子中含有大量酯基,所以对疏水性合成纤维具有良好的粘附性,特别是聚酯纤维。浆液成膜后光滑、柔软、延展性强,但强度低,弹性差(急弹性变形小,永久变形大),具有"柔而不坚"的特点。由于浆膜吸湿性强,玻璃化温度低,表现出较强的再粘性。

聚丙烯酸甲酯一般只作为辅助粘着剂使用。在涤棉纱上浆中,与PVA浆料混用,以提高混合浆对涤纶纤维的亲和力,改善PVA浆膜的分纱性能,使浆膜光滑、完整。

4.8.4.2 丙烯酸酯类共聚物

全部采用丙烯酸酯类单体共聚称为全丙乳液,常用于合纤(涤纶、锦纶)长丝上浆。它由丙烯酸甲酯、乙酯或丁酯、丙烯酸或丙烯酸盐等丙烯酸类单体多元共聚而成。共聚物发扬了各种单体的优势,对疏水性合成纤维具有优异的粘附性,浆膜柔软、光滑,浆液黏度稳定,并有一定的抗静电性能。由于水溶性良好,因此调浆简单,退浆方便。

用于涤纶长丝上浆的普通聚丙烯酸酯浆料一般为丙烯酸、丙烯酸甲酯、丙烯酸乙酯(或丁酯)的三元共聚物,浆膜存在再粘性大、强度弱、手感过软的缺点。经改进后的聚丙烯酸酯中加入了丙烯腈,为四元共聚物,浆膜硬度提高、强度增大、吸湿再粘性下降,对合成纤维的粘附能力也进一步加强,改进前后浆料性能对比如表4-9所示。

表4-9 丙烯酸酯浆料改性前后性能对比

项目		浆料		
		普通丙烯酸酯浆	GM-B改性丙烯酸酯浆	GM-C改性丙烯酸酯浆
单体聚合形式		三元溶剂共聚	四元溶剂共聚	四元乳液共聚
浆丝抱合力(平磨次数)	涤纶低弹丝	150	600	1 400
	涤纶普通丝	25	40	45
浆膜性能	断裂强度/(N/cm^2)	274	441	975
	断裂伸长	700%	500%	475%
	浆膜硬度(肖氏度)	40	70	75
	RH85%时浆膜吸湿	19.9%	12.6%	12.3%
吸湿再粘程度		58%	30%	10%
粘并后分层剥离力/(cN/cm)		900	500	380

注:三种浆液浓度均为6%。

改进的方法还有多种,如加入玻璃化温度高的甲基丙烯酸类单体进行共聚等。近年来开发的水分散型聚丙烯酸酯乳液以丙烯酸、丙烯酸丁酯、甲基丙烯酸甲酯、醋酸乙烯酯单体为原料,用乳液聚合法共聚而成。该浆料对疏水性纤维有良好的粘附力,干燥时随水分子的逸出,乳胶粒子相互融合,形成具有耐水性的连续浆膜,它的耐水性优于聚丙烯酸盐类浆料,织物退浆亦用碱液煮炼。

为了解决丙烯酸乳液成本高、耐水性差等缺陷,将苯乙烯和丙烯酸酯单体经乳液共聚而得苯丙乳液(苯乙烯-丙烯酸酯乳液)。苯丙乳液浆料具有良好的耐水性和耐久性,并且成本比全丙乳液低,非常适合聚酯布等原布处理。苯丙乳液也大量地被用于纸浆添加剂、纸张浸渍剂及纸张涂层剂等,以提高纸的抗张强度、环压强度及抗水性等。

4.8.4.3 聚丙烯酰胺

聚丙烯酰胺由丙烯酰胺单体聚合而成,分完全水解型(PAAm)和部分水解型(PHP)两种。用于上浆的聚丙烯酰胺为无色透明胶状体,总固体率为8%~10%。

聚丙烯酰胺浆液黏度较大,具有低浓高粘特点,能与淀粉和各种合成浆料良好混溶。浆液黏度随浓度上升而增加,随温度上升而减小。浆液在碱作用下产生水解,与钙、镁离子相遇发生沉淀。由于大分子中酰胺基的作用,聚丙烯酰胺适宜于腈纶、锦纶、棉、毛、涤棉纱上浆。其浆膜机械强度大,与PVA相近,但弹性、柔软性、耐磨性较差。浆膜吸湿性强,吸湿后产生再粘现象,浆膜发软。由于存在以上缺点,聚丙烯酰胺一般不单独用于经纱上浆。

4.8.4.4 聚丙烯酸盐

主要是由聚丙烯酸钠或丙烯酸钙和聚丙烯酸胺等组成(占82%以上),并包含少量丙烯腈。它为乳白色乳液,含固量15%~17%,pH值7~8,对棉或涤混纺布基体的粘附性均强,浆膜柔韧,具有抗静电性,水溶性极佳,与淀粉类浆料可以任何比例混用,与部分醇解的PVA也能很好地相溶。易吸湿,浆膜较柔软,易产生再粘现象。作为辅助粘着剂,适用于纯棉品种。

4.8.4.5 自交联型丙烯酸酯共聚物乳液

由丙烯酸乙烯基单体等多元共聚物组成,外观为乳白色乳液,可用水以任何比例稀释,pH值微酸性,具有良好的粘结性能、化学稳定性和机械稳定性,黏度低,能适用于上浆工艺,经烘干固化,发生化学反应,产生自交联成网状结构,成膜强度高,耐水性能好,并可以根据需要选择合适的玻璃化转变温度(T_g)的共聚物,调整浆膜硬度,一般温度越高,成膜硬度也高,反之,温度越低,成膜硬度越软。

表4-10是几种国外的聚丙烯酸酯类浆料。

表4-10 几种国外的聚丙烯酸酯类浆料

项目	CB、CR(德国)	VICOL PC(英国)	AZTEX HB(美国)
主要组成	聚丙烯酸铵盐(钠、盐、钙盐)、聚丙烯酸、聚丙烯酰胺、聚丙烯腈	聚丙烯酸酯共聚体	变性聚丙烯酸共聚体的局部皂化物
外观	黄色透明的黏稠液体	白色粉末	黄色透明黏稠液体
含固量	25%~26%	92%~95%	25%
离子型	阴离子	非离子	阴离子
pH值	6~7	6(5%浓度)	4.5±1(5%浓度)
黏度/(mPa·s)	13 000	80~120(5%,25℃)	550~700(5%,25℃)
使用性能	水溶性良好、溶液性能稳定,浆膜柔软光滑,延伸性好,对涤纶、腈纶纤维的粘着性能好,吸湿性较大,不能单独上浆,宜与淀粉等混用	溶液黏度低,流动性好,黏度稳定,加温85~95℃,并在高速搅拌下才能充分溶解,也可单独上浆或与淀粉、CMC混用	水溶性好,粘着力强,浆膜坚韧光洁,吸湿性较丙烯类浆料为低,可单独上浆或与淀粉等混合使用
适用品种	纯棉纱、涤腈或其他混纺织物	各类短纤合纤及混纺织物	纯棉及涤棉/涤麻混纺织物

4.9 酚醛树脂

酚醛树脂(phenolic resin)是1907年发明的合成树脂,尽管其用于涂附磨具行业只有近几十年的历史,但是它使得涂附磨具产品的质量发生了巨大变化。它不仅用于底胶、复胶粘结剂中,而且也用于超涂层、原布处理粘结剂中。

酚醛树脂是由酚类(苯酚、甲酚、间苯二酚等)与醛类(甲醛、乙醛、糠醛等)在酸性或碱性催化剂作用下缩聚而成的一种高分子化合物。最常用的合成原料是苯酚与甲醛。酚醛树脂的反应机制非常复杂,依据其原料配比不同,催化剂种类不同,体系 pH 值不同,生成的树脂的结构和性质也不同。

涂附磨具用酚醛树脂的研究进展及发展方向

涂附磨具常用酚醛树脂产品

工业上两种不同性质的酚醛树脂合成流程图如下:

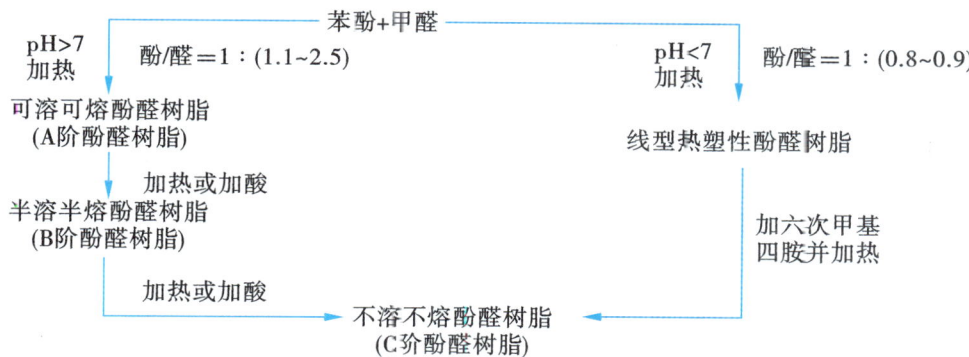

4.9.1 酚醛树脂的原材料

酚醛树脂的原材料的化学结构对合成树脂的速度和性能有很大的影响。常用的是甲醛、糠醛等二官能度的单体。苯酚是羟基取代的苯衍生物,在与甲醛进行亲电子取代反应时,反应主要发生在酚羟基的邻、对位。因此,它有三个活性点,可看作三官能度的单体。其他酚类,按其化学结构的不同,其所具有官能度的反应能力也不同。三官能团的酚类有苯酚、间甲酚、3,5-二甲酚、间苯二酚等,其结构式如下:

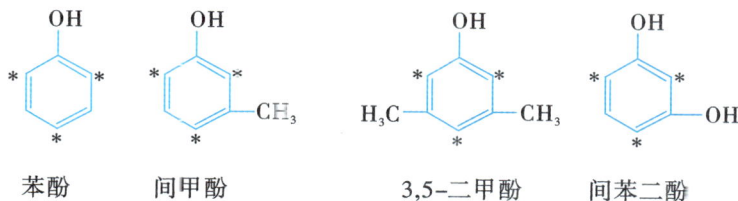

二官能团的酚类有邻甲酚、对甲酚、2,3-二甲酚、2,5-二甲酚、3,4-二甲酚等,其结构式如下:

不同类型的酚,由于取代基的不同,会影响其反应速率,如 3,5-二甲酚在间位上有取代基,会加速与甲醛的缩聚反应,又如邻、对位上有取代基,则会减慢反应速度。

4.9.2 热固性酚醛树脂的反应机制

用作涂附磨具制品胶粘剂的酚醛树脂是在碱性条件下,苯酚与甲醛摩尔比小于1时生成的碱法酚醛树脂[大多以 NaOH 或 Ba(OH)$_2$ 作催化剂],从反应釜中放出水溶性甲阶酚醛树脂。用氢氧化钠作催化剂时,总反应可分作两步:

(1)加成反应 苯酚与甲醛起始进行加成反应,生成多羟基酚:
加成反应形成了单元酚醇与多元酚醇的混合物。

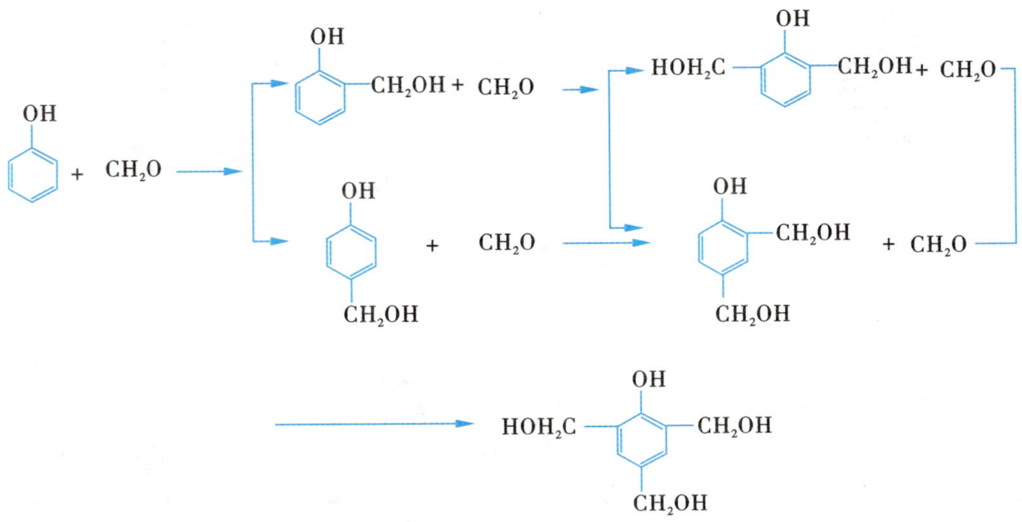

(2)羟甲基的缩合反应 羟甲酚进一步可进行缩聚反应有下列两种可能的反应:

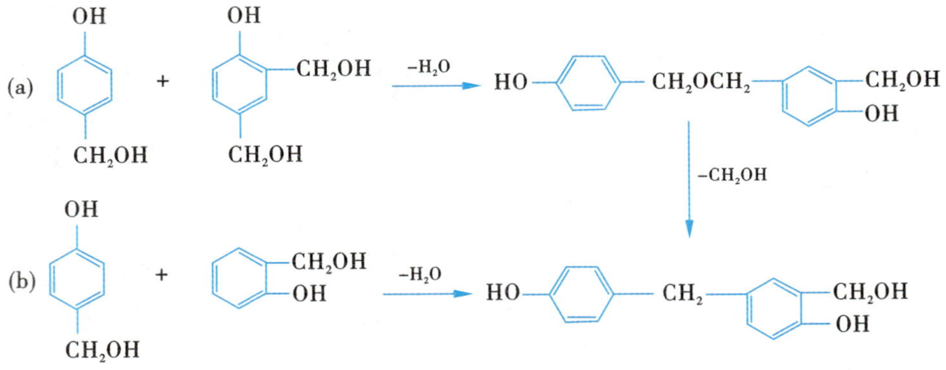

虽然反应(a)与(b)都可发生,但在碱性条件下主要生成(b)式中的产物,也就是说缩聚体之间主要是以次甲基键连接起来。

由上述两类反应形成的单元酚醇、多元酚醇或二聚体等在反应过程中不断地进行缩聚反应,使树脂平均分子量增大,若反应不加控制,最终形成凝胶,在凝胶点前突然使反应过程冷却下来,则各种反应速度都下降,由此可合成适合多种用途的树脂,如控制反应程度较低可制得平均分子量很低的水溶性酚醛树脂,用作涂附磨具粘结剂;当控制缩聚反应至脱水成半固体树脂时,此树脂溶于醇类等溶剂,可作成树脂磨具粘结剂。

由于缩聚反应推进程度的不同,所以各阶树脂的性能也不同,一般将树脂分为不溶不熔状态的三个阶段如下:

A 阶树脂——能溶解于酒精、丙酮及碱的水溶液中,加热后能转变为不溶不熔的固体,它是热塑性的,又称可熔酚醛树脂。

B 阶树脂——不溶解在碱溶液中,可以部分或全部地溶解于丙酮或乙醇中,加热后能转变为不溶不熔的产物,它亦称半熔酚醛树脂。B 阶树脂的分子结构比可熔酚醛树脂要复杂得多,分子链产生支链,酚已经在充分地发挥其潜在的三官能团作用,这种树脂的热塑性较可熔性酚醛树脂差。

C 阶树脂——为不溶不熔的固体物质,不含有或含有很少能被丙酮抽提出来的低分子物。C 阶树脂又称为不熔酚醛树脂,其分子量很大,具有复杂的网状结构,并完全硬化,失去其热塑性及可熔性。

甲阶酚醛树脂的合成研究进展

受热时,A 阶酚醛树脂逐渐转变为 B 阶酚醛树脂,然后再变成不溶不熔的体型结构的 C 阶树脂。

4.9.3 催化剂

合成碱法酚醛树脂的常用的碱性催化剂有:NaOH、NH_4CH、$Ba(OH)_2 \cdot 8H_2O$,以及二价金属离子的氧化物催化剂(BaO、MgO、CaO 等)和氢氧化物[$Mg(OH)_2$、$Ca(OH)_2$ 等]及其盐类催化剂等。

以 NaOH 作催化剂时,用量一般<1%,它的反应速度快,其树脂亲水性好,可以生成水溶性酚醛树脂。

以 $Ba(OH)_2 \cdot 8H_2O$ 作催化剂时,反应较为缓和,容易控制反应速度,Ba^{2+} 盐性能稳定,致使树脂性能良好。

以 NH_4OH 作催化剂时,用量为 0.5%~3%,其反应速度缓慢,容易控制,树脂合成后,加热可放出 NH_3 气,使树脂性能稳定。

以二价金属离子的氧化物催化剂和氢氧化物及其盐类催化剂,可使在邻位的反应性增大生成高邻位的结构。

4.9.4 热固性酚醛树脂的生产工艺

工业上水溶性酚醛树脂的合成通常是:在反应釜中加入 100 重量份的苯酚,10~20 重量份的改性剂,加入 25~40 重量份的氢氧化钡,开动搅拌器,将 150~250 重量份的 37%甲醛溶液加入反应釜,反应缓慢升温,在 1.5 h 内升到 87 ℃,在此温度下保温 20~40 min,测反应终点,达到反应终点后真空脱水,保持脱水温度 65 ℃以下,固含量达到 70%~80%,测黏度符合要求后,冷却出料。

酚醛树脂的合成及应用研究进展

4.9.5 水溶性酚醛树脂的特点

水溶性酚醛树脂并不能无限地与水混溶,而只能与一定量的水溶合,有些树脂是水乳化型。通常为棕色或深棕色的黏稠液体,粘结性好,胶膜坚硬,机械强度高,耐热性好,价格低廉,耐腐蚀,但性脆,固化温度高、时间长,固化时易起泡,固化后颜色变深,对光、紫外线敏感储存稳定性有限。

涂附磨具用水溶性酚醛树脂要求树脂的固体含量比较高，使树脂涂布到基材上后，能迅速地成膜，还要求其游离酚含量低，减少环境污染；还要求树脂的固化温度应低于130 ℃，否则会损坏基材。

在储藏或运输过程中，均应保持低温，要求储存温度不高于4 ℃；储存时间一般不超过三个月。使用酚醛树脂时，发生聚合反应，会引起体积收缩，因此在使用时应加入相当数量的填充剂，加入量一般在30%以上。

砂带用酚醛树脂的主要性能指标

4.9.6　酚醛树脂的改性

为了改善酚醛树脂的脆性或其他物理性能，提高其对被粘材料的胶接性能，必须对酚醛树脂进行改性。目前，工业生产的酚醛树脂约有一半以上必须进行化学改性后方能使用。

4.9.6.1　化学改性的目的

（1）固化后的酚醛树脂因芳核间仅有亚甲基相连而显脆性，因此有必要改善酚醛树脂的脆性，提高其韧性。

（2）酚醛树脂的弱点在于苯酚羟基和亚甲基易氧化，且酚羟基易吸收水分，导致产品机械强度、电性能与碱性能下降；同时，酚羟基在加热或紫外光作用下易生成醌式结构，使产物颜色加深。因此酚羟基和（或）亚甲基的保护成为酚醛树脂的改性的主要途径。

酚醛树脂的增韧改性研究进展

4.9.6.2　化学改性的途径

（1）酚羟基的醚化或酯化。酚羟基被苯环或芳烷基所封锁，其性能将大大改善。如二苯醚甲醛树脂或芳烷基醚甲醛树脂就克服了由于酚羟基所造成的吸水变色等缺点。

（2）加入其他组分。使其与酚醛树脂发生化学反应或进行混溶，分隔或包围酚羟基或降低酚羟基浓度，从而达到改变固化速度、降低吸水性、限制酚羟基的作用。例如在酚改性二甲苯树脂中，疏水性的二甲苯环代替一些酚环，使酚羟基处于疏水基团的包围之中，树脂吸水性大为降低。

（3）高分子链上引入杂原子（如氧、硫、氮、硅等），取代亚甲基基团等。

（4）多价金属元素（如 Ca、Mg、Zn、Cd 等）与树脂形成络合物。

（5）水溶性酚醛树脂也可以和其他水溶性聚合物材料共混改性，例如酚醛树脂与橡胶乳液（丁苯胶乳、丁腈胶乳）、丙烯酸酯乳液、聚醋酸乙烯酯乳液等材料共混，提高树脂的柔韧性。

除了以上改性途径之外，还可通过加入纳米材料，如纳米 SiO_2、TiO_2、碳纳米管等，先将其进行表面处理，以便能与酚醛树脂作用；或者辅助材料（如冰晶石及硫铁矿粉等）在磨削过程中的物理化学变化，达到保护酚醛树脂的目的。

随着涂附磨具应用领域的不断拓展，快速固化、浅色、"绿色"酚醛树脂开发也成为涂附磨具新产品开发的重点，研制出低挥发份、高性能的树脂使酚醛树脂健康、快速发展。

4.10 脲醛树脂

脲醛树脂（Urea-formaldehyde resin,UF），是氨基树脂的一种。以尿素与甲醛为主要原料,在碱性催化剂或酸性催化剂作用下,经过适当缩聚反应而成的水溶性初期树脂。其外观形式有两种,一种为乳状或糖浆状液体,贮存期 2~6 个月;另一种为粉状脲醛树脂,贮存期长达 1~2 年,易溶于水。

脲醛树脂

4.10.1 脲醛树脂制备的基本原理

脲醛树脂制备的基本原理尚无定论,一般认为尿素与甲醛首先在弱碱性或弱酸性水溶液中进行加成反应,分别生成稳定和不稳定的一羟甲基脲和二羟甲基脲,继而在加热或弱酸性介质中,羟甲基脲与脲的酰氨基或羟甲基进行缩聚,生成可溶于水的透明无色的初期脲醛树脂。这种树脂是多种分子的混合物,其分子量在 100~600 之间。

第一步是亲核加成反应:即在中性或微碱性条件下,尿素与甲醛反应生成各种羟甲基脲的混合物。即

$$H_2NCONH_2 + HCHO \longrightarrow \underset{\text{一羟甲基脲}}{HOCH_2NH-CO-NH_2} \text{ 或 } \underset{\text{二羟甲基脲}}{HOCH_2NH-CO-NHCH_2OH}$$

第二步是缩合反应:即在酸性条件下加热第一步的产物,使其分子间缩水成线型产物。即

$$HOCH_2NH-CO-NH_2 + HOCH_2NH-CO-NHCH_2OH \longrightarrow HOCH_2NH-CO-NH-CH_2NH-CO-NHCH_2OH + H_2O$$

缩合反应既可以发生在亚氨基和羟甲基之间、羟甲基和羟甲基之间,又可以发生在甲醛和两个亚氨基之间。

尿素与甲醛的用量以 1∶(1.6~2.0)（摩尔比）为宜。尿素可以一次加入,但分两次加效果更佳。因为这样就可以使甲醛有更多的机会和尿素反应,可以大大减少树脂中游离的甲醛。尿素加入时,由于溶解吸热,可使反应温度降低 5~10 ℃,为了使反应液维持一定的温度,需要慢慢地加入尿素。由于尿素和甲醛的反应是放热反应,因此在加尿素后,加热至一定的温度后应立即停止加热,靠反应自发热升温至规定的温度,并在规定的温度保温一段时间。

脲醛树脂的合成至终点时,溶液的酸度较大。而在酸性条件下,脲醛树脂会进一步缩聚,最终形成网状体型结构的固化物,即冻胶,而降低其粘合能力。因此当脲醛树脂的合成至终点时,工业上常用 NaOH 溶液调至反应混合液的 pH 值为 7 左右。

脲醛树脂固化机制及其应用

4.10.2 脲醛树脂的固化

脲醛树脂是热固性树脂,在酸性介质中可进一步缩聚,固化成不溶不熔的三向网络

结构的体型聚合物,所以可加入固化剂加速固化。常用的固化剂有氯化铵、硝酸铵、硫酸铵等。其中以氯化铵和硫酸铵效果为好。加入的固化剂要适量,在室温下,一般树脂与固化剂的重量比为100∶(0.5~1.2)为宜。用量过多,胶质较脆;用量过少,则固化时间太长。

例如,固化剂氯化铵可与树脂中的游离甲醛反应,释出氯化氢使体系呈现酸性:

$$4NH_4Cl + 6HCHO \longrightarrow (CH_2)_6N_4 + 4HCl + 6H_2O$$

上述反应在加热时显著加速,因此氯化铵既可用作游离甲醛含量较高的脲醛树脂的室温固化剂,也可用作游离甲醛含量较少的脲醛树脂加热固化剂。

4.10.3 影响脲醛树脂质量的因素

4.10.3.1 原料及其配比的影响

(1)甲醛溶液的影响 甲醛在贮存过程中,时间长了会生成白色多聚甲醛沉淀,有部分甲醛被氧化成甲酸。甲醛在碱性水溶液中发生自身氧化还原反应,一部分被还原为甲醇,另一部分被氧化成甲酸,若甲醛用铁桶包装,会使其铁质含量增加,这些都影响脲醛树脂质量。

多聚甲醛的生成和甲醛发生自身氧化还原反应,首先使甲醛浓度降低,在同样条件下,低浓度甲醛比高浓度甲醛反应速度慢得多。

甲醛中铁质含量大,在反应初期是加速甲醛氧化的催化剂,在树脂固化时,延长固化时间。

(2)尿素与甲醛的摩尔比的影响 根据脲醛树脂的反应原理,甲醛用量过小,中间加成物主要是一羟甲基脲,继续缩聚成树脂困难;甲醛用量小,游离甲醛含量少,固化树脂性能高。表4-11列出了尿素和甲醛摩尔比与树脂游离甲醛含量的关系。甲醛用量少,树脂固化时间增长,甲醛的摩尔比降低,树脂稳定性差,但树脂的固体含量较高。

表4-11 甲醛摩尔数与游离甲醛的关系

尿素与甲醛摩尔比	1∶1.80	1∶1.70	1∶1.60
游离甲醛含量	2.17%	2.01%	1.58%

甲醛用量提高,易生成二羟甲基脲,缩聚反应容易形成体型结构;甲醛用量太多,游离甲醛增加,生成的羟甲基太多,降低固化树脂的耐水性,树脂固化收缩率大,容易开裂,但树脂的热稳定性好。

(3)尿素的影响 尿素中的杂质有硫酸盐、缩二脲和游离氨。游离氨影响脲醛树脂性能最大,它含量最高,树脂黏度增长快,稳定性差,配成脲醛胶后贮存时胶接强度低,当游离氨超过0.03%时,脲醛胶胶接强度就不合格,一般要求游离氨含量不大于0.015%。

尿素中含硫酸盐越多,反应液pH值最终值越低,反应液放热快,当硫酸盐含量为0.035%~0.05%时,反应液很快沸腾(97~98℃),并变得不透明而成为乳白色。硫酸盐增多,所得树脂配成的胶接强度越低,贮存时胶接强度降低也越快。

一般要求尿素中硫酸盐含量不得大于0.01%。

尿素中缩二脲含量越多,所配树脂胶贮存时胶接强度降低越快。当缩二脲含量为0.8%时,整个贮存期有较好的胶接强度,缩二脲含量为1%时,贮存两个月后胶接强度明显下降;当缩二脲含量为1.5%时,贮存1个月后胶接强度不合格。一般要求尿素中缩二脲含量不得大于0.08%。

4.10.3.2 反应温度和时间的影响

反应温度直接影响反应速度和树脂质量。温度越高,反应速度越大。但温度过高(超过100 ℃),一方面容易生成不溶于水的亚甲基脲衍生物,另一方面使缩聚反应急剧地进行,造成凝胶或产生次品。如温度低于70 ℃,反应速度慢,缩聚反应也慢,聚合度低、黏度小、树脂强度低。一般反应温度控制在70~100 ℃。

反应时间影响树脂的聚合度和性能。反应时间过短,缩聚反应不完全,树脂黏度低,固体含量少,游离甲醛量高,胶接强度低;反应时间太长,树脂聚合度高,树脂黏度太高,树脂水溶性差,贮存期短,胶接强度也差。反应时间与反应温度、尿素与甲醛的摩尔比和反应液的pH值有关。一般反应时间控制在120~150 min。

4.10.4 脲醛树脂的改性

在涂附磨具行业广泛采用脲醛树脂作基材处理剂和制造粘结剂。由于产品的柔韧性差、强度不高、耐热性差、易吸潮、耐水性差的特点,普通的脲醛树脂只能用于低端的砂纸产品,广泛用于木材加工,如刨花板、胶合板及木质家具的细抛光等,是木材加工行业用量最大的粘结剂之一。为了拓宽其应用范围,提高产品性能,常用苯酚、三聚氰胺等进行改性以提高其相应性能。

(1)苯酚改性脲醛树脂　在脲醛树脂的合成过程中,加入尿素量的20%的苯酚进行缩聚,这样就改变了原来脲醛树脂的化学组成,使固化树脂的性能有所改善。苯酚改性脲醛树脂胶粘剂固化后胶层的机械强度、耐水性、耐久性及粘附力均有提高。

(2)三聚氰胺改性脲醛树脂　在脲醛树脂的合成过程中,加入尿素用量20%~50%的三聚氰胺一起缩聚,可提高胶粘剂的耐水性、耐热性。加入三聚氰胺的量越多,耐热与耐水性越好,但胶粘剂的粘结性有所下降,成本增加。

(3)糠醇改性脲醛树脂　在脲醛树脂合成过程中加入一定量的糠醇一起进行缩聚,制得的胶粘剂粘附力较强,耐水性和耐酸、碱性能也有改善。

(4)聚醋酸乙烯乳液改性脲醛树脂　为了改进脲醛树脂的脆性、耐老化性差等性能,常常在脲醛树脂中加入10%~20%的聚醋酸乙烯酯乳液,增加韧性,降低脆性,改善胶的防老化性。

(5)丁醇改性脲醛树脂　丁醇改性的脲醛树脂是由尿素、甲醛和丁醇反应制得的。单纯丁醇改性脲醛树脂,烘烤下固化,质地坚硬,但性脆,粘着力差,因此常与其他树脂混合使用。

胺基清漆必须加温才能干燥,在高温下,脲醛树脂可与醇酸树脂进一步缩合而固化,脲醛树脂含量一般为30%左右。

胺基清漆的特点是漆膜坚硬、光亮、耐候性好,一般应用在耐水砂纸的复胶中,但它须在120 ℃左右干燥,溶剂为丁醇和二甲苯。

酚醛树脂改性脲醛树脂胶粘剂的研究进展

核桃壳三聚氰胺改性脲醛树脂的制备及其热降解性能表征

4.11 环氧树脂

环氧树脂

环氧树脂(epoxy resin,EP)是指分子中含有两个以上环氧基团的一类聚合物的总称。因其对各种金属和大部分非金属材料都具有良好的粘接性能,常被称作"万能胶"。广泛用于飞机、导弹、汽车、建筑、磨料磨具、电子电器和木材加工等工业部门。作为涂附磨具用粘结剂,主要应用于高档浸渍型耐水砂纸和柔软布基产品上,还用于砂页轮、砂页盘的制作。

4.11.1 环氧树脂的制备

环氧树脂种类很多,用作胶粘剂的主要品种为双酚 A 缩水甘油醚型。它是由双酚 A 和环氧氯丙烷在碱的作用下生成的,其反应式如下:

式中:$n = 0 \sim 19$,平均分子量为 $300 \sim 7\,000$。

4.11.2 环氧树脂中环氧基的含量

环氧树脂中环氧基的含量是一项重要指标,它直接影响树脂的性质,随着分子量的增高,环氧基的含量相应下降。通常从三个不同的角度来表示树脂所含环氧基的量,即:环氧当量、环氧基含量、环氧值。

(1)环氧当量　指含有 1 mol 环氧基的环氧树脂的质量克数。例如最简单的环氧树脂:

其分子量为 340,一个分子中含有两个环氧基,所以该树脂的环氧当量应为

$$\frac{1}{2} \times 340 = 170\,(\text{g/mol})$$

根据环氧当量的定义,如果每一个分子中含有的环氧基数都一样,则

$$环氧当量 = \frac{平均分子量}{每个分子中环氧基的数目}(g/mol) \tag{4-7}$$

可见,树脂的分子量越高,环氧当量也越大。

(2) 环氧基含量 每 100 g 环氧树脂中环氧基的克数,以百分数表示。

$$环氧基含量(\%) = \frac{每个分子中环氧基数目 \times 43}{平均分子量} \times 100\% \tag{4-8}$$

(3) 环氧值 指每 100 g 环氧树脂中所含的环氧基的摩尔数。

$$环氧值 = \frac{每个分子中环氧基数目}{平均分子量} \times 100 \tag{4-9}$$

可见,分子量越大,环氧值越小。

表 4-12 是国产双酚 A 型环氧树脂的主要品种及规格。其中分子量小于 700,软化点低于 50 ℃ 的称为低分子环氧树脂。一般常用它们配制环氧树脂胶粘剂。

表 4-12 国产双酚 A 型环氧树脂牌号及规格

牌号			外观	软化点/℃	环氧值/ (mol/100 g)	环氧当量/ (g/mol)
新	中	老				
EP01431 310			淡黄至棕黄色透明黏性液体			170 ~ 184
EP01441 310	E-51	618			0.43 ~ 0.54	183 ~ 194
EP01451 310	E-44	6101		12 ~ 20	0.41 ~ 0.47	210 ~ 227
	E-42	634		21 ~ 27	0.38 ~ 0.45	222 ~ 263
EP01551 310	E-33	637	半固体	20 ~ 35	0.26 ~ 0.40	238 ~ 256
	E-31	638		40 ~ 55	0.23 ~ 0.38	263 ~ 435
EP01661 310	E-20	601	淡黄至棕黄色透明固体	64 ~ 76	0.18 ~ 0.22	450 ~ 500
	E-14	603		78 ~ 85	0.10 ~ 0.18	555 ~ 1 000
EP01671 310	E-12	604		85 ~ 95	0.09 ~ 0.14	730 ~ 950
	E-06	607		110 ~ 135	0.04 ~ 0.07	1 420 ~ 2 500
EP01691 410	E-03	609		135 ~ 155	0.02 ~ 0.04	2 500 ~ 3 300

近年来,为改进环氧树脂胶粘剂的某些性能,多官能环氧树脂、缩水甘油酯型环氧树脂和酚醛环氧树脂等也用于胶粘剂。

4.11.3 环氧树脂的特点

(1) 具有很强的粘结能力 环氧树脂的分子量不大,虽然分子链中有苯环,但紧靠着苯环的是醚键,所以柔顺性较好,有利于扩散粘结。

分子链上的羟基和环氧基都是极性基团,能与被粘物的极性表面产生很强的作用力。

在粘结后期,通过固化剂的作用进行交联,提高树脂本身的内聚力。

(2)收缩性小　环氧树脂固化时是开环聚合,因此无副产物产生,不会产生气泡,固化收缩率在热固性树脂中最小。

(3)优良的耐化学稳定性　环氧树脂具有良好的耐酸性、耐有机溶剂及独特的耐碱性,但耐水性不佳,易老化。

(4)耐热性较好。

胺类和酸酐类固化剂固化环氧树脂固化反应机制

4.11.4　环氧树脂的固化

环氧树脂的固化具体内容见二维码。

环氧树脂的固化机制及其常用固化剂

4.11.4.1　固化剂的种类和性能

环氧树脂本身是热塑性线型结构的化合物,不能直接作胶粘剂用,必须加入固化剂,并在一定条件下进行固化交联反应,生成不溶不熔的体型网状结构后,才有实际应用价值。固化剂种类很多,如各种脂肪胺、芳香胺及它们的改性胺、咪唑、各种酸酐和线型合成树脂低聚物等。其中胺类固化剂的使用最广泛。由于固化剂的性能对胶粘剂的性能起着决定的作用,因此选择不同的固化剂可得到不同性能的胶粘剂。另外,固化剂用量对胶粘剂的性能也有很大影响,以胺类固化剂为例,如用量过多,使游离的低分子胺残存在胶层中,影响胶接强度和耐热性,尤其使耐水性大大下降。用量过少影响交联密度,降低胶粘剂的物理机械性能。常用的固化剂种类和性能见表4-13。

表4-13　常用固化剂的种类和性能

分类	名称	用量/%	固化条件	特性
脂肪胺	乙二胺	6~8	20 ℃/4 天或20 ℃/2 h+100 ℃/30 min	常温固化,适用期短,毒性和刺激性大,胶层脆
	二乙撑三胺	10~11	20 ℃/4 天或20 ℃/2 h+100 ℃/30 min	常温固化,适用期短,与乙二胺比较,毒性略低,性能略好
	三乙撑四胺	13~14	20 ℃/7 天或20 ℃/2 h+100 ℃/30 min	常温固化,适用期短,与乙二胺比较,毒性略低,性能略好
	苯二甲胺	16~18	常温/1 天　70 ℃/1 h	可常温固化,比二乙撑三胺耐热性、耐溶剂性好,毒性低
芳香胺	间苯二胺	14~15	80 ℃/2 h+150 ℃/2 h	耐热、耐药品性、电性能好,可用于胶粘剂
	二氨基二苯基甲烷	27~30	80 ℃/2 h+150 ℃/2 h	耐热、耐药品性、电性能好,可用于胶粘剂
	二氨基二苯砜	35~40	130 ℃/2 h+200 ℃/2 h	耐热、电性能优异,适用期长,毒性小,可用于耐热胶粘剂

续表 4-13

分类	名称	用量/%	固化条件	特性
改性胺	120 固化剂（β-羟乙基乙二胺）	16~18	室温/1 天或 80 ℃/3 h	吸水性强,需密闭储存。黏度小,毒性低,和环氧树脂反应快,适用期短
	593 固化剂（二乙撑三胺与环氧丙烷丁基醚加成物）	23~25	室温/1 天	黏度小,毒性低,使用期短,室温迅速固化,固化物韧性较好
	703 固化剂（苯酚、甲醛、乙二胺缩合物）	20	室温/4~8 h	与环氧树脂的反应速度比常用的脂肪胺快,可配制室温固化胶粘剂用,固化物性能好
	591 固化剂（氰乙基化二乙撑三胺）	20~25	80 ℃/12 h	与二乙撑三胺相比较反应放热湿度低,使用期长,毒性小,胶层的韧性和耐冲击性、耐溶剂性好,但耐热性、电性能较差
	793 固化剂（丙烯腈改性的己二胺,2-甲基咪唑）	25~30	70~100 ℃/3 h	既可常温固化,又可中温固化,反应放热峰较低,适用期较长,毒性低,固化物性能良好,韧性好,对金属、陶瓷、玻璃、塑料等都有良好的胶接性能
	105 缩胺（苯二甲胺缩合物）	30~35	室温/7 天或室温/1 天+100 ℃/2 h	可配制室温固化胶粘剂用,与苯二甲胺比较,毒性和蒸气压低,显著改善了苯二甲胺在固化过程中的"白化"现象,固化物既有较高的热变形温度,又有较好的韧性
	590 固化剂	15~20	常温/1 天或 80 ℃/2 h +150 ℃/2 h	使用方便,毒性比间苯二胺低
低分子聚酰胺	650#、651#、200#、400#、203#、300#、500#等	40~100	室温 24 h 或 65 ℃/3 h	用量不严格,使用期比脂肪胺长,毒性小,对金属、玻璃、陶瓷等多种材料有良好的粘结性能,固化物收缩小、抗冲、抗弯、耐热冲击、电性能好,但耐热、耐溶剂性差
咪唑类固化剂	咪唑	3~5	60~80 ℃/6~8 h	毒性低,用量小,适用期长,中温固化,固化物热变形温度高,其他性能和用芳胺固化的性能大致相同,用它配制的胶粘剂,胶接强度好,耐热、耐溶剂性也好,是目前较理想的一种固化剂,也可用作促进剂。其中 2-乙基-4-甲基咪唑性能较全面,室温为液体,易与环氧树脂结合,是胶粘剂中常用的一种固化剂
	2-甲基咪唑	3~5	60~80 ℃/6~8 h	
	2-乙基-4-甲基咪唑	2~6	60~80 ℃/6~8 h	
	704 固化剂（2-甲基咪唑与环氧丁基醚加成物）	10	50~80 ℃/6~8 h	
	781 固化剂（2-甲基咪唑与丙烯腈加成物）	10	60~80 ℃/6~8 h	

续表 4-13

分类	名称	用量/%	固化条件	特性
酸酐固化剂	顺丁烯二酸酐	30~40	160~200 ℃/2~4 h	熔点较低，易与树脂混合，适用期长，固化物硬而脆
	邻苯二甲酸酐	76	150 ℃/6 h	易升华与树脂混溶较难，固化后胶层介质性能较好（除强碱外）
	十二烯基琥珀酸酐	130	85 ℃/2 h+150 ℃/12~24 h	液体与树脂易混合，适用期长，胶层韧性好，耐热冲击性、电性能好，但耐药品性差
	六氢苯二甲酸酐	80	80 ℃/2 h+150 ℃/12~24 h	熔点低，易与树脂混合，混合物黏度低，适用期长，固化物耐用药品性、耐热性及电性能较好
	"70"酸酐	50~70	100 ℃/2 h+150 ℃/4 h	液体，易与树脂混合，挥发性小
	纳迪克酸酐	60~80	80 ℃/3 h+120 ℃/3 h+200 ℃/3 h	耐热性好，热稳定性优于苯酐，顺酐及四氢苯酐的固化物
	聚壬二酸酐	70	100~150 ℃/12 h	熔点低，易与树脂混合，适用期长，胶层韧性好，耐热冲击性好
	3,3′,4,4′-苯酮四酸二酐	与顺酐混用 顺酐 50~0 酮酐 28~50	200 ℃/24 h	固化物耐热性，耐药品性好，可作耐热胶粘剂用
潜伏性固化剂	三氯化硼-单乙胺络合物	1~5	120 ℃/2 h+150 ℃/3 h	吸湿性强，和环氧树脂混合物室温下可储存数月，用量少，但固化时间长，可配制单组分胶粘剂用
	双氰胺	4~9	180 ℃/1 h	和环氧树脂混合后室温下储存期在一年以上，主要用于配制单组分胶粘剂和粉末涂料
	癸二酸二酰肼	30	165 ℃/0.5 h	和环氧树脂混合后室温下储存期大于4个月，配制单组分胶粘剂用，在-50~60 ℃内抗剪强度几乎无变化
	594、596固化剂	7~10	120 ℃/2~3 h	黏度低，即使在低温下也能保持低黏度，和环氧树脂有极好的混溶性，储存期>3~4个月，主要用于单一组分胶粘剂和无溶液剂浸渍漆

4.11.4.2 环氧树脂固化剂用量的确定

(1) 胺类固化剂用量的计算 根据胺基上的一个活泼氢原子和树脂中的一个环氧基相对应作为反应依据：

每 100 g 树脂所需胺类固化剂(伯胺、仲胺)的克数 W 为

$$W = \frac{M}{H_n} \times E \tag{4-10}$$

式中：M——固化剂的分子量；

H_n——固化剂分子中胺基上活泼氢的原子数；

E——环氧值。

(2) 酸酐类固化剂用量的确定

$$W = K \cdot A_E \cdot E \tag{4-11}$$

式中：A_E——酸酐摩尔质量，是指 1 mol 酸酐的酸酐固化剂克数；

K——常数，与酸酐活性有关的因子(0.6~1.1)，一般取 0.85。

4.11.5 辅助材料

为改善环氧树脂胶粘剂的脆性，提高抗冲性能和剥离强度，常加入增韧剂。但增韧剂的加入也会降低胶层的耐热性和耐介质性能。

增韧剂分活性和非活性两大类。非活性增韧剂不参与固化反应，只是以游离状态存在于固化的胶层中，并有从胶层中迁移出来的倾向，一般用量为环氧树脂的 10%~20%，用量太大会严重降低胶层的各种性能。常用的有邻苯二甲酸二丁酯、邻苯二甲酸二辛酯、亚磷酸三苯酯。

活性增韧剂参与固化反应，增韧效果比非活性的显著，用量也可大些。常用的有低分子聚硫、液体丁腈、液体羧基丁腈等橡胶，聚氨酯及低分子聚酰胺等树脂。

稀释剂可降低胶粘剂的黏度，改善工艺性，增加其对被粘物的浸润性，从而提高胶接强度，还可增加填料用量，延长胶粘剂的适用期。稀释剂也分活性和非活性两大类，非活性稀释剂有丙酮、甲苯、乙酸乙酯等溶剂，它们不参与固化反应，在胶粘剂固化过程中部分逸出，部分残留在胶层中，严重影响胶粘剂的性能，一般很少采用。

活性稀释剂一般是含有一个或二个环氧基的低分子化合物，它们参与固化反应，用量一般不超过环氧树脂的 20%，用量太大也影响胶粘剂性能。常用的有环氧丙烷丁基苯醚(501 号)、环氧丙烷基醚(690 号)、二缩水甘油醚(600 号)、乙二醇二缩水甘油醚(669 号)、甘油环氧树脂(662 号)等。

填料不仅可降低成本，还可改善胶粘剂的许多性能，如延长适用期，降低热膨胀系数和收缩率，提高胶接强度、硬度、耐热性和耐磨性。同时还可增加胶的黏稠度，改善淌胶性能。表 4-14 为常用填料的种类、用量及作用。

表 4-14 常用填料种类、用量及作用

种类	用量	作用
石英粉、刚玉粉	40%~100%	提高硬度，降低收缩率和热膨胀系数
各种金属粉	100%~300%	提高导热性和可加工性

续表 4-14

种类	用量	作用
二硫化钼、石墨粉	30%~80%	提高耐磨性及润滑性
石棉粉、玻璃纤维	20%~50%	提高冲击强度及耐热性
碳酸钙、水泥、陶土、滑石粉	25%~100%	降低成本,降低固化收缩率
胶态二氧化硅、改性白土	<10%	提高触变性,改善淌胶性能

另外,为提高胶接性能可加入偶联剂,为提高胶粘剂的固化速度、降低固化温度可加入固化促进剂,为提高胶粘剂的耐老化性能还可加入稳定剂等。

4.11.6 环氧树脂改性

国内外环氧树脂增韧改性的研究进展

由于未经改性的环氧树脂本体延伸率低、脆性大,使用时耐疲劳性差,因此环氧树脂需要改性,常用的改性方法如下:

(1)聚乙烯醇缩丁醛(PVB)改性 聚乙烯醇缩丁醛抗冲性能好,其结构中有活性羟基(—OH),在高温下可以和环氧树脂发生化学作用,形成交联结构,其剥离强度也有较大提高。

(2)末端有羟基的四氢呋喃聚醚改性 末端带有羟基的四氢呋喃聚醚作为增柔剂,用在胺类固化的环氧树脂中,可提高抗冲强度。

(3)聚氨酯改性 用聚醚型聚氨酯改性环氧树脂,将末端为异氰酸酯基的聚醚预聚体和双酚 A 环氧树脂混合,再加入胺类固化剂 3,3′-二氯 4,4′-二氨基二苯甲烷固化,其改性的环氧树脂耐磨性、柔韧性大幅度提高。

(4)液体聚硫橡胶改性 液体聚硫橡胶和环氧树脂混合,末端的硫醇基(—SH)可以和环氧基发生化学作用,产生交联,并赋予环氧树脂良好的柔韧性。

(5)液体丁腈橡胶改性 液体丁腈共聚物分子量在 3 000~10 000 左右,它容易与环氧树脂混合,提高环氧树脂抗冲击性、抗开裂性能,但橡胶相容易沉淀出来,故此加入量不大于 20%。

4.12 醇酸树脂

醇酸树脂(alkyd resin)是由多元醇、多元酸和脂肪酸或油(甘油三脂肪酸酯)缩合聚合而成的油改性聚酯树脂。醇酸树脂固化成膜后,有光泽和韧性,附着力强,并具有良好的耐磨性、耐候性和绝缘性等。

4.12.1 醇酸树脂的分类

按脂肪酸(或油)分子中双键的数目及结构,可分为干性、半干性和不干性三类。

(1)干性油醇酸树脂 由高不饱和脂肪酸或油脂制备的醇酸树脂,可以自干或低温烘干,溶剂用 200 号溶剂油。

(2)不干性油醇酸树脂 不能单独在空气中成膜,属于非氧化干燥成膜,主要是作增塑剂和多羟基聚合物（油）。

（3）半干性油醇酸树脂　性能在干性油、不干性油醇酸树脂之间。

另外，也可按所用脂肪酸（或油）或邻苯二甲酸酐的含量，分为短、中、长和极长四种油度的醇酸树脂。

油度表示醇酸树脂中含油量的高低。油度（OL,%）的含义是醇酸树脂配方中油脂的用量（W_o）与树脂理论产量（W_t）之比。其计算公式如下：

$$OL = \frac{W_o}{W_t} \times 100\% \tag{4-12}$$

醇酸树脂的油度范围见表4-15：

表4-15　醇酸树脂的油度

油度	长油度	中油度	短油度
油量	>60%	40%~60%	<40%
苯酐量	<30%	30%~35%	>35%

4.12.2　醇酸树脂的原材料

4.12.2.1　多元醇

制造醇酸树脂的多元醇主要有丙三醇（甘油）、三羟甲基丙烷、三羟甲基乙烷、季戊四醇、乙二醇、1,2-丙二醇、1,3-丙二醇等。

用三羟甲基丙烷合成的醇酸树脂具有更好的抗水解性、抗氧化稳定性、耐碱性和热稳定性，与氨基树脂有良好的相容性。此外，还具有色泽鲜艳、保色力强、耐热及快干的优点。乙二醇和二乙二醇主要同季戊四醇复合使用，以调节官能度，使聚合平稳，避免胶化。

4.12.2.2　有机酸

有机酸可以分为两类：一元酸和多元酸。

（1）一元酸　主要有苯甲酸、松香酸以及脂肪酸（亚麻油酸、妥尔油酸、豆油酸、菜籽油酸、椰子油酸、蓖麻油酸、脱水蓖麻油酸等）。一元酸主要用于脂肪酸法合成醇酸树脂，亚麻油酸、桐油酸等干性油脂肪酸感性较好，但易黄变、耐候性较差；豆油酸、脱水蓖麻油酸、菜籽油酸、妥尔油酸黄变较弱，应用较广泛。

（2）多元酸　包括邻苯二甲酸酐（PA）、间苯二甲酸（IPA）、对苯二甲酸（TPA）、顺丁烯二酸酐（MA）、己二酸（AA）、癸二酸（SE）、偏苯三酸酐（TMA）等。多元酸单体中以邻苯二甲酸酐最为常用，引入间苯二甲酸可以提高耐候性和耐化学品性，但其熔点高、活性低，用量不能太大。

4.12.2.3　油脂

油类有桐油、亚麻仁油、豆油、棉籽油、妥尔油、红花油、脱水蓖麻油、蓖麻油、椰子油等。

植物油是一种三脂肪酸甘油酯。三个脂肪酸一般不同,可以是饱和酸、单烯酸、双烯酸或三烯酸,但是大部分天然油脂中的脂肪酸主要为十八碳酸,也可能含有少量月桂酸(十二碳酸)、豆蔻酸(十四碳酸)和软脂酸(十六碳酸)等饱和脂肪酸。

重要的不饱和脂肪酸有:

油酸(十八碳烯-9-酸):

$CH_3(CH_2)_7CH = CH(CH_2)_7COOH$

亚油酸(十八碳二烯-9,12-酸):

$CH_3(CH_2)_4CH = CHCH_2CH = CH(CH_2)_7COOH$

亚麻酸(十八碳三烯-9,12,15-酸):

$CH_3CH_2CH = CHCH_2CH = CHCH_2CH = CH(CH_2)_7COOH$

桐油酸(十八碳三烯-9,11,13-酸):

$CH_3(CH_2)_3CH = CHCH = CHCH = CH(CH_2)_7COOH$

蓖麻油酸(12-羟基十八碳烯-9-酸):

$CH_3(CH_2)_5CH(OH)CH_2CH = CH(CH_2)_7COOH$

因此,构成油脂的脂肪酸非常复杂,植物油酸是各种饱和脂肪酸和不饱和脂肪酸的混合物。

油类一般根据其碘值将其分为干性油、不干性油和半干性油。

干性油:碘值≥140,每个分子中双键数≥6个;

不干性油:碘值≤100,每个分子中双键数<4个;

半干性油:碘值100~140,每个分子中双键数4~6个。

常见的植物油的主要物性见表4-16。

表4-16 常见的植物油的主要物性

油品	酸值	碘值	皂化值	密度/(g/cm^3,20 ℃)	色泽/号(铁钴比色法)
桐油	6~9	160~173	190~195	0.936~0.940	9~12
亚麻油	1~4	175~197	184~195	0.970~0.938	9~12
豆油	1~4	120~143	185~195	0.921~0.928	9~12
松浆油(妥尔油)	1~4	130	190~195	0.936~0.940	16
脱水蓖麻油	1~5	125~145	188~195	0.926~0.937	6
棉籽油	1~5	100~116	189~198	0.917~0.924	12
蓖麻油	2~4	81~91	173~188	0.955~0.964	9~12
椰子油	1~4	7.5~10.5	253~268	0.917~0.919	4

4.12.2.4 催化剂

若使用醇解法合成醇酸树脂,醇解时需使用催化剂。常用的催化剂为氧化铅和氢氧化锂(LiOH),由于环保问题,氧化铅被禁用。催化剂可以加快醇解进程,且使合成的树脂清澈透明。其用量一般占油量的0.02%。聚酯化反应也可以加入催化剂,主要是有机锡类,如二月硅酸二丁基锡、二正丁基氧化锡等。

4.12.2.5 催干剂

干性油(或干性油脂肪酸)的"干燥"过程是氧化交联的过程,属于自由基连锁聚合机制。

$$ROOH \longrightarrow RO\cdot + H_2O$$
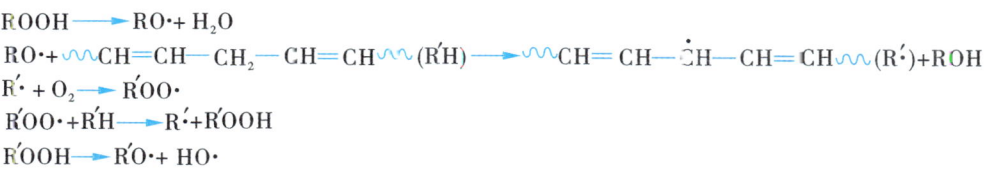
$$R'\cdot + O_2 \longrightarrow R'OO\cdot$$
$$R'OO\cdot + R'H \longrightarrow R'\cdot + R'OOH$$
$$R'OOH \longrightarrow R'O\cdot + HO\cdot$$

水性醇酸树脂的干性及其催干剂体系

体系中形成的自由基通过共价结合而交联形成体型结构。

$$R'\cdot + R'\cdot \longrightarrow R'-R'$$
$$R'O\cdot + R'\cdot \longrightarrow R'OR'$$
$$R'O\cdot + R'O\cdot \longrightarrow R'OOR'$$

该反应由过氧化氢均裂开始,可以自发进行,但速率很慢,需要数天才能形成涂膜,其中过氧化氢的均裂为速率控制步骤。加入催干剂(或干料)可以促进这一反应,催干剂是醇酸涂料的主要助剂,其作用是加速漆膜的氧化、聚合、干燥,达到快干的目的。通常催干剂又可再细分为两类。

(1)主催干剂 也称为表干剂或面干剂,主要是钴(Co)、锰(Mn)、钒(V)和铈(Ce)的环烷酸(或异辛酸)盐,以钴、锰盐最常用,用量以金属计为油量的0.02%~0.2%。其催干机制是与过氧化氢构成了一个氧化-还原系统,可以降低过氧化氢分解的活化能。

$$ROOH + Co^{2+} \longrightarrow Co^{3+} + RO\cdot + HO^-$$
$$ROOH + Co^{3+} \longrightarrow Co^{2+} + ROO\cdot + H^+$$
$$H^+ + HO^- \longrightarrow H_2O$$

同时钴盐也有助于体系吸氧和过氧化氢的形成。主催干剂传递氧的作用强,能使涂料表干加快,但易于封闭表层,影响里层干燥,需要助催干剂配合。

(2)助催干剂 也称为透干剂,通常是以一种氧化态存在的金属皂,它们一般和主催干剂并用,作用是提高主干料的催干效应,使聚合表里同步进行,如钙(Ca)、铅(Pb)、锆(Zr)、锌(Zn)、钡(Ba)和锶(Sr)的环烷酸(或异辛酸)盐,助催干剂用量较高,其用量以金属计为油量的0.5%左右。

4.12.3 醇酸树脂的制备工艺

制造方法主要是醇解法和脂肪酸法。醇解法与脂肪酸法各有优缺点,详见表4-17。

表 4-17 醇解法与脂肪酸法的比较

	醇解法	脂肪酸法
优点	①成本较低； ②工艺简单易控； ③原料腐蚀性小	①配方设计灵活,质量易控； ②聚合速度较快； ③树脂干性较好、涂膜较硬
缺点	①酸值不易下降； ②树脂干性较差、涂膜较软	①工艺较复杂,成本高； ②原料腐蚀性较大； ③脂肪酸易凝固,冬季投料困难

(1) 醇解法 直接用植物油、多元醇和多元酸制造醇酸树脂。

①将植物油与甘油在催化剂作用下,经过醇解作用而生成一脂肪酸甘油酯及二脂肪酸甘油酯。

$$\text{醇解}: n_1 \begin{matrix} CH_2-O-C-R_1 \\ | \\ CH-O-C-R_2 \\ | \\ CH_2-O-C-R_3 \end{matrix} + m_1 \begin{matrix} CH_2-OH \\ | \\ CH-OH \\ | \\ CH_2-OH \end{matrix} \xrightarrow[220\sim240\ ℃]{\text{LiOH}} \begin{matrix} CH_2-O-C-R_1 \\ | \\ CH-OH \\ | \\ CH_2-O-C-R_3 \end{matrix} + \begin{matrix} CH_2-OH \\ | \\ CH-O-C-R_2 \\ | \\ CH_2-OH \end{matrix}$$

②将多元酸与脂肪酸甘油酯进行配比,生成聚酯,聚合即成醇酸树脂。

$$\text{聚酯化}: n_2 \begin{matrix} CH_2-OH \\ | \\ CH-O-C-R_2 \\ | \\ CH_2-OH \end{matrix} + m_2 \text{(邻苯二甲酸酐)} \xrightarrow{180\sim220\ ℃}$$

$$\sim O-CH_2-CH-CH_2-O-C-\text{(苯环)}-C-O\sim + H_2O$$
$$\quad\quad\quad\quad | \\ \quad\quad\quad\quad O=C-R_2$$

根据加入植物油中不饱和脂肪酸和饱和脂肪酸的多少,将醇酸树脂分类如下：

干性醇酸树脂(干性油:桐油、亚麻仁油)；

不干性醇酸树脂(不干性油:蓖麻油、花生油)；

半干性油改性树脂(半干性油:豆油、棉籽油)。

其中,干性和半干性主要由于油内脂肪酸为不饱和酸,结构中含有双键,可以自身聚合,或被空气中的氧氧化为大分子网状结构成膜;而分子内不含不饱和键,就不会发生上述反应,即为不干性油。

(2) 脂肪酸法 植物油首先醇解为一元脂肪酸,然后再与多元酸、多元醇反应。

脂肪酸可以与苯酐、甘油互溶,因此脂肪酸法合成醇酸树脂可以单锅反应。同聚酯合成工艺、设备接近。脂肪酸法合成醇酸树脂一般也采用溶剂法。反应釜为带夹套的不锈钢反应釜,装有搅拌器、冷凝器、惰性气体进口、加料(放料)口、温度计和取样装置。为实现油水分离,在横置冷凝器下部配置一个油水分离器,经分离得二甲苯溢流回反应釜循环使用。

4.12.4　醇酸树脂的性质

在涂附磨具行业中主要使用干性或半干性油改性的醇酸树脂制造的耐水砂纸。虽其耐水性好、软硬适中,但胶膜硬度不够、耐热性较差影响其研磨性能。

4.12.5　醇酸树脂的改性

醇酸树脂的耐热性较差,成膜后易吸水,可以用桐油或脱水蓖麻油改性。

用季戊四醇代替甘油或与环氧树脂、酚醛树脂、脲醛树脂、硝化纤维树脂等混合使用,获得良好的性能。

丙烯酸改性醇酸树脂结合丙烯酸树脂和醇酸树脂的优点,其性能——耐候性、装饰性和快干性都有很大的提高。制备既可以采用共混法,也可以采用共聚法。共聚法工艺是首先合成出常规醇酸树脂,然后再与丙烯酸酯类单体进行共聚,生成丙烯酸改性醇酸树脂。

目前,有采用脲醛树脂复胶的耐水砂纸,研磨性能提高,成本降低;还有采用一种新型的环氧树脂、酚醛树脂制备的耐水砂纸,其磨削、耐水、耐热性能都大大提高,有逐步取代醇酸树脂的趋势。

4.13　聚氨酯

聚氨酯(PU)胶粘剂是分子链中含有氨基甲酸酯基团(—NHCOO)和(或)异氰酸酯基(—NCO)类的胶粘剂,具有非常大的活性,对多种材料都有极高的粘结性能。不仅可以粘结多孔性材料,如织物、木材、陶瓷、泡沫塑料等,还可以粘结表面光洁的材料,如钢、铝、不锈钢、玻璃、橡胶等。聚氨酯胶粘剂由于性能优越,在国民经济中得到广泛应用,是合成胶粘剂的重要品种之一。

4.13.1　原材料

聚氨酯主要由多异氰酸酯与聚醚多元醇化合物或聚酯多元醇反应生成,此外还有扩链剂、交联剂及催化剂等。主要的二元异氰酸酯为2,4-甲苯二异氰酸酯(TDI)和4,4-二苯基甲烷二异氰酸酯(MDI)。MDI分子中含有较多的异氰酸酯基团,制得的聚合物交联密度较高,链段的刚性也较大。常用的多元醇包括聚酯多元醇和聚醚多元醇,由它们合成的聚酯型与聚醚型聚氨酯树脂在性能上各有其优缺点和应用范围(见表4-18)。

表 4-18 聚酯多元醇与聚醚多元醇的比较

	聚酯多元醇	聚醚多元醇
发展特点	在煤化学基础上发展的	以石油化工为基础而发展的
结构	分子主链中含 —C(=O)—O— 基团,极性大	含有—O—醚键、主链柔软
制得聚氨酯材料的性能	耐高温、耐磨及耐油性较好,机械强度较高,耐低温、水解性差	制品较柔软,水解性、回弹性及耐低温性较好,机械强度、氧化稳定性较好
合成工艺及原料	合成工艺较复杂,原料不充分,价格贵	原料来源丰富、成本低廉

4.13.2 聚氨酯的性能

聚氨酯粘结剂的粘结机制

聚氨酯可看作是一种含低聚物多元醇(通常是聚醚或聚酯二醇)组成的软链段和由多异氰酸酯或其与小分子扩链剂组成的硬链段的嵌段共聚物。因此,聚氨酯具有原料品种多样化、分子结构可调整性,具有优良的柔韧性、耐冲击性、耐化学药品性和耐低温性,不仅可加热固化,还可室温固化,使用方便。

聚氨酯胶粘剂特性综合如下:

(1)聚氨酯胶粘剂中含有很强极性和化学活泼性的异氰酸酯基(—NCO)和氨酯基(—NHCOO—),与含有活泼氢的材料,如泡沫塑料、木材、皮革、织物、纸张、陶瓷等多孔材料和金属、玻璃、橡胶、塑料等表面光洁的材料都有着优良的化学粘合力。而聚氨酯与被粘合材料之间产生的氢键作用使分子内力增强,会使粘合更加牢固。

(2)调节聚氨酯树脂的配方可控制分子链中软段与硬段比例以及结构,制成不同硬度和伸长率的胶粘剂。其粘合层从柔性到刚性可任意调节,从而满足不同材料的粘接。

(3)聚氨酯胶粘剂可加热固化,也可以室温固化。粘合工艺简便,操作性能良好。

(4)聚氨酯胶粘剂固化时没有副反应产生,因此不易使粘合层产生缺陷。

(5)多异氰酸酯胶粘剂能溶于几乎所有的有机原料中,而且异氰酸酯的分子体积小、易扩散,因此多异氰酸酯胶粘剂能渗入被粘材料中,从而提高粘附力。

(6)多异氰酸酯胶粘剂粘接橡胶和金属时,不但粘合牢固,而且能使橡胶与金属之间形成软-硬过渡层,因此这种粘合内应力小,能产生更优良的耐疲劳性能。

(7)聚氨酯胶粘剂的低温和超低温性能超过所有其他类型的胶粘剂。其粘合层可在-196 ℃(液氮温度),甚至在-253 ℃(液氢温度)下使用。

(8)聚氨酯胶粘剂具有良好的耐磨、耐水、耐油、耐溶剂、耐化学药品、耐臭氧以及耐细菌等性能。

聚氨酯胶粘剂的缺点是在高温、高湿下易水解而降低粘合强度。

在涂附磨具制造中,聚氨酯主要用于砂带接头胶。它是一种带有聚异氰酸酯的双组分体系,施胶工艺简便,易于操作,使用期可调;粘结初粘性好,对不同的材质具有足够的粘结强度,剥离强度尤其高,因此成为砂带接头胶的最佳选择。

4.13.3 水性聚氨酯

水性聚氨酯是以水代替有机溶剂作为分散介质的新型聚氨酯体系,也称水分散聚氨酯,实际应用中,水性聚氨酯以聚氨酯乳液居多。水性聚氨酯以水为溶剂,有着无污染、安全可靠、机械性能优良、相容性好、易于改性等优点。

水性聚氨酯改性研究进展

4.13.3.1 水性聚氨酯的特点

与溶剂型聚氨酯粘合剂相比,水性聚氨酯具有以下特点:

(1)大多数水性聚氨酯树脂中不含反应性—NCO基团,因而树脂主要靠分子内极性基团产生内聚力和粘附力进行固化。水性聚氨酯中的羧基、羟基等在适宜条件下可参与反应,使粘合剂产生交联。

(2)水性聚氨酯树脂可与多种水性树脂混合,以改进性能或降低成本。

(3)水性聚氨酯树脂气味小,操作方便,残胶易清理。

4.13.3.2 水性聚氨酯的分类

水性聚氨酯胶粘剂按使用形式可分为单组分及双组分两类。

(1)单组分水性聚氨酯 可直接使用,或无需交联剂即可得到所需使用性能的水性聚氨酯称为单组分水性聚氨酯。单组分水性聚氨酯是以水性聚氨酯树脂为基料并以水为分散介质的。通过交联改性的水性聚氨酯具有良好的贮存稳定性、涂膜力学性能、耐水性、耐溶剂性及耐老化性能,而且与传统的溶剂型聚氨酯涂料的性能相近,是水性聚氨酯涂料的一个重要发展方向。目前,主要包括热固性聚氨酯和含封闭异氰酸酯的水性聚氨酯等几个品种。

①热固性聚氨酯 交联的聚氨酯能增加其耐溶剂性及水解稳定性。聚氨酯水分散体在应用时有少量内加交联剂的体系称热固性水性聚氨酯,也称内交联水性聚氨酯。使用的交联剂主要有多官能团的小分子多元醇、多元胺或专用的环氧树脂等。

②含封闭异氰酸酯的水性聚氨酯 该胶粘剂原料由多异氰酸酯组分和含羟基组分两部分组成。多异氰酸酯被苯酚或其他含单官能团的活泼氢原子的化合物所封闭,因此两部分可以合装而不反应,成为单组分涂料,并具有良好的贮藏稳定性。

(2)双组分水性聚氨酯 单独使用不能获得所需的性能,必须添加交联剂;一般单组分水性聚氨酯添加交联剂后能提高性能,在这些情况中,水性聚氨酯主剂和交联剂二者就组成双组分体系。绝大多数双组分水性聚氨酯一般先用异氰酸酯和醇进行亲水改性反应,分别合成一组分含—NCO基的预聚体和一组分含—OH基的预聚体,两者只在使用时才混合在一起,并且在室温下就能立即反应,形成交联。另外,可以用水性多异氰酸酯作为固化剂对聚脲-聚氨酯乳液进行交联固化。

目前,快速发展的第三代水性聚氨酯涂料(PUA)属于聚氨酯(PU)和聚丙烯酸(PA)共聚乳液,兼备了二者的优点,具有耐磨、耐腐蚀和光亮,柔软有弹性,耐水性和机械力学性能好,耐候性佳等特性,因此被誉为"第三代水性聚氨酯",成为当今聚氨酯材料的一个发展趋势。

水性聚氨酯乳液作为纺织物浆料或作为PET薄膜的处理,对织物具有优良的粘结力、弹性、耐磨性、耐寒性、耐化学溶剂性、耐水性、防水性等,它比聚丙烯酸酯乳液的耐寒性、耐溶剂性和耐磨性好。有时也可以用作酚醛树脂、环氧树脂的改性，以提高其韧性。

4.14 橡胶胶乳

4.14.1 天然胶乳

天然胶乳是由橡胶树树干割口中流出的汁液。特点是固含量高、成膜性好、可随意调节其黏度等，并且具有高弹性、胶膜富于柔韧性等优点。但它耐老化性、耐油性、耐化学药品性、耐温性、抗冻性差，故与被粘物，尤其是极性大的被粘物粘着性差，但加入一定量的增粘剂，如植物油、矿物油、松香脂、动物胶、酪素、淀粉、糊精等，就会显著地提高天然胶乳胶粘剂的极性，并使之变软，从而提高其粘着性。

4.14.2 丁苯胶乳

丁苯胶乳是由丁二烯和苯乙烯进行乳液共聚合而制成的。按照苯乙烯和丁二烯的比例不同有不同的牌号。根据乳液共聚合的温度不同又有高温丁苯胶乳和低温丁苯胶乳之分，后者的性能优于前者，后者的强度高、耐寒性好。丁苯胶乳胶粘剂的耐热性和耐老化性均比天然胶乳胶粘剂好，即使老化也不发黏，不软化，而是变硬。丁苯胶乳胶粘剂的粘结性较差，可以加入松香、古马隆树脂和多异氰酸酯等。

4.14.3 丁腈胶乳

丁二烯与丙烯腈进行乳液共聚可以制成丁腈胶乳胶粘剂。单体比例不同，制成的丁腈胶乳粘合剂性能也不同。根据腈基用量可分为特高腈含量、高腈含量、中腈含量和低腈含量的丁腈胶乳。丁腈胶乳胶粘剂具有很高的耐油性、耐溶剂性、耐磨性、拉伸强度、粘合性、导电性、耐老化性、耐热性及抗蠕变性。在一定范围内，胶粘剂的这些性能随丁腈胶乳中腈含量增大而增加。

涂附磨具目前广泛应用的有丁苯胶乳和丁腈胶乳，主要用来改性酚醛树脂和环氧树脂等。应用在原布、原纸处理及无纺布涂附磨具粘结剂中，浆料渗透性好，有良好的润湿性，处理后的基材具有良好的强度和耐水性。橡胶胶乳主要应用于粘贴砂盘的制作中。如丁苯胶乳液（或丁腈胶乳）与水溶性酚醛树脂浆料用作柔韧砂带基体的处理，提高基体的柔韧性、耐摩擦性和耐化学溶解性等。

4.15 光固化树脂

水性光固化树脂研究进展

常见的酚醛树脂和环氧树脂等胶粘剂都需要加热固化，需要较长的时间完成固化，对于某些热敏感基材或需要快速固化的产品不适用，因此紫外光固化等辐射固化胶粘剂受到了更多重视。辐射固化胶粘剂包括了光固化胶粘剂和电子束固化胶粘剂，而光固化胶粘剂又分为紫外光（UV）胶粘剂和可见光胶粘剂，UV 胶粘剂又有自由基 UV 胶粘剂和阳离子 UV 胶粘剂，近年来又出现了 UV 双重固化胶粘剂和 UV 多重固化胶粘剂，如 UV/厌氧、UV/热、UV/湿气、UV 自由基/阳离子双重固化胶粘剂。

光固化胶粘剂与其他胶粘剂相比有如下优点:
①固化速率快,生产效率高,特别适合流水生产线工作;
②不用溶剂,环保、安全,改善劳动环境;
③低温固化,节省能源,特别适用于对热敏感的材料粘接;
④粘接的综合性能优异。
光固化胶粘剂由低聚物、活性稀释剂、光引发剂和各种添加剂组成。

4.15.1 低聚物

低聚物是光固化胶粘剂的主要成分,它是一种分子量相对较低的感光性树脂,具有可以进行光固化反应的基团,如各类不饱和双键或环氧基等。低聚物是光固化产品的主体,它的结构和分子量大小决定了胶粘剂的最终性能,如光固化速率、粘接性能、透明度、耐溶剂性、耐候性、柔韧性等。因此,低聚物的合成和选择无疑是光固化产品配方设计的重要环节。

低聚物分为自由基固化型低聚物和阳离子固化低聚物。自由基光固化胶粘剂常用的低聚物为聚酯(甲基)丙烯酸酯、环氧(甲基)丙烯酸酯、聚氨酯(甲基)丙烯酸酯、(甲基)丙烯酸酯化丙烯酸树脂、聚醚(甲基)丙烯酸酯,此外还有聚丁二烯(甲基)丙烯酸酯、三聚氰胺丙烯酸树脂等,阳离子光固化胶粘剂常用的低聚物为环氧树脂和乙烯基醚树脂。大多数光固化胶粘剂首选的低聚物是环氧(甲基)丙烯酸酯和聚氨酯(甲基)丙烯酸酯,再配以其他低聚物。随着光固化技术的发展,一些新的低聚物如超支化低聚物、自由基阳离子杂化低聚物的开发,给光固化胶粘剂提供了新的、性能更佳的低聚物。另外,双重固化体系的出现,也使光固化胶粘剂的固化更方便和完全,一些双重固化光固化胶粘剂已商品化。

阳离子光固化不受氧影响,对水汽、碱类物质敏感导致阻聚;而自由基光固化对氧敏感,发生氧阻聚,对水汽、碱类物质不敏感。阳离子光固化时体积收缩小,有利于对基材的附着,光固化速率较慢,升高温度有利于对光固化速率提高;而自由基光固化时体积收缩大,光固化速率快,温度影响小。阳离子光固化的活性中间体超强酸在化学上是稳定的,光照后仍能引发聚合交联,固化后寿命长,适合于厚涂层和有色涂层的光固化;自由基很容易耦合而失去引发活性,一旦光照停止则光固化马上停止,没有后固化现象。

4.15.1.1 自由基固化型低聚物

自由基光固化产品用的低聚物都是具有" $C=C$ "不饱和双键的树脂,如环氧丙烯酸树脂、聚氨酯丙烯酸树脂、聚酯丙烯酸树脂、聚醚丙烯酸树脂、丙烯酸酯化的丙烯酸酯树脂或乙烯基树脂等。其中实际应用最多的是环氧丙烯酸树脂、聚氨酯丙烯酸树脂和聚酯丙烯酸树脂。表4-19列举了常用低聚物的性能。

表 4-19　常用低聚物的性能

低聚物	固化速率	拉伸强度	柔性	硬度	耐化学药品	耐黄变性
环氧丙烯酸树脂（EA）	高	高	不好	高	极好	中
聚氨酯丙烯酸树脂（PUA）	可调	可调	好	可调	好	可调
聚酯丙烯酸树脂（PEA）	可调	中	可调	中	好	不好
聚醚丙烯酸树脂	可调	低	好	低	不好	好
纯丙烯酸酯树脂	慢	低	好	低	好	极好
乙烯基树脂	慢	高	不好	高	不好	不好

（1）环氧丙烯酸酯　环氧丙烯酸酯是目前应用最广泛、用量最大的光固化低聚物，它是由环氧树脂和（甲基）丙烯酸酯化而制得。环氧丙烯酸酯按结构类型不同，可分为双酚 A 环氧丙烯酸酯、酚醛环氧丙烯酸酯、环氧化丙烯酸酯和改性环氧丙烯酸酯，其中以双酚 A 环氧丙烯酸酯最为常用，用量也最大。

环氧丙烯酸酯是用环氧树脂和丙烯酸在催化剂作用下经开环酯化而制得，合成反应如下：

$$H_2C-CH-R-CH-CH_2 + 2CH_2=CH-COOH \xrightarrow{催化剂}$$
$$\underset{O}{}\underset{O}{}$$

$$H_2C=CH-\underset{\underset{O}{\parallel}}{C}-O-CH_2-\underset{OH}{CH}-R-\underset{OH}{CH}-CH_2-O-\underset{\underset{O}{\parallel}}{C}-CH=CH_2$$

环氧丙烯酸酯在低聚物中是光固化速率较快的品种，具有粘接强度高、体积收缩率低等优点，固化膜具有硬度大、高光泽、耐化学药品性能优异、较好的耐热性和电性能，加之环氧丙烯酸酯原料来源方便，价格便宜，合成工艺简单，因此广泛地用作光固化胶粘剂的主体树脂。

双酚 A 环氧丙烯酸酯的缺点主要是固化膜柔性差，脆性高，抗冲击性能较差，撕裂强度低，需要进行增韧改性。

（2）聚氨酯丙烯酸酯　聚氨酯丙烯酸酯（polyurethane acrylate，PUA）是用多异氰酸酯、多元醇和丙烯酸羟基酯经两步反应合成。由于多异氰酸酯和多元醇有多种结构可选择，通过分子设计来合成设定性能的低聚物。

聚氨酯丙烯酸酯的合成路线之一是二异氰酸酯先与二醇反应，再与丙烯酸羟基酯反应。

$$\begin{array}{c} OCN-R-NH-\underset{\underset{O}{\parallel}}{C}-O \\ \underset{}{}R' \\ OCN-R-HN-\underset{\underset{O}{\parallel}}{C}-O \end{array} + 2H_2C=CHC-O-CH_2CH_2OH \longrightarrow$$

$$\begin{array}{c}\text{H}_2\text{C}=\text{CH}-\overset{\text{O}}{\underset{\|}{\text{C}}}-\text{O}-\text{CH}_2\text{CH}_2\text{O}-\overset{\text{O}}{\underset{\|}{\text{C}}}-\text{NH}-\text{R}-\text{NH}-\overset{\text{O}}{\underset{\|}{\text{C}}}-\text{O}\\ \\ \text{H}_2\text{C}=\text{CH}-\overset{\text{O}}{\underset{\|}{\text{C}}}-\text{O}-\text{CH}_2\text{CH}_2\text{O}-\overset{\text{O}}{\underset{\|}{\text{C}}}-\text{NH}-\text{R}-\text{NH}-\overset{\text{O}}{\underset{\|}{\text{C}}}-\text{O}\end{array}\ \text{R}'$$

PUA 分子中有氨酯键,能在高分子链间形成多种氢键,使固化膜具有优异的耐磨性和柔韧性,断裂伸长率高,同时有良好的耐化学药品性和耐高温、低温性能,较好的耐冲击性,对塑料等基材有较好的附着力,总之,PUA 具有较佳的综合性能。

由芳香族异氰酸酯合成的 PUA 称为芳香族 PUA,由于含有苯环,因此链呈刚性,其固化膜有较高的机械强度和较好的硬度及耐热性。芳香族 PUA 价格相对较低,最大的缺点是固化膜耐候性较差,易黄变。

由脂肪族和脂环族异氰酸酯制得的 PUA 称为脂肪族 PUA,主链是饱和烷烃和环烷烃,耐光、耐候性优良,不易黄变,同时黏度较低,固化膜柔韧性好,综合性能较好,但价格较贵,涂层硬度较差。

由聚酯多元醇与多异氰酸酯反应合成的 PUA,主链为聚酯,一般机械强度高,固化膜有优异的拉伸强度、模量和耐热性,但耐碱性差。

由聚醚多元醇与异氰酸酯合成的 PUA,有较好的柔韧性,较低的黏度,耐碱性提高,但硬度、耐热性稍差。

(3) 聚酯丙烯酸酯　聚酯丙烯酸酯(polyester acrylate,PEA)也是一种常见的低聚物,它是由低分子量聚酯二醇经丙烯酸酯化而制得,通过改变多元醇和多元酸的种类,调节多元醇、多元酸和(甲基)丙烯酸的摩尔比,可以制得性能各异的胶粘剂。

价格低和黏度低是聚酯丙烯酸酯最大的特点。由于黏度低,聚酯丙烯酸酯既可作为低聚物,也可作为活性稀释剂使用。此外,聚酯丙烯酸酯大多具有低气味、低刺激性、较好的柔韧性和颜料润湿性。为了提高光固化速率,可以制备多官能度的聚酯丙烯酸酯;采用胺改性的聚酯丙烯酸酯,不仅可以减少氧阻聚的影响,提高固化速率,还可以改善附着力、光泽和耐磨性。

4.15.1.2　阳离子固化型低聚物

阳离子光固化产品用的低聚物主要是含有环氧基团或乙烯基醚基团的化合物,其中环氧类低聚物主要包括双酚 A 环氧树脂、酚醛环氧树脂、氢化双酚 A 环氧树脂等。

环氧树脂在超强质子酸或路易斯酸作用下,容易发生阳离子聚合。双酚 A 型环氧树脂在阳离子光固化时,反应活性低,聚合速率慢,黏度较高,因此使用不多。脂肪族环氧树脂,低黏度,低气味,低毒性,反应活性高,固化膜收缩率低,耐候性好,有优异的柔韧性和耐磨性,成为阳离子光固化涂料最主要的低聚物。

阳离子光固化用脂环族环氧树脂具有低气味、低毒性、低黏度和低收缩率,柔韧性、耐磨性和透明度好,对塑料和金属有优异的附着力。但是由于聚合速率慢,体系黏度高,不适宜单独使用,通常相互配合或和自由基固化型低聚物配合使用。

乙烯基醚类化合物是另一大类用于阳离子光固化的低聚物或活性稀释剂,它们具有固化速率快、黏度低、毒性低、相容性好等优点,还可以与环氧化合物、丙烯酸酯、聚酯、聚氨酯反应得到相应的低聚物,与脂环族环氧树脂配合使用。

4.15.1.3 双重固化低聚物

低聚物中含有两种不同类型的活性基团。丙烯酰氧基可进行自由基光固化,而另一个基团可进行阳离子光固化、湿固化、轻基固化、热固化等,成为具有双重固化功能的低聚物。

用双酚 A 环氧树脂和丙烯酸[环氧基:羧基为(1.5~2.0):1]开环酯化反应,制得带有环氧基的环氧丙烯酸树脂,其中丙烯酸基团可以进行自由基光聚合,而环氧基可进行阳离子光聚合。研究结果表明,这两种活性基团之间存在着分子内的相互作用,可有效促进自由基和阳离子光聚合的进行,使反应速率和最终转化率有明显的提高,而且大大降低了氧阻聚作用;双重固化低聚物所形成的固化膜具有更好的力学性能。

光固化产品中低聚物的选择要综合考虑下列因素:

(1)黏度 选用低黏度树脂,可以减少活性稀释剂的用量,但低黏度树脂往往分子量低,会影响成膜后的物理力学性能。

(2)光固化速率 光固化速率快的树脂不仅可以减少光引发剂用量,而且可以满足光固化涂装生产线快速固化的要求。一般来说,官能度越高,光固化速率越快,环氧丙烯酸酯光固化速率快,胺改性的低聚物光固化速率也快。

(3)物理力学性能 光固化产品的物理力学性能主要由低聚物固化膜的性能来决定,而不同品种的光固化产品其物理力学性能要求也不同,所选用的低聚物也不同。物理力学性能主要有:

①硬度 环氧丙烯酸酯和不饱和聚酯一般硬度高,低聚物中含有苯环结构也有利于提高硬度;官能度高,交联密度高,玻璃化温度高,硬度也高。

②柔韧性 聚氨酯丙烯酸树脂、聚酯丙烯酸树脂、聚醚丙烯酸树脂和纯丙烯酸酯一般柔韧性都较好;低聚物含有脂肪族长碳链结构,柔韧性好;分子量越大,柔韧性越好;交联密度低,柔韧性变好;玻璃化温度低,柔韧性好。

③耐磨性 聚氨酯丙烯酸树脂有较好的耐磨性;低聚物分子间易形成氢键的,耐磨性好;交联密度高的,耐磨性好。

④拉伸强度 环氧丙烯酸酯和不饱和聚酯有较高的拉伸强度;一般分子量较大、极性较大、柔韧性较小和交联度大的低聚物有较高的拉伸强度。

⑤耐冲击性 聚氨酯丙烯酸树脂、聚酯丙烯酸树脂、聚醚丙烯酸树脂和纯丙烯酸酯有较好的耐冲击性;低玻璃化温度、柔韧性好的低聚物一般耐冲击性好。

⑥附着力 收缩率小的低聚物对基材的附着力好;含—OH、—COOH 等基团的低聚物对基体的附着力好;低聚物表面张力低,对基材润湿铺展好,有利于提高附着力。

⑦耐化学品性 环氧丙烯酸酯、聚氨酯丙烯酸树脂和聚酯丙烯酸树脂都有较好的耐化学品性,但聚酯丙烯酸树脂耐碱性较差;提高交联密度,耐化学品性增强。

(4)玻璃化温度 低聚物的玻璃化温度高,一般硬度高,光泽好;低聚物的玻璃化温度低,柔韧性好,耐冲击性也好。

4.15.2 活性稀释剂

活性稀释剂(reactive diluent)是光固化胶粘剂的重要组成,它是一种含有可聚合官能团的有机小分子,它一方面起稀释剂作用,使胶粘剂具有适当的黏度;另一方面具有反应活性,光照时,与低聚物共聚形成网络结构,可以提高体系的光固化速率和改善某些物理力学性能。

从结构上看,自由基光固化用的活性稀释剂都是具有"C═C"不饱和双键的单体,如丙烯酰氧基、甲基丙烯酰氧基、乙烯基、烯丙基,光固化活性依次为:

$$丙烯酰氧基>甲基丙烯酰氧基>乙烯基>烯丙基$$

阳离子光固化胶粘剂所用活性稀释剂则为乙烯基醚化合物或环氧化合物。

活性稀释剂按其每个分子所含反应性基团的多少,可以分为单官能团活性稀释剂、双官能团活性稀释剂和多官能团活性稀释剂。含有可参与光固化反应的官能团越多,官能度越大,则光固化反应活性越高,光固化速率越快,从光固化活性看

$$多官能团活性稀释剂>双官能团活性稀释剂>单官能团活性稀释剂$$

随着活性稀释剂官能度的增加,除了增加光固化反应活性外,同时增加固化膜的交联密度。单纯的单官能团单体光聚合后,只能得到线型聚合物,不发生交联。当官能度≥2的活性稀释剂存在时,光固化后得到交联聚合物网络,官能度高的活性稀释剂可得到高交联度的网状结构。

活性稀释剂自身的化学结构对固化膜的性能有很大影响,因此在制备光固化产品时,要根据配方产品性能的要求,选择合适的活性稀释剂。

4.15.3　光引发剂

光引发剂是光固化产品的关键组分,它对光固化产品的光固化速率起决定性作用。光引发剂是一种能吸收辐射能,经激发发生化学变化,产生具有引发聚合能力的活性中间体(自由基或阳离子)的物质。不同类型的光固化胶粘剂使用不同类型的光引发剂。

自由基光引发剂按光引发剂产生活性自由基的作用机制不同,主要分为两大类:裂解型自由基光引发剂和夺氢型自由基光引发剂。

裂解型自由基光引发剂从结构上看,多是芳基烷基酮类化合物,主要有苯偶姻及其衍生物、苯偶酰及其衍生物、苯乙酮及其衍生物、α-羟烷基苯乙酮、α-氨烷基苯乙酮、酰基膦氧化物[TEPO(2,4,6-三甲基苯甲酰基-乙氧基-苯基氧化膦)、TPO(2,4,6-三甲基苯甲酰基-二苯基氧化膦)]等。

夺氢型光引发剂是指光引发剂分子吸收光能后,经激发和系间窜跃到激发三线态,与助引发剂-氢供体发生双分子作用,经电子转移产生活性自由基,引发低聚物和活性稀释剂聚合交联。夺氢型光引发剂从结构上看,都是二苯甲酮或杂环芳酮类化合物,主要有二苯甲酮及其衍生物、硫杂蒽酮类、蒽醌类等。与夺氢型光引发剂配合的助引发剂-氢供体主要为叔胺类化合物,如脂肪族叔胺、乙醇胺类叔胺、叔胺型苯甲酸酯、活性胺(带有丙烯酰酰氧基,可参与聚合和交联的叔胺)等。

阳离子光引发剂是在吸收光能后到激发态,分子发生光解反应,产生超强酸即超强质子酸(也叫路易斯酸),从而引发阳离子低聚物和活性稀释剂进行阳离子聚合。阳离子光引发剂主要有芳基重氮盐、二芳基碘鎓盐、三芳基硫鎓盐、芳基茂铁盐等。

与传统涂附磨具的酚醛、环氧等热固化树脂结合剂相比,光固化树脂涂附磨具充分发挥了光固化胶粘剂的快速、高效、低耗能以及洁净无污染等几大显著优点,在商品竞争

日益激烈、能源危机日趋明显以及保护环境的呼声越来越高的今天,体现了无可比拟的优势。特别是超硬材料涂附磨具制备,光固化树脂通过UV固化和相关设备可以制备出表面不同微图案的金刚石涂附磨具,满足不同材质和加工工件的精密加工要求。

4.16 粘结剂的主要性能检测

4.16.1 黏度的测定

液体在流动时,在其分子间产生内摩擦性质,称为液体的黏性,黏性的大小用黏度表示。涂料杯法和落球法常用于生产现场要求精度不很高的快速测定,是相对黏度的测定方法,而旋转黏度计常用于精度要求较高的实验室测定,是绝对黏度的一种测定方法。

(1)涂料杯法 一般常用孔径为4 mm的4#涂料杯,不带保温水浴套,只能测定黏度较低的树脂和油漆胶液。胶液的黏度以从杯中流出的时间(以s为单位)计,其与动力黏度的换算见表4-20。

表4-20 涂料杯黏度与动力黏度的换算

涂 4#杯/s	16	20	24	28	32	35	37	41	47	54	61	67
黏度/(mPa·s)	47	56	74	93	110	120	130	150	170	210	230	270
涂 4#杯/s	76	81	85	94	98	104	110	124	128	136	137	143
黏度/(mPa·s)	280	320	340	370	400	430	465	480	510	530	540	580

注:表中数据为温度为25 ℃下的。

(2)落球法 用于测定黏稠的、透明度较高的树脂液。落球式黏度计由内径 $\phi 25$ mm,长350 mm的玻璃管及铁台架构成。玻璃管距两端管口50 mm处各有一刻度线,两线距离250 mm,玻璃管垂直放置并用铁架固定。测定时,将胶液倒入管中,使胶液高于上端刻度线约30 mm,放置5~30 min,待气泡逸出,轻放直径 $\phi 7.93 \sim 7.97$ mm、质量为2.046~2.054 g的钢球,使其自由落下,当其通过上刻度线时按动秒表,至下刻度线时计时,其通过时间(s)即为树脂液黏度。若能在2 ℃±0.5 ℃下恒温进行测定,则精度能提高。对于深黑色的不透明树脂或油漆,可在玻璃管底部接一铜针,当钢球落底时、压迫铜针接通电流,使信号灯发光。

(3)旋转黏度计法 面积各为1 m²并相距1 m的两层流体,以1 m/s的速度作相对运动时所产生的内摩擦力称为运动黏度,也叫绝对黏度。单位:$N \cdot s/m^2$,即 $Pa \cdot s$。

旋转黏度计是通过一个经校验过的铍-铜合金的弹簧带动一个转子在流体中持续旋转,旋转扭矩传感器测得弹簧的扭变程度即扭矩,它与浸入样品中的转子被黏性拖拉形成的阻力成比例,因而扭矩与液体的黏度也成正比。黏度范围与转子的大小和形状以及转速有关。因为,对应于一个特定的转子,在流体中转动而产生的扭转力一定的情况下,流体的实际黏度与转子的转速成反比,而剪切应力与转子的形状和大小均有关系。对于一个黏度已知的液体,弹簧的扭转角会随着转子转动的速度和转子几何尺寸的增加而增加,所以在测定低黏度液体时,使用大体积的转子和高转速组合;相反,测定高黏度的液体时,则用细小转子和低转速组合。

4.16.2 树脂固体含量的测定

(1)真空干燥法　准确称样 1~2 g 于已知质量的瓷皿中,先在电炉上缓慢升温,烘至半干,严防发泡、损失树脂,然后再放入真空烘箱内,按表 4-21 的条件干燥,最后放入干燥器内冷却至室温,称重。计算:

$$A = \frac{B}{C} \times 100\% \tag{4-13}$$

式中:A——树脂液的固体含量;
　　　B——树脂试样干燥后质量,g;
　　　C——树脂液试样质量,g。

表 4-21　真空干燥的条件

树脂名称	干燥温度	干燥时间	真空度
酚醛树脂	120 ℃±5 ℃	120 min	1 333~2 666 Pa
脲醛树脂 三聚氰胺甲醛树脂	100 ℃±5 ℃	60 min	

(2)常压鼓风干燥法　准确称样 1.5~2.5 g 放于铝箔盒内,放入 150 ℃ 鼓风干燥箱中,干燥 2 h,冷却至室温后称量。固体含量度计算方法与真空干燥法相同。

常压鼓风干燥,温度高、时间长,容易引起树脂的进一步缩聚,误差比真空干燥大。

4.16.3 胶液 pH 值的测定

胶液的 pH 值表示其酸碱性,可用带有玻璃电极或甘汞电极的酸度计进行精密测定,在生产现场可用精密 pH 试纸进行快速测定。测定前,取胶样 1 g,加蒸馏水 99 mL,配成含量为 1% 的胶样,再进行测定。其中行业标准中酚醛树脂要求配成 50% 的树脂水溶液。

4.16.4 树脂液/水混合性测定

本法适用于脲醛树脂、三聚氰胺甲醛树脂、水溶性酚醛树脂。水混合性表示胶液能用水稀释到析出不溶物的限度,反映胶液的水溶性程度。

称胶液 5 g 于三角烧瓶中,将烧瓶放在 25 ℃±0.5 ℃ 的水浴中,至胶液为 25 ℃,边搅拌边缓缓滴入 25 ℃ 蒸馏水,直到混合液中出现微细不溶物,三角烧瓶内壁上附有不溶物时,记下加入的水量。计算

$$L = \frac{W}{S} \tag{4-14}$$

式中:L——水混合性(倍数);
　　　S——胶样质量,g;
　　　W——加入水量,g。

4.16.5 树脂固化时间的测定

(1)酚醛树脂　取 2 g 左右粘结剂放于 150 ℃±1 ℃的恒温铁板上,不断用棒搅拌直至胶变为不熔物所需的时间(min)。

(2)脲醛树脂　取 20 g 树脂液,加 0.2 g 氯化铵混匀,从中取 2 g 放入直径约 15 mm 的玻璃试管中并插入玻璃棒。试管放在烧沸水的平底烧瓶中,粘结剂液面低于沸水液面。开动秒表计时并不断搅拌,直至粘结剂凝固为止。固化时间以秒计。

4.16.6 水溶性酚醛树脂中游离苯酚的测定

准确称取树脂液 1 g 左右,放于 500 mL 圆底烧瓶中,加 20 mL 蒸馏水使之稀释,再用水蒸气蒸馏,蒸馏气经冷凝管冷凝后成液态,馏出液收集于 500 mL 容量瓶中,直至馏出物饱和溴水相遇不发生浑浊为止(约 40 min),停止蒸馏,馏出液加水稀释至刻度,充分摇匀。用移液管取 100 mL 馏出物至 500 mL 碘瓶中,加入 25 mL 0.1 mol/L 溴化钾-溴酸钾混合液和 6 mol/L HCl 5 mL,盖严瓶口并摇匀,放室温暗处 15 min,再加入 10% KI 20 mL,于暗处放置 10 min,用 0.1 mol/L 硫代硫酸钠标准溶液滴至碘色将近消失时(淡黄色),加入 0.5% 淀粉指示剂 2 mL,继续滴至蓝色恰褪为止,记下硫代硫酸钠的用量。取 100 mL 蒸馏水于碘瓶中,进行空白试验。

$$游离苯酚含量 = \frac{(V_1 - V_2) \times N \times 0.01568}{G \times 1/5} \quad (4-15)$$

式中:V_2——空白试验时,$Na_2S_2O_3$ 标准溶液用量,mL;

V_1——试样滴定时,$Na_2S_2O_3$ 标准溶液用量,mL;

N——$Na_2S_2O_3$ 标准溶液之当量浓度;

G——试样质量,g;

0.01568——每毫克当量苯酚的克数。

4.16.7 水溶性酚醛树脂、脲醛树脂、三聚氰胺甲醛树脂中游离甲醛含量的测定

于 250 mL 锥形瓶中,加入 10 mL 1 mol/L 浓度的亚硫酸钠溶液(126 g 无水 Na_2SO_3,用蒸馏水稀释至 1 000 mL,有效期一周)及 1 滴百里香酚酞指示剂(每 100 mL 95% 乙醇中含 0.1 g 百里香酚酞),用 0.1 mol/L 硫酸标准溶液中和至蓝色消失。用减量法称取 2~3 g 试样(准确到 0.000 2 g),放入上述锥形瓶中,再用 0.1 mol/L 盐酸标准溶液滴至蓝色消失为终点。计算:

$$甲醛含量 = \frac{2 \times N \times V \times 0.030\ 03}{G} \times 100\% \quad (4-16)$$

式中:N——盐酸标准溶液的浓度,mol/L;

V——滴定消耗盐酸标准溶液的体积,mL;

G——试样的质量,g;

0.030 03——每毫摩尔甲醛的质量,g。

4.16.8 粘结性能测定

粘结剂的胶液黏度只能反映胶液的稀稠程度,并不能代表粘结剂的粘结强度。粘结强度的测定,是将两块一定面积的水曲柳木块用一定配比的胶液粘牢,将其中一块木块固定住,对另一块木块,用一定的力入侧面进行摆锤冲击,测两块木块能经受最大的冲击力,而不松开的值,即为此粘结剂的粘结强度。

有厂家为了检测砂带中胶粘剂的粘结强度,将已处理的布基裁切成一定宽度(10~20 cm)的布条,分别将两根布条的一端涂上胶粘剂,用搭接法粘结在一起,用手动压机压紧,采用合适的固化工艺固化后,用拉力试验机检测胶粘剂的粘结强度。

4.16.9 粘结剂使用寿命的测定

树脂粘结剂从混料配制到黏度增长至无法涂布使用所需的时间称树脂使用寿命。有些树脂粘结剂的使用寿命较短,如脲醛树脂、环氧树脂和三聚氰胺树脂。而有些树脂粘结剂的使用寿命很长,长得使人们不必担心它们的使用寿命,因此不必测定它们的使用寿命了,如酚醛树脂、油漆等。

(1)脲醛树脂使用寿命的测定 取 20 g 树脂液,放入 25 ℃±0.5 ℃水浴,边搅拌,边加入 0.2 g 氯化铵,并按动秒表计时,不断观察粘结剂的黏度变化,每半小时测一次黏度,直至发生拉丝或凝胶。每次测 2~3 个样,取平均值(min)。

(2)三聚氰胺甲醛树脂和环氧树脂 除固化剂和固化剂加入量按使用配方,而不是氯化铵外,操作方法与脲醛树脂相同。

4.16.10 树脂液储存期测定

树脂液储存期一般不是在实际储存温度下测定的。为了快速地取得测定结果,一般都用较高的温度测定(如脲醛树脂用 70 ℃±2 ℃水浴,酚醛树脂用 60 ℃±2 ℃水浴,其他树脂用 50 ℃±2 ℃水浴等),然后将测定值换算成常温储存期,如测得脲醛树脂储存期为 10 h/70 ℃,则相当于在密封条件及在 20 ℃时储存期为 90 d。

4.16.11 环氧树脂环氧值的测定

将吡啶 984 mL 溶于(比重 1.19)16 mL 盐酸中,放置 4 h 后待用。准确称样 0.5 g 放入磨砂口 250 mL 三角烧瓶中,用移液管加入 20 mL 盐酸-吡啶,装上冷凝管,待试样全部溶解后,回流加热 20 mL 丙酮洗涤冷凝管,以酚酞为指示剂,用 0.1 mol/L NaOH 标准溶液滴至红色为终点。同样操作做一次空白试验。计算:

$$环氧值 = \frac{(V_0 - V_1) \times N}{10G} \tag{4-17}$$

式中:V_0——空白试验消耗的 NaOH,mL;

V_1——试样测定消耗的 NaOH,mL;

N——NaOH 标准溶液浓度,mol/L;

G——试样质量,g。

注:①吡啶有毒,测定应在通风橱中操作。②滴定过程中,如遇树脂析出,使溶液变

混浊,可加入少量丙酮,使溶液变清。

4.16.12 钴液催干剂中(环烷酸)钴含量的测定

准确称取试样 0.2 g 左右,放入碘量瓶中,加 2 mL 苯和 50 mL 乙醇,摇匀,准确加入 0.01 mol/L 浓度 EDTA 标准溶液 25 mL,摇动 1 min,加入 10 mL pH=10 的氨性缓冲液及 0.1 g 铬黑 T 指示剂,以 0.01 mol/L 浓度硫酸锌标准溶液滴定,使溶液刚由纯蓝色变为红紫色。计算:

$$钴含量 = \frac{(M_1 \times V_1 - M_2 \times V_2) \times 0.05893}{G} \times 100\% \qquad (4-18)$$

式中:M_1——EDTA 标准溶液的浓度,mol/L;

V_1——EDTA 的加入量,mL;

M_2——硫酸锌标准溶液的浓度,mol/L;

V_2——消耗的硫酸锌,mL;

G——试样质量,g;

0.05893——钴的毫克当量数。

注:铬黑 T 指示剂的配制:1 g 铬黑 T 与 100 g NaCl 置于研钵内混匀研细。

思考题

1. 结合涂附磨具的特点说明涂附磨具对粘结剂的要求。
2. 根据淀粉分子结构和分子量的不同,淀粉可以分为哪几种?它们在浆料中各自的作用是什么?
3. 什么是变性淀粉?变性淀粉在涂附磨具制备中的有什么意义?
4. 2% 浓度的 CMC 水溶液在 25 ℃时的黏度的大小取决于什么?
5. 分析影响聚乙烯醇溶解度的因素有哪些?
6. 聚乙烯醇分子量和醇解度的不同调制浆料的性质不同,依据自己的理解,选择三种或以上不同牌号的聚乙烯醇,说明所能调制浆料的性质。
7. PVAc 粘结剂的特点是什么?在涂附磨具中主要应用在哪些方面?
8. 水溶性酚醛树脂的特点有哪些?
9. 热固性酚醛树脂的树脂化过程分为哪几个阶段,如何从它的外观加以区分?各阶段树脂具有什么性能?请根据其特点写出初期酚醛树脂的分子结构式。
10. 热固性酚醛树脂和热塑性酚醛树脂分别是在什么条件下合成的?它们的固化方式有什么不同?为什么?
11. 从结构上进行分析水溶性酚醛树脂改性原因。
12. 酚醛树脂在涂附磨具行业中主要应用在哪些方面?
13. 从机制上分析为什么氯化铵可以作为脲醛树脂甲醛含量高的室温固化剂,也可以作为甲醛含量高的加热固化剂?
14. 从结构上分析环氧树脂粘结性能好的原因。
15. 在涂附磨具中聚氨酯粘结剂主要应用在哪些方面?从聚氨酯的结构和性能上分

析其原因。

16. 写出醇解法制备醇酸树脂的反应方程式。

17. 常用的光固化胶粘剂有哪些？在涂附磨具中哪些涂附磨具产品尤其适合用光固化胶粘剂。

18. 写出检测酚醛树脂中游离苯酚含量的反应原理式。

19. 写出检测环氧树脂中环氧基含量的反应原理式。

20. 写出检测脲醛树脂、酚醛树脂中甲醛含量的反应原理式。

第 5 章 辅助材料

涂附磨具的底胶、复胶和浆料中,基料(粘结剂)主要起粘接作用,但是为了提高粘接性能、工艺性能和产品的其他性能,还需要在其中加入各种辅助材料。辅料可以改进生产工艺,提高生产效率,改善贮存稳定性,改善施工条件,提高产品质量,赋予产品特殊功能,虽然用量很低(一般不超过总量的 10%),但已成为涂附磨具不可或缺的重要组成部分。

5.1 固化剂与促进剂

固化剂又称硬化剂,是胶黏剂中最主要的配合材料。它的作用是使低分子化合物或线型高分子化合物交联成体型网状结构,使液态基料转达变成不熔的坚固胶层的化学物质,从而使粘接具有一定的机械强度和稳定性。固化剂的种类和用量对胶黏剂的性能及其配制工艺有直接影响。固化剂随基料品种不同而异,如环氧树脂胶黏剂选用胺类、酸酐类,脲醛树脂选用氯化铵,酚醛树脂选用六次甲基四胺等,橡胶中用的固化剂又称硫化剂。

促进剂是加速胶黏剂中树脂与固化剂反应过程,缩短固化时间,降低固化温度,以及调节胶黏剂中树脂固化加速的组分。热固性树脂常需用固化剂和促进剂固化。环氧树脂促进剂可以分为两类:酸性类有三氟化硼络合物、氯化亚锡、异辛酸亚锡、辛酸亚锡等;碱性类包括大多数有机叔胺类、咪唑化合物等。酚醛树脂一般可以不用促进剂,但有时为了提高固化速度,降低固化温度,加入对甲苯磺酰氯、苯磺酰氯、硫酸乙酯等固化促进剂。

5.2 填料

涂附磨具中所用填料品种相当繁多,大部分是无机非金属材料,按照作用方式可分为磨削时具有化学活性的填料和提高强度并耐磨性、降低成本的非活性填料两大类。

5.2.1 活性填料

干磨时,在磨削处有硫或卤素蒸气存在,它们会使钢的化学键断裂,从而使磨削钢的能力大大地提高。因此,在切削或磨削不锈钢和合金钢时,化学活性填料是非常重要的,主要有以下几类非金属材料。

5.2.1.1 冰晶石

冰晶石(cryolite),化学成分为 Na_3AlF_6,其中含氟 54.3%,钠 32.9%,铝 12.8%,属单斜晶系,呈灰白色或灰黄色,玻璃光泽,莫氏硬度 2~3,密度 $(2.95~3.0)\times10^3$ kg/m³。

由于冰晶石的熔点较低,在磨削过程中由于磨削热的作用,冰晶石熔融,促使磨粒容易脱落,以防止砂带的堵塞。另外,熔化了的冰晶石,在磨削中可以起润滑作用;而且它析出氟,有利于钢材的磨削,所以冰晶石粉适于磨削时不用冷却液的干磨。

5.2.1.2 硫铁矿

硫铁矿主要成分为 FeS_2,化学成分中最大含硫量≥48%,室温为非活性物质,温度升高后变得活泼,在空气中氧化成氧化铁和二氧化硫等。

在氧气不足的情况下的化学方程式:$2FeS_2+O_2 =\!=\!= 2FeO+4S$。

在氧气过量的情况下的化学方程式:$4FeS_2+11O_2 =\!=\!= 2Fe_2O_3+8SO_2$。

硫蒸气和二氧化硫气体在高温下和铁表面原子反应,从而降低表面硬度,增加磨削效率。

5.2.1.3 氟硼酸钾

又称为合成冰晶石,化学表达式为 KBF_4,灰白色,结晶粉末,微溶于水,熔点为 530℃。实际上,它比天然冰晶石的活性还大,超过熔点即分解出三氟化硼气体。在大气中,氟硼酸钾因受水蒸气的作用而迅速水解,放出 HF,从而有利于钢材磨削。

5.2.1.4 硫酸铝钾

一般称为"焙烧的铝矾土",化学表达式为 $KAl(SO_4)_2$,它既能在改进磨削作用方面提供硫,又有助于树脂的交联固化,特别是增强了树脂在高温下的抗张强度。

5.2.2 非活性填料

这类填料是一种在胶粘剂组分中不和主体材料起化学反应,也不具备磨削活性的材料,但又可以改变其填充的砂带性能,降低成本的一种固体材料。

5.2.2.1 非活性填料的作用

(1)提高胶黏剂力学性能,起补强效果。有些聚合物分子间的相互作用力较弱,内聚能低,因此力学性能不高。选择适当颗粒大小的填料,能起到补强效果。由于填料粒子的活性表面能与若干大分子链相结合,形成交联结构。当其中一条分子链受到应力时,可通过交联点将应力分散、传递到其他分子上。若其中某一条链发生断裂,其他链仍起作用,不至于马上危及整体,故可以大幅度地提高胶粘剂的力学性能。常用的填料,如金属粉末、金属氧化物等均可提高胶粘剂的压缩强度、尺寸稳定性,但也会降低胶粘剂的某些性能,如剥离强度等。有机硅及橡胶中加入炭黑、白炭黑、碳酸钙等可提高拉伸强度、硬度和耐磨性。

(2)降低胶黏剂热膨胀系数和固化收缩率。胶体在固化过程中会因为化学作用而引起体积收缩,除此之外,由于胶粘剂与被胶物的不同的热膨胀系数,还会产生热收缩。这两种收缩均会在胶层中产生内应力,造成应力集中,以至于引起胶层开裂或接头破坏,直接影响胶接接头的使用寿命。填料可以调节固化过程的收缩率,减少胶粘剂和被胶物之间热膨胀系数的差别,并且阻止裂缝延伸,因此可以显著提高胶接强度尤其是高温下的剪切强度。

(3)增加胶的黏度,改善触变性,改善操作工艺。加入填料可以起到增稠作用,避免胶液因在固化过程中流动而造成缺胶。还可改善胶液的触变性能,以控制胶液的流动性,调节固化速度,延长使用寿命,利于操作施工。

(4)赋予胶粘剂新的功能。在胶粘剂中加入导电良好的金属粉末(如银粉),可配制成导电胶粘剂;导热粉(如铜粉、铝粉、铁粉、氧化铝、氧化镁等)作填料,可以改善胶粘剂的导热性;阻燃粉(如氢氧化铝)等填料,可提高胶粘剂的阻燃性;当加入特殊的导电炭黑、碳基铁粉、磁粉作填料,则可制取特殊场合使用的导电或导磁胶粘剂;环氧树脂中加入铬酸锌,可提高强度保持率;加入 $Zr(SO_3)_2$ 可降低环氧树脂的吸水性。有的填料还可起到改善胶接接头耐湿、热老化和耐盐雾的作用。

5.2.2.2 非活性填料的分类

不同用途的胶粘剂所用填料也各不相同,并且填料的种类、用量对胶粘剂的性能也有很大的影响,需根据胶粘剂所要达到的效果来选择合适的填料。通常可以从填料在胶粘剂中所起到的不同作用进行分类。

(1)提高其抗冲击性能的填料:石棉纤维、玻璃纤维、碳酸钙、云母粉、铝粉等;

(2)提高其硬度与抗压性能的填料:金属及其氧化物、石英砂、氧化铬粉、瓷粉、铁粉、水泥、碳化硼等;

(3)提高其耐磨性的填料:石墨粉、滑石粉、碳酸钙、二硫化钼等;

(4)提高其耐热性能的填料:石棉粉、硅胶粉、酚醛树脂、瓷粉、二氧化钛粉等;

(5)增加其粘附力的填料:氧化铝粉、瓷粉、钛白粉等;

(6)增加其导热性的填料:金属粉如铝粉、铜粉、铁粉、银粉,非金属粉如炭黑、石墨粉,氧化铝、氧化镁等;

(7)增加其阻燃性的填料:含有结晶水的化合物,氢氧化铝、氢氧化镁、硅铝酸盐等;

(8)增加其导电性的填料:炭黑、石墨、碳纤维、碳纳米管、银粉等;

(9)增加其润滑性的填料:石墨粉、高岭土、滑石粉、二硫化铝粉等;

(10)增加其导磁性的填料:磁铁矿粉等磁性物质。

5.2.2.3 常用的填充剂

涂附磨具中常用的填充剂有碳酸钙、滑石粉、膨润土、黏土、高岭土等。

(1)重质碳酸钙 简称重钙,是由天然碳酸盐矿物(如方解石、大理石、石灰石)磨碎而成,相对密度为 2.7~2.9。重质碳酸钙是常用的粉状无机填料,具有化学纯度高、惰性大、不易发生化学反应、热稳定性好、在 400 ℃ 以下不会分解、白度高、吸油率低、折光率低、质软、干燥、不含结晶水、硬度低、磨耗值小、无毒、无味、无臭、分散性好等优点。重质碳酸钙的沉降体积为 1.2~1.9 mL/g,比表面积为 1 m²/g 左右,通常为白色;重质碳酸钙由于颗粒大、表面光洁、比表面积小,因此吸油值较低,为 48 mL/100 g 左右。

(2)轻质碳酸钙 又称沉淀碳酸钙(PCC),化学式为 $CaCO_3$。轻质碳酸钙是用化学加工方法制得的。由于它的沉降体积(2.4~2.8 mL/g)比用机械方法生产的重质碳酸钙沉降体积(1.1~1.9 mL/g)大,因此被称为轻质碳酸钙。轻质碳酸钙粒径尺寸从纳米级到微米级不等,颗粒形貌包括空心球、方块状、花状、链锁形和多级结构等多种形貌。

(3)滑石粉 氧化镁与氧化硅的水化物,分子式为 xMgO·ySiO$_2$·zH$_2$O,主要含量一般为氧化镁31.7%、二氧化硅63.5%、结晶水4.8%。滑石粉色洁白,有光洁,手感润滑,相对密度2.7~2.9,硬度1~1.5度(莫氏),不溶于水,对酸碱无反应。滑石粉用量:淀粉浆(对淀粉量)6%~24%,CMC浆(对浆液体积)0.5%~1.1%。滑石粉质量要求:细度325目(45 μm)筛余量≤2%,粉末沉淀量≤0.5%,砂分少许,碳酸钙含量≤3%,pH(1:20浓度)7~9,白度≥82%。

(4)膨润土 化学成分为Al$_2$O$_3$·4(SiO$_2$)·H$_2$O,外观为白灰色物质,质地细松,相对密度2.4~2.8,能在水中自动膨润,有一定的黏度和吸附力,可塑性好。

(5)黏土 化学成分为Al$_2$O$_3$·2SiO$_2$·2H$_2$O,外观为白灰色或淡黄色无定形片状粉末,质地细软,比重2.58~2.61,湿时有粘塑性。

(6)高岭土 化学成分为Al$_2$O$_3$·2SiO$_2$·2H$_2$O,颜色纯白或淡灰,容易分散于水或其他液体中,有滑腻感,泥土味。密度2.54~2.60 g/cm^3,具有可塑性,湿土能塑成各种形状而不致破碎,并能长期保持不变。高岭土具有白度高、质软、易分散悬浮于水中、良好的可塑性和高的粘结性、优良的电绝缘性能;具有良好的抗酸溶性、很低的阳离子交换量、较好的耐火性等理化性质。

煅烧高岭土是将高岭土在煅烧炉中烧结到一定的温度和时间,使其的物理化学性能产生一定的变化,以满足一定的要求。煅烧高岭土与未煅烧高岭土相比,低温煅烧高岭土的结合水含量减少,二氧化硅和三氧化铝含量均增大,活性点增加,结构发生变化,粒径较小且均匀。

(7)超细硅微粉 天然结晶石英产品,纯度高(SiO$_2$含量98.5%以上),粒径分布均匀,高白度,高亮度,低含水率等特性,可增加胶膜硬度,补强,部分替代进口钛白粉,降低成本等作用。天然晶体提供了出色的耐磨性能和硬度。低比表面积减少树脂需求,从而达到高添加量和低黏度。具有优良的加工性、收缩性小、热膨胀性小、耐酸碱和溶剂绝缘性好、机械性能好的特性。

(8)气相法二氧化硅 硅的卤化物在氢氧火焰中高温水解生成的纳米级白色粉末,俗称气相法白炭黑,是一种无定形二氧化硅产品,原生粒径在7~40 nm之间,聚集体粒径约为200~500 nm,比表面积100~400 m^2/g,纯度高,SiO$_2$含量不小于99.8%。表面未处理的气相法白炭黑聚集体是含有多个—OH的集合体,它们在液体体系中极易形成均匀的三维网状结构(氢键)。这种三维网状结构(氢键)有外力(剪切力、电场力等)时会破坏,介质变稀,黏度下降,外力一旦消失,三维结构(氢键)会自行恢复,黏度上升,赋予胶粘剂适宜的流变效果。胶粘剂中加入白炭黑可以提高产品强度和延伸率,提高耐磨性和改善材料表面的光洁度。气相白炭黑可以强烈地反射紫外线,加入树脂中可大大减少紫外线对环氧树脂的降解作用,从而达到延缓材料老化的目的。

(9)空心玻璃微珠 是一种尺寸微小的空心玻璃球体。典型粒径范围10~180 μm,堆积密度0.1~0.25 g/cm^3,具有质轻、低导热、隔音、高分散、电绝缘性和热稳定性好等优点。空心玻璃微珠的密度约是传统填充料微粒密度的十几分之一,填充后可大大减轻产品的基重,替代及节省更多的生产用树脂,降低产品成本。

5.3 分散剂

填料等助剂在外力的作用下,成为细小的颗粒,均匀地分布到连续相中,以期得到一个稳定的悬浮体,不仅需要树脂、填料、溶剂的相互配合,还需使用分散剂才能提高分散效率并改善贮存稳定性,防止填料在贮存期间沉降、结块,影响施工。此外填料的良好分散还能够改善涂膜的光泽、遮盖力、流变性等。

分散剂按分子量划分,可分为低分子量的和高分子量的。低分子量的分散剂一般指分子量在数百以下的低分子量化合物,高分子量的分散剂是指分子量在数千乃至几万、并具有表面活性的高分子量化合物。

(1) 低分子量的分散剂 通常为表面活性剂,可分为离子型的和非离子型的。离子型的又可分为阳离子型、阴离子型和两性的表面活性剂,另外还有一种电中性的表面活性剂。

(2) 高分子量的分散剂 其分子中必须含有在溶剂或树脂溶液中能够溶解伸展开的链段,发挥空间稳定化作用。分子中还必须含有能够牢固地吸附在颜料粒子表面上的吸附基团。

用于水性体系的分散剂可分为三类:无机分散剂、聚合物型分散剂和超分散剂。

(1) 无机分散剂 目前使用最多的无机分散剂主要有聚磷酸盐(如六偏磷酸钠)、硅酸盐[如六偏磷酸钠、多聚磷酸钠、三聚磷酸钾(KTPP)和焦磷酸四钾(TKPP)等]等。其作用的机理是通过氢键和化学吸附,起静电斥力稳定作用。其优点是用量低,约 0.1% 左右,对无机颜料和填料分散效果好。但也存在不足之处:一是随着 pH 值和温度的升高,多聚磷酸盐容易水解,造成长期贮存稳定性不良;二是多聚磷酸盐在乙二醇、丙二醇等二醇类溶剂中不完全溶解,会影响有光乳胶漆的光泽。

(2) 聚合物型分散剂 聚合物型分散剂主要有聚丙烯酸盐类、聚羧酸盐类、缩合萘磺酸盐、多元酸共聚物等。这类分散剂的特点是,在颜料和填料表面产生较强的吸附或锚固作用,具有较长的分子链以形成空间位阻,链端具有水溶性,有的还辅以静电斥力,达到稳定的结果。要使分散剂具有良好的分散性,要严格控制分子量。分子量太小,空间位阻不足;分子量太大,会产生絮凝作用。

(3) 超分散剂 超分散剂的分子结构分为两个部分:一部分为锚固基团,采用平面吸附方式,将分散剂锚固在颜料颗粒表面,防止超分散剂脱附;另一部分为溶剂化链,它与分散介质具有良好的相容性,能在颜料表面形成足够厚的保护层,超分散剂是通过伸展于液相中的高分子所产生的斥力的位阻斥力的共同作用而使粒子均匀分散于体系中的。

超分散剂亲水端大多为侧链带羧基的聚合物,如丙烯酸(酯)、马来酸(酯)及它们的衍生物,疏水端单体多为不饱和烃类,如苯乙烯、乙烯、丁二烯、二异丁烯、甲基乙烯醚、醋酸乙烯酯、α-甲基苯乙烯等。

天然的高分子化合物,如藻酸盐、瓜耳胶等,虽然分子量较大,但也可用作分散剂。

5.4 流平剂

涂胶施工后,有一个流动及干燥成膜过程,然后逐步形成一个平整、光滑、均匀的涂膜。涂膜能否达到平整光滑的特性,称为流平性。缩孔是胶液在流平与成膜过程中产生的特性缺陷之一。在实际施工过程中,由于流平性不好,刷涂时出现刷痕,滚涂时产生滚痕、喷涂时出现橘皮,在干燥过程中相伴出现缩孔、针孔、流挂等现象,都称之为流平性不良。

5.4.1 影响胶液流平性的因素

影响胶液流平性的因素很多,有溶剂的挥发梯度和溶解性能、胶液的表面张力、湿膜厚度和表面张力梯度、胶液的流变性、施工工艺和环境等,其中最重要的因素是胶液的表面张力、成膜过程中湿膜产生的表面张力梯度和湿膜表层的表面张力均匀化能力。改善胶液的流平性需要考虑调整配方和加入合适的助剂,使胶液具有合适的表面张力和降低表面张力梯度的能力。

典型的流平剂就是降低胶液与基材之间的表面张力,使胶液与基材具有良好的润湿性,并且不致与引起缩孔的物质之间形成表面张力梯度;调整溶剂蒸发速度,降低黏度,改善胶液的流动性,延长流平时间;在涂膜表面形成极薄的单分子层,以提供均匀的表面张力,使表面张力趋于平衡,避免因表面张力梯度造成表面缺陷。

5.4.2 流平剂的分类

流平剂大致分为两大类。一种是通过调整漆膜黏度和流平时间来起作用的,这类流平剂大多是一些高沸点的有机溶剂或其混合物,如异佛尔酮、二丙酮醇等。高沸点溶剂混合物,具有良好的溶解性,也是填料良好的润湿剂。一方面通过增加溶剂以降低黏度来改善流平性,另一方面加入高沸点溶剂以图调整挥发速度来改善流平。

另一种是通过调整漆膜表面性质来起作用的,这类流平剂通过有限的相容性迁移至漆膜表面,影响漆膜界面张力等表面性质,使漆膜获得良好的流平。根据化学结构的不同,这类流平剂主要有三大类:丙烯酸酯类、有机硅类和氟碳化合物类。

5.4.2.1 丙烯酸酯类流平剂

丙烯酸酯类流平剂包括纯丙烯酸酯流平剂和改性丙烯酸酯流平剂。它们的表面张力较低,可以降低胶液与基材之间的表面张力而提高胶液对基材的润湿性,排除被涂固体表面所吸附的气体分子,防止被吸附的气体分子排除过迟而在固化涂膜表面形成凹穴、缩孔、橘皮等缺陷;此外它们与树脂不完全相混容,可以迅速迁移到表面形成单分子层,以保证在表面的表面张力均匀化,增加抗缩孔效应,从而改善涂膜表面的光滑平整性。

丙烯酸酯类流平剂的相容性是其控制涂膜表面状态能力的一项重要指标。相容性太好,溶在涂膜中,不会在涂膜表面形成新的界面,提供不了流平作用;相容性太差,不可能均匀地分布在涂膜表面,会相互聚集在一起,容易产生缩孔状的缺陷,会使涂膜光泽下降,产生雾影等不良的副作用。只有理想的受控相容性,才会在涂膜表面形成新的界面层,起到流平的作用。

纯丙烯酸酯流平剂包括传统的非反应性丙烯酸酯流平剂和新型含官能团的反应性丙烯酸酯流平剂。这是一类分子量不等的丙烯酸酯均聚物或共聚物,这类流平剂仅轻微降低涂膜的表面张力,但能够平衡漆膜表面张力差异,获得真正平整的、类似镜面的漆膜表面。如果分子量足够高,这类流平剂还具有脱气和消泡的作用。传统的非反应性丙烯酸酯流平剂的缺点是高分子量产品,可能会在漆膜中产生雾影,低分子量产品,又有可能降低漆膜表面硬度。含反应性官能团的丙烯酸酯流平剂能很好的解决这一矛盾,提供良好流平性的同时,不会产生雾影也不会降低表面硬度,有时还会提高表面硬度。

改性丙烯酸酯流平剂主要的品种为氟改性丙烯酸酯流平剂和磷酸酯改性丙烯酸酯流平剂。与纯丙烯酸酯流平剂不同,改性丙烯酸酯流平剂可以显著降低涂膜的表面张力,这样就会在具有流平性的同时具有良好的底材润湿性。

5.4.2.2 有机硅类流平剂

这类物质可以提高对基材的润湿性而控制表面流动,起到改善流平效果的作用,当溶剂挥发后,硅树脂在涂膜表面形成单分子层,改善涂膜的光泽。

有机硅类流平剂有两个显著特性。一是可以做到显著降低涂膜的表面张力,提高涂膜的底材润湿能力和漆膜的流动性、消除 Benard 漩涡从而防止发花。降低表面张力的能力取决于其化学结构。另一个显著特性是能改善涂层的平滑性、抗挂伤性和抗粘连性。这类流平剂的缺点是存在稳定泡沫、影响层间附着力的倾向,有些还对施工环境(如烘炉)产生污染。

其结构目前主要有三类:聚二甲基硅氧烷、聚甲基烷基硅氧烷、有机改性聚硅氧烷。以有机改性聚硅氧烷为重要,纯聚二甲基硅氧烷由于与涂膜体系的相容性差,现已很少使用。改性聚硅氧烷又可分为聚醚改性有机硅、聚酯改性有机硅、反应性有机硅,引入有机基团有助于改善聚硅氧烷和胶液树脂的相容性,即使浓度提高也不会产生不相容和副作用,改性聚硅氧烷能够降低胶液与基材的界面张力,提高对基材的润湿性,改善附着力,防止发花、橘皮、减少缩孔、针眼等涂膜表面病态。

5.4.2.3 氟碳化合物类流平剂

氟碳化合物类流平剂的特点是高效,其主要成分为多氟化多烯烃,对很多树脂和溶剂也有很好的相容性和表面活性,有助于改善润湿性、分散性和流平性,还可以在溶剂型漆中调整溶剂挥发速度。但价格昂贵,一般在丙烯酸酯流平剂和有机硅流平剂难以发挥作用的时候使用,然而也存在稳定泡沫、影响层间附着力的倾向。

5.5 触变剂

触变剂又称防流淌剂或防流挂剂。触变性是指胶粘剂受到剪切时,稠度变小,停止剪切时,稠度又增加的性质。良好的涂膜流平性要求在足够长的时间内将黏度保持在最低点,有充分的时间使涂膜充分流平,形成平整的涂膜。这样往往会出现流挂问题。反之,要求完全不出现流挂,涂膜黏度必须保持特别高,它将导致较少或完全没有流动性。

为此需要优良的触变剂,使胶液流挂和流平性能取得适当平衡,即在施工条件下,胶液黏度暂时降低,并在黏度的滞后回复期间保持在低黏度下,显示了良好的涂膜流平性;一旦流平后,黏度又逐步回复,这样就起防止流挂的作用。

涂附磨具胶液中使用触变剂可以防止贮存时填料沉降或使沉降软化以提高再分散性,防止涂装时流挂,调整涂膜厚度,改善涂刷性能,防止胶液渗入多孔性基材,消除刷痕,提高流平性。其中,有机膨润土、氢化蓖麻油、气相法二氧化硅、金属皂等一般用作溶剂型体系的触变剂;羟乙基纤维素等纤维素衍生物、聚乙烯醇、聚丙烯酸盐等水溶性树脂用于水性体系。

有机膨润土触变剂原料来自天然蒙脱土,主要是水辉石和膨润土两种。亲水性膨润土与鎓盐,如季铵盐反应后成亲有机性化合物。

气相二氧化硅表面上含有憎水性硅氧烷单元和亲水性硅醇基团,由于相邻颗粒的硅醇基团的氢键,形成三维结构,三维结构能为机械影响所破坏,黏度由此下降。静置条件下,三维结构自行复生,黏度又上升,因此使体系具有触变性。在完全非极性液体中,黏度回复时间只需几分之一秒;在极性液体中,回复时间长达数月之久,取决于气相二氧化硅浓度和其分散程度。气相二氧化硅在非极性液体中有最大的增稠效应,因为二氧化硅颗粒和液体中分子间的相互作用在能量上大大弱于颗粒自己相互间的相互作用。

氢化蓖麻油衍生物分子中含有极性基团,其脂肪酸结构容易溶剂化,在溶胀时生成溶胀粒子间氢键键合,形成触变结构。

5.6 增韧剂与增塑剂

增韧剂是能够提高胶粘剂的柔韧性、改善胶层抗冲击性的物质。它与树脂起固化反应成为固化体系的一部分。增韧剂大都是黏稠液体,如低分子量聚酰胺、聚硫橡胶等。合成橡胶和热塑性树脂可作为热固性合成树脂胶粘剂的增韧剂。增韧剂的加入对改善胶粘剂的脆性、避免开裂等效果好。通常,随着增韧剂用量的增加,胶的耐热性、机械强度和耐溶剂性会相应下降,使用量不超过粘料用量的20%。

增塑剂是一种高沸点液体或低熔点固体化合物,与基料有混容性,但不参加固化反应。它能增加胶液的流动性,有利于浸润和扩散。在胶粘剂中,一般用量为树脂质量的5%~20%。常用的增塑剂有邻苯二甲酸二丁酯、磷酸三苯酯等,见表5-1。

表5-1 常用的增塑剂品种

名称	代号	分子式	分子量	相对密度	沸点/℃	外观
邻苯二甲酸二丁酯	DBP	$C_6H_4(COOC_4H_9)_2$	278.35	1.050	335	无色液体
邻苯二甲酸二辛酯	DOP	$C_6H_4(COOC_8H_{17})_2$	396	0.987	382	无色液体
磷酸三乙酯	TEP	$(C_2H_5O)_3PO$	182.16	1.068	210(熔点)	无色液体
磷酸三苯酯	TPP	$(C_6H_5O)_3PO$	326.28	1.185	43~50	白色结晶
邻酸三甲苯酯	TCP	$(CH_3C_6H_4O)_3PO$	368.36	1.167	240.28	无色液体

续表 5-1

名称	代号	分子式	分子量	相对密度	沸点/℃	外观
癸二酸二乙酯	PES	$[(CH_2)_4COOC_2H_5]_2$	258	0.96~0.966	308	无色液体
癸二酸二丁酯	PBS	$[(CH_2)_4COOC_4H_9]_2$	314.15	0.936	344	无色液体
亚磷酸三苯酯		$(C_6H_5O)_3P$		1.184	360	无色液体
己二酸二乙酯	PET	$C_2H_5OOC(CH_2)_4COOC_2H_5$	202.24	1.009	240	无色液体

5.7 稀释剂

稀释剂是用于降低胶粘剂黏度,增加流动性,便于涂胶操作的物质。稀释剂可分为活性与非活性两类。活性稀释剂的分子中含有活性基团,既可降低胶液黏度,又能参与固化反应,发环氧树脂胶粘剂中加入的环氧丙烷苯基醚、二缩水甘油醚等;非活性稀释剂的分子中不含有活性基团,大都是常用的惰性溶剂,不参与固化反应,仅起稀释作用,涂胶后挥发掉,如乙醇、丙酮、丁醇、甲苯、二甲苯、环己酮、醋酸乙酯、醋酸丁酯等。

5.8 柔软剂

柔软剂是一类能改变纤维的静、动摩擦系数的化学物质。当改变静摩擦系数时,手感触摸有平滑感,易于在纤维或织物上移动;当改变动摩擦系数时,纤维与纤维之间的微细结构易于相互移动,也就是纤维或者织物易于变形。二者的综合感觉就是柔软。随着纤维制造加工和应用的需要,柔软剂很少是单一化学结构的物质,而多是由几种组分复配而成的,根据其化学结构来看,基本上是长链脂肪族类或高分子聚合物类两大类。

5.8.1 长链脂肪族类柔软剂

长链脂肪族类柔软剂分子结构中的碳氢长链能呈无规则排列的卷曲状态,形成分子的柔曲性,其柔曲的分子吸附在纤维表面起到润滑的作用,降低了纤维与纤维的动、静摩擦系数。因此,长链脂肪族类结构一般均有较好的柔软作用,在柔软剂中不仅品种多,而且用量较大。这类柔软剂根据其离子性可分为阴离子型、阳离子型、非离子型和两性型。另外,对于天然油脂及石蜡类柔软剂,因为都是天然的润滑性物质,也可作为单独的一类,但也有根据其使用乳化剂的离子性的不同把其分别归入不同的离子性类别。

5.8.1.1 表面活性剂型柔软剂

表面活性剂型柔软剂分为阴离子型和阳离子型。阴离子型柔软剂应用较早(如肥皂),除了肥皂、磺化油等外,还有琥珀酸十八醇酯磺酸钠、十八醇酯硫酸酯等带长链烷烃的阳离子化合物,它们在水中带负电,而纤维在水中也带有负电荷,所以不易被纤维吸附,易溶于水,耐用性差。主要用于纤维素纤维,而对合成纤维几乎无作用。

阳离子型柔软剂是用量较大的柔软剂,主要是由于大多数纤维在水中带有负电荷,阳离子型柔软剂容易吸附在纤维表面,结合能力较强,能耐高温、耐洗涤,且整理后织物丰满滑爽,能改善织物的耐磨性和撕破强力,对合成纤维还具有一定的抗静电效果。因此被广泛用于棉、锦纶、腈纶等织物。但部分阳离子型柔软剂在高温时易引起黄变,并伴有耐光色牢度的下降。阳离子型柔软剂一般是十八胺或二甲基十八胺的衍生物或硬脂酸与多乙烯多胺的缩合物。根据其结构又可分为叔胺类柔软剂、季铵盐类柔软剂、咪唑啉季铵盐类柔软剂、双烷基二甲基季铵盐类柔软剂等。

5.8.1.2 非离子型柔软剂

非离子型柔软剂一般为十酸(或醇)的聚氧乙烯酯(或醚)、季戊四醇或失水山梨醇的脂肪酯。由于非离子型柔软剂较离子型柔软剂对纤维的吸附性差,仅可起平滑作用。但它能与离子型柔软剂合用,相容性好,对电解质稳定性好,并且没有使织物黄变的缺点,可作为无耐久性的柔软整理剂,也可作合成纤维纺丝油剂的重要组成部分。

5.8.1.3 两性型柔软剂

两性型柔软剂是为了改进阳离子型柔软剂而发展的一类柔软剂。其对合成纤维亲和力较强,没有泛黄和使染料变色等弊病。两性型柔软剂还可与阳离子型柔软剂一起使用,起到协同增效作用。这类柔软剂一般为烷基胺内酯型结构。

5.8.2 高分子聚合物类柔软剂

高分子聚合物类柔软剂主要有聚乙烯和有机硅两大类。聚乙烯类柔软剂的品种比较单一,用量也较少,使用较多的主要还是有机硅柔软剂。

5.8.2.1 有机硅柔软剂

有机硅柔软剂是聚硅氧烷及其衍生物的乳液或微乳液,能使织物具有良好的柔软和平滑的手感。产品有根据不同生产工艺(如乳液聚合,高分子硅油乳化和经改性、复配等)形成不同的品种和牌号。由于聚硅氧烷主链是很易挠曲的螺旋状直链结构,其可以360度自由旋转,旋转所需的能量几乎为零。因此,聚硅氧烷独特的分子结构符合纺织品的柔软机理,不仅能降低纤维间的静、动摩擦系数,而且其分子间作用力很小,又降低纤维的表面张力,是纺织品柔软整理剂的理想材料。有机硅柔软剂,特别是氨基改性有机硅柔软剂是近年来发展最快的柔软剂品种。

(1)二甲基硅油乳液 它是在有机硅柔软剂中最早应用的产品。用作柔软剂的硅油相对分子质量一般为6万~7万。经整理后可赋予织物滑、挺、爽的手感,降低织物的摩擦系数,并提高织物的耐磨性和可缝性。但因其分子链上没有反应性基团,故不能与纤维发生反应,也不能自身交联,而只是靠分子引力附着在纤维表面,因此耐洗性较差,弹性提高也有限。

(2)有机硅羟乳(羟基硅油乳液) 这是我国20世纪80年代使用最广的有机硅类柔软剂。其相对分子质量一般为6万~8万,相对分子质量越大,柔软性和滑爽感越好。由于其分子链末端和闭基封端,因此在交联剂、催化剂的作用下,能与纤维的反应性基轩或自身发生交联而形成有一定弹性的高分子薄膜,因此具有耐洗性,且能提高织物的弹性。有机硅羟乳根据其使用的乳化剂离子性的不同分为阳离子有机硅羟乳和阴离子有机硅羟乳。虽然有机硅羟乳在分子链的末端存在羟基,对提高其亲水性和乳液稳定性有一定帮助,但由于有机硅羟乳的乳液颗粒很难控制细小、均一,因此乳液的稳定性也很难掌握,在应用时易出现漂油现象,使织物上出现难以去除的油斑等疵病。因此有机硅羟乳类柔软剂的乳液稳定性好坏也是评定其质量的重要指标。

(3)亲水可溶性有机硅(聚醚型亲水有机硅)　这类有机硅柔软剂通常是聚醚和环氧基改性的聚硅氧烷,外观为无色透明的稠厚液体,能赋予织物良好的吸湿透气性和抗静电性能等,由于其属非离子性,能与各种助剂混合应用。当其与树脂一起使用时,能降低树脂吸氯性和释放甲醛量;除了用于树脂整理和柔软整理外,还广泛用于涂膜染色工艺,不仅可改善织物因粘合剂而影响的手感,还可以改进粘合剂粘辊筒的缺点。

(4)改性有机硅　指有机硅主链上活性基被更活泼的基团取代而得,如被—OH、—CH_2CH_2O—、—$CONH_2$、—$COOCH_3$等取代,可进一步提高柔软剂的活性,有利于织物获得柔软、防皱、防起毛起球、亲水、抗静电等效果。

①氨基改性有机硅油　在聚甲基硅氧烷链上引入氨基官能基,如氨丙基、氨乙基、氨丙基等,氨基的引入不仅能与纤维形成牢固的取向、吸附作用,使纤维之间的摩擦系数下降,而且能与环氧基、羧基、羟基发生化学反应,故能适用于棉、毛、丝、粘胶纤维、涤纶、锦纶、腈纶等各种纤维及其混纺织物。织物经其整理后,能获得优异的柔软性、回弹性,其手感软而丰满,滑而细腻。一般来讲,氨基含量越高,柔软度越好。但较高的氨基含量,也意味着较大的泛黄性。这主要是其侧链上的—(CH_2)NH(CH_2)$_2$$NH_2$有两个胺基(伯胺基和仲胺基),共有三个活泼氢原子,容易氧化形成发色团,而这种双胺结构更具有加速氧化的协同作用。因此,在氨基含量和泛黄性之间,必须有一个最佳的平衡。

将氨基改性有机硅制成微乳液,在近十年来发展很快。由于在硅氧烷分子上引入了氨基,提高了亲水性,因此选用适当的乳化剂和制备工艺,即能使之成为粒径在 0.15 μm 以下的微乳液。由于其粒径小于可见光的波长,对可见光没有阻抗性,因此可使乳液变得透明。正是其颗粒的粒径仅为普通乳液中颗粒粒径的1/10,使微乳液中有效颗粒数增加了 10^3 倍(若浓度相同),微乳液与织物的接触机会大大增加,且在织物表面铺展性好,容易渗透到纤维内部。因此这种产品可赋予织物良好的内部柔软度,这种柔软度也更为耐久。微乳液产品的水溶性、储存稳定性、耐热稳定性、抗剪切稳定性一般也会更好。

②环氧改性有机硅油　环氧改性硅油的分子结构中既含有环氧基,又含有聚醚链。环氧基能与纤维中的羟基、氨基或羧基等官能团形成共价键,与纤维牢固结合,所以它具有良好的稳定性,处理后的织物高温不泛黄,纤维膨松,但滑爽性较差,柔软性相比氨基硅油也具有一定的差距。但聚醚链段可改善硅油的亲水性和抗静电性。由于环氧基本身具有极高的反应活性,因此,可利用部分环氧基的反应接枝强吸水基团,提高产物的吸水性。

③羧基改性有机硅油　指在甲基硅油的两端或侧链带有羧基的硅油。它除了具有甲基硅油的一般性质外,硅油分子中的羧基还具有反应性和极性。用于织物整理,既能改善纤维的弹性与滑爽感,又能赋予织物良好的吸湿性及易去污性,而且经其整理的浅色或白色织物白度好,还有仿麻手感,在织物的风格化整理方面有独特之处。但羧基硅油的柔软性能不及氨基硅油。将羧基硅油与环氧基硅油复配制成微乳液使用可令织物平滑并具有弹性。

④醚基改性有机硅油　它是目前纺织行业用量比较多的一类,它有良好的水溶性,

使用时无需乳化，整理后的织物柔软舒适，有一定的亲水性、抗静电性和防污性，由于聚醚改性有机硅油属于非反应型有机硅产品，分子中反应基团较少，故耐洗性差。

美国研究人员还发现硅烷偶联剂的加入还能提高柔软剂的耐久性，经处理的织物抗折皱回复性优良。将含氨基和烷氧基的硅烷偶联剂与环硅氧烷在强碱性催化剂存在下进行反应，可形成大分子有机硅弹性体，即硅酮，处理织物手感柔软、回弹性好，透气性优良。

5.8.2.2 低分子聚乙烯乳液

低分子聚乙烯乳液是低分子聚乙烯经氧化处理后再经乳化而成的产物。对纤维有一定的亲和力，使织物具有平滑的手感，可与树脂同浴应用，且可提高因树脂整理而降低的撕破强力和耐磨性能，是有机硅柔软剂推广应用前的廉价的织物柔软滑爽助剂。目前这类柔软剂一般不单独应用，可作为各类柔软剂的复配组分，也可用作羟基硅乳液中的稳定剂。

5.9 防腐剂

浆料中的淀粉、油脂、蛋白质等都是微生物的营养剂。坯布长期储存过程中，在一定的温度、湿度条件下容易长霉。在浆料配方中加入一定量的防腐剂，可以抑制霉菌的生长，防止砂布储存过程中的霉变。

浆纱常用防腐剂有2-萘酚（乙萘酚）与NL-4防腐剂。在碱性浆液中，2-萘酚的用量一般为粘着剂重量的0.2%~0.4%，酸性浆液中为0.15%~0.3%。调浆时，先用碱将其溶解，才能和其他浆料均匀混合。NL-4防腐剂主要成分为二羟基二氯二苯基甲烷，又称双氯酚，简称DDM，具有较强的杀菌能力，用量同2-萘酚。2-萘酚和双氯酚的分子结构为：

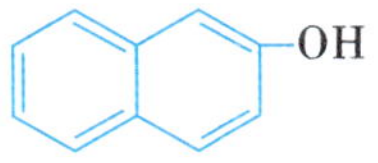

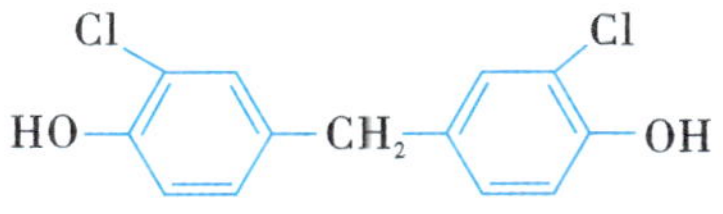

5.10 浸透剂

浸透剂主要是降低浆液的表面张力，增加浆液的扩散性及流动性，由此提高浆液的浸透扩散能力。

浸透剂一般只在疏水性的合成纤维纯纺或混纺织物及醋酯纤维织物上浆中使用，对亲水性较好的棉织物上浆一般不采用浸透剂。浸透剂主要有阳离子型表面活性剂、阴离子型表面活性剂、非离子型表面活性剂等，其通过乳化经纱上的油脂（如棉蜡、合纤上的润滑油等）进行作用。

常用的浸透剂如下：

（1）平平加O 化学名为烷基聚氧乙烯醚，为高级脂肪醇与环氧乙烷的缩合物。它为非离子型表面活性剂,呈乳白色膏体,易溶于水,1%水溶液呈中性,具有优良的匀染、扩散、渗透、乳化、润湿性能。加入量一般为粘着剂量的1%～1.5%。

(2)5881D浸透剂(浸透剂M)　阴离子表面活性剂的混合物,主要组分为拉开粉(12%～15%)及十二烷基磺酸钠(5%),棕色液体,可与任何比例水相混合,在硬水及碱中稳定,但遇酸水稳定,浸透作用强,对纤维素纤维无亲和力。用量一般为粘着剂量的0.5%～1%。

(3)浸透剂JFC(浸透剂EA)　脂肪醇、环氧乙烷缩合物。它为非离子表面活性剂,呈黄棕色液状,可在水中溶解成清澈的溶液,在冷水中的溶解度比在热水中的大,性能稳定,能耐酸、碱、硬水、金属盐,浸透性良好,并具有乳化效果,对各种纤维均无亲和力。用量一般为粘着剂量的0.5%～1%。

(4)浸透剂T　磺化琥珀酸二辛酯钠盐,阴离子表面活化剂,淡黄色或棕色黏稠液体,水溶液呈乳白色,1%水溶液的pH值6.5～7,遇强酸、强碱容易水解,不耐还原剂,不耐重金属盐,浸透力强,浸透性快速均匀,润湿性、乳化性良好,但易产生泡沫,加入量一般为粘着剂量的0.2%～0.3%,使用时宜先用60 ℃左右热水搅拌至溶解。

(5)乳化剂OP　烷基苯酚、环氧乙烷缩合物,它属非离子表面活性剂,呈乳黄色膏状,能溶于各种硬度的水中,1%水溶液的pH值接近7,性能稳定,能耐酸、碱、硬水,对棉纤维略具亲和力,但较阴离子表面活性剂为低,浸透及乳化性能均好。用作浸透剂,一般加入量为粘着剂量的1%～1.5%,用作乳化剂,一般加入油脂量的2.5%左右。

5.11　吸湿剂

浆料中使用吸湿剂,能使浆织物的吸湿性能加强,改善浆膜的弹性、柔性,减少静电。主要用于以淀粉为主的浆料,以及气候干燥地区或季节。

一般采用的吸湿剂是甘油(丙三醇),它的分子式为$C_3H_5(OH)_3$,结构式如下:

$$\begin{array}{c} CH_2-OH \\ | \\ CH-OH \\ | \\ CH_2-OH \end{array}$$

纯净的甘油为无色透明的黏性液体,一般为微黄色,有甜味,比重1.2636(20 ℃),能与水以任何比例混溶,性稳定,不易腐败,吸湿性很强,也是一种柔软剂,用量一般为淀粉量的1%～2%。

5.12　消泡剂

用于降低胶料表面产生的泡沫的强度与韧度,从而消除胶槽中胶料的气泡,避免涂胶不足或涂胶不匀。体系中浮化剂、润湿分散剂、流平剂和增稠剂等助剂的存在,使用过量表面活性剂,浆液表面张力过低,也容易产生泡沫

消泡剂多为液体复配产品,主要分为三类:矿物油类、有机硅类、聚合物类。

5.12.1 矿物油类消泡剂

矿物油类消泡剂通常由载体、活性剂、展开剂等组成。载体是低表面张力的物质,其作用是承载和稀释,常用载体为水、烃油、脂肪醇等;活性剂的作用是抑制和消除泡沫,活性剂的选择取决于介质的性质,常用的有蜡、硅油、脂族肪酰胺、高分子量聚乙二醇、脂肪酸酯、金属皂、疏水性二氧化硅等。

5.12.2 有机硅类消泡剂

有机硅类消泡剂一般包括两类:聚二甲基硅氧烷和改性聚二甲基硅氧烷。

聚二甲基硅氧烷为高沸点液体,溶解性很差,具有很低的表面张力,热稳定性好,是一类广泛应用的消泡剂。随着其结构和聚合度的不同,聚二甲基硅氧烷体现不同的性能,可以作为稳泡剂、消泡剂、流平剂、锤纹剂,只有具有适宜的溶解度和相容性的聚二甲基硅氧烷才具有消泡功能,有些情况下,甲基也可以为乙基、苯基等取代。聚二甲基硅氧烷消泡剂一般有本体、溶液、乳化型和复合型几种形式,复合型是涂膜中应用最广的形式。

5.12.3 聚醚型消泡剂

聚醚型消泡剂是高分子链中含有大量醚键的聚合物,通过环氧乙烷和环氧丙烷共聚制备,改变二者的比例,就可以调节聚醚对水的亲和性,制成一系列消泡剂。

5.13 抗静电剂

两种不同或者相同的物体,经过相互摩擦,两物体发生电子移动,而产生静电,各种纤维与其他物体摩擦时也会产生静电。合成纤维静电问题更加突出。

清除静电的方法有接地法、空气离子化法、给湿法等,但这些都是局部和暂性措施,不能从根本上消除静电,较有效的途径是使用抗静电剂。它能赋予纤维表面一定的吸湿性和离子性,从而提高了电导度,并能中和电荷,达到防止或消除静电的目的。

5.13.1 暂时性抗静电剂

很多表面活性剂都有抗静电作用,都可作为抗静电剂,但由于它们都是水溶性的,遇水后溶解,因而都是暂时性抗静电剂。

阴离子中的烷基横酸盐、烷基酚聚氧乙烯硫酸酯盐和磷酸酯类都有较好的抗静电效果。阳离子中的季铵化合物、脂肪酸酰胺都是高效的抗静电剂,而且有良好的柔软性。非离子中的脂肪醇聚氧乙烯醚、脂肪酸聚乙二醇酯、聚醚等抗静电性能好,被广泛使用,是合成纤维的重要抗静电剂。

5.13.2 耐久性抗静电剂

它们多是含有离子性和吸湿性基团的高分子树脂类物质或者可通过交联作用在纤维表面形成不溶性聚合物的导电层。丙烯酸酯类衍生物、丙烯酰胺衍生物在纤维表面可形成阴离子型亲水性薄膜,有较好的耐久性抗静电效果。多乙烯多胺与聚乙二醇合成的多胺类树脂、聚醚型聚氨酯等也是重要的耐久性抗静电剂。

常用的防静电剂有拉开粉、平平加及油脂、抗静电 G(对苯二甲酸、乙二醇与聚乙二醇嵌段共聚物)、抗静电剂 Tm(季铵盐阳离子表面活性剂)等。

5.14 增稠剂

增稠剂是一种触变剂,加入增稠剂后使胶液增稠,在低剪切速率下的体系黏度增加,而在高剪切速率时对体系的黏度影响很小,同时还能赋予胶液优异的机械及物理性能和化学稳定性,在涂敷施工时起控制流变性的作用。

增稠剂根据作用机理可分为缔合型和非缔合型,分类具体如下:

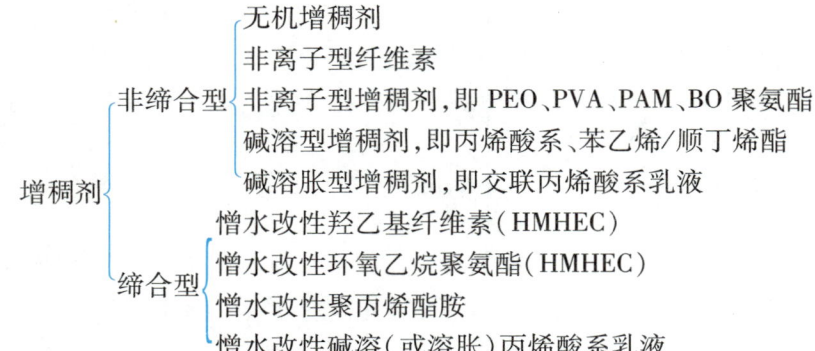

按功能团分类有以下四种:无机增稠剂、纤维素类增稠剂、聚丙烯酸酯类增稠剂和聚氨酯类增稠剂。

5.14.1 无机增稠剂

无机增稠剂是一类可以吸水膨胀而具备触变性的凝胶矿物,主要是有机膨润土、水性膨润土、有机改性水辉石等。水性膨润土在水性体系中不但起到增稠作用,而且还可以防沉、防流挂、防浮色发花,但保水性流平性差,常与纤维素醚配合使用。

5.14.2 纤维素类增稠剂

纤维素类增稠剂是应用历史较长、适用面广的一类重要增稠剂,主要包括羟甲基纤维素、羟乙基纤维素、羟丙基纤维素,其中羟乙基纤维素使用最为广泛。

与其他增稠剂相比,纤维素类增稠剂具有增稠效率高、与水性胶液体系相容性好、贮存稳定性优良、抗流挂性能高、黏度受 pH 影响小、不影响附着力的优点。

5.14.3 聚丙烯酸酯类增稠剂

丙烯酸酯类增稠剂有碱溶型和碱溶胀型两种。它们主要依靠在碱性条件下离解出来的羧酸根离子的静电斥力使分子链伸展成棒状增稠,需要保证 pH 值高于 7.5。丙烯酸酯类增稠剂是阴离子型,其耐水、耐碱性较差。与纤维素类增稠剂相比,流平性好且抗溅落。

5.14.4 聚氨酯类增稠剂

与前述纤维素增稠剂和丙烯酸酯类增稠剂相比,聚氨酯类增稠剂有以下优点:
(1)既有好的遮盖力,又有良好的流平性。
(2)相对分子质量低,辊涂时不易产生飞溅。
(3)能与乳胶粒子缔合,不会产生体积限制性絮凝,因而可使涂膜具有较高的光泽。
(4)疏水性、耐擦洗稳定性、耐刻伤性及生物稳定性好。

聚氨酯类增稠剂对配方组成比较敏感、适应性不如纤维素增稠剂,使用时要充分考虑各种因素的影响。

5.15 颜料

颜料是一种有色的细颗粒粉状物质,一般不溶于水、油、溶剂和树脂等介质中,能分散于各种介质中。它具有遮盖力、着色力,对光相对稳定。涂附磨具也需要加入少量的颜料以使得外观与众不同。

颜料按照其来源又可分为天然颜料和合成颜料。天然颜料以矿物为来源的,如朱砂、红土、雄黄、孔雀绿以及重质碳酸钙、硅灰石、重晶石粉、滑石粉、云母粉、高岭土等;以生物为来源的,如来自动物的胭脂虫红、天然鱼鳞粉等;来自植物的有藤黄、茜素红、靛青等。合成颜料通过人工合成,如钛白、锌钡白、铅铬黄、铁蓝、铁红、红丹等无机颜料,以及大红粉、偶氮黄、酞菁蓝等有机颜料。常用颜料见表 5-2。

表 5-2 颜料种类

颜色	分类	颜料品种
白色	无机	钛白粉、氧化锌、锌钡白、锑白、铅白和碱性硫酸钡
红色	有机	颜料猩红(甲苯胺红)、蓝光色淀性红(立索尔红)、颜料枣红
	无机	银朱、镉红、钼红、氧化铁红、锑红
紫色	有机	甲基紫、苄基紫、颜料枣红(紫酱)、茜素紫
	无机	群青紫、钴紫、锰紫、亚铁氰化铜
蓝色	有机	酞菁蓝、孔雀蓝、靛蓝
	无机	铁蓝、群青、钴蓝
绿色	有机	孔雀石绿、维多利亚绿、亮绿
	无机	铬绿、锌绿、钍绿、铬翠绿、氧化铬绿、镉绿、铁绿
黑色	有机	苯胺黑、磺化苯胺黑
	无机	炭黑、松烟、石墨
金属光泽		铝银粉、铜粉、锌粉
珠光		结晶碱式碳酸铅、云母钛、砷酸铅及磷酸铅、氯氧化铋

颜料按其化学结构可分为无机颜料和有机颜料。

5.15.1 无机颜料

无机颜料可细分为氧化物、铬酸盐、硫酸盐、硅酸盐、硼酸盐、钼酸盐、磷酸盐、钒酸盐、铁氰酸盐、氢氧化物、硫化物、金属等。

5.15.1.1 钛白

钛白是最重要的白色无机颜料,化学成分是二氧化钛,是惰性颜料,无毒,不受气候条件影响,有很强的覆盖力,是近代生产出的颜料。纯钛白颜色干得快,干后容易变黄,所以经常和锌白混合使用。锌钛白既减轻了锌白的易脆性,又改善了钛白单独使用的缺点。

在常用的白色颜料中,二氧化钛的相对密度最小,同等质量的白色颜料中,二氧化钛的表面积最大,颜料体积最高。因此,钛白是使用最为广泛的白色颜料。其世界产量占无机颜料总产量的70%以上,占白色颜料总产量的80%以上。

5.15.1.2 锌钡白

又名立德粉(lithopone),白色粉末,相对密度为4.136~4.39,不溶于水。是硫化锌和硫酸钡的混合物。原是主要的白色颜料,其生产历史已有百余年,由于钛白工业的发展,其市场中的地位已绝大部分为质量优越的钛白所取代。但由于锌钡白价格低廉,近年来通过提高细度、增加品种等改进,不断适应一些新的用途,产量有所上升。

5.15.1.3 氧化铁

氧化铁颜料是具有良好的分散性、优良的耐光及耐候性的一种颜料。氧化铁颜料主要指以铁的氧化物为基本物质的氧化铁红、铁黄、铁黑和铁棕四类着色颜料,其中以氧化铁红为主(大约占到氧化铁颜料的50%)。

氧化铁是仅次于钛白的第二大无机颜料,也是第一大彩色无机颜料。在全部消费的氧化铁颜料中,70%以上是用化学合成方法制备的,称之为合成氧化铁。合成氧化铁由于其合成纯度高、粒径均匀整齐,且色谱广、颜色多、价廉、无毒,有优良的着色和应用性能,具有吸收紫外线等性能得到广泛应用。

5.15.1.4 铬酸盐类颜料

主要品种有铅铬黄、锌铬黄、锶铬黄、钼铬红等。这类颜料一般均含有六价铬,所以称为铬酸盐类颜料,因均含铬,也可称为铬系颜料。

铅铬黄和钼铬红均属色泽鲜明、颜料性能良好的无机彩色颜料,主要用于涂料、塑料和橡胶制品。但因含有重金属铅及六价铬,有一定的毒性,很多国家制定的法规限制它的使用范围。

5.15.1.5 金属颜料

金属颜料主要品种是铝粉及铝粉浆。铝粉又按生产工艺不同分为喷雾铝粉及鳞片铝粉。其他金属颜料品种为铜锌粉(俗称金粉)、锌、不锈钢粉等。

铜锌粉的色调,根据含铜量的不同而呈现不同的色泽,含铜量88%~90%者呈赤金色,含铜量84%~86%者呈纯金色,含铜量75%~80%者呈绿金色。含铜锌粉的涂料成膜后,可形成反射出金光的金属膜。

5.15.1.6 珠光颜料

珠光颜料是一种薄片,有高的折射率,由于光的干涉作用呈现珠光色泽。这种颜料呈现珠光色泽是依靠它的光学性能,所以常有化学组成不同的珠光颜料具有近似的珠光效果。

早期采用的无机基材珠光颜料主要有氯化汞、碱式碳酸铅、酸式砷酸铅、酸式磷酸铅、氢氧化铋。然而此类珠光颜料不是存在潜在毒性,就是化学稳定性差,使得其使用范围受到很大限制。以后才出现云母钛型的珠光颜料,具有耐热、耐化学品、无毒等优点。当今生产的珠光颜料以云母钛型为主。

云母钛型珠光颜料是以 TiO_2 沉积在玻璃光泽的白云母或金云母片上,一般呈银白色的珠光色泽,如改变 TiO_2 的厚度可以产生彩虹系列的珠光颜料。如在 TiO_2 的配合中加入 Fe_2O_3 或少量的 Cr_2O_3,可以产生金色视觉的颜料。如全部以 Fe_2O_3 沉积于云母片可以得到青铜色或紫铜色等金属光泽。如果在沉积 TiO_2 配上调色颜料铁蓝、洋红等,可得到一系列的着色珠光颜料,有红、蓝、绿、紫等深浅不同的品种。

5.15.1.7 铁蓝

铁蓝又称普鲁士蓝或密罗里蓝。即亚铁氰化铁,化学式为 $Fe_4[Fe(CN)_6]_3$。外观是深蓝色粉末。性能为耐酸而不耐碱、不耐热,亲水而不易在树脂介质中分散,常需用表面活性剂处理,以改善其分散性。

铁蓝已有 200 多年的历史,曾是主要的蓝色颜料。近年来已为酞菁蓝所替代,产量也逐步下降。由于铁蓝价格低廉,有些涂料产品仍在应用。

5.15.1.8 群青

群青已有 100 多年的历史,是最古老和最鲜艳的蓝色颜料,鲜亮的蓝色微微透着一点红光,它无毒害、环保。生产群青的原料是高岭土、纯碱、硫、硅酸盐,以及木炭、沥青等还原剂,分子式为 $Na_6Al_4Si_6S_4O_{20}$,属无机颜料范畴。

群青是色泽鲜艳的蓝色粉末,能消除白色物质内黄色色光,耐碱、耐热、耐光,遇酸分解褪色,不溶于水。它用于提白,可消除白色涂料或其他白色颜料中的黄色光,不溶于水、耐碱、耐高温,在大气中对日晒及风雨侵蚀极其稳定,但不耐酸,遇酸分解变色。

5.15.1.9 氧化铬绿

氧化铬绿是一种极稳定的绿色颜料,耐光、耐热、耐各种化学品,Cr_2O_3 的含量可以大于 98.7%。但色泽暗绿,着色力不高。

5.15.1.10 铅绿、铁绿

这是一类拼色颜料,铅铬绿是以铅铬黄和酞菁蓝或铁蓝以不同的比例拼色成浅铬绿、中铬绿及深铬绿。铁绿是以氧化铁黄和酞菁蓝拼色而成。

5.15.1.11 钴蓝、钴绿、钴紫

这是一类含钴的颜料。钴蓝化学式大致为 $CoO \cdot Al_2O_3$。钴绿有两种,一种含铬 ($CoO \cdot Cr_2O_3$),另一种含钛 ($2CoO \cdot TiO_2$)。钴紫为磷酸钴 $Co_3(PO_4)_2$,一般含钴量在 26%~33%之间。

这类颜料的特点是耐热、耐化学品、耐光、耐候。不足之处是质地较硬,着色力不高。含钴颜料的价格较高,但性能优越,常适用于有一些特殊的要求的产品。

5.15.1.12 铋黄

化学式是 $4BiVO_4 \cdot 3Bi_2MoO_6$,又可称为铋钒钼黄。铋黄易分散,不溶于有机物,是一种高环保性能无机颜料。

铋黄的色泽接近铅铬黄或镉黄,呈鲜明的柠檬黄色,具备良好的遮盖力,着色力约大于钛镍黄 4 倍,耐光、耐热、耐酸碱,毒性很低(LDP>50 mg/g)。

5.15.2 有机颜料

有机颜料可按化合物的化学结构分为偶氮颜料、酞菁颜料、蒽醌、靛族、喹吖啶酮、二恶嗪等多环颜料、芳甲烷系颜料等。有机颜料具有鲜艳的色泽,但从许多性质上来说不及无机颜料,例如无机颜料对光的作用和大气的影响较为稳定。

5.15.2.1 偶氮颜料

偶氮颜料具有单偶氮或双偶氮结构,主要品种有耐晒黄 G、耐晒黄 10G、联苯胺黄 G、永固橙 RN、甲苯胺红、立索尔红、金光红 C、立索尔宝红 BK、永固红 2B 等。

这类颜料发展较早,又称为经典颜料,一般色泽鲜艳,着色力强,但有些品种的耐晒性能、耐溶剂、耐热等性能,还不能够达到较高的要求。

5.15.2.2 酞菁颜料

酞菁颜料是分子结构中含有酞菁分子的水不溶性有机化合物,酞菁作为发色团共轭体系是由四个吲哚结合而成一个多环分子含 18 个电子的环状烯。酞菁可与铜、钴、镍等金属生成水溶性的稳定络合物。其与铜生成的酮酞菁具有非常鲜艳的蓝色,称酞菁蓝。在铜酞菁的四个苯环上引入 16 个氯原子则生成铜酞菁的多氯化物,称酞菁绿。

酞菁颜料色泽鲜艳、着色力高,具有耐高温和耐晒的优良性能,颗粒细、极易扩散和加工研磨。

酞菁蓝主要组成是细结晶的铜酞菁,具有鲜明的蓝色和耐光、耐热、耐酸、耐碱、耐化学品的优良性能。它着色力强,为铁蓝的 2 倍,群青的 20 倍,是蓝色颜料中主要的一类。

思考题

1. 在砂带复胶生产中,如果以酚醛树脂液为主胶粘剂,为了增加对基体和磨料的粘接强度,需要在复胶中加入哪些辅助材料?它们为什么有这些作用?

2. 磨削金属材料的重负荷砂带生产中,需要加入哪些辅助材料提高其干磨性能?

3. 超精密研磨抛光涂附磨具生产中,为了提高各种材料在胶粘剂中分散均匀性,需要增加哪些辅助材料?其作用机理是什么?

4. 磨料的粘接始终是涂附磨具生产中关键因素,如何提高磨料的粘接强度,请从辅助材料的角度找出两种以上方法改进。

5. 假设在生产一种砂盘时,环氧树脂为主胶粘剂,固化温度 80 ℃,现在分别需要蓝色、红色和黄色标示不同粒度号,请你在配方中适当添加哪些颜料满足生产要求?如果是酚醛树脂,固化温度 120 ℃,在配方中适当添加哪些颜料满足生产要求?

6. 如果在配胶时,发现黏度偏高,如何处理?黏度偏低,如何处理?请分别针对酚醛树脂和环氧树脂提出解决方案。

7. 填料的物理性能对胶粘剂的粘接强度有非常重要的影响,请简要说明。

第 6 章 基材处理及浆料

6.1 基材处理的目的

基材处理的目的是改善和提高基材的物理机械性能,以保证良好的涂胶植砂质量,赋予产品以良好的使用性能。由于涂附磨具产品和基材的多样性,不同的基材处理的方式和目的不同。

目前涂附磨具中主要的品种砂带和砂布中原布处理需要达到如下几个目的:

(1)填堵布孔,提高布基与涂附磨具制造粘结剂的粘结力,使粘结剂在布基表面有良好的浸润性和成膜性。

(2)提高布基的平整挺括性能,使涂胶植砂均匀。对于布基产品和细粒度产品尤为重要。要注意的是平整不等于光滑,光滑的正面与胶砂层的附着力小,光滑的背面将导致磨具运转时打滑,影响正常磨削。

(3)使布基定型,软硬性能适中,减少弹性和伸长,使布基在涂附磨具制造过程和磨削应用过程中的变形在允许的范围内。

(4)根据产品使用的需要,赋予布基一定的耐油、耐水性能。

(5)美化产品的外观质量。

耐水砂纸中原纸的处理主要是提高原纸的耐水性,提高原纸和粘结剂的粘接力,以及改善原纸的定型和平整性等。聚酯薄膜处理的目的主要为了改善薄膜的高温收缩均匀性问题,高温定型以及提高薄膜与粘结剂的粘结力等。

由于涂附磨具是多种多样的,不同的品种对这些要求又是不一致的。比如填堵布孔,对于要求柔软性比较好的产品,就采取正面刮浆的形式,使堵孔性能好,达到基材柔韧性好的目的;而对于要求能够经受重负荷的高强度砂带来说,虽采取正面和背面两次的上浆处理,仍要保持植砂粘结剂对基材的一定的渗透性,使胶砂层对基材的粘结性更加牢固。再比如使基材定型,对于强力磨的砂带,就要求基材在正确的拉伸条件下浸渍上浆,基材定型要好,使它在整个制造过程中收缩比较小,在产品磨削使用过程中延伸比较小;而对于要求柔韧性比较好的产品,一般就不进行拉伸处理。因此,涂附磨具的多样性,使基材处理的要求也是多样的,这就对涂附磨具基材处理的原材料、工艺装备和技术有了很高的要求。

6.2 浆料配方

6.2.1 浆料的技术性能要求

浆料实质上是基体处理剂，在涂附磨具制造过程中，为了便于涂胶植砂，提高基体的某些性能，在原布基体的正面或背面涂一层化学胶粘物质，这种化学胶粘物质称为基体处理剂，习惯上都称浆料。

浆料的技术性能要求如下：

(1) 粘结性好　①浆料要与基体的粘结性好；②浆料涂于基体的植砂面上，它与底胶和复胶的粘结好。影响浆料粘结性的因素：浆料自身的粘结性、浆料的组成和配比、浆料调制工艺和基体处理工艺等。

(2) 浆料黏度稳定适中　浆料必须有适当的黏度，黏度太大，不利于渗透、浸润；黏度太小，不能获得预定的浆量。黏度稳定，有利于工艺的准确实施，保证上浆量均匀一致。

(3) 成膜性好　浆料涂附在基体表面，形成一层光滑而坚韧的薄膜，使基体表面平整光洁，同时使基体刚性增加，阻止粘结剂渗入基体内部，保证涂胶上砂顺利进行，这层覆盖在基体纤维表面的浆料称为"覆盖浆"。

(4) 渗透性适中　浆料涂附在基体表面时，一部分浆料渗透到基体内部，这种性能称浆料的渗透性。

渗透性太大，用浆量多，有损基体的弹性，增加脆性；渗透性太小，浆膜会粘结不牢。控制浆料的渗透性，可以通过调整配方、黏度及控制上浆条件（如温度、速度、压力）来达到。

(5) 柔软性　涂附磨具应有良好的柔软性、可折性，因此使用的浆料应有较好的柔软性。

(6) 适度吸湿性　适度的吸湿性，能保证基体的柔软性。但吸湿太大，会降低浆膜强度（表面发黏、发霉）。

(7) 其他要求　浆料要求防霉、防腐、无臭、无毒、配浆简单、易于干燥、来源广、价格低、不污染环境等。

6.2.2 浆料的组成与特性

浆料由粘结剂和辅料组成。粘结剂是浆料的主要成分，起粘结、附着、成膜作用。辅料起到促进粘结剂发挥作用，改善和提高浆料的工艺性能。

助剂是用以改善浆料某些性能不足的辅助材料，在满足性能的情况下选用种类及用量越少越好。浆料中要求助剂在100℃以下的任何温度，能和其他浆料均匀混合成浆液，不挥发、不分解；浆料中的助剂不应与其他成分起恶化浆液质量的化学反应；不应损伤纤维性能，对机件无腐蚀作用；价格低廉，来源充足，使用方便。

辅料应具有下列性能：①能与浆料混合均匀，在100℃内不挥发、不分解；②各种成分之间不发生化学反应；③对基体、机件无腐蚀性；④价格低、来源广、使用方便。

浆料中的辅料主要有分解剂、填充剂、增塑剂或增韧剂、柔软剂、防腐剂、中和剂、浸透剂、吸湿剂、消泡剂、抗静电剂等。

6.2.3 粘结剂

粘结剂是一种具有粘着力的材料，它是构成浆液的主体材料（除溶剂水外），浆液的上浆性能主要由它决定。粘结剂的种类如下。

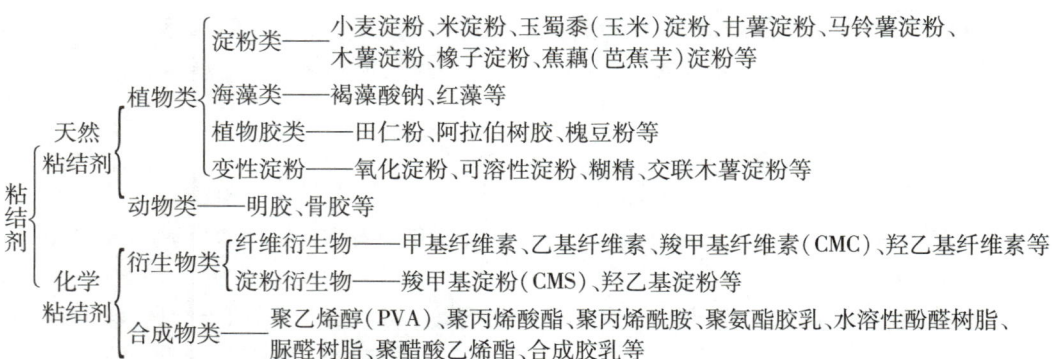

这些粘结剂在第 4 章都已经介绍过，随着涂附磨具粘结剂的发展，除了前面介绍的内容外，还有一些其他浆料。

6.2.4 其他浆料

6.2.4.1 聚酯浆料

聚酯浆料是由对苯二甲酸与二元醇及其他有机化合物共聚而成，浆料中含有 $-NH_2$，$-OH$，$-COOH$ 等基团，浆膜柔软光滑，韧性大，抗拉强度高，吸湿性能好，对涤/棉纱、纯棉纱有良好的粘附性能，根据有关材料介绍，能部分替代或完全替代 PVA 浆料，可减少后处理时产生的污染，如 KD 浆料等。

6.2.4.2 聚偏二氯乙烯乳液浆料

聚偏二氯乙烯（PVDC），由于其分子间凝集力强，结晶度高，PVDC 分子中的氯原子有疏水性，不会形成氢键，氧分子和水分子很难在 PVDC 分子中移动，从而使其具有优良的阻氧性和阻湿性，且其阻氧性不受周围环境湿度的影响。因此以聚偏二氯乙烯乳液为粘结剂的浆料具有优异的柔韧性和高阻隔性，具备良好的加工型和极佳的经济性。

6.2.4.3 共混浆料和共聚浆料

随着纤维生产和织造技术的不断发展，单一均聚物组成的粘着剂即使在各种助剂配合下，也很难满足上浆要求。为此，经纱上浆工作中采用了混合浆料上浆，以综合各粘着剂之长的方法来达到目的。譬如，涤棉纱上浆时，可以使用聚乙烯醇和淀粉混合浆料，若加入适量聚丙烯酸甲酯、羧甲基纤维素钠盐，则效果更好。混合浆的使用，使浆料上浆性能得到提高，同时也带来浆料调制不便、质量容易波动等弊病。部分粘着剂之间混溶性差，容易分层脱混，会影响上浆的均匀程度。

近年来，各种共混浆料应运而生。既满足了各种纤维、各种织物的严格上浆要求，又简化了调浆操作。共混浆料类型众多，既可以是淀粉类和 PVA 共混，又可以是 CMC 和

PVA 共混,以及两种合成浆料共混。例如目前聚酯布基大量采用丁苯胶乳和酚醛树脂混合浆料、全丙胶乳和聚乙烯醇混合浆料、聚醋酸乙烯和酚醛树脂混合浆料等。

共聚浆料是根据实际的上浆要求,由两种或两种以上单体以适当比例共聚而成。前面介绍的丙烯酸酯浆料就是以几种各具特色的丙烯酸类单体聚合而成,因此亦是一种共聚浆料。此外,还有丙烯酰胺和醋酸乙烯酯的共聚浆料(用于纯棉、粘胶、涤棉混纺纱)、马来酸酐与苯乙烯的共聚浆料(用于醋酸长丝)等。

例如醋酸乙烯酯与丙烯酰胺共聚乳液,水溶性良好黏度稳定,浆液的浸透性较好,浆液表面不结皮,浆膜柔软光滑,对疏水性纤维和亲水性纤维均有较好的粘着性,可单独低温(50~60 ℃)上浆,也可与淀粉、CMC 等混合使用。适用于纯棉、涤棉混纺织物。

而丙烯酰胺和醋酸乙烯共聚乳液,加入 PVA 共混改性,容液的黏度高,在高速成搅拌的条件下,溶解于 70~85 ℃热水中。浆膜较坚韧,吸湿性较低,须与其他浆料混合使用,适用于纯棉、粘纤和涤棉混纺织物。

6.2.4.4 即用浆料

即用浆料(又称组合浆料)是按上浆工艺要求,由几种粘着剂和助剂复合而成的一种固体浆料。它在使用时一般不必再加辅助浆料,因而使用方便,并能简化上浆工艺,对稳定浆液质量有利。目前国内即用浆料有三种类型,即纯合成浆料组合、变性 PVA 与淀粉或变性淀粉组合、丙烯酸类浆料与淀粉或变性淀粉组合。其工艺路线基本上均系物理性组合。即用浆料为今后浆料发展方向之一。即用浆料以少组分、高性能、适应品种广为好。变性淀粉、变性 PVA 和各种共聚浆料的研究开发为即用浆料提供了基础条件,尤其是接枝淀粉的研究和应用,使得少组分即用浆料这种设想成为可能。

目前,国外较多采用的即用浆料见表 6-1。

表 6-1 即用浆料

商品名称	生产国	主要组成	外观	有效成分	适应品种
赛龙 B—B	日本	聚丙烯类浆料、油脂	乳白色胶体	25%	长丝织物
赛龙 B—4A	日本	聚丙烯类浆料、油脂	乳白色胶体	25%	长丝织物
赛龙 N—100	日本	聚乙烯醇、丙烯类浆料、油脂	乳白色胶体	25%	醋酯纤维
赛龙 T—100B	日本	聚乙烯醇、丙烯类浆料、油脂	乳白色胶体	25%	醋酯纤维
织师 320C.T.	日本	变性淀粉 50%、变性聚乙烯醇 43%、助剂 7%	灰白色粉末	90%~95%	纯棉、涤棉织物
织师 220C.T.	日本	聚乙烯醇 40%,可溶性淀粉 45%,聚丙烯类浆料、助剂 15%	灰白色粉末	90%~95%	纯棉、涤棉织物

续表 6-1

商品名称	生产国	主要组成	外观	有效成分	适应品种
维可尔（A.T.R.）	英国	聚丙烯类共聚体	白色粉末	92%~95%	合纤及其混纺织物
阿兹坦克斯	美国	聚丙烯类、可溶性淀粉、助剂	白色粉末	90%~95%	纯棉、涤棉

即用浆料的上浆温度,除赛龙型浆料可在室温条件下上浆外,其余最适宜的上浆温度为 80~85 ℃。

6.3 浆料配合和调制

合理的浆料配方必须符合上浆的工艺要求,应使调浆及上浆工艺顺利进行,效率高,成品质量良好,无损于布质和降低浆料消耗及浆料成本。

6.3.1 浆料配合

6.3.1.1 浆料配合的依据

(1)按纤维种类　选择浆料时,必须考虑组成布基的各种纤维的基本特征,以确定对浆料和上浆的要求。棉纤维为亲水性的纤维,因此,纯棉纤维易于吸浆。一般采用分解过的淀粉或 CMC 或褐藻酸钠上浆,对其增强、耐磨等各方面的效果均好。几种纤维和粘结剂的化学结构特点如表 6-2 所示。

表 6-2　几种纤维和粘着剂的化学结构特点对照表

浆料名称	结构特点	纤维名称	结构特点
淀粉	羟基	棉纤维	羟基
氧化淀粉	羟基,羧基	粘胶纤维	羟基
褐藻酸钠	羟基,羧基	醋酯纤维	羟基,酯基
CMC	羟基,羧甲基	涤纶	酯基
完全醇解 PVA	羟基	锦纶	酰胺基
部分醇解 PVA	羟基,酯基	维纶	羟基
聚丙烯酸酯	酯基,羧基	腈纶	腈基,酯基
聚丙烯酰胺	酰胺基	羊毛	酰胺基
动物胶	酰胺基	蚕丝	酰胺基

棉纤维表面含有蜡质,对含蜡量高的某些棉纤维为了有利于浆液浸透,在浆液中可以加些乳化剂或浸透剂。

粘胶纤维亲水性强，易吸浆，易产生湿伸长及塑性变形。不耐酸碱，因此，一般采用中性的淀粉浆或 CMC 浆。此外，粘胶纤维的防霉性较好，浆液中可不必添加防腐剂。

涤纶为疏水性纤维，它的强力高，含水率低，易产生静电，纤维表的毛茸不易贴伏。涤纶含有酯基，所以对含酯级的部分醇解级 PVA 较易粘附。但对涤棉混纺纤维，如考虑其中棉纤维的因素，除 PVA 外，也可掺用一部分其他浆料，以达到增强粘附力和吸湿性，减少静电积聚。

涤棉混纺纱的上浆浆料一般为混合浆料。混合浆料中包含了分别对亲水性纤维（棉）和疏水性纤维（涤纶）具有良好亲和力的完全醇解 PVA、CMC 和聚丙烯酸甲酯或合成橡胶乳液。

对用其他纤维的布基体，在选择浆料时，也可根据其特性，参照上述要求进行。

（2）按经纱的特数与品质

1）纱线粗细　　纱线越细，单纱强力越低，但表面较光滑，毛羽少，弹性也较好，因此，上浆时对增强要求较高，浆液应有较好的浸透性、粘附性，被覆可少些，填充剂量可减少，适当增加柔软剂。反之，纱线越粗，单纱强力越高，但表面毛羽多，弹性较差，上浆时要求重于被覆，上浆率可较低，多用些减摩剂，柔软剂可少用或不用。

2）纱线捻度　　捻度大的纱线，因吸浆性较差，上浆时应采用流动性较好的浆液，对淀粉浆宜多加分解剂，或配以浸透剂，加强浆液的浸透作用。

（3）按织物结构

1）组织结构　　经纬纱交织点数、经纬纱密度等。经纬纱交织点越多，密度越高的品种，对浆和上浆重量的要求也就越高。对密度大的织物，上浆工艺中应注重增加经纱的弹性及耐磨性。对密度小的织物，在上浆工艺中应着重于经纱强力的提高。

对坯布来说，浆液和上浆质量还会影响其外观效应。

2）按不同品种的浆液要求

①细布、府绸　　细布、府绸类织物，系平纹组织，经纬交织点多，一般纱细，密度高，织造紧度大，上浆率须高些。但上浆率过高，浆膜性能差，则会使浆膜粗硬，布面外观效应差，尤其高密府绸会出现树皮皱等现象。

因此，要求浆料质量能保证上浆后浆膜薄而坚韧，并富有弹性，浆膜增强率高，能耐摩擦。这就必须在适当的上浆率的前提下，尽量降低浆液浓度，使浆液既有高粘附力，又有良好的流动性和浸透性。

②卡其、斜纹　　卡其、斜纹类织物，为斜纹组织。因此，上浆率可较同特数、同密度的平纹织物低，并且浆料配方中减摩剂用量可适当减少。一般卡其的上浆率，淀粉浆可掌握在 8.5%～10%，CMC 和褐藻酸钠浆 3%～4% 已够。

哔叽织物的上浆率还可比卡其适当降低。对涤棉卡其、华达呢织物的上浆，可采用以淀粉为主与 PVA 的混合浆。

③麻纱　　麻纱为细号品种，因此在浆料配合上应以增强为主，减摩为辅，同时由于其经纱捻度较高，会影响吸浆性能，宜适当提高浆液的流动性，以加强渗透作用。

（4）按织物用途　　浆料的选择和配合必须考虑织物的用途。存放时间长或需经过长途运输的织物，浆料中应多加防腐剂。反之，短期存放的织物，可少用防腐剂。

此外，确定浆料配合时还应考虑工艺条件、浆料成本、货源及其他特殊要求等因素。

6.3.1.2　浆料配合的优选

采用优选法指导浆料配合,可以收到较好的效果。可以按以下步骤进行。

(1)确定主浆料的种类　使用两种或两种以上粘着剂时,以哪一种作为主浆料是确定浆料配合方案的前提,一般从工艺要求出发,应考虑浆料和制成浆膜的性能。

(2)配合比的优选　确定浆料配合比,必须反复进行多次试验,从各项质量指标、浆料消耗量正常与否来衡量试验结果。

由于组成浆液的浆料有多种,可排出几种主要浆料,从中优选。方法是采用优选法中的"从好点出发法",如有两种或几种浆料的配比需确定,可先固定一种或几种浆料的配比,而用分数法寻找一种浆料配比的好点。选出好点后,再按同法逐一选择其他浆料的配比好点。

6.3.1.3　浆料的应用

(1) G/G 型干磨砂布　单面刮浆(棉)浆料可选用:淀粉浆料、淀粉-动物胶、羧甲基纤维素和褐藻酸钠等。

(2) R/G 型和 G/G 型干磨砂布　双面处理(棉)背面浆料可选用:淀粉-黏土、淀粉-动物胶-黏土等。正面浆料可选用:动物胶-淀粉、动物胶等。

(3) R/R 型(棉)双面处理干磨砂布　背面浆料可选用:淀粉-动物胶-黏土、聚乙烯醇-填料等。正面浆料可选用:动物胶、酚醛树脂-填料、聚乙烯醇缩醛、醇酸树脂-胺基树脂等。

(4)人造纤维的 R/R 型砂布　浆料可选用:树脂-橡胶浆料。

(5)防水涂附磨具浆料　背面浆料可选用:酚醛树脂-丙烯酸树脂-填料。正面浆料可选用:酚醛树脂-橡胶胶乳、环氧树脂等。

(6)聚酯砂带布基浆料　背面浆料可选用:酚醛树脂-全丙胶乳-填料。正面浆料可选用:酚醛树脂-聚氨酯等。

随着纤维新品种的不断开发以及织机高速、高效的要求,浆料的研究开发工作也在逐步深入,主要的研究方向:研制及开发新型的高性能的接枝淀粉,以取代大部分或全部 PVA 浆料,用于各种混纺纱,甚至纯化纤上浆。其目的是充分利用各种天然淀粉资源,降低浆料成本,减小退浆废液的处理难度。研制及开发各种类型的组合浆料及单组分浆料,提高浆料的上浆效果,简化调浆操作,而且有利于浆液质量的控制和稳定。研制及开发满足各种新型织造技术的特殊浆料,如聚丙烯酸酯乳液、聚氨酯乳液等。

6.3.1.4　浆液浓度的确定

在上浆工艺条件相同的前提下,浆料浓度的高低直接影响上浆率的大小。浆液浓度与上浆率间的关系,随经纱特数、总经数根数等因素而有不同,纱细或总经根数少的品种吸浆量较少,浆液在浆槽中停留时间长,容易变稀,因此要达到一定的上浆率,浓度应适当提高些。反之,纱粗或总经根数多的品种,吸浆多,浆液浓度可适当地低些。

6.3.1.5　浆液配方参考实例

(1)淀粉浆　各种淀粉浆的配方范围见表 6-3。

表6-3 各种淀粉浆的配方

织物类别	浆液成分(对无水干淀粉量)						
	无水淀粉	硅酸钠	滑石粉	油脂	二萘酚	烧碱	甘油
粗号织物	100%	6%~3%	20%~24%	0~2%	0.2%~0.4%	0.2%~0.3%	
中号织物	100%	6%~3%	14%~18%	2%~3%	0.2%~0.4%	0.2%~0.3%	
细号中、低紧度织物	100%	6%~3%	14%~16%	2%~4%	0.2%~0.4%	0.2%~0.3%	
特细号高紧度织物,6~10 tex(60~100英支)低紧度织物	100%	6%~3%	10%~14%	4%~6%	0.2%~0.4%	0.2%~0.3%	0~1%
6~10 tex(60~100英支)高紧度织物粗号织物	100%	6%~3%	0~6%	6%~7%	0.2%~0.4%	0.2%~0.3%	0~1%

注：①高紧度，指平纹织物经向紧度为70%及以上，纹织物经向紧度为80%及以上。
②氧化淀粉一般不用分解剂。

(2) 聚乙烯醇(PVA)浆配方　参考实例见表6-4。

表6-4 聚乙烯醇(PVA)浆配方参考实例

织物品种	浆液成分(每立方米浆液投入浆料千克数)							pH值
	PVA	CMC	PAAm	滑石粉	油脂	硅酸钠	二萘酚	
防绒坯布	27.1	16.2	67.6	2.7	2.7	2	0.1	8~9

(3) 聚酯布基双面刮浆　聚酯布基处理浸渍液及浆料配方参考实例见表6-5。

表6-5 聚酯布基处理浸渍液及浆料配方参考实例

成分	苯丙乳液/kg	聚醋酸乙烯酯乳液/kg	聚氨酯乳液/kg	水溶性酚醛树脂/kg	碳酸钙/kg	方解石/kg	黏度/mPa·s
浸渍液	100	—	—	15~35	—	10~20	200~400
背面浆料	—	40~50	—	80~90	40~50	—	10 000~15 000
正面浆料	—	—	100	10~35	—	—	300~500

6.3.2　浆液调制

一般按浓度鉴别方式，可分为定浓法和定积法两大类。定浓法是以定量的干浆料，加水调成以比重表示的一定浓度的溶液，然后加热煮浆。定积法是以定量的干浆料，加水调成一定体积，然后加热煮浆。目前淀粉浆多数采取定浓法调制，而化学浆则多数采取定积法调制。

139

下面按照浆料性质分淀粉浆和化学浆两类来叙述调浆方法。

6.3.2.1 淀粉浆调制

(1) 浆料准备

1) 淀粉准备　在浸渍桶中,将经过按规定浸渍的淀粉,撇清上层黄水。加水充分搅匀后,按每单位体积内含无水淀粉量的规定要求,同时校正温度及相应的比重,使单位体积内含无水淀粉量保持不变。

对于干淀粉也可在称重后投入浸渍桶中,加水至一定体积,即可推算出单位体积粉液中的无水淀粉含量。

注意事项：①干淀粉宜在使用前 2~3 h,投入浸渍桶中加水搅拌；②生浆浓度可定得低一些,以减少测定比重时的误差。

2) 二萘酚溶液配制　称取规定重量的二萘酚,放入搪瓷桶或铜制容器中。加入相当于二萘酚重量 0.4 倍的烧碱(如固体烧碱,须先溶解稀释至 30% 或以下的浓度),再加以适量冷水,然后用蒸汽直接通入液内烧煮,使二萘酚溶解后,再加冷水稀释待用。

也可在加入烧碱后,用棒搅匀,使二萘酚充分湿润。然后冲入相当二萘酚重 6~10 倍沸水,继续搅拌 1~2 min,使二萘酚完全溶解。

3) 硬脂酸钠配制　调制硬脂酸钠的配比：

　　硬脂酸　　　　　　　　　1 000 g
　　烧碱(36°Bé)　　　　　　 60 mL
　　清水　　　　　　　　　　8 000 g

调制方法：将硬脂酸隔水加热熔化,然后倒入温度 60 ℃ 左右的烧碱溶液中,不断搅拌,直至呈雪花膏状即成。

4) 滑石粉准备　煮釜内先放入滑石粉重量 5 倍左右的冷水,再加入滑石粉量 1% 的烧碱,然后开启搅拌器投入规定量的滑石粉。开启蒸汽,煮沸后关小蒸汽,续煮 30 min,关蒸汽,冷却至 60 ℃ 以下待用。或采用不经煮的方法,只将滑石粉用冷水浸泡,搅匀后备用。

5) 油脂准备　将油脂放入熔化桶内,以水浴的方法,使其熔化及沉淀杂质。如采取不乳化方法,即可自其上层澄清油液中舀取,称重后待用,然后进行油脂的乳化。

①用烧碱乳化　按规定称取澄清的油脂,放入搪瓷桶中。加入油脂重量 0.05~0.07 倍的烧碱,并加入约为油脂重量一倍的冷水。然后通入蒸汽烧煮 3~5 min 后待用。

②用乳化剂 OP 乳化　按规定称取澄清的油脂,放入专用的搅拌桶内,加入油脂重量 2.5% 的乳化剂 OP 及 0.5% 烧碱,再加油脂重量 50% 的清水,开动搅拌器,2 h 后即可乳化。

6) 分解剂准备　几种常用分解剂的准备工作：

①硅酸钠溶液的准备　称取定量的 1∶2.4,40°Bé 的硅酸钠倒入搪瓷桶,加入清水,稀释,搅匀,校正浓度为 20°Bé 后待用。

②漂白粉溶液的准备　以少量清水将漂白粉搅溶后即可应用(注意其中有少量不溶物)。

③烧碱液的准备　将烧碱稀释至 13°Bé 待用。

(2)浆料调合

1)将准备好的淀粉生浆,按定积或定量打入调浆桶不断地搅拌。

2)放入二萘酚溶液。

3)在搅拌片刻后打入滑石粉液。搅匀后测定与校正浆液 pH 值不低于 7。

4)开放蒸汽,加温到 50 ℃关蒸汽,焖 15 min 后校正至规定浓度(定浓温度,可随各种淀粉不同的膨化温度而异)。

5)加温至 60 ℃,加入硅酸钠溶液。继续加温到 65 ℃,加入准备好的油脂。继续加热到规定温度焖 10 min 左右,即可供应上浆用。

6)如用烧碱作分解剂,则先将淀粉、滑石粉、二萘酚混合后,校正 pH 值至 7。然后开蒸汽加温至约 45 ℃,徐徐加入烧碱溶液,加热至 50 ℃,按规定校正浓度。继续加温至 95 ℃,关蒸汽,焖 10 min 左右,即可供应上浆用。

7)如用次氯酸钠作分解剂,则宜在 50 ℃定浓及校正 pH 值至 7~8 后,加入次氯酸钠,焖 20 min,使其有效氯得到充分作用,再渐渐加热搅拌,至 80 ℃时加入二萘酚溶液及油脂。继续加热至 90 ℃,焖 10 min 即可供应上浆用。

8)如用漂白粉作分解剂,则宜在 40 ℃定浓及校正 pH 值至 7~8 后,将漂白粉溶液过筛加入,不断搅拌,并逐渐加温至 80 ℃。加入二萘酚溶液及油脂,继续加热至 90 ℃,焖 10 min 左右,即可供应上浆用。

9)调制木薯淀粉和 CMC 混合浆时,其调合操作的顺序和方法是,调浆桶中先放入适量清水,加入二萘酚溶液,开动高速搅拌器,倒入规定量的滑石粉,开蒸汽,再倒入规定量木薯粉,继续加热及搅拌,直至煮沸,关蒸汽。继续搅拌 45 min 后,此时各种浆料已溶匀,浆液的黏度也基本稳定,然后加入油脂等其他辅料,搅拌均匀。再加水及调节浆液温度,进行定温和定积。

6.3.2.2 动物浆调制

动物浆调制具体内容见二维码。

6.3.2.3 化学浆调制

动物浆的调制

化学浆一般采用定积调浆法。油脂及二萘酚的准备与淀粉浆同。一般 PVA 在常温下不易溶解,必须加温以促其溶解。具体方法如下:

(1)调浆桶内先放约为 PVA 量 10 倍的清水,开搅拌器,徐徐倒入规定量的 PVA,开蒸汽加热至沸,再关小蒸汽,继续加温及搅拌直至完全溶解。一般用慢速搅拌器需 1~2 h,如用速度为 1 000 r/min 左右的高速搅拌器,则时间可缩短至 40~60 min。

部分醇解型的 PVA,加热至沸腾后,会产生大量泡沫。当因产生泡沫而影响调浆工艺进行时,可先将蒸汽关闭,使泡沫逐渐消失,然后再开蒸汽,如泡沫又剧增,则再次关蒸汽。如此反复数次(一般三四次)后,泡沫问题便可解决,这时再开蒸汽,保持约 90 ℃ 的温度,继续搅拌,直至 PVA 全部溶解。

消除泡沫的另一方法为添加消泡剂。

(2)如混用聚丙烯酸酯,则可在 PVA 溶化后,将聚丙烯酸酯加入 PVA 溶液中共同混匀。

(3)将各种准备好的辅料加入后,定温、定积,即可供应上浆用。

目前行业中还有使用聚丙烯酸酯-聚乙烯醇混合浆料、丁苯胶乳浆料、淀粉和脲醛树脂混合浆料。

6.3.3 浆料的性能检测

各种浆料的配方和调制方法不同,它们的质量指标也有所差异。浆液的质量指标主要有浆液总固体率、淀粉的生浆浓度、浆液黏度、浆液酸碱度、浆液温度、淀粉浆的分解度、浆液粘着力和浆膜力学机械性能等。

6.3.3.1 浆液总固体率(又称含固率)

浆液质量检验中,一般以总固体率来衡量各种粘着剂和助剂的干燥重量相对浆液重量的百分比。浆液的总固体率直接决定了浆液的黏度,影响经纱的上浆量。

测定浆液总固体率的方法有烘干法和糖度计(折光仪)检测法。

6.3.3.2 浆液黏度

浆液黏度是浆液质量指标中一项十分重要的指标,黏度大小影响上浆率和浆液对纱线的浸透与被覆程度。在整个上浆过程中浆液的黏度要稳定,它对稳定上浆质量起着关键的作用。

影响浆液黏度的主要因素有浆液流动时间、浆液的温度、粘着剂分子量及粘着剂分子结构。

6.3.3.3 浆液酸碱度

浆液酸碱度对浆液黏度、粘着力以及上浆的经纱都有较大的影响。棉纱的浆液一般为中性或微碱性,毛纱则适宜于微酸性或中性浆液,人造丝宜用中性浆,合成纤维不应使用碱性较强的浆液。

浆液酸碱度可以用精密 pH 试纸及 pH 计来测定,用 pH 试纸测定时,将 pH 试纸插入浆液大约 3~5 mm,很快取出与标准色谱比较,即可看出结果。pH 计测量比较准确,但是首先需要标定,试验比较复杂。

6.3.3.4 浆液温度

浆液温度是调浆和上浆时应当严格控制的工艺参数。特别是上浆过程中浆液温度会影响浆液的流动性能,使浆液黏度改变,浆液温度升高,分子热运动加剧,浆液黏度下降,渗透性增加;温度降低,则易出现表面上浆。对于纤维表面附有油脂、蜡质、胶质、油剂等疏水物质的纱线而言,浆液温度会影响这些纱线的吸浆性能和对浆液的亲和能力。例如棉纱用淀粉浆一般上浆温度在 95 ℃ 以上,有时,过高的浆液温度会使某些纤维的力学性能下降,如羊毛和粘胶不宜高温上浆(一般以 55~65 ℃ 为宜)。

6.3.3.5 浆液粘着力

浆液粘着力作为浆液的一项质量指标,综合了浆液对纱线或织物的粘附力和浆膜本身强度两方面的性能,直接反映到上浆后经纱的可织性。

测定浆液粘着力的方法有粗纱试验法和织物条试验法。

(1)粗纱试验法 将 300 mm 长、一定品种的均匀粗纱条在 1% 浓度浆液中浸透 5 min,然后以夹吊方式晾干,在织物强力机上测定其断裂强力,以断裂强力间接地反映浆液粘着力。

(2) 织物条试验法　将两块标准规格的织物条试样,在一端以一定面积 A 涂上一定量的浆液后,以一定压力相互加压粘贴,然后烘干冷却并进行织物强力试验,两块织物相互粘贴的部位位于夹钳中央,测粘结处完全拉开时的强力 P。则浆液粘着力为强力 P 与面积 A 的比值。

影响浆液粘着力的因素有粘着剂大分子的柔顺性、粘着剂的分子量、被粘物表面状态、粘附层厚度、粘着剂的极性基团等。

6.3.3.6　浆膜性能

测定浆膜性能可以从实用角度来衡量浆液的质量情况,这种试验也经常被用作评定各种粘着剂材料的浆用性能。

影响浆膜性能的因素有粘着剂大分子的柔顺性、粘着剂的分子量、分子极性及高聚物的结晶能力、水分等。

6.3.4　浆液疵点形成原因

浆液疵点形成原因见表6-6。

表6-6　浆液疵点形成原因

疵点名称	形成原因
起泡沫	浆料配合成分不正确,影响酸碱值 滑石粉未煮透 搅拌器速度过快 PVA溶解时产生泡沫
浆液沉淀	搅拌不足 浆液存放时间过长而变质 配合成分不正确(如滑石粉过多) 回浆处理不适当
浆液结团块	调合淀粉浆与辅助浆料的温度相差过大 粘着剂未充分搅散 调浆顺序错乱,浆液起不正常的化学反应
黏度过大	定温、定浓或定积不正确 淀粉浆分解不足 煮浆温度及时间不足 浆料不合格
黏度过小	定温、定浓或定积不正确 淀粉浆分解过度 煮浆过度 蒸汽凝结水大量冲入浆内 浆料不合格 浆液存放时间过长

续表 6-6

疵点名称	形成原因
酸碱度不合规定	浆料混合比例不正确 浆料或浆液存放时间过长 回浆处理不当 浆桶及输浆管使用前未洗清
杂物油污混入	浆桶或输浆管道不清洁 浆料中有杂物、油污 浆桶盖未盖好 调浆设备上的油污滴入
油脂上浮	温度不足 油脂乳化性差 调浆时间不够
浆液表面结皮	浆液温度下降过多及搅拌器停转

6.4 布基处理工艺

涂附磨具的原布处理,包括:烧毛、退浆、煮练、水洗、干燥、定型、上浆、压光和配料等一系列的工序。通过这一系列的工序,以达到改善和提高基材的物理机械性能,赋予其良好的涂胶植砂质量和良好的产品使用性能的目的。

6.4.1 布基处理的主要工艺

作为涂附磨具布基的原布处理的主要工艺过程如下:

6.4.1.1 开卷

将已检验合格并已卷成大卷的布放在开卷机(图6-1,1)上进行开卷,开卷机需要做到上卷方便,能控制开卷时布的张力。一般可采用气动胀闸来保持张力,且张力大小与布的运行速度无关;开卷最大直径和重量可按要求来设计制造,一般直径可达1.5 m,质量可达2.5 t或更大一些,由于联动线当一个卷用完后要更换另一个布卷,需将已开卷的末端和需开卷的始端缝接起来。所以有的开卷机设计其本身自带一个导轨式缝纫机,可按接缝的要求自动变换针脚。

为保证换辊或接缝时整条联动线上基布的供给不会中断,需要一个储备装置-储存器(图6-1,2)。这个机构可以在两分钟之内降低全线的速度,当换辊或接缝工作完毕后利用进布辊的加速使之高于原有运行速度,从而迅速将储存器重新填满,随即由跟踪传感器来放慢进布辊速度以达到与原有的运行速度相匹配。同时自始至终使基布处于一定的张力范围之内。

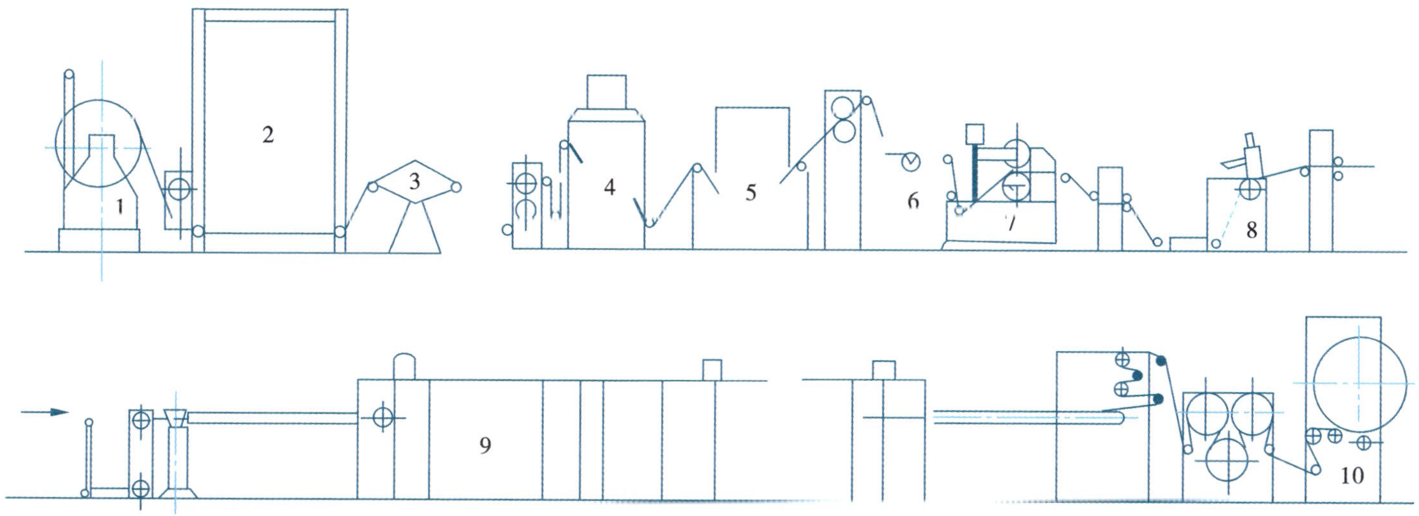

第6章 基材处理及浆料

图6-1 原布处理流程图

1—开卷；2—储存器；3—真空毛刷机构；4—烧毛机；5—清洗机；6—真空脱水系统；7—精整浸渍机；8—刀片或辊式涂附机；9—拉幅干燥设备；10—三辊自动卷绕。

6.4.1.2 原布检查

纺织厂织出的坯布质量不同,长度也不一样,因此坯布首先要经过检查,在测量单位面积质量、经纬纱密度、抗拉强度和伸长率等的同时,对坯布长度、宽度和表面质量进行检查。发现断经、跳纱、棉结等进行及时修理,对破洞、大纱弄等无法修理的缺陷及时挑出。

6.4.1.3 刮毛和烧毛

刮毛、烧毛的作用在于修整原布表面的绒毛,使其光洁,便于染色和上浆。

(1)刮毛　原布首先通过刮毛机,在张紧状态下先通过几组磨平辊,磨平辊表面粘有很粗的钢砂,通过它可除去棉布正反面的较大的棉结杂质,然后通过几组毛刷,以刷去织物表面的绒毛、尘埃和纱头等,并使织物上的绒毛竖立而利于烧毛。通过刮毛机的同时有一个强大的抽风装置,使绒毛、尘埃和纱头等能被抽走。

还有一种剪毛机,它除了包括磨平辊,传动部分和吸尘等几部分外,主要是有几组螺旋形刮刀起剪毛作用,将经过刮刷竖立的布毛剪短。

(2)烧毛　烧毛机分热板烧毛机和气体烧毛机两种,现在主要都采用后者。气体烧毛一般采用煤气、天然气等。烧毛时应该严格控制火焰(热板)温度、织物经过火焰(热板)的次数和烧毛机速度等因素,以保证织物烧毛的质量。烧毛机火口一般有四个,根据原布处理的要求既可以单面烧毛,也可以双面烧毛。作为涂附磨具用布,一般都是正面烧毛,即植砂面烧毛,而双面烧毛是有针对性的。织物在火焰上或在赤热的金属板表面迅速擦过,以除去织物表面的绒毛。烧毛温度一般达到 800 ℃左右,由于织物移动速度很快,每分钟 50~100 m 左右,因此不会损伤织物。

合成纤维混纺织物烧毛时,必须充分考虑到合成纤维是一种热塑性纤维,它们经受高温后,不但织物手感变硬而且还会因受热温度过高、时间稍长而收缩、熔融。因此,合成纤维混纺织物烧毛,要控制好火焰温度和布速,加装冷水辊,在落布时向布吹冷风,使布冷却至 50 ℃以下。

织物烧毛后,往往沾有火星,应马上通过灭火槽灭火或直接进入退浆槽退浆。

真空毛刷机构(图 6-1,3)是一个具有多功能的机构。它具有刷、拍打等动作以及除尘的功能。

在一个转动的辊子上交错安装若干个刷子和拍打器,利用拍打杆转动的变化来达到不同的拍打,刷毛的强度,此外一个真空系统将织物上的灰尘、毛屑吸走。这样基布在烧毛、染色等工序之前除净这些杂物。

经除尘后的基布通过一些牵引辊进入烧毛机(图 6-1,4),一般的烧毛机都可以对基布的双面或单面进行烧毛处理。这里介绍的烧毛机是采用四个带状不锈钢喷嘴式的燃烧器,射出切线式的火焰,轮流在织物的两面进行燃烧,此外烧毛机需具备以下的功能:①一个火焰监测系统;②需要有特殊的定量阀来保证每个燃烧器在全范围内空气和煤气的混合;③保持织物与喷嘴平行而且间距相等;④要有保护装置在停机时自动熄火,此外应包括采用引燃器火焰喷杆和火焰保护控制栅板。

由于各种产品烧毛情况不尽相同,烧毛机要具备多种可调形式使其速度与全线速度相匹配。

6.4.1.4 退浆、蒸煮与水洗

退浆的目的在于去除织物上的浆料,蒸煮的目的在于去除棉纤维上的果胶质、油脂、蜡质和含氮物质等。

(1)退浆 是织物煮炼前的化学处理过程,不仅在于去除原布浆料,还能去除原布部分的天然杂质,以利于以后的煮炼。

常压等离子体处理对棉织物退浆的影响

纱线上浆用的浆料有天然和化学合成两大类。织物的退浆根据原布的含杂量和退浆的要求,可以采用不同的方法,如酶退浆、碱退浆、酸退浆、氧化剂退浆等,涂附磨具主要采用酶退浆、碱退浆。一般来说,酶的作用是在加热条件下,使淀粉起发酵分解作用,以达到退浆的目的。采用酶退浆法,不易损伤织物,后道工序的水洗较简单。而采用烧碱蒸煮的方法,去除浆料并不彻底,但可以达到小于 3.0% 的残余浆料水平,该法的主要特点是热碱处理可以使棉纤维膨胀,以达到与胶砂层粘结的表面积增大的目的,同时还可以使棉花中的蜡质等物质皂化,大大提高布基对布基处理剂的吸附,但它有水洗较麻烦和污水处理等的问题。

涤纶耐碱性差,涤棉织物退浆时对烧碱的浓度、处理温度、处理时间都要"温和"些。

浸碱或浸酶时,布在碱液或酶液中,经过多次对辊的挤压,把碱液或酶液浸透到布的内部,使布充分的浸湿。布浸碱或浸酶后,重新卷成大卷。

涤纶织物的退浆处理方法

(2)蒸煮 蒸煮是将浸碱或浸酶的原布置于 90~100 ℃ 温度下一段时间,以加速浆料的分解。涤/棉物的经纱上浆有的单纯采用化学浆,酶退浆对它不起作用,采用碱退浆还可以。单纯的合成纤维在经纱上浆时所用的浆料水溶性较好,在 30~70 ℃ 水中处理或稍加肥皂液洗涤即可除去。

水洗机

(3)水洗 水洗的目的是将浆料的分解物全部清洗干净。

水洗以后应尽快干燥,常用的是立式烘筒烘干机,俗称烘缸。

烘干

6.4.1.5 染色

原布处理的色泽一般是通过上浆而获得的,根据需要亦可预先对原布染色。

染色是使纤维材料染上色泽的加工过程,它要求使织物染得匀透和获得坚牢的色泽,同时注意避免或减少损伤纤维。

染色过程可分为三个阶段:染料在染液中被吸附到纤维表面的阶段,这是染色的重要阶段。染料从纤维表面扩散到纤维内部,这是需要时间最多的阶段。染料固着于纤维内部,这是染色的目的。

原布采用直接染料染色。织物在染色前先用 40~30 ℃ 的温水润湿,然后才开始投入染液中染色,逐渐升温至 70~95 ℃,保持 30~60 min,染后用水冲洗,再进行后处理,固色 30 min 后烘干,固色剂可采用 1%~2%(质量分数)硫酸铜或重铬酸盐的酸性溶液,以及阳离子固色剂,其作用在于提高作色牢度。

染色后的干燥可以直接采取拉幅干燥,也可先用滚筒干燥,然后,再进行拉幅处理。

滚筒干燥是使染好色的布通过若干个加热滚筒,达到干燥的目的。

6.4.1.6 上浆

织物定形干燥后,即进行上浆。上浆是原布处理最重要的一道工序,可以说:原布处理的目的主要是通过它而达到的,前面所有的工序都是为它创造条件的。如图 6-2 所示

为上浆烘干机。

图6-2 上浆烘干机

一种搭扣砂布的织物基体及其制备方法

上浆是在织物表面均匀地涂敷一层能形成坚韧薄膜的黏性物质，使纤维之间、纱线之间的粘结力增加，以提高织物的强度和挺括性；毛羽伏贴，以提高织物表面的平整性，便于涂胶植砂。

织物的上浆可分为单面上浆和双面上浆两种。

（1）上浆方法　上浆的方法一般有两种：一种采用的浆料黏度比较低，采用对辊挤压上浆的形式，称为浸渍；另一种采用的浆料比较稠，采用刮刀刮涂上浆的形式，称为刮浆。

图6-3 表示了浸渍处理的两种形式，图(a)为两辊浸渍，图(b)为三辊浸渍，前者应用较为普遍，后者浸渍效果应更好些，在这里，掌握好浸渍辊的硬度和压力、浆料的黏度和温度，以及布基浸渍的时间是十分重要的。

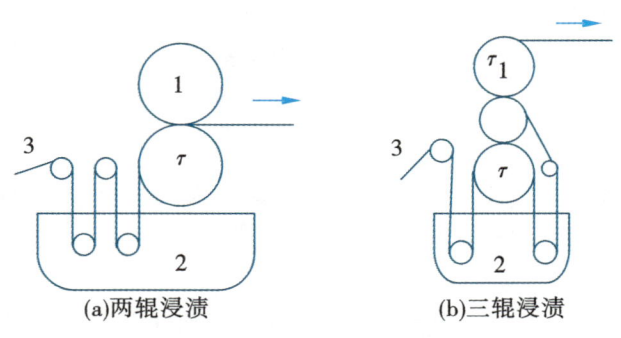

1—对辊；2—胶槽；3—布基。

图6-3 浸渍的两种形式

图6-4 介绍了刮浆的几种形式。

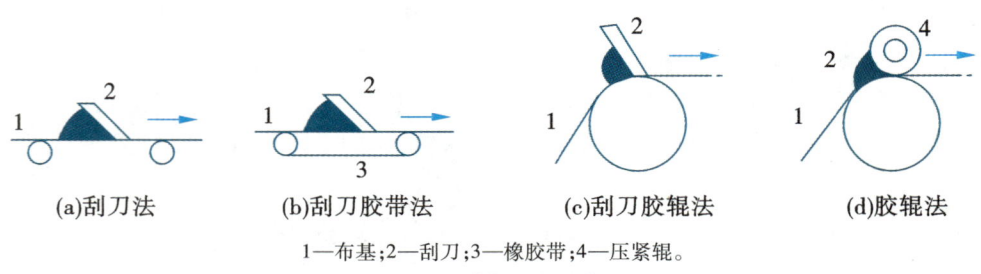

1—布基；2—刮刀；3—橡胶带；4—压紧辊。

图6-4 刮浆形式示意图

1）刮刀法　图6-4(a)，刮刀法又称软档刮浆。

2）刮刀胶带法　图6-4(b)，此法是在刮刀法基础上增加了一条橡胶带，刮浆厚度靠调整刮刀与橡胶带的压力和角度来控制。

3）刮刀胶辊法　图6-4(c)，此法与刮刀胶带法近似，仅以胶辊代替胶带。

4）胶辊法　图6-4(c)，此法采用双辊挤压来控制上浆厚度，相当于单面浸渍。

刮浆质量的好坏主要取决于浆的稀稠和温度、刮刀的厚度和与被处理布的角度、布对刮刀的紧张程度，以及设备的机速。

(2) 上浆原理　无论是何种上浆方法，浆料要求均匀地渗透到织物内部，并有一部分附于织物的表面。图6-5表示了织物通过挤压辊之间（或刮刀与胶辊、胶带之间）时浆液的渗透情况。织物在通过挤压辊（或刀）接触点之前，浆液仅附着于织物表面，基本没有渗透到织物内部。当织物通过接触点时，浆液与织物中的空气置换，一部分浆液渗到织物内部，这称为渗透浆，另一部分浆液附着于织物的表面，这称为覆盖浆。渗透浆渗入织物内部，填充纤维间的空隙，使纤维间抱合力增加，断裂强度增加，弹性及延伸降低，它是浆膜稳固的基础。覆盖浆在织物表面形成一层光滑而坚韧的薄膜，使毛羽伏贴，纱线条干光洁，摩擦系数降低，刚度增加。

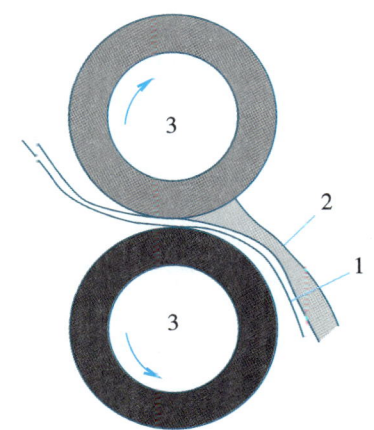

1—布基；2—浆料；3—对辊。

图6-5　浆的吸附原理

渗透浆和覆盖浆都是重要的，缺一不可，而且应有一定的比例。渗透浆过少，将使浆膜不耐磨，粘结不牢，易脱落；渗透浆过多，对织物弹性损失过大，容易发脆。因此一定要掌握好各种上浆条件，以保证上浆量的均匀适宜，保证渗透浆和覆盖浆的比例合适。

在制作高强防水产品时，要用酚醛树脂、脲醛树脂、橡胶胶乳等处理基布，此时一定要特别注意保护织物纤维，浆料不得渗入纤维内部，不得与纤维发生反应，否则会造成织物纤维的被侵蚀而脆裂，严重影响已处理布的质量。

(3) 影响上浆的因素　影响上浆的因素很多，其中主要的有以下几种。

1）上浆方法　采用刮浆方法，覆盖浆的比例较大，而渗透浆较少；而采用浸渍方法，则渗透浆的比例较大，而覆盖浆较少。

2）织物纤维种类和浆液性质　对于棉布，各种浆液一般都合适，而对于合成纤维，则不适宜采用亲水性的浆料，如淀粉、动物胶、羧甲基纤维素等，而应采用酚醛树脂、丙烯酸树脂、橡胶胶乳等。否则渗透浆太少，浆膜易脱落。

3）浆液的黏度（稠度）或浓度　对于同一浆料，黏度（稠度）或浓度越大，上浆量也越大，而且黏度（稠度）或浓度越大，覆盖浆的比例也越大。因此应控制好浆液的黏度（稠度）或浓度，否则会造成上浆不均和覆盖浆与渗透浆的比例失调。

4）织物张力　在上浆时，特别是采取刮浆方式时，织物张力越大，即对刀的压力越大，上浆量就越小，但渗透浆占的比例就增加。而张力的不同又往往容易发生，因此它经常成为上浆不匀的主要原因。

5）挤压辊和刮浆刀　挤压辊或刮浆刀的表面光洁度和平直度直接影响刮浆的均

匀性。

挤压辊的直径越大,或刮刀厚度越大,接触宽度也越大,单位面积压力越小,渗透浆比例越小,而上浆率则越大。因此一定要选择适当直径的挤压辊,或厚度适宜的刮浆刀。

挤压辊胶层的硬度也影响上浆率,硬度过小,接触面积增大,单位面积压力减少,渗透浆少,而上浆率增大。

6) 浸渍辊　在使用浸渍方法时,浸渍辊的作用是使织物浸于浆液中,浸入浆液的深度越深,织物吸附浆液的时间就越长,上浆率也越多。

7) 织物走动速度　织物走动速度,即浸渍和刮浆机的速度越快,挤压辊和刮刀的压力越弱,上浆量会增加,但渗透浆的比例会下降。因此在织物速度增加时,应加大挤压辊或刮浆刀的压力。在其他工艺条件确定后,在生产中应该保持机速的稳定。

上浆后的干燥,与前面的拉幅干燥基本相同,但它不仅是为了去除水分、溶剂及挥发物,同时也是使树脂进一步聚合,但这里的聚合并没有必要是完全的,以后还要有几次烘干工序,因此要注意掌握好烘干的温度和时间。烘干方式一般有蒸汽热风干燥、蒸气滚筒干燥、远红外线干燥等几种,可以根据不同的需要选择。

上浆究竟是采用浸渍方式,还是刮浆方式;究竟是单面上浆,还是双面上浆;究竟需要上几遍浆,都必须根据不同的产品来确定。

6.4.1.7　拉幅干燥

拉幅干燥设备

拉幅干燥在定型拉幅机上进行,拉幅机有布铗拉幅机、针铗拉幅机等几种,尤以布铗拉幅机使用最广。织物先浸轧给湿,进入热烘房,通过强迫空气对流方式,进行热能的传递,使加工的织物在逐渐伸幅的过程中渐渐烘干。亦可先经烘筒烘至半干状态,再进入热烘房。拉幅是建立在织物含有适当水分下,利用机械夹住布边逐渐拉宽,并缓缓给以干燥,从而获得暂时的定形。但织物拉幅前后的宽度,有一定的限制,如宽度拉得过大,则将造成严重的缩水现象。织物经拉幅干燥,往往会产生纬向向后弯曲,这在以后的上浆处理中应得到适当的纠正。

对于制作砂带等要求高的涂附磨具,在定型拉幅前还必须进行拉伸处理,只有这样才能达到原布处理的"定型"要求,不同的布基、不同的产品对拉伸的要求也不同。拉伸的原理是让湿的布基通过一组速度不同的拉伸辊,胶辊的转速一个比一个快,而达到拉伸的目的,拉伸后立即进行定型拉幅干燥。

拉幅干燥后,原布是否干燥均匀,还含有多少水分呢?了解和控制这一点是十分重要的,因为原布含水分的多少将直接影响上浆的好坏,影响浆液的渗透,影响成膜的性能。

绝大多数合成纤维及其纺织物在染整加工过程中都要经过热定形。热定形主要是将织物保持一定的尺寸,经高温加热一定时间,然后以适当速度冷却的过程。

在热定形过程中,纤维结构发生的变化可分为两步进行,第一步,达到定形温度后,纤维结构中大分子链段的作用力(包括键)较软弱的部分被破坏。第二步,纤维大分子链在新的位置上迅速重建新的分子间力。并被固定下来。这个过程说明热定形时使非晶区的分子因热运动加剧而重排,原来可能存在于分子的内应力得到消除,同时,重新建立起一些更为牢固的新联结点。使结晶区的完整性提高纤维的热稳定性。

涤纶及其混纺织物的热定型,一般在卧式针铗链热定形机上进行,采用织物在一定张力下干热定形工艺,热定形必须注意到纤维的熔点和软化点,掌握好热定形的温度和时间是十分重要的。

6.4.1.8 压光和拉毛

(1)压光 压光是使织物在湿、热条件下受压,将织物表面压平,纱线压扁,从而拉伸定型和产生一定的光泽。

压光的作用:一是烫平作用,如同一个电熨斗,提高平整性、挺括性和有光泽,这对细粒度产品的布基特别重要;二是将胶膜和织物挤压结实,提高定型性。原布上浆前有时也需要压光,称为预压光,它是为了使织物平整、挺括、增强上浆的效果。

压光是在压光机上进行的,如图6-6所示。压光机主要由重叠的辊筒组成,辊筒数不等,有软、硬之分。软辊筒是由棉花或纸粕经高压压成后车平磨光制成;表面具有一定硬度,也有一定弹性,不易吸湿,并耐高温;硬辊筒皆取材于铸钢,其表面光滑,中空,可用蒸汽、电或煤气加热。通过加压设备,使各个辊筒彼此紧压。织物穿绕经过各辊筒间的压点,即可拉伸定型,烫平而获得光泽。

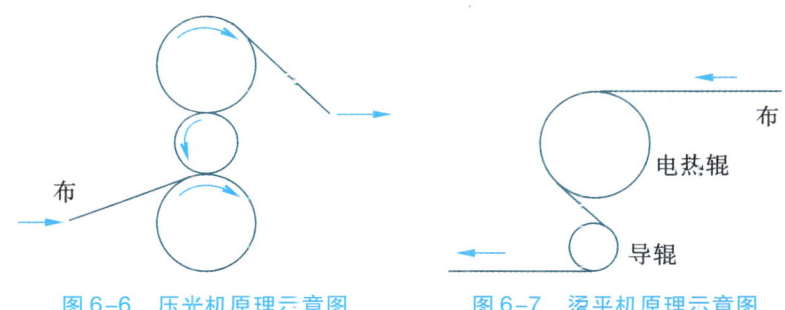

图6-6 压光机原理示意图　　图6-7 烫平机原理示意图

压光前织物应保持一定的湿度,一般为10%~15%为宜。因此,在烘干时不宜烘太干,否则在压光前还必须加湿。压光的效果主要取决于辊筒的压力和温度,但也必须有一定控制;否则会损伤棉纤维,使强度下降。

此外,还有一种烫平机,如图6-7所示,它只有一个钢辊,表面光滑平整,内用电阻丝或蒸汽加热,表面温度可达120 ℃,布从钢辊上绕过,而钢辊速度大于布的速度,由于磨擦而达到烫平和增加光泽的作用。

从检查、烧毛到压光,原布处理工序全部完成,已处理好的布基可转入制造工序。

(2)拉毛 对于制作背绒砂盘的基布,为了增加它与绒布的粘合强度,可对基布的粘合绒布布面进行拉毛处理,拉毛可采用P150及以细的砂带。但是注意拉毛之后会降低基材的强度。为此,可以选择合适的胶粘剂以及合适稳定的干燥温度,已达到强度补偿的目的。

6.4.2 已处理布的物理机械性能

已处理布可作为涂附磨具工厂的半成品,也可作为原布处理工厂的成品,它必须满足作为涂附磨具布基的一系列物理机械性能。

(1)重量 单位面积已处理布的重量,单位为 g/m^2。测定在标准气候和绝干状况下

151

进行，分别测得重量和绝干重。它是已处理布分类的主要标志。涂附磨具已处理布按照重量的分类见表6-7。

表6-7 已处理布按照重量的分类

分级	重量/(g/m²)	分级	重量/(g/m²)
F-flex棉布、混纺布	200	X型聚酯布	500
J型棉布、混纺布	300	Y型聚酯布	300
X型棉布、混纺布	400		

（2）厚度　表示已处理布的厚度，单位为mm。以千分尺或厚度计分别测量试样的5个不同的点的厚度的平均值。

（3）断裂强度和伸长率　与测量原布的方法相同，取样5 cm宽，在抗拉强度试验机上测量断裂强度和伸长率。经向和纬向分别测定。经过原布处理，原布的经向断裂强度有了很大的提高，而经向伸长率将大大下降，不同的已处理布由于应用不同，有不同的断裂强度和伸长率的要求。伸长率还有一个一定拉力下的伸长率，一般这个拉力为600 N/5 cm，它是为了了解涂附磨具产品在使用时的伸长而测定的。还可测定在受热状态下或浸水状态下的断裂强度和伸长率，为此可将试样在一定温度下预先加热一段时间，或者将试样预先放置冷水中浸泡一定时间，再测定。断裂强度和伸长率是已处理布一项重要的物理机械性能指标。

（4）撕裂强度　指撕裂预先切口的已处理布试样至一定长度所需的力，以g表示。它反映了已处理布的强度、硬挺性和脆性。

（5）抗弯强度　测定在抗弯强度测定仪上进行，测定将一定宽度的试样弯曲一定角度所需的力，经向和纬向同样分别测定。它反映了已处理布的硬挺性。与断裂强度一样，同样可测定在受热状态和冷水浸泡状态的抗弯强度。

（6）透气性　测定一定时间(min)通过一定面积试样的空气量(mL)，或一定空气量(mL)通过一定面积试样的时间(min)。它比较真切地反映了原布处理的程度，反映了已处理布的密实性。

（7）植砂面与底胶或酚醛树脂粘附力　将已处理布试样的植砂面和一标准木板用底胶或酚醛树脂加一定力粘结、烘干，然后测定将已处理布试样从木板分割开的力。本性能指标的测定直接反映了粘结剂和已处理布的粘结能力。关键是规范试验的条件和操作，以保证试验的准确性。

6.5　其他基材的处理

涂附磨具除了砂带和砂布采用各种布基以外，还有耐水砂纸、纸砂带等以高档原纸为基体的产品，以及聚酯薄膜基产品等，这些基体同样需要进行相应的处理。

6.5.1 原纸处理

砂纸原纸要求质地紧密,洁白细致,厚薄均匀,并有良好涂层强度、组织松软,吸收性好,不会使成品起泡分层。目前除了高档乳胶纸以外,其他砂纸原纸都首先需要浸渍处理,将吸收性好、强度较高的原纸经过浸渍处理,使之具有防水、防油、防潮、阻燃、耐磨、防锈等性能。

6.5.1.1 原纸处理的作用

一是"堵孔",避免底胶大量渗入纸内。一方面避免造成基材的脆化;另一方面避免造成粘砂不牢,影响磨削性能。

二是提高耐水性,以满足耐水砂纸的使用要求。

6.5.1.2 浸渍

原纸处理的方法主要是浸渍,就是采用高分子聚合物充填在纸张的纤维间,并包围了纤维。树脂固化后,纤维间的树脂分子互相交接成梯形结构,提高纸基的抗水、抗油、抗化学试剂等性能。若浸渍不够,体型结构不能完全形成,原纸纤维的不饱和键就会与空气、水、油中的羟基发生反应,使纤维受到破坏,发生膨胀,基材破裂。

根据浸渍的方法分为单面浸渍和双面浸渍。

单面浸渍:就是只浸渍原纸的正面(上砂面),如图6-8(a)所示。虽然简单,但不能保证质量。

双面浸渍:虽然费工费料,但能保证质量。背面浸渍能提高耐水性,可防止使用时水从背面大量渗入;正面(上砂面)浸渍能防止底胶和复胶大量渗入原纸内,二者相辅相成。这也是一般采用双面浸渍的原因。双面浸渍可以一次浸成,也可以分两次浸。

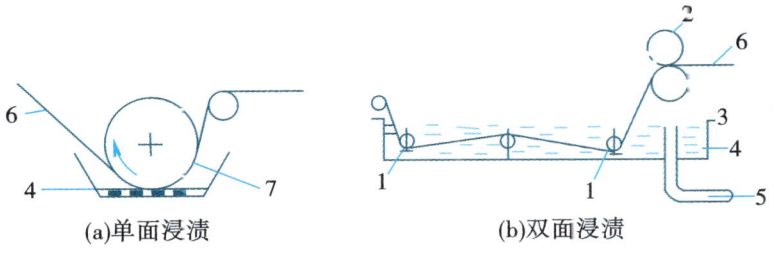

(a)单面浸渍　　　　　　(b)双面浸渍

1—张紧辊;2—压紧辊;3—胶盘;4—胶液;5—出料口;6—原纸;7—浸渍辊。

图6-8　浸渍处理

对纸张进行浸渍处理,要将浸渍液配成合适的浓度、pH值、黏度。浸渍包括两个不同的阶段:①借助于毛细管作用和流体静力学的力使浸渍剂浸透湿纸;②用挤压辊,重新分配并除去过剩的树脂液。

进口的耐水纸,有的在造纸过程中加入了橡胶乳液,制成乳胶防水纸,该纸在制备产品时可不进行原纸处理,直接进行上胶上砂。我国目前耐水纸质量不佳,如不浸渍,直接涂胶上砂,产品的磨削性、耐水性和外观都会受到影响。因此,仍需进行单面或双面浸渍。

6.5.1.3 浸渍料

耐水砂纸浸渍采用的胶粘剂主要是醇酸树脂或醇酸清漆,但目前大多数已经被环氧树脂胶粘剂所取代。需要注意的是,选择浸渍用的胶粘剂,既要考虑它的防潮、防水、粘结性,又要考虑它的柔软性,必要时还需要加入少量柔软剂。

浸渍料的黏度和涂胶厚度以提高耐水性,表面不发亮为原则。如果表面发亮,就表示涂胶太厚,这样不但浪费材料,而且增加脆性,影响产品外观。根据目前耐水纸的质量,浸渍料黏度不宜太大,涂胶厚度也不宜厚,只需轻轻过一遍即可以了。

浸渍好原纸性能可以通过测定浸渍量、防水性或抗拉强度来检测处理效果。

处理好的原纸不能立即使用,这是由于原纸在处理时通过高温烘烤,纤维收缩,其含水量大大降低,原纸脆性增加,若立即进入涂胶、植砂,容易断裂。严重时无法生产,因此处理之后应存放 3～5 天,进行"时效处理",然后使用。

6.5.2 PET 薄膜处理

PET 薄膜表面改性研究进展

热定型温度对改性双向拉伸聚酯薄膜性能的影响

未经处理的 PET 薄膜基体在一定的使用温度下会产生一定的收缩,为增强基体和粘结剂之间的亲和力和粘结强度,需对基体作热定型处理。处理方法如下:在 160 ℃下,保温 1 h,急冷至室温。处理后的基体在适用的温度范围内尺寸形状不发生改变。

热定型的目的之一是消除应力,其次促使薄膜中的分子链取向转变为结晶的取向和部分松弛。已知聚酯的取向包含大分子链的取向和结晶取向,大分子链取向和分子链的伸展联系一起,在玻璃化转变温度以下,处于亚稳定的状态,当温度高于玻璃化转变温度时,大分子链段便能够运动,便会发生解取向和收缩。结晶的取向,因晶区远大于分子链段的尺度,要晶区改变方向(解取向)是困难的,所以一般条件下不会发生解取向和收缩,除非温度达到使晶区融化时才有可能。因此,经热定型使大分子链的取向转变为结晶取向(相应结晶度也增高)后,薄膜的热收缩值下降。热定型进行得充分,即大分子链取向尽量降低,结晶程度提高到 50% 以上。热定型的工艺主要有 3 种:松弛热定型、定长热定型和张力热定型,现生产中多数采用松弛热定型工艺,即横纵向拉伸后,将导轨的宽度减少,这种工艺让薄膜有较大的松弛和收缩,故在薄膜后加工时(一般是处于自由松弛状况)收缩较少,但解取向的分子链并不都形成结晶,所以薄膜的断裂伸长较大,模量相对较低些。

由于 PET 薄膜的表面能较低,因而表面的吸湿性、粘结性、可印性和可染性等较差,除了采用热定型处理以外,为了提高其对粘结剂的粘结效果,还需要对其表面进行化学或物理改性,目前常用的如电晕处理、等离子处理、紫外光辐照法以及表面涂层处理等。

6.5.2.1 电晕处理

电晕处理是利用高频率高电压在被处理的塑料表面电晕放电(高频交流电压高达 5 000～15 000 V/m^2),而产生低温等离子体,使塑料表面产生游离基反应而使聚合物发生交联,表面变粗糙并增加其对极性溶剂的润湿性。这些离子体由电击和渗透进入被印体的表面破坏其分子结构,进而将被处理的表面分子氧化和极化,离子电击侵蚀表面,以致增加承印物表面的附着能力。电晕处理的作用机理,通常认为有三个:①氧化作用,使聚酯薄膜表面氧化产生羟基(—OH)、酮基(C=O)、羧基(—COOH)等,增强了对极性化合物的相互作用；②电场作用下产生离子并注入表层；③表面熔化并粗化的作用。

6.5.2.2 等离子体表面处理

等离子体表面处理就是通过利用对气体施加足够的能量使之离化成为等离子状态，等离子体是物质的第四态，即电离了的"气体"，它呈现出高度激发的不稳定态，其中包括离子（具有不同符号和电荷）、电子、原子和分子。这些活性组分处理样品表面，研究发现等离子体在PET表面引入大量亲水极性基团，PET表面发生刻蚀，表面粗糙度增加。

空气等离子处理对涤纶非织造布表面亲水性的影响

6.5.2.3 紫外光辐照法

紫外光辐照法就是在紫外光照射下，在聚酯（PET）薄膜表面进行的自由基气相接枝聚合，通常为丙烯酰胺或丙烯酸酯等单体。通过在表面引入羟基（—OH）、酮基（C═O）、羧基（—COOH）等极性基团，提高其与结合剂的结合能力。

等离子体界面工程

6.5.2.4 表面涂层法

PET薄膜表面的涂层处理主要是采用涂布方式在PET薄膜的表面涂敷一层聚合物，例如涂敷聚偏二氯乙烯、聚丙烯酸酯（环氧丙烯酸聚合物、聚氨酯类丙烯酸酯、聚酯类丙烯酸酯）等，大幅度提高PET薄膜与粘结剂的粘结力。

聚酯布砂带浸渍粘接剂及其生产工艺

思考题

1. 涂附磨具基材为什么要进行处理？
2. 涂附磨具基材进行处理时，对浆料有哪些要求？
3. 浆料进行配置时，浆料配合的依据是什么？
4. 下表是一浆料配方，请认真阅读，完成下列问题：

织物类别	浆液成分（对无水干淀粉量）						
	无水淀粉	硅酸钠	滑石粉	油脂	二萘酚	烧碱	甘油
中号织物	100%	6%～8%	14%～18%	2%～3%	0.2%～0.4%	0.2%～0.3%	—

（1）请说明浆料各组分的作用？
（2）根据浆料配方的组成，该浆料可以用于处理哪种基材？
（3）根据浆料调配的原则，如果织物的细度变粗，下列成分中有哪些需要调整，如何调整，为什么？织物的细度变细有哪些需要调整，如何调整，为什么？
5. 涂附磨具常用的织物退浆处理的方法有哪些？有什么区别？
6. 影响上浆的因素有哪些？
7. 基材上浆之后为什么要进行压光处理？
8. 原纸浸渍处理的作用？
9. 根据PET纤维的特点，说明PET纤维布用作涂附磨具基材如何处理？有哪些处理方法。

第7章 涂附磨具大卷制造

7.1 涂附磨具大卷制造的工艺流程

根据现代涂附磨具的生产工艺流程，大卷制造是整个涂附磨具制造过程的核心工序。涂附磨具大卷制造包括开卷、印商标、涂底胶、植砂、干燥、涂复胶、干燥、卷绕、固化、柔曲、收卷等工序，这些工序均在一条生产线上完成，它是一条联动作业的生产线。

涂附磨具大卷的生产工艺流程如下：

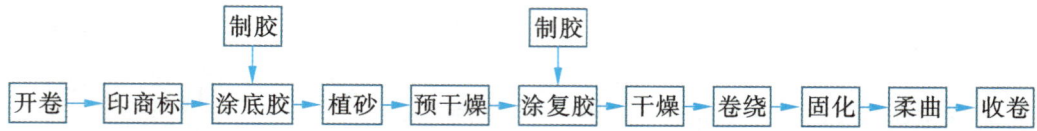

涂附磨具大卷的制造工艺，从开卷开始，经过印商标、涂底胶、植砂、涂复胶、干燥，直至卷绕几乎是每种产品都必须的，而制造预处理和制造后处理则不是每种涂附磨具产品都必须经过的，它是根据不同产品的不同要求而进行的。

开卷是涂附磨具制造线上的第一道工序，它将已处理过的布卷、纸卷、钢纸卷等，放在开卷轴上开卷，其工作宽度可以根据要求而设计，而其开卷直径一般为 1 000 mm 或者 1 400 mm（见图 7-1）。开卷机的结构、强度、刚性将根据其开卷直径、重量和工作宽度来设计，以保证机构有足够的刚性和强度，其次要保证被开卷的基材始终保持一定的张紧力，通常使用气动涨闸来控制其张力，可以是自动控制也可以手动调节。设备通常有单开卷和双开卷两种。双开卷是为了实现不停车、不减速换卷。换卷接头起初都是手工的，

图 7-1 开卷设备

现在为了减少接头对生产及质量的影响，它逐渐被自动接头所代替，而且可实现接头所预留的"尾巴"可控制在 50 m 以内，甚至更短。

商标印刷指在布基或纸基背面印刷工厂商标、磨料粒度、型号及有关国家及行业标准规定的内容，印刷必须清晰、清楚、美观及便于用户识辨产品的有关数据，例如采用搭接时的使用砂带的方向等。

商标机结构示意如图 7-2。由一个钢辊、一个商标辊和 3 个传墨橡胶辊、一个墨汁盘及滑架、轴承座、机座等组成，辊筒互相之间靠螺旋、弹簧压紧，通过手轮转动可调节商标

辊压紧钢辊(工作状态)或离开钢辊(非工作状态),多级传墨辊传墨可保证商标图案清晰并避免用墨过量。

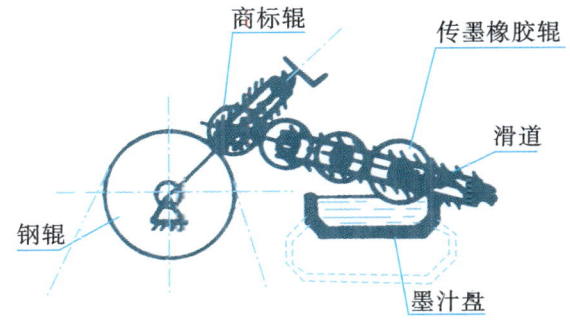

图 7-2 商标机结构示意图

商标辊采用整体商标筒,结构如图 7-3。由商标筒、芯轴、螺母等组成,商标筒靠芯轴定位并由螺母压紧,使用十分可靠,更换规格时可更换商标筒,商标筒刻制时,应保持有连续的圆周面,以免工作中不能正常转动。

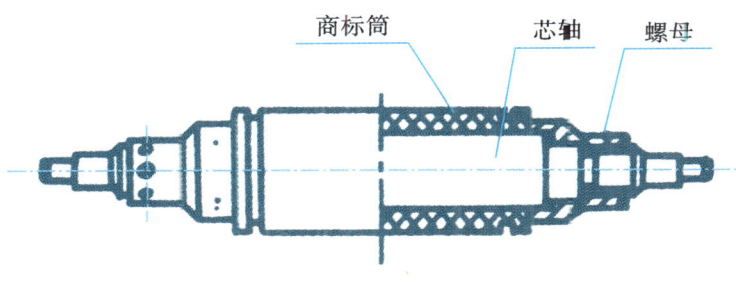

图 7-3 商标辊筒示意图

目前最新的印刷机有了更大的改进:一是将商标印在一塑料套上,利用气垫使其滑到商标辊上,每次更换商标时,只要将已有的塑料套滑出,而滑入预先打好新商标的塑料套,完成这个工作只需几分钟,因此既省料又省时,而且避免由于忙乱而出现贴错符号等等各种错误;二是取消吸墨辊和墨盘,改用一个网辊来代替,这样既可以做到更合理的油墨配料,提高了商标印刷的清晰度,又可以节省大量的生产成本。

7.2 胶料的配制

胶料包括基料(粘结剂)、固化剂、溶剂、增塑剂、填料、偶联剂、交联剂、促进剂、增韧剂、增粘剂、稀释剂、防老剂、阻聚剂、阻燃剂、引发剂、光敏剂、消泡剂、防腐剂、稳定剂、络合剂、乳化剂等组分,根据不同的用途和场合,以及粘结剂的成分,胶料体系含有上述一种或多种组分。

7.2.1 胶料配方设计

涂附磨具的胶料主要指底胶和复胶,但是由于涂附磨具的品种众多,因此底胶和复胶的种类也多种多样。总体考虑,首先根据产品品种及使用场合等确定主要粘结剂的种类,然后根据涂胶工艺等选择其他辅助材料。

7.2.1.1 粘结剂的种类选择

影响粘结剂选择的因素很多,主要涉及产品品种、使用场合和涂胶工艺等。目前,涂附磨具所使用的粘结剂主要是各种合成树脂,如脲醛树脂、酚醛树脂、环氧树脂、醇酸树脂等。其中,脲醛树脂制造简单,价格低廉,粘结性能较好,但是脆性大、易开裂,耐热性一般。酚醛树脂粘结强度高,耐水、抗酸、耐候性好,尤其是水溶性酚醛树脂的使用,使之成为涂附磨具产业的最主要的粘结剂之一。环氧树脂和醇酸树脂粘结性能好,耐水性好,但需使用有机溶剂,多用于耐水砂纸的生产。

其中耐水涂附磨具产品除了底胶与复胶均采用耐水的合成树脂外,基体也必须经过耐水处理。即所用的原布处理胶有较好的耐水性,使砂带在水中或者在乳化液中仍能保持良好的磨削性能和较小的砂带变形。与全树脂砂带相比,耐水砂带更有独到的耐水性能,所以全树脂产品不一定是耐水的,而耐水产品必须是耐水的,除了底胶和复胶采用耐水树脂以外,原布处理的胶也必须是耐水的,这是真正意义上的全树脂耐水产品。这种产品应用于难加工材料及机械零件上的磨削和抛光。

实际上即使同一类产品,由于应用的对象、磨料的种类和粒度、基体的表面处理等不同,采用的粘结剂也会有所变化。例如同样是全树脂砂带,有普通砂带,有柔软砂带,有强力砂带,其粘结剂主要成分可能都是酚醛树脂,但是根据不同的使用场合,有些需要对树脂进行柔韧改性,有些需要增加粘结强度,提高耐热性等。因此,粘结剂的选择还需要考察其工艺性、粘结强度、表面硬度、稳定性、耐久性(或耐老化性)、耐温性、耐候性、耐化学性等多种性质,综合考虑,择优选择。

7.2.1.2 胶料配方设计方法

胶料的组成比较复杂,除了主料以外,还有许多辅料,以改善主料的某些性能,如填料、固化剂、促进剂、着色剂、表面活性剂以及溶解剂等。根据不同的用途、不同的树脂、不同的要求选择以上这些辅料,使涂附磨具达到预计的质量要求。由于加入的辅料众多,如何选择合适的比例就需要大量的实验以及经验来确定,通常可以采用单因素优选法、多因素优选法或正交试验法。

(1) 单因素优选法　在胶料的几个组分中,将 $(n-1)$ 个因素固定,逐步改变一个因素的水平,根据目标函数评定该因素的最优水平,依次求取体系中各因素的最优水平,最后将各因素的最优水平组合成最好的配方。

(2) 多因素优选法　首先对需要进行分析评价的设计方案设定若干个评价指标和按其重要程度分配权重,然后按评价标准给各指标打分,将各项指标所得分数与权重相乘并汇总,便得出各设计方案的评价总分,以获总分高者为最佳方案的办法。

(3) 正交试验法　对各因素选取数目相同的几个水平值,按照选定的正交试验表搭配,同时根据正交表安排一批实验,然后对实验结果进行统计分析,研究各因素间的交互作用,寻找最佳配方。

7.2.2 胶料的配制

配胶是将粘结剂和各种助剂充分混合均匀,配置成一定黏度和固含量的胶料,用于涂胶工艺。配置胶料必须考虑各组分的相容性、配伍性、粘合性、工艺性等因素。如果相容性不好,将导致混合不均,出现分离、沉淀、离析、絮凝等现象,以至不能使用。

胶料还需要考虑工艺性问题,随着季节的变化,胶料的黏度、挥发速度、固化时间、流动性和适用期都有很大的差异。因此,溶剂的用量和种类、固化剂用量、粘合剂品种等都需要做相应的调整。

考虑胶料的适用期,一般不要一次配置过多,可以根据粘合剂的适用期、季节、环境温度和产量等决定每次配置量。胶料的配置一般在专门的搅拌混合器中进行,如图 7-4 所示。

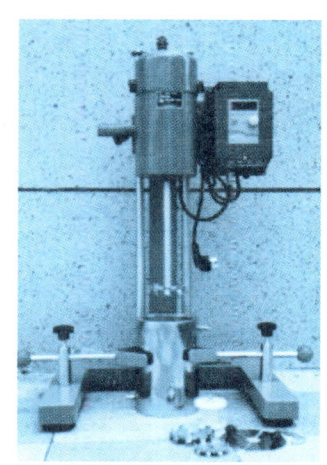

图 7-4 搅拌混合器

7.3 涂胶

涂胶,在砂带卷制造工艺过程中具有十分重要的地位,涂胶的好坏和均匀与否直接影响着磨粒的粘结。不同涂层的性能主要取决于粘结剂本身的化学、物理、机械性能,同时也与涂敷的工艺有着密切的关系。

7.3.1 涂层的种类和作用

粘结剂涂层可以分为预涂层、底胶、复胶和超涂层四个部分。预涂层和超涂层不是每种产品都必须有的,因此一般分为底胶和复胶两部分。

(1)预涂层 是在涂底胶以前的涂层,它是在已处理的基材和胶砂层之间起粘结的桥梁作用,既有利于底胶涂敷,又防止底胶过多地向基材渗透。因此,预涂层的胶粘剂的选择、涂胶厚度及干燥温度、时间都是必须严格掌握。既然是涂底胶以前的涂层,也可以将它说成是基材处理的一部分,可以在基材处理线上进行。但由于预涂层对产品是有针对性的,预涂层后只要求表面基本干燥,以便最后和底胶、复胶一起干燥固化,形成粘结剂的网状结构。这样,预涂层后只能存放几天,就必须涂胶植砂。因此,它又经常在制造线上进行,成了涂附磨具制造工艺流程的一部分。

(2)底胶 又称头胶,它是将磨粒粘附于基材的一种主要涂层,是植砂前的涂层。当磨粒依靠自身的重力或静电力的作用,植于涂层表面时,通过毛细管现象的作用,磨粒牢固地粘附于基材上,形成十分均匀的砂面,达到定量、定位的目的。定位是指磨料在基体上固定位置,在涂复胶时位置不发生变动。定量指单位面积基体上粘着的磨料数量。底胶涂层的均匀平整决定着磨具表面的均匀。底胶涂层是粘结磨粒的基础涂层,是影响磨具粘结强度的决定因素。

(3)复胶 又称补胶,它是在底胶涂附和植砂以后,经过预干燥,使底胶处于半固化或半干燥状态,磨粒已初步固定后,再涂敷的一层粘结剂。粘结剂把磨粒紧紧包围住,从而进一步加强了磨粒与基材的粘结强度,保证了磨粒在磨削过程中能经受磨削力的挤压和撞击,避免在磨削时过早脱落。

(4)超涂层　指在复胶干燥固化后再涂的一层具有特殊功能的粘结剂层,属于制造后处理的一部分。不是所有的产品都需要超涂层的,它是针对不同的磨削对象,采用不同种类的超涂层材料,以达到提高磨削过程中的防堵塞性能、防静电性能、磨具表面散热性能或者润滑作用等。

7.3.2　涂胶方法

涂胶方法有两大类:刮刀法与辊压法。其形式多种多样,目前常见的有下面几种,各有优缺点和适用范围。

7.3.2.1　刮涂法

刮涂法是通过涂胶辊将胶槽中的胶液带到基体上。此时基体上的胶是过量的和不均匀的,然后通过刮刀将多余的胶液刮去,使基体上的胶液厚薄均匀一致。刮刀法可分为半圆刮刀和斜角刮刀,其涂胶方法分别如图7-5和图7-6所示。

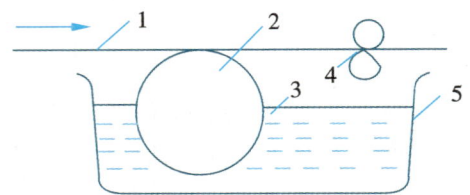

1—基体;2—涂胶辊;3—胶液;4—圆刮刀;
5—胶槽。

图7-5　半圆刮刀涂胶法

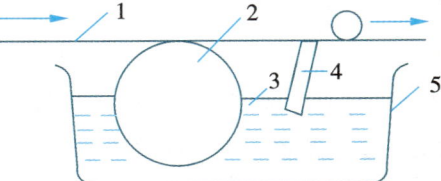

1—基体;2—涂胶辊;3—胶液;4—斜角刮刀;
5—胶槽。

图7-6　斜角刮刀涂胶法

刮刀法用于连续式生产线涂底胶。其优点是:设备比较简单,操作容易掌握,涂胶压力比较小,胶液不易渗透到基体背面,所以对原布的刮浆要求较低,浆层可适当减薄,并用烫平处理即可。其缺点是:涂层厚度的精度控制较差,易受操作条件影响;由于刮刀在基体的下面操作不太方便,胶液中如有杂质,易画长道,影响面较大。

7.3.2.2　辊涂法

辊涂法的原理是转辊在胶料槽中转动,粘附一定的胶粘剂,在转辊表面形成一定厚度的湿膜,然后借助转辊在转动过程中与被涂物接触,将胶料涂覆在被涂物的表面,形成连续的涂膜,这种方法是目前应用最广泛的涂胶方法,一般都采用两辊,也有多辊的。

(1)辊涂法的优点

1)用途比较广泛,既可用于底胶,也可用于复胶。低黏度和高黏度的胶料都适应,可以进行 3~5 μm 的薄膜到 300~500 μm 的厚度各种膜厚的涂装,能满足不同粒度产品特别是细粒度涂附磨具的涂胶要求。

2)由于涂胶辊和胸辊对基材的挤压,涂胶的压力比较大,加强了粘结剂的渗透,底胶涂胶可以提高了基材和胶粘剂之间的粘结强度;复胶涂胶可以使胶粘剂进入磨料间隙。

3)由于涂胶面面向操作者,厚度调节和操作都比较方便。可以较准确地控制胶膜厚度,且厚度均匀一致。

(2) 辊涂法的缺点

容易在胶面上产生纵向纹路,通常采用以下三种办法克服这种缺点:

第一种是从涂胶到植砂之间保持一段距离,让其自然流平。自然流平一般适用于流动性较好的合成树脂或油漆类粘结剂,有时还可在其间适当加热,以提高流平的效果。

第二种通过均匀辊匀胶。它是使涂胶后的胶面通过一根或一组转动的小直径钢辊使胶面达到均匀平整的目的。均匀辊可与基材同向或逆向转动,但转动速度较慢。均匀辊匀胶法只适用于底胶涂敷。

第三种用毛刷匀胶。毛刷由一个偏心轴带动,在使用时毛刷左右来回摆动,从而使胶面上的纵向纹路消除,达到匀胶的目的。它只适于动物胶的底胶涂敷上。

(3) 辊涂法的分类

① 双辊涂胶法　双辊涂胶法的涂胶辊是橡胶辊,胸辊为一个精度较高的钢辊或硬质橡胶辊,涂胶的厚度是通过橡胶辊和胸辊的间隙大小来控制的,涂层的精度和平整度取决于橡胶辊和胸辊的椭圆度、锥度、平直度和两辊的表面光洁度等,如图7-7所示。常用于涂复胶,既用于连续式生产线,也用于分段式生产线,适用于各种胶粘剂复胶。

② 多辊涂胶法　三辊或五辊涂胶法适用于底胶涂敷,除了涂胶辊和胸辊之外的橡胶辊的作用是更好地控制涂胶厚度。五辊涂胶还可以通过调整涂胶辊的宽度,达到基材边缘无胶的目的。

三辊法常用于分段式生产线涂底胶,其涂胶原理及设备结构如图7-8所示。带胶辊和涂胶辊采用橡胶辊,胸辊采用钢辊。加热导辊的加热目的是增加胶的流动性,以便用毛刷刷平。毛刷附加在电热辊上。

三辊法对涂胶厚度的控制较刮刀法严格,但是对基体的挤压力较大,容易把胶液挤入基体内部,造成透胶现象较严重。因此,对基体处理的要求较高,刮浆厚度需适当增加,并采用压光处理,以增加防渗能力。

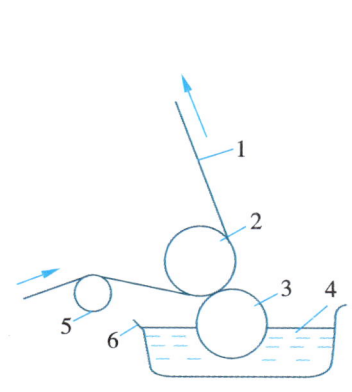

1—基体;2—胸辊;3—涂胶辊;4—胶液;5—导辊;6—胶槽。

图7-7　双辊涂胶法原理及设备结构示意图

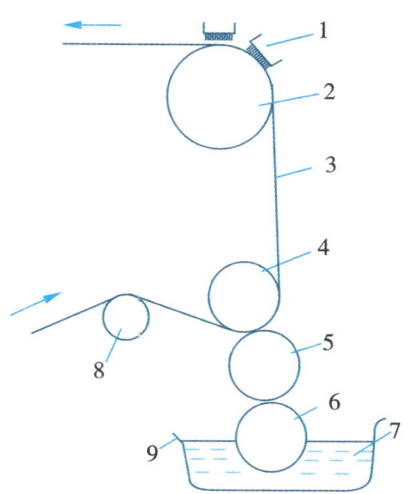

1—毛刷;2—加热导辊;3—基体;4—胸辊;5—涂胶辊;6—带胶辊;7—胶液;8—导辊;9—胶槽。

图7-8　三辊涂胶法原理及设备结构示意图

7.3.2.3 喷涂法

喷涂法是应用喷枪作工具,以压缩空气为动力,将胶或胶砂混合料喷成雾状,均匀地涂布在基材上的一种涂胶方法。

在喷涂时,压缩空气通过喷嘴喷出时,由于气流速度极快,使喷嘴处的气压明显下降,从而把贮胶罐中的粘结剂压出喷嘴,当粘结剂遇到高速压缩空气气流时,即打成雾状,并以一定的速度喷到基体上,从而形成均匀的涂层。

喷涂法既可用于底胶和复胶的涂胶,也可以用于胶砂混合料的涂覆,其设备简单,操作方便,不受基材厚薄不均的影响,均可以得到平整而均匀的涂层。但是其效率低,涂层厚薄等质量控制难以保证,空气污染严重。

7.3.2.4 淋涂法

淋涂法又叫薄流法,其设备结构如图7-9所示。

淋涂法所用的设备由一个能控制流量的胶液漏斗、一个回收胶液的胶槽和一个胶液循环泵组成,为了防止外界粉尘的侵入和溶剂的挥发,整个设备是封闭在一个特制的小室中,并能保持恒定的温度。

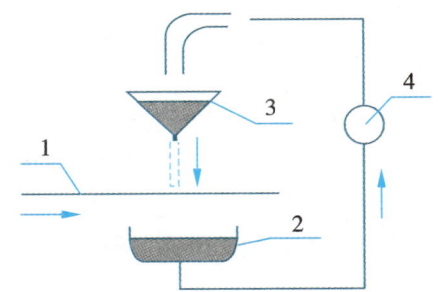

1—布基;2—回收槽;3—胶液漏斗;4—循环泵。

图7-9 淋涂法原理及设备结构示意图

在工作时,通过一个能精确控制胶量的缝隙,调节其间隙的大小来控制胶的流量,从而得到需要的涂层厚度,此外,涂层厚度还可通过基材走动的速度来调节。这种方法在国外一般用于制造比较精密的涂附磨具制品。淋涂法在底胶和复胶中均可使用,所获得的涂层特别均匀,表面像镜子一样平整。这种方法对粘结剂的要求比较高,粘结剂中不含任何杂质颗粒,黏度必须均匀一致,对黏度特别大的粘结剂,不能使用此法,主要用于树脂粘结剂和清漆等。

7.3.2.5 气涂法

气涂法又称"空气刮刀法"(air knife),其原理如图7-10。

气涂法的涂胶设备由两部分组成:一部分采用与淋涂法同样的设备,将粘结剂涂于基材表面上。另一部分是通过一个"空气刮刀"来控制涂层的厚度。"空气刮刀"来控制涂层的厚度。"空气刮刀"是由一个压缩空

1—布基;2—胶液漏斗;3—空压机。

图7-10 气涂法原理及设备结构示意图

气管,在一个侧面开一个吹气口,开口的宽度大约为0.5~1 mm,吹气口与基材的距离和角度以及气管内压缩空气的压力都是可调的。根据涂层的厚度要求,粘结剂黏度的大小以及基材表面的平滑或粗糙程度,来调节上述这些参数。气涂法有如下一些优点:

(1)不论是胶料黏度比较大,还是胶料中含有大量的不溶性矿物性填料,使胶料从胶槽中淋落下来时,涂层表面存在着不平整,由于"空气刮刀"的强力吹刮,可使涂层既保持一定的厚度,又有较好的均匀性。

(2) 由于气涂法对基材和砂面不产生挤压作用,特别在复胶时,使磨粒始终保持原有的锐利状态,特别对静电植砂产品,本法更显其优越性。

(3) 气涂法可以获得比辊涂法更薄的涂层,应用在超涂层中特别合适。

7.3.3 涂胶厚度

涂胶厚度表示单位面积砂布上所含胶量的多少。通常情况下涂胶的(干胶厚度)厚度应等于磨料平均直径的三分之一。实际的涂胶厚度应根据胶的质量、磨料的粒度和材质、基体的材质进行调整。胶液的质量好,涂胶厚度应当薄一些。胶液质量差,则要适当地厚一些。刚玉磨料由于比重较碳化硅大,所以涂胶要稍厚一些。桐布基体比化纤布吸胶大,为保证基体面上的胶量,涂胶厚度要稍大些。

涂胶有底胶与复胶之分,涂胶厚度也有底胶厚度与复胶厚度之分。在其他条件相同的情况下,底胶厚,相应的植砂量就多;底胶薄,植砂量相应要少。如胶砂层太厚,会使产品性脆,成本高;胶砂层太薄,不仅植砂量少,还可能造成缺砂和粘结不牢,影响产品的磨削和外观质量。复胶与底胶一样,不能过厚也不能过薄。复胶过厚,磨粒的切削刃被覆盖,产品的磨削效率明显降低,并发脆,成本提高;复胶过薄,磨粒之间的结合力不够,抵抗外力的能力低,易脱落,使产品使用寿命短。

底胶与复胶厚度在一定范围内可以相互补充。如底胶偏厚,复胶可适量调薄;底胶偏薄,复胶可适当调厚。但二者的作用都不能完全替代,仅仅是作为补救。二者对于产品质量具有同等的重要性。

7.3.3.1 涂胶厚度的测定

涂胶厚度是一个重要的工艺参数,在产品质量、过程控制和成本控制中都发挥着重要的作用。目前利用许多不同的仪器来测量这些涂层的厚度,而在选取最合适的测量方法时需要考虑到许多因素,包括涂层的类型、基体材料、涂层厚度范围、测试件的形状和尺寸以及测量成本等。涂胶厚度的测定,可通过以下几个方法实施。

(1) 经验测定 操作工人通过多方面的综合观察,可凭经验确定涂层厚度。其测定方法之一是手划,在胶面上用手指轻轻一划,观察划痕的深度,可大约确定涂胶厚度是否恰当;方法之二是眼看,因为胶液有一定的颜色,所以从颜色的深浅可直接判断涂层的厚度;方法之三是从砂层的厚度来推测涂层厚度,因为涂层厚度会直接反映到砂层厚度,而砂层厚度的变化,更容易被观察到。

(2) 成品单重测定 单重测定是取一定量的生产中的砂布,一般取一定面积的砂布,称其重量,观察其重量是否在规定的范围内,这个重量范围是从生产实践中得出的,虽然反映的是砂布总重量,但也间接地反映了涂胶厚度,因为涂层厚度大,砂层相应也厚,重量明显增加,这种方法的检测精度不高,也不能反映涂层厚度的确切数据,但在缺少测定仪器的条件下,是一种简单可行的办法。

(3) 胶槽称重法 将胶槽放置在预先安装的天平上,通过测量一定时间的用胶量,由于机速固定,可以计算或显示出单位面积的涂胶量。

(4) β或γ射线测厚仪测定法 以β射线为例,它们的工作原理如图7-11所示。

在β射线发射源中,放有一种放射性物质,它经常连续不断地射出一定强度的β射线,接收器接收这些射线,产生电流。如果中间有涂有胶液的涂附磨具基材通过,β射线就会被吸收一部分,接收器的电流也就减弱,这样就可以间接测定出基材、粘结剂和磨料每平方米的重量,如果在涂胶或植砂前后放置两个测量仪,就可从两个测定值的差中反映出涂胶和植砂量来。

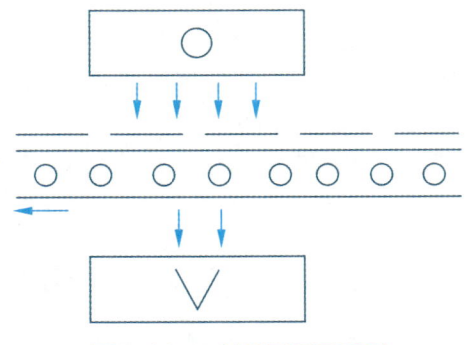

图 7-11　β 射线测厚原理图

7.3.3.2　涂胶厚度的影响因素

涂层厚度的稳定性和均匀性决定了涂附磨具的最终质量水平,在涂附磨具的制造过程中,影响涂胶厚度的稳定的因素有:

(1)涂胶机设备的精度　钢辊和胶辊全跳动的精度。先进的涂胶设备,钢辊和胶辊的全跳动都要求≤5 μm,表面粗糙度≤1 μm。

设备组装的精度。涂胶辊的压合、打开是通过杠杆机构,由气缸驱动的,中心转轴的稳定性及定位精度直接影响了涂胶辊两端间隙或压力的均匀性,因为中心转轴的轴承和轴承座是有间隙误差的。

涂胶辊间隙或压力的闭环控制。在生产过程中,涂胶辊线压力最高可以达到 6 t/m。由于设备本身的刚性、振动、气缸的控制精度不高等因素,开机前调整达到的精度会受到破坏。顶杆虽然能加强杠杆的稳定性,但两侧顶杆由于受力不同、磨损不同,导致间隙存在偏差。

涂胶辊的受力变形。当胶辊受到压力时,往往呈现出"中凹"的形状,导致两端压力较中间位置大。

(2)粘结剂黏度与温度的影响　不同粘结剂有不同涂胶温度,温度直接影响胶粘剂的黏度,黏度的变化将直接影响涂胶厚度的稳定。如果能对胶槽和胸辊予以温度控制,使胶液温度稳定,则能有效改善涂胶的均匀性。

(3)涂胶段基材的张力控制　不同基材要求不同的张力,张力不同,基材受力后的变形不同;基材对涂胶辊、刮刀的压力不同,将导致涂胶量的变化,稳定的张力控能够保证涂胶量的均匀性。

涂附磨具联动生产线的正常运行,精确的张力控制、纠偏控制以及设备与设备之间的速度匹配控制是必不可少的。由于生产线的前后各段的生产工艺的不同,张力控制是分段的。

涂附磨具生产线的张力控制可分为开卷打印涂胶段、植砂段、复胶段和收卷段。纠偏控制是为了避免基材在生产过程中跑偏。它通常通过边线传感器来探测基材的运行位置,通过机械机构的运动纠正偏差,达到纠偏的目的。设备之间的速度匹配包括不同张力段、零张力段之间的匹配。

(4)基材运行的速度　机速快,涂胶量大。保持速度的恒定和稳定是稳定涂胶厚度的一个重要因素。

(5)基材的质量　基材处理的程度,如纸基的浸渍量、布基的上浆量以及基材的厚度变化直接影响涂胶的厚度;基材的温度、干燥程度的不一致虽然不直接影响涂胶厚度,但会导致涂胶后的吸收不一样,造成实际上的涂胶量不一致。

(6)环境的温度、湿度　环境温度、湿度的变化直接影响基材、粘结剂和设备的温度、湿度变化,影响涂胶后、植砂前已涂布胶液温度、黏度的变化,影响磨粒的植入。基材湿度的变化还会导致尺寸的变化与卷曲。

总之,影响涂胶厚度的因素很多,同时,涂胶厚度对涂附磨具质量的影响是至关重要的,因此,一定要严格把握这些因素,才能获得质量良好的、稳定的产品。

7.4　植砂

植砂操作是在底胶涂附后紧接着进行的。植砂方法主要有两种:重力植砂与静电植砂。

7.4.1　重力植砂

7.4.1.1　重力植砂的原理和特点

重力植砂是靠磨料自身的重量,从一定高度自由落下,插到涂有底胶的基体上,形成均匀的植砂层的方法。重力植砂设备简单,操作安全、方便,但是重力植砂的磨料自由下落,磨粒排列不规则,在砂布表面大部分呈"倒伏"状态,所以磨削不锋利,磨削效率较静电植砂产品低。因此,虽然理论上重力制砂适合P8～W40各种粒度的磨料,但是目前主要用于P36以粗的磨料以及静电性能不好的磨料的植砂。

7.4.1.2　重力植砂方法

连续式生产线采用薄流式重力植砂,分段式生产线采用辊压式重力植砂。

(1)薄流式重力植砂　薄流式重力植砂法又称冲砂法,是我国应用最多,最有代表性的一种植砂方法,其结构原理如图7-12所示。砂箱由箱体、加热夹层、撒砂刀和撒砂辊组成,如图7-13所示。磨料随撒砂辊的转动从撒砂刀与撒砂辊的间隙中漏出来。磨料以自由落体运动后,经挡板调整植砂角,并进一步分散均匀,植入基体上的底胶层内。撒砂量控制主要通过调节撒砂刀与撒砂辊之间的间隙,其次是调节撒砂辊的转速。基体植砂后经过打砂辊,除去表面重叠堆积的浮砂。植砂过程中有大量的余砂。余砂被收集在贮砂箱里,用提升机运送到砂箱与新磨料混合后继续使用。

在植砂过程中应保证撒砂辊、撒砂刀和磨料本身的清洁。如粘附其他杂物会造成局部堵塞,影响撒砂的均匀性。砂箱一般都设有加热装置。磨料经加热后,毛细现象增大,浸润性增强,有利于提高磨具的粘结强度,加热磨料的另一个作用是消除或减少细粒度磨料受潮易结团的现象。撒砂速度要与基体的运行速度配合。这决定基体上磨料的植砂密度。这种植砂形式往往下砂量较小，故尤其要注意撒砂的均匀性。否则易造成植砂太薄或缺砂。调节导辊可上下移动，以调节基体的水平位置的倾斜角度，确定磨料在基体上的堆积度。倾斜角度小，磨料植砂角大，容易粘结牢固，但余砂不易滑落。倾斜角度大，磨料不易粘结，易造成植砂不均匀和粘结不牢现象。

薄流式重力植砂具有观察方便、操作简单、植砂较牢固、砂面锋利等优点；但砂面磨粒粒锋有方向性、回砂量大、粉尘大等缺点。

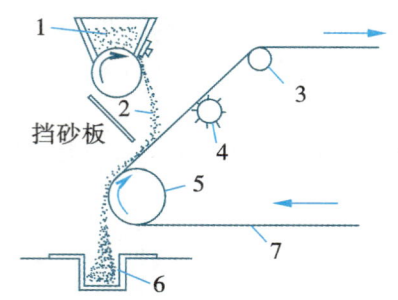

1—砂箱；2—磨料；3—调节导辊；4—打砂辊；5—主动导辊；6—集砂箱；7—基体。

图 7-12　薄流式重力植砂

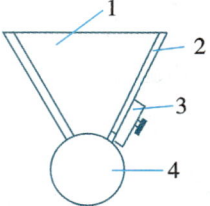

1—砂箱；2—加热夹层；3—撒砂刀；4—撒砂辊。

图 7-13　砂箱构造

（2）辊压式重力植砂　辊压式重力植砂的结构原理如图 7-14 所示，这种植砂方式与薄流式植砂主要区别在于它多了一个压砂辊。压砂辊的作用是使磨粒在外力作用下较快、较深地进入底胶层，同时也增加了粘结不牢的浮砂数量。浮砂无外力作用时不会自动脱落。所以紧接着用不停转动的打砂辊以一定的时间隔频率敲击基体背面，打落多余的浮砂。这种植砂方式同样要控制下砂量的大小和均匀，与基体运行速度及打砂辊的速度配合适当，才能保证植砂量适合，厚薄均匀。辊压式重力植砂与薄流式比较，其主要特点是砂布的砂面均匀，磨粒粘结更牢固，产品使用寿命较长，但产品因加压，使磨粒排列不好，砂面不够锋利，而且操作不太方便，压砂辊易粘胶粘砂，形成砂面团或缺砂。

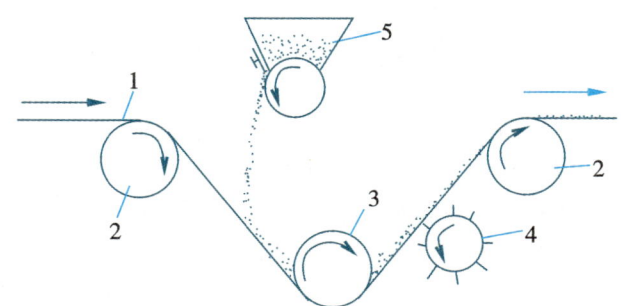

1—基体；2—导辊；3—压砂辊；4—打砂辊；5—砂箱。

图 7-14　辊压式重力植砂的结构原理

在重力植砂中，植砂密度可通过控制基材的运行速度和调整下砂量来实现。通过适当调整砂箱的位置，增加磨料的下落高度，可赋予磨料较大的冲力，增加胶粘剂对磨料的粘接力；或者增加下砂量，既提高磨料的冲力，又提高多余磨料对植入胶层的磨粒的压力。

生活中的静电

7.4.2 静电植砂

生活中的静电、静电植绒具体内容见二维码。

静电植绒

7.4.2.1 静电植砂原理

静电植砂原理具体内容见二维码。

磨料从电学这个角度来说，是一种绝缘体或者称它为电介质。

静电

所谓电介质是由成对的相连着的正负电荷所构成的，这些电荷一般不能在物体中自由移动，但在外界电场条件影响下，电荷中心产生相对位移，形成一个偶极子。这样偶极子会在电场力下发生定向移动，进行植砂。每种磨料在外界电场影响下所产生的电位移是不一样的，因为每种磨料的介电常数是不一样的，这样就决定着磨料在高压电场中所表现出来的性能是不同的。凡是介电常数较大的磨料，静电植砂就比较容易，反之静电植砂就比较困难，如碳化硅磨料能在比较低的电压条件下进行静电植砂，而刚玉磨料则需要在比较高的电压下才能进行静电植砂。而金刚石由碳原子以共价键连接形成的正四面体空间网状结构的原子晶体，在电场中难以形成偶极子，难以采用静电植砂。

典型的静电植砂，如图 7-15 所示。磨料被电场极化，但不一定具备上吸的条件，只有当外界电场电压足够高时，最后运到磨粒表面上的电荷与下极板发生部分放电，使磨粒呈一个带电体，这时磨粒才会吸向上极板。此时如果有已涂胶的基材通过静电场，磨粒便克服胶层的黏滞阻力，深深地扎入胶层而粘附在基材上。由于磨料按电场电力线的方向"定向排列"，磨粒尖端朝外，又由于磨粒间互相排斥，磨粒之间存在着均匀的空隙，从而使磨粒密度均匀，磨削锋利。

GO！一起来认识电介质极化

此时电场中如无涂有粘结剂的基材存在，磨粒吸到上极板上立即放电，又重新落下，然后再极化，放电，上吸，如此循环，一直进行下去。

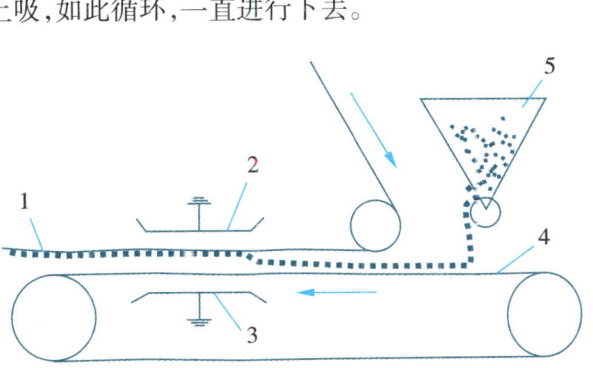

1—基材；2—上极板；3—下极板；4—输送带；5—砂箱。

图 7-15 静电植砂基本形式

假设外加电压为 U，两极板间距离为 d，则上下极板间的电场强度 E 等于：

167

$$E = \frac{U}{d} \tag{7-1}$$

从式(7-1)可以看出,两块电极板之间的距离大小对植砂电压、植砂密度、植砂质量等都有明显的影响。理论上极板距离越小电场强度越高,越有利于磨料的植砂强度。但是,一方面,如果极板距离太小,则很容易在极板间发生放电现象,从而破坏高压电场,特别在湿度较大的情况下;另一方面,如果极板距离小,则电场对磨粒作用的时间就短,磨粒所获得动能就小,磨粒插入胶层的力量就比较小,从而影响植砂质量。

静电植砂所用的电压,一般最高达到 100～120 kV,它取决于磨料材质、粒度、植砂密度等因素。下极板接高压静电,上极板接地,两极板间的距离可以调节,距离越大,要求电压越高,一般控制在 100 mm 以下。

7.4.2.2 静电植砂的优点

由于静电植砂的磨粒是靠静电电场力吸上去的,因此它与重力植砂相比较,就有了以下的特点:

(1)锋利性　静电植砂的砂粒是靠静电电场力吸上去的,砂粒的形状各异。但总体可认为,电场力的作用点作用在砂粒重心,因此砂粒的大头朝里,小头(尖头)朝外,大头被胶牢牢地粘在带基上,尖头朝外,则砂纸砂布磨削锋利,符合涂附磨具的使用要求。

重力植砂的砂粒是倒上去的,砂粒方向各异,不可能做到大头朝里,尖头朝外。因此,砂粒粘结的牢固度和磨削锋利度不如静电植砂。

(2)均匀性和有序性　静电植砂的磨料是靠静电电场力吸上去的。只要植砂设备能保证电场力均匀、涂胶均匀、输砂量一致,静电植砂产品的表面就明显呈现出均匀性和有序性。而重力植砂是从上往下、砂粒依靠重力倒下来的,均匀性不受控制。因此,目前静电植砂受到广泛应用。但是重力制砂砂粒粗细不受限制,比 500 μm 更粗的砂布砂纸一般都由重力植砂工艺生产。

(3)高粘结性　静电植砂产品的磨粒对粘结剂层的附着力比之重力植砂法有着明显的提高,这是由于:一是磨粒在静电场中受到的电场力比之磨粒在自由落体时重力要大,磨粒有较大的力量插入胶层,其深度要大;二是磨粒在电场中沿着它的长轴方向运动,磨粒到达胶层时是以它尖端摇入胶层内部,它所要克服粘结剂的黏滞力比之重力植砂时磨粒无序植入胶层时要小得多。因此,磨粒插入胶层深度要大,于是粘结力自然得以提高。

(4)可控制性　静电植砂的静电场强度的控制,采用现代的电气控制技术,可以调节电场强度、频率、波形,满足不同产品的生产需要;能比较有效地控制植砂密度,以制取磨粒分散均匀和有秩序的产品,来提高磨具的排屑、防堵和散热性能;甚至可以实现远程检测和控制,保证产品质量。

(5)较好的适应性　静电植砂适用于各种普通磨料,但是由于静电植砂的砂粒依靠电场力吸上去,所以,若要砂粒大就必须加大电场力,也就是要增加电压和电流。但提高电压电流要受条件限制,并不是可以无限增加。按照目前静电高压发生器最高 6 万伏(交流)和 12 万伏直流的能力,只能生产 500 μm 以细的碳化硅砂粒和 250 μm 以细的刚玉砂粒。

7.4.2.3 静电植砂设备

静电植砂是利用高压静电场使磨粒成为带电体而被吸附到已涂有粘结剂的基体上,

因此静电植砂机构需要营造一个高压静电场,为此要有高压静电发生器、极板(正、负极),要有植砂带在静电场内通过,以及将磨粒撒到植砂带上的植砂箱,图7-16为静电植砂装置示意图。

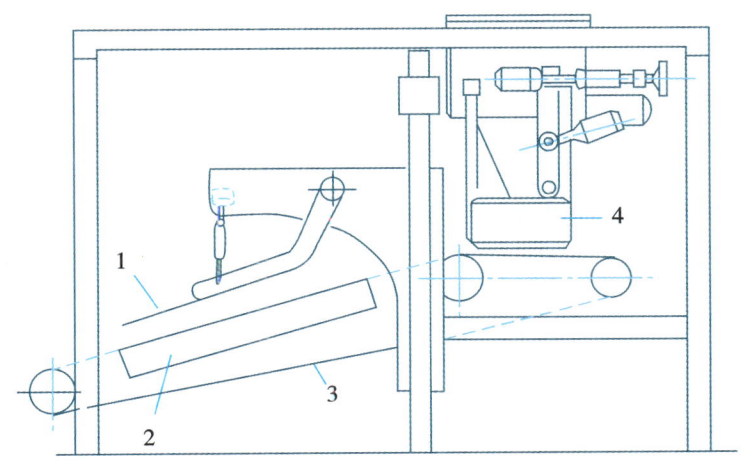

1—上极板;2—下极板;3—植砂带;4—植砂箱。
图7-16 静电植砂装置示意图

静电植砂装置包括以下几个部分:

(1)高压系统　一般为低频高压,同时可以进行调压调频,其范围如下:电压0~100 kV·A·C;频率2.5~30 CPS;电流8 mA、短时间可达10 mA。

静电植砂发生器有直流高压发生器和交流低频高压发生器两种。就静电植砂而言,直流高压和工频、中频、高频高压都能产生静电场力,低频交流高压发生器特别适合静电植砂,具有如下优点:

1)磨料粘结牢固　低频高压能够使磨粒在电场中产生较大的冲击力,冲入涂胶层被牢牢地粘住。采用直流高压,电场力是一个恒定的力,磨粒始终在恒力作用下植砂。而交流低频高压是在正负两极交替变化下植砂的,由于是交流,就有一个正负的变化,当由正电压变为负电压的一瞬间,产生一个强劲的冲击电压,这个电压大大高于正常电压值。而这个冲击电压所产生的冲击力,使磨粒获得比正常电压更大的力冲入胶层较深,且重心朝里,尖头朝外,因而砂布磨削锋利,产品质量较好。除了极性变化以外,低频交流高压可以设计制造成适合静电植砂的特殊脉冲波形,俗称"椅子波",增加冲击力。在低频植砂时,可以听到"沙、沙、沙"的飞砂声,就是磨粒冲击的声音。

2)交流可以去除磨粒的极化　在植砂生产过程中,一部分磨粒被胶粘附在基布上,另一部分磨粒未被粘住而掉下来。由于磨粒是电的不良导体或绝缘体,具有电介质的特性,在电场作用下有一定的极化作用。在受电场力再次作用时,磨粒极化会表现出反电场方向的作用力而减小吸引时的冲击力。交流高压的负半周有部分去极化的作用,可以使第一次未被粘住的砂粒,第二次仍冲向胶层,保证连续生产的产品质量。当然,实际上磨粒的极化性能会逐渐下降,此时应对磨粒进行一些必要的处理,才能继续使用。

3)交流比直流更便于调整电压、频率和极板尺寸　可以按生产实际需要,方便地调整电压、频率和极板尺寸。

静电植砂电场力是由上下极板之间施加高压产生的,直流和交流都可以通过。区别在于:目前直流高压发生器都由倍压整流产生高压,内阻很大,高压电压稳定性较差;而低频交流发生器由高压变压器直接产生高压,相对内阻较小,高压电压稳定性较好。

磨粒在高压电场中电压越高,受到的电场力就越大,而频率则表示这个电场力作用在磨粒上的时间,频率越低,电场力作用在磨粒上的时间就越长,则磨粒在电场中得到的能量就越大。正如一个小铁球从一米高度自由坠落到地面时,有可能砸下一个很大的坑。这是因为小铁球在地球的引力场中,由于受力时间长,而获得更大的冲击能量的缘故。因此,在操作静电植砂时,磨粒越粗应取越低的频率,让磨粒获得较大的能量,以克服自身的重量,而上吸至胶层,从而得到较好的植砂质量,而较细磨料则取较高频率。

但频率低有可能造成基材运动速度(即机速)的降低,这样可以适当增加极板长度,增大静电植砂的工作范围,来获得较高的生产效率。

4)交流比直流高压电压稳定　直流高压发生器内部电路结构比较简单,高压由倍压整流电路产生,内阻很大且无法调整控制,使得高压电压稳定性差。而低频交流高压电压由高压变压器直接产生,相对内阻较小,且可以采取电路补偿和反馈措施,进一步提高高压电压的稳定性,从而能够对静电植砂电场强度进行比较精确的控制。好的低频交流高压发生器,它的高压电压稳定性很好,不但可以用于一般密植砂场合,还可以用于要求较高的疏密植砂可控的场合。

5)交流高压发生器有较好的保护功能　目前,直流高压发生器采用半导体高压硅堆,属于不可控电子器件。当负载瞬时过载或电源超过极限时,主要保护手段是烧保险丝或空气开关跳闸,或者烧高压硅堆造成设备损坏。从我国实际情况来看,多数使用直流高压发生器的植砂机结构比较简陋、绝缘性能较差、高压放电打火现象时有发生、负载瞬时过载难以避免,因此,故障率较高。

影响静电植砂的因素除了静电场的电压、频率、极板距外,还有极板、输送带和环境等。

(2)极板　应可以调节间距以及电场长度的较为理想,同时需要极好的绝缘。

1)极板的平行度　是指上下两极极板的平行性能。由于两极板间的电场强度与极板距离的平方成反比,如果上下两极板不平行,则会造成极板电场间强度分布不均匀,从而导致植砂的不均匀,严重的将会引起局部放电,造成不安全。

2)极板平整度　极板表面的平整同平行度一样,会引起两极板间的电场分布不均。

3)极板的边缘结构　为了防止极板边缘锐角的极端放电,将极板的四个边倒成圆弧状结构,宛如一只方盆模样,其圆弧的 R 大约在 20~30 mm 之间。这种结构设计还可以防止和减少"翻砂"现象。所谓"翻砂"即磨料受边缘电场的作用,翻越至上极板的上面。

4)极板材质　极板材质的选择应考虑它的导电性能,越强越好,另外,制作方便和成本低廉等因素也是要注意的,目前一般选用铸铝、铜等合金材料制成。

5)极板的长度　极板的长度是不可能随意变更的,但我们可以将一块极板(单极板)分成两块或三块(多极板)。这样就可以根据不同的磨料材质和粒度以及提高生产速度的需要,快速便捷地变更极板的长度,以达到增加磨料在电场中停留时间,保证足够的植砂密度的目的。

(3）输送带　这是一条抗臭氧无接头的抗静电绝缘橡胶制成的传送带,在运转过程中植砂带需要张紧、需要控制其跑偏,可以采用手动来调节,也可以用光敏元件来自动控制跑偏。

在通常情况下,输砂带的速度应小于生产速度。若输砂带速度过大,磨粒所获得的惯性增大,在水平力和垂直力的作用下,磨粒在胶面上的垂直性将受到损害。

（4）植砂箱　目前,静电植砂和重力植砂基本上都采用具有振动系统的植砂箱。它不仅在工作宽度上磨料的分布状况有很大的改进,而且减少了余砂量,大大节省了磨料的准备工作,从而导致成本的大量下降。经试验证明,使用振动式植砂箱可以对 P24～P1200 标准砂进行静电植砂,其中 P280～P1200 静电植砂时,其植砂量在全宽度上的误差仅为±2％,因此对植细粒度磨料能保证其砂面均匀。

7.4.2.4　静电植砂形式

静电植砂的形式有"同向"静电植砂、"逆向"静电植砂、侧面静电植砂和压缩空气静电植砂四种。

"同向"静电植砂是指基体的运动方向与输砂带的运动方向一致,如图 7-17 所示；"逆向"静电植砂是指基体的运动方向与输砂带的运动方向不一致,如图 7-18 所示。

（1）同向植砂　较细磨粒先植入底层,而较粗磨粒因体积大而无法插入较细磨粒的空隙中,只能大部分浮在较细磨粒的上面,这部分磨粒在磨削中很容易较早脱落而影响砂带磨削的效率。

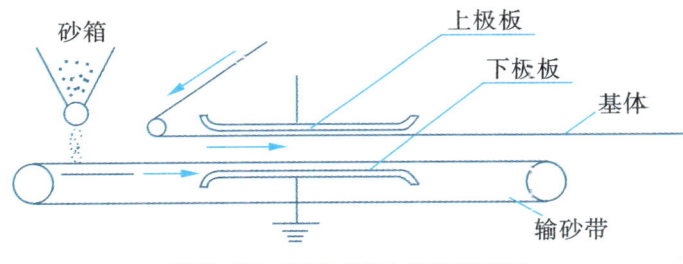

图 7-17　"同向"静电植砂示意图

（2）逆向植砂　当已涂胶的基材进入电场时,输砂带上的磨粒通过整个电场到达电场末端,留下的大部分是较粗的磨粒,这是由于在静电植砂中较细的磨粒将首先被吸上的缘故。这样较粗的磨粒将首先被植入胶面的底层,然后随着基材的向前运行,较细的磨粒不断植入较粗磨粒的空隙中,形成较合理的粗细磨粒的搭配,对砂带磨削效率的提高是有利的。

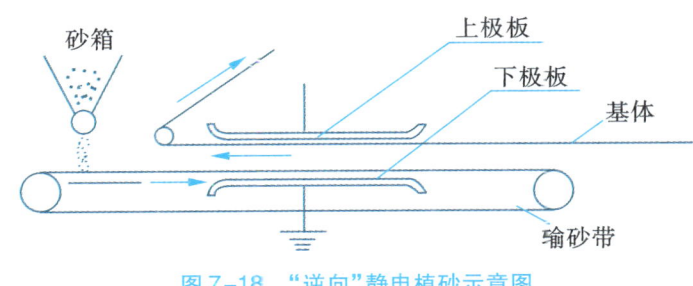

图 7-18　"逆向"静电植砂示意图

（3）侧面静电植砂　指磨料从侧面植入胶层，其方法原理如图 7-19 所示，这种方法仅仅是改变磨料运动的角度，所以所需要的静电力较小，使用的电压也较低，对难植砂的产品和粗粒度产品，有较好的效果。

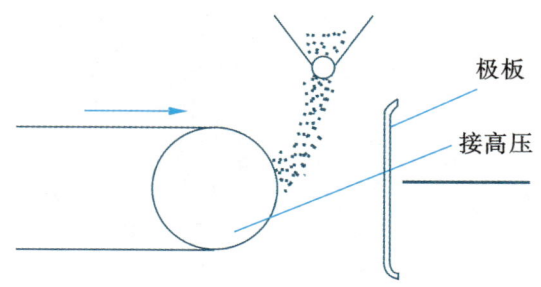

图 7-19　侧面静电植砂示意图

（4）压缩空气静电植砂　指借助于压缩空气的压力进行静电植砂，压缩空气从下端吹入贮砂桶中，磨料在贮砂桶中被"沸腾"起来，这时极板上通以高压，磨料可以上吸，从而达到静电植砂的目的，如图 7-20 所示。

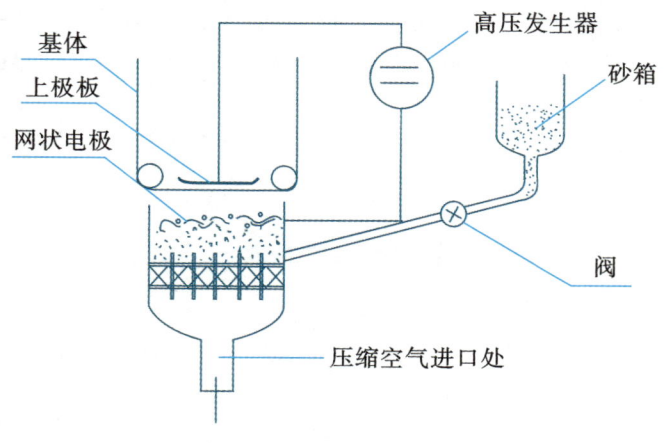

图 7-20　压缩空气静电植砂示意图

7.4.2.5　静电植砂的温度和湿度

静电植砂对环境有一定的要求，一般都安装在有温度和湿度控制的地下室或特殊房间中，温度一般为 25 ℃±2 ℃，湿度以 40%～50% 为好。温度和湿度的过高、过低都会影响植砂的效果。研究发现，在设定的温湿度下，精确控制植砂环境的温湿度，如将温度控制在 +0.5 ℃，相对湿度控制在 ±1% 内，可以很好地满足各种磨料植砂的稳定性，提升产品的品质。

由于不同的磨料具有不同的导电率和导电率时间常数，因此，在同样的环境下，需要不同的电场力来实现静电植砂。将温湿度根据不同磨料的特性进行设定，能够有效地提高磨料的导电率，将植砂所需要的电场强度和电场力控制在一定范围内。例如，锆刚玉、棕刚玉等磨料需要通过提高环境湿度来增加导电率，从而实现稳定的植砂动作；而碳化硅等磨料属于半导体材料，容易导电，植砂时需要适当降低环境湿度。

7.4.3 混合磨料的植砂

两种磨料混合植砂产品,例如锆刚玉砂带就是两种磨料混合植砂,锆刚玉与半脆刚玉或煅烧刚玉的比例是(50%~65%):(35%~50%)。如果采取通常的静电植砂方法,由于二者的电性能不一致,将造成两种磨料不均匀分布;而且余砂的组成会发生变化,以致不能循环使用。

虽然可以通过重力植砂方式将不同磨料全部植上,无余砂。但它并不能解决磨料分布不均匀的问题,同时重力植砂制得的产品自锐性较差,因为档次低的磨料磨钝后不脱落、不裂变,它承受了主要的磨削压力;而高端磨料在初始自锐后并不能获得足够的磨削压力,影响了砂带的进一步磨削和自锐。

一种解决方法是对磨料进行表面处理,使两种磨料的电性能趋于一致。

目前,比较可行的方式是采用重力+静电混合植砂(如图7-21)。第一次采取重力植砂将低档次磨料植入,然后采用静电植砂植入高端磨料。让低档次磨料"躺下",高端磨料"站立",造成磨料表面的高低不平。低档次磨料的作用主要在于"固定"高端磨料。

如果植砂机没有重力植砂,可以考虑在生产线走两次,即重复涂敷的办法:第一次植低档次磨料,然后干燥;第二次再植高端磨料,然后固化。

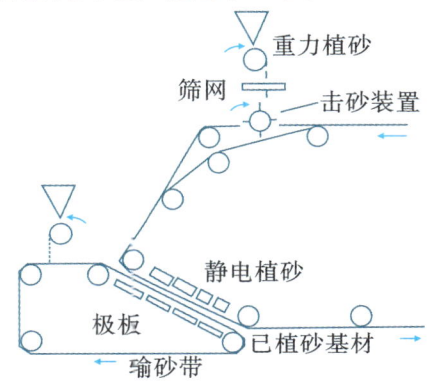

图7-21 混合植砂示意图

例如,锆刚玉砂带粗粒度产品采用混合植砂方式,先用重力植砂方式植半脆刚玉或煅烧刚玉,再用静电植砂方式植锆刚玉。

生产细粒度产品采用磨料混合的两次静电植砂方式,AZ-40锆刚玉的导电系数较差,混合磨料静电植砂时,后上去的是锆刚玉,磨削时发挥作用的依然是锆刚玉。

有资料表明,在制造打磨不锈钢的锆刚玉砂带时,生产线布置两台静电植砂机。两次植砂均采用静电植砂,磨粒的直立性可以提高,因此也能够提高磨削性能。

7.4.4 印刷植砂

印刷植砂,是先将磨料和粘结剂混合成混合料,再将此混合料以"印刷"的方法,即辊压的方法固定在基材上,制作成微复制结构的涂附磨具产品。比如:3M公司的Trizact、Saint Gobain公司的NoRaX、Klingspor公司的Noppex,它们都有表面规整的微复制图形,呈现出非常好的锋利外形,所有磨粒尖端定向排列。特别是对于金刚石等超硬材料产品,由于其电性能特点,不能采用静电植砂方式,细粒度产品为了提高使用寿命,基本上采用这种微复制结构。不同种类微复制结构砂带产品如图7-22所示。

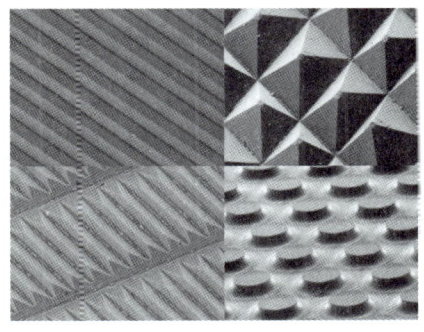

图7-22 不同种类微复制结构砂带产品

同传统产品对比，微复制结构是通过把磨料固定在微小单元的这种结构增加磨料的层数与数量，从而提高了砂带的使用寿命。这种多层的磨料结构，保证了在研磨过程中始终有新的磨料露出，从而保证了在整个磨削过程中材料去除率高效稳定、磨削效率高、工件表面质量稳定一致，保证了磨削质量。而传统的涂附磨具产品是单层磨料结构，单层磨料在磨削过程中一开始往往具有较大的材料去除率，但随着磨削的进行材料去除率会大大地降低。这是由于单层磨料结构的产品刚开始暴露出的磨料切削刃具有很强的切削能力，但是随着磨削的进行切削刃磨损破碎或者整个磨料脱落，造成了传统单层磨料的涂附磨具去除率、使用寿命低、磨削效果不稳定。传统结构与微复制结构磨料磨损形式，如图7-23所示。

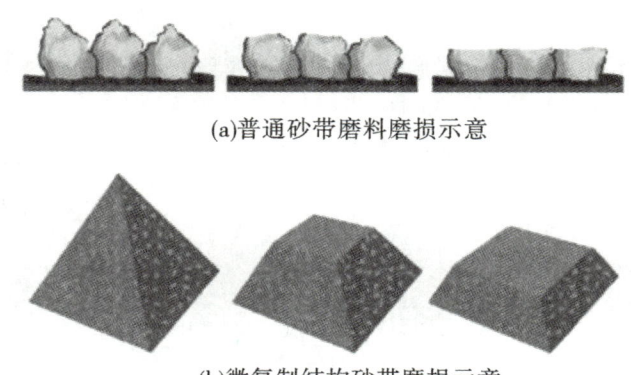

(a)普通砂带磨料磨损示意

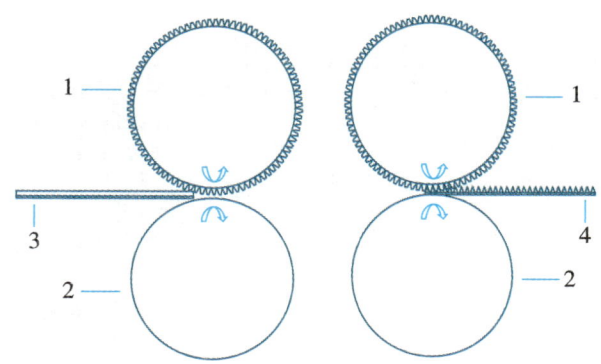

(b)微复制结构砂带磨损示意

图7-23　传统砂带与微复制结构砂带磨料磨损形式

通常的微复制结构的制备有三种情况：第一种情况是预先制备出磨料的微小单元，然后通过植砂使其均匀地排布在布基体表面；第二种是砂带基材本身为网格状或把基体制备成均匀的形状，那么涂布上面的浆料成型后自然也成为微复制结构；第三种是砂带基材与普通砂带一样，都为平整型，胶粘剂和磨料混合后通过刮涂法等涂敷在基体上，然后在涂布后，通过机械辊压等方式制备出排布均匀的微复制结构，快速固化后保持其形状结构（图7-24）。或者涂布后直接固化，最后利用激光切割等方式制备出排布均匀的微复制结构。

1—微图案钢辊；2—橡胶辊；3—基材；4—已植微复制结构基材。

图7-24　机械辊压法制造微复制结构砂带过程

7.4.5　植砂量和植砂密度的计算

植砂量是涂附磨具产品最重要的工艺参数之一，理想的涂附磨具应是单层磨料结构，但实际上是不可能实现的。植砂量受到磨料的品种、基材性质、设备和工艺等很多因素的影响。

植砂密度是指涂附磨具表面磨粒的疏密度，以磨粒对基材的覆盖率表示。但在涂附磨具的实际使用中经常以每平方米面积上磨料的克重来表示，即 g/m^2。

理想的涂附磨具是单层磨料的组织结构，每颗磨粒的存在形式和在磨料层的分布状态都具有至关重要的作用。磨削硬金属材料，需要达到很高的金属切除量，必须尽量多的磨粒参与磨削，因此，采用密植砂的涂附磨具。而对软材料（如各种木质材料）和轻软金属材料，需要采用疏植砂的涂附磨具。疏植砂结构的优点：一是可增加表面的孔隙率，利于磨屑的排除；二是摩擦力小，不易堵塞，散热快；三是消耗动力少，节能；四是磨料消耗少，降低生产成本。

为了更好地设定合适的植砂量，国内高忠老师提出了植砂密度的理论计算方法，他以磨料的平均粒径实测值与磨料堆积密度实测值为基础，计算磨料以最密堆积状态在涂附磨具基材表面单层排列的单位面积（m^2）的重量（g），将它定义为某粒度号的某种磨料的 100% 的植砂密度基准值（g/m^2）。

$$植砂密度(g/cm^2) = 堆积密度(g/cm^3) \times 磨料加双平均粒径(cm)$$

上述公式是某个粒度号某种磨料的 100% 植砂密度值，以此为依据，可以计算出 50%、70% 等不同植砂密度产品理论植砂量，为各企业生产不同的产品的植砂量提供了理论依据。

7.5　干燥与固化

7.5.1　干燥设备

涂附磨具制造过程的干燥和固化主要有涂胶植砂后的预干燥、复胶后的主制造后处理的固化等三个部分，另外还包括涂附磨具预处理和超涂层的干燥。目前，干燥设备主要分为平跑线和悬挂线两种方式。

7.5.1.1　平跑线

平跑线结构见第 8 章图 8-2，主要由托辊组 8、加热板组 9、调偏辊组 31、余砂回收装置 32 及骨架、封体等组成。

目前使用的热元件大多为远红外石英加热板，它主要由远红外石英管和反射保温板组成。远红外线干燥是一种较先进的干燥方法，远红外线能穿透到涂层内部，使涂层内外同时得到加热，利于加热干燥效率的提高，同比一般干燥方法能源消耗少。保温反射板保证热量不向背面流失，这种热元件的热惯性较小，能使烘房迅速升温或降温，对工艺的适应性较强。

烘房热源也有使用蒸汽散热器或其他热元件的，蒸汽加热效率较低，影响走步速度，一般是在电力条件受到限制时采用。

托辊的作用是提供砂布运行的辊道,以克服砂布自重引起的下垂,使布面保持为平面,使之在运行方向与加热板保持一致的距离。

调偏辊的结构系辊筒一端支承于一个丝杠带动的滑架上,设置于烘房端头砂布转向处。根据布的松紧边和跑偏情况,调整调偏辊使其轴线与其他固定辊筒偏移一个角度,从而控制砂布的跑偏。其调偏过程如图 7-25 所示,砂布一般向松边方向跑偏,调整调偏辊位置使松边拉紧,则跑偏现象改善。

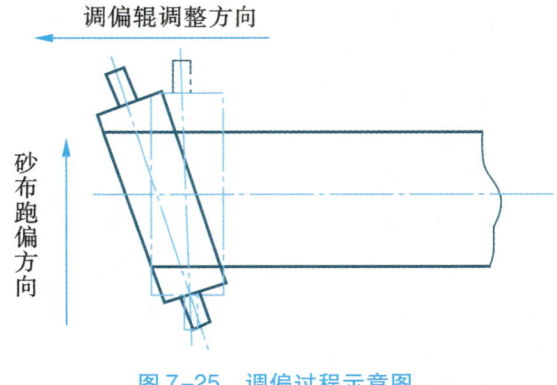

图 7-25　调偏过程示意图

烘房的加热效果主要取决于电热板的功率、布置密度、加热板与布面的距离。

为了适应不同规格砂布和不同走布速度的要求,生产线可控制电热板的通电数量,并设置有由电机、蜗轮、蜗杆、滑轮组驱动的加热板升降装置,可以及时、方便地调整加热板与布面的距离。

烘房骨架用于安装各执行元件。封体用于封闭烘房,避免烘干过程产生的有害气体及热量外溢,影响车间环境,同时起辅助保温作用。顶部有通风口,排出各类有害气体。

余砂回收部分的作用是将头胶、植砂后砂布上的浮砂在干燥后转向时去除,以免带入复胶工序,用鼓风机产生高速风在调偏辊附近将浮砂吹落入接砂斗中。

7.5.1.2　悬挂线

悬挂线如图 7-26,主要由箱式干燥炉、悬挂装置和热风供风循环、排风装置等组成。在整个干燥区分为预干燥炉和主干燥炉两段。在涂底胶植砂后进入预干燥后,进行第二次涂胶即涂复胶,再进入主干燥炉进行干燥和固化,为了能顺利通过干燥区,且保证产品符合干燥和固化曲线的要求,同时又保证产品质量的一致性,采用悬挂形式进行干燥最为合理。

(1)悬挂装置　将布经过涂胶,植砂后利用挂杆由链条输送到轨道上,沿轨道向前移动,利用其运动速度的变化,挂杆间距的改变,配合干燥温度和湿度,从而达到预干燥的要求。在干燥炉内很重要的一点是要尽量避免产生落杆现象,以免造成废品,因此要求挂杆移动平稳,也就是链条的移动要平稳,两边的链条要同步,挂杆要直,将挂杆送进干燥炉内的链条轨道上是使用上杆机构,人工将挂杆放入送进器,由环链将挂杆勾起送到炉上部的导轨上,而挂杆出干燥炉时是采用落杆器将挂杆落回到运输小车上。挂杆在炉外的循环是由人工用小车来运送,而先进的著名的涂附磨具生产厂已使用挂杆在两个干燥炉内分别自动循环,这样节省了大量人力和运输车辆,只有在最后挂杆要改变间距时才用人力来增加或减少挂杆数。

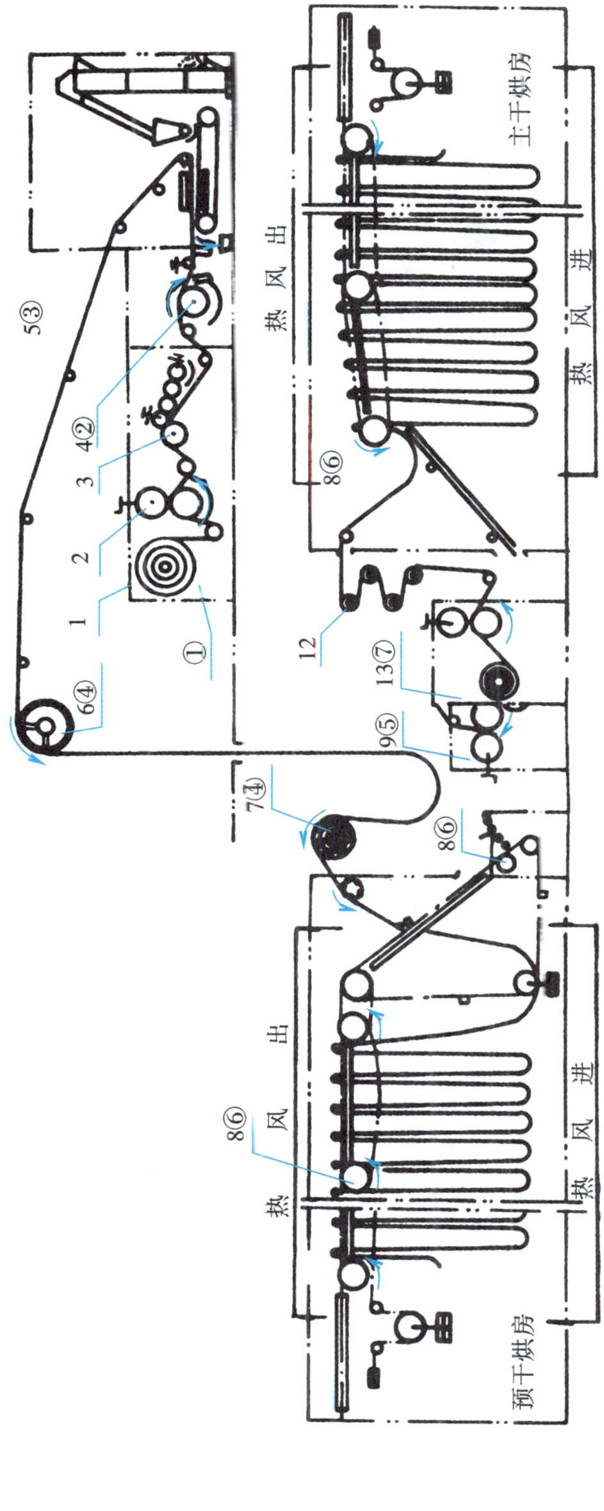

第7章 涂附磨具大卷制造

图7-26 悬挂线结构示意图

1—开卷架；2—牵引机构；3—商标印刷机；4—头胶机；5—静电植砂装置；6、7、11—吸风牵引装置；8—悬挂上棒运行系统；9—复胶辊组；10,12—阻尼辊组；13—收卷机。

(2) 热风供风循环排风机构　由于粘结剂需要干燥、固化,因此根据其特性在预干燥炉及主干燥炉内需要有相应的不同的温度和湿度,为保证产品质量的稳定性,要求在炉内各点的温差为±1 ℃,因此热空气的流动就成为非常重要的因素,不仅要保证炉内各点的温度差,又要达到所设定的温度具有一定的稳定性。当干燥区内有湿度要求时,同样要达到湿度的稳定。为了在若干个温度区或温度湿度区的几十米或几百米的长炉内实现温湿度的要求,以保证产品的质量,这就决定了这个机构的供风、热风的流动和循环以及排风的状况等都围绕着严格的温湿度的自动控制。所以,这些装置和自动控制装置将是影响产品质量的重要的关键因素之一。目前,在新的设计和制造中采用新一代的控制手段——使用程序控制的温湿度仪来精确地控制、调节干燥炉的温湿度,同时控制炉内风压以减少布在干燥炉的出入口开口部分所散发出来的有害气体漫延到工作场地,这对环保有重大的意义。

为保持炉内温湿度,防止热空气的散发而使工作场地的环境温度升高,炉体的结构以及绝热材料的设计和选用需要重视。一般炉壁、炉顶用玻璃棉绝热而炉内地面需要有相当厚的蛭石来绝热,炉体的结构应考虑到热膨胀系数。

热源可以采用蒸汽或热油。

7.5.2　干燥方法

干燥方法按热源不同,可以分为蒸汽干燥、电热干燥、远红外线干燥、微波干燥等。

7.5.2.1　蒸汽干燥

在涂附磨具制造过程中,蒸汽干燥的形式主要是热风烘房式干燥,它既适用于预干燥和主干燥,也适用于后处理的固化工艺。

热风烘房式干燥包括三个部分——空气加热器、烘房和循环调节系统(见图7-27)。

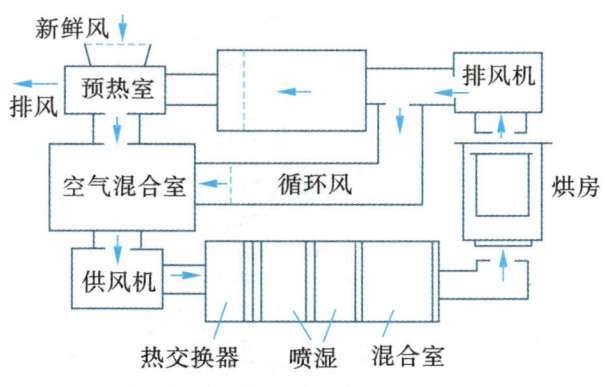

图7-27　烘房加温加湿系统示意图

(1)空气加热器　它由排管组成,过热蒸汽在管内流动,使管壁加热,与管外的冷空气接触,使冷空气得到预热。空气加热器的数量根据烘房大小、所需要的热量多少和烘房温度来决定,空气加热器一般应封闭在一个加热小室中,用鼓风机将冷空气通过空气加热器加热,然后送入烘房。

(2)烘房　它的结构是热风通过鼓风机从烘房底部通道进入烘房,且有隔栅调节,废气从上面通风管道，由抽风机抽出。

预干燥烘房长度较短，是干燥未复胶的半成品；主干燥烘房长度较长，一般主干燥与预干燥烘房之比为(2.5～3)∶1。适合于树脂粘结剂的大烘房，总长度在200 m以上。烘房周壁是用绝缘性很好的保温材料砌成，烘房内部可划分为几个温度区域，利用吹入热空气的量来调节，使整个烘房的温度，形成一条升温和降温曲线，以保证不同产品的干燥质量，烘房还可安装调湿装置，根据不同产品的需要，调整和控制烘房各区的湿度。预干燥和主干燥烘房一般采用悬挂式干燥，被干燥的半成品悬挂在木杆或金属杆上，悬挂高度一般为2.5～3 m，挂杆的速度和挂杆的间距还可以调节，这样就可以根据不同产品的需要，调整和控制干燥温度、湿度和时间。

(3) 循环和调节系统　烘房中排出的废气，一部分重新进入热空气加热器，加热后再送入烘房，另一部分则由烟囱排空，或者送到废气处理装置中焚烧。废气的利用和排放的量是根据干燥物性能和废气中的组分来决定的。

热风烘房式干燥还可用热油代替蒸汽，采用一种沸点较高的矿物油，在专门的油炉中加热，然后将热油通过散热器将空气加热，把热空气送入烘房，干燥物料。其热容量大，热效率利用更好，干燥温度也更高，控制也更好。

蒸汽干燥的形式还有其他几种，如滚筒式干燥和平板式干燥。

滚筒式干燥是将蒸汽经管道进入圆筒内的排管中，使滚筒表面得到加热，被干燥的基材紧贴在滚筒表面上通过，从而达到干燥的目的。

平板式干燥是将蒸汽经管道进入矩形箱的排管内，使矩形箱表面得到加热，被干燥的基材紧贴在矩形箱表面上通过，从而达到干燥的目的。

这两种形式虽设备结构比较简单，操作方便，但热利用率太低，主要应用在溶剂挥发型的动物胶粘结剂上。

7.5.2.2　电热干燥

电热干燥在涂附磨具生产中的应用有电热烫平滚筒、电热板、热辐射加热干燥和电热烘箱等形式，前两种形式与蒸汽干燥中滚筒式干燥、平板式干燥设备结构和作用基本相同，所不同的是把原来的蒸汽排管，换成电热丝。

热辐射干燥是运用电热线通电后产生的热辐射，直接对被加热物加热干燥。电热加热快，一般安装在被加热物的上方，保持一定的距离。这种方法一般适用于平拉式干燥的动物胶制品，设备简单，但耗电量大。

电热烘箱是一种热空气对流烘干设备，在涂附磨具生产中，既适于半成品大卷固化，也适于砂盘、砂页轮、砂页盘等的烘干。它与固化炉的结构基本相似，只是采用电加热而已。

电热干燥的温度控制比较正确可靠，实现温度自动化控制比较容易。但由于电热干燥耗能量大，所以在涂附磨具生产中，直接电热干燥法慢慢被其他方法所取代，如烘房式干燥法。特别是近年来，涂附磨具设备的发展方向是多功能，适合于多种品种的生产要求。

7.5.2.3　远红外线干燥

所谓远红外线指的是波长为40～100 μm范围内的一种可见光波，它能被某些溶剂分子所吸收,溶剂分子吸收这种光能后,转变成分子的动能,使分子的热运动增加,促进溶剂分子从溶液或胶液中释放出来,从而达到物料干燥的目的。作为涂附磨具粘结剂的有机高分子物质在远红外线区域内有很宽的吸收带,能大量吸收远红外线的辐射能量。由于远红外线具有较好的穿透力,能使涂层内外同时得到干燥,具有干燥迅速均匀、加热干燥效果好、能源消耗少的特点,是一种先进的干燥方法。但由于远红外线辐射能量随与被干燥物的距离增加而急剧下降,直至完全消失。因此,不适于烘房干燥,而适于平拉式干燥。

远红外线加热干燥装置,一般由两个部分组成。第一部分是远红外线发射体,是以碳化硅板或其他耐火材料作为基体,表面涂一层金属氧化物(如氧化锆、氧化钴、氧化铁、氧化钛等)或氮化物、硼化物和碳化物等材料。使用时,根据被干燥物的性能来选择其中一种或几种组成远红外线发射材料的涂层。第二部分是加热元件,目前在涂附磨具生产中大部分采用电阻丝加热,当然也可以用其他方式加热。

7.5.2.4 微波干燥

微波干燥是近年来发展起来的新技术。在方向反复改变的外加电场作用下,物质的分子高速摆动,获得能量,使易挥发的溶剂蒸发,而达到干燥的目的,这就是微波干燥的原理。

微波干燥设备主要由微波发生器、微波加热器和冷却系统组成。其特点是从物质内部开始干燥的,具有速度快、加热均匀等优点,同时由于不产生大量热量,避免了环境高温,改善了劳动条件。因此,微波干燥只适于近距离的平拉式干燥。

7.5.2.5 烟道气干燥

所谓烟道气干燥是采用一种空气加热器(俗称热风炉),以油、煤气、天然气或煤为燃料,燃烧后所得到的恒温、恒压、无尘的热空气,直接鼓入烘房加热被干燥物,减少了热交换环节及相应的热交换设备,具有系统热效率高、设备简单、操作方便、投资低等优点,但温度控制较难。

国外还有一种先进的电子射线干燥方法,其特点是干燥时间极短、不需烘房、不产生热度、不损害基材。这种方法使生产成为很简单的事,但它必须采用一种特殊的电子射线固化胶粘剂。

7.6 制造后处理

传统的涂附磨具制造工序是由印商标、涂胶开始,经过植砂、预干燥、复胶、主干燥等工序,直至卷绕成大卷完成的。涂附磨具制造后处理是传统的制造程序完成以后,在产品转换以前进行的,以改善和补充涂附磨具性能为目的的若干工艺过程的总称,它是制造工序不可缺少的一部分,不同产品对制造后处理的工序和工艺有不同的要求。

目前,涂附磨具的制造后处理工艺主要包括固化、柔曲、增湿、停放、超涂层处理、背胶处理和背绒处理等工序。按照后处理的定义,固化不属于后处理的范畴,但由于它是在大卷卷绕以后进行的工序,也就放在后处理中阐述。

7.6.1 固化

由于采用了水溶剂酚醛树脂等胶粘剂,产品需要长时间高温处理,才能完成干燥固化过程。如果这个过程完全在悬挂干燥的烘房完成,一方面,它对烘房的温度湿度提出了较高的要求;另一方面,由于产品的悬挂部位不同而造成产品的质量差异。大卷固化工艺包括两步干燥固化的工艺,先使产品在悬挂干燥的烘房中完成干燥的初步固化,卷成大卷,再送入一个封闭的炉窑(即固化炉)中,实现产品的完全固化。

固化炉是一个箱式的炉子,大型的固化炉一次可以同时进行22个大卷固化,也是采用预置程序控制整个加热时间和加热温度,每一段的运行情况都有记录仪自动记录其温度变化的全过程,炉子最高温度可达120~130 ℃,以满足全树脂产品固化的要求,因此,固化炉与干燥炉相似,也有在热空气流动状况和保湿绝热的要求。

固化炉是一种热风对流的烘干设备,其示意图见图7-28。循环风机和蒸汽加热器组成热风循环系统,循环风机由电动机带动,经加热的循环热空气,通过风栅加热固化炉,热空气将部分热量传给被加热物后,被循环风机抽走,作循环流动。循环空气的更新,可由排气口将部分循环空气排至大气中,过滤后的新鲜空气由进气口吸入。固化炉温度通过热电偶测量,并由控制柜显示和自动调节蒸汽流量恒温控制。矿渣棉保温层是作保温用的。

固化炉根据大小不同,可放置大卷的数量也不等,大的可放置20卷以上,小的只放一两卷,各有各的优点。但不管大的小的,炉内温度均匀,并可自动调节,以适应不同烘干曲线的要求,都是必需的。

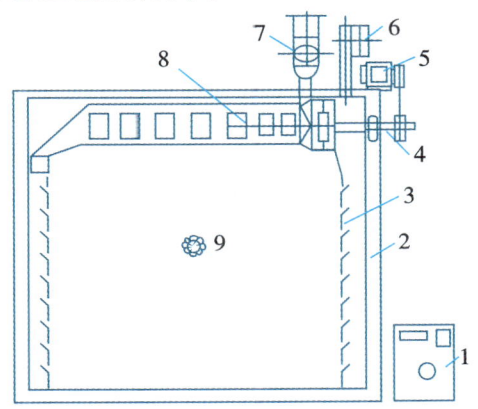

1—控制柜;2—矿渣棉保温层;3—风栅;4—循环风机;5—电动机;6—进气口;7—排气口;8—蒸汽加热器;9—热电偶。

图7-28 烘房加温加湿系统示意图

大卷固化具有设备比较简单,固化容量大,生产效率高的优点;而且由于减少了在干燥室干燥的时间,也就相应提高了生产线的效率。

但是必须注意的是:对如此一个直径1 m、宽度1.4 m、长度约700 m的大卷,要在规定的时间和温度下,从里到外都固化好,实际是很难的,而往往是大卷外部固化过度,中心固化不足。因此,近年来已有了以"主干燥烘房固化为主,以大卷固化为辅"的工艺,该工艺既克服了以大卷固化为主的弱点,又避免了完全在烘房干燥固化的弊病;既保证了产品固化的均匀性,又节约了能源。

7.6.2 柔曲

涂附磨具必须具有强度高、耐热性好、耐冲击力强和表面硬度大的特点,但是它和磨具的柔软性要求实际上形成了尖锐的矛盾,机械柔曲就是解决这一矛盾的好方法。

柔曲是使涂附磨具在张紧状态下,作不同角度的弯曲运动,如通过一组小直径的圆辊(称为柔曲刀),磨具背面紧贴刀面,使涂附磨具胶砂层产生连续的、微细的裂纹,从而获得柔软的效果的一种工艺方法。由于它是以机械的方法获得连续碎裂的,又称为机械柔曲。很明显,表示柔曲程度有两个因素,一个是柔曲度,另一个是柔曲方向。柔曲度表示了柔软的程度,柔曲方向表示了磨具柔软的方向性。

柔曲度取决于柔曲刀的曲主半径和柔曲刀对磨具的压力,柔曲刀的曲率半径越小,柔曲刀对磨具的压力越大,则连续碎裂的裂纹越密,深度越大,柔曲度就越大,磨具就越柔软。

柔曲方向可分为以下五种形式。

(1)90°柔曲 单向柔曲,其柔曲刀与磨具运行方向呈90°,即裂纹方向与磨具的纵向垂直,这是一种最基本的柔曲形式。经过90°柔曲的磨具在其纵向方向上是柔软的。

(2)两个45°柔曲 双向柔曲,先后采用两把柔曲刀,以两个相反的45°与磨具运行方向相交,裂纹呈对角线方向。经过这种方式柔曲的磨具,在与其纵向呈45°的方向上是柔软的。

(3)三向柔曲 即90°+两个45°柔曲,这种柔曲形式是前两者的相加。经过这种方式柔曲的磨具,在其纵向方向和纵向方向呈45°的方向上都是柔软的。

(4)多向柔曲 即Q-柔曲,这种柔曲形式是通过一种特殊的工艺方法,使磨具在所有的方向上都得到良好的曲线,柔曲效果极好。

(5)0°柔曲 即L-柔曲,单向柔曲,其裂纹方向与磨具的纵向平行。经过这种方式柔曲的磨具在其横向方向上是柔软的。这种柔曲要通过特殊的装备来实现,它往往不单独使用,而与双向柔曲(或三向柔曲)结合使用,得到比多向柔曲更好的效果。

柔曲形式示意图如图7-29所示。

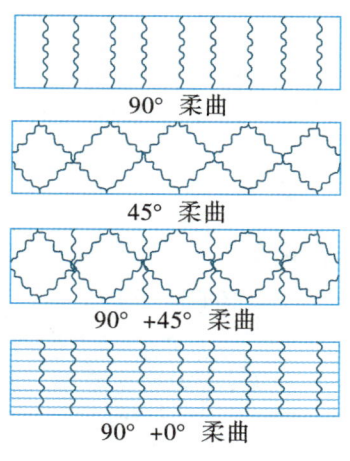

图7-29 柔曲形式示意图

差不多所有的涂附磨具都需要经过柔曲工序,以获得不同程度的柔软性。但过度的柔曲岂止无益,甚至是有害的。很显然,任何形式的柔曲都破坏了胶砂层的连续性,从而导致磨具耐久性的降低。

柔曲机是制造线完成生产后转换产品之前的一个重要工序,特别对于一些全树脂产品、重型产品需要有一定的柔软性,又不能破坏砂面而影响其耐用度。如图7-30所示,

U 型柔曲机,可以同时实现两次 90°柔曲+正反 45°柔曲,并且保持在柔曲过程中产品前后和两边均衡的张力控制,实现最佳柔曲效果。

除上述 U 型柔曲机之外,对于一些轻型材质的涂附磨具半成品大卷可以采用一种螺旋柔曲辊的柔曲机,这种机构结构简单而柔曲效果为"单一 45°柔曲,缺乏 90°柔曲",如果采用这种柔曲机,那么可以在转换设备上,如滚切机、裁刃机上加上一个 90°柔曲刀或柔曲辊,加以弥补柔曲的不足,但是对于重型材料则柔曲强度是远远达不到要求的,图 7-31 为其简单示意图。

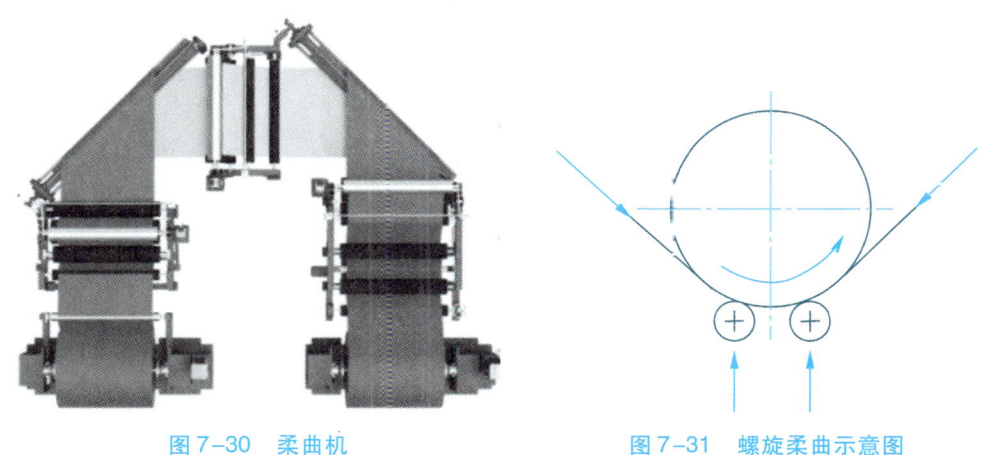

图 7-30　柔曲机　　　　　　　　图 7-31　螺旋柔曲示意图

7.6.3　大卷停放

涂附磨具大卷在室温条件下自然放置一段时间称为大卷停放。大卷停放是作为涂附磨具制造过程的一个工序而存在的,有停放的时间要求、停放的环境要求和放置方式的要求,绝不是可有可无的。

经过加温干燥或固化的涂附磨具大卷都不同程度地存在着干燥或固化不均匀现象,挂杆印明显,产品内水分大量丧失,脆性很大。大卷自然停放的第一个作用是使产品干燥和固化趋于均匀,挂杆印逐步消除,同时大卷吸收空气中的水分,含湿率逐步提高,产品脆性得到改善。

由于产品经过长时间加温干燥和固化,干燥速度较快,又在温度极高时突然冷却,粘结剂层内部,部分子间位置迅速固定,产生一种分子间受力不均匀——内应力。内应力易使产品变形,甚至使胶砂层破坏。因此,大卷停放的第二个作用就是消除粘结剂层的内应力,改善产品的不平整和变形。

大卷停放不可直接放在地上或放置在托盘上,必须放置在托架上。停放的环境应该是阴凉、干燥、通风和避免阳光直晒,良好的停放条件是温度 15～25 ℃,湿度 50%～60%。

几乎所有的涂附磨具产品都有停放的要求,在不同的工序后有不同的停放时间要求。即使卷绕后无须进行任何其他形式的后处理,一般也应停放 3～5 天,才能转入转换工序。

7.6.4 增湿

增湿是采取不同办法,对涂附磨具强制补充水分,使经高温固化的产品湿度迅速提高,以加速达到纠正产品的变形,消除内应力的目的。在此意义上来说,增湿是起"强化和加速"大卷停放作用的。

增湿的办法很多,不同的产品可以采取不同的办法。

最简单的增湿办法是在磨具背面喷水,即在大卷固化停放数日后,通过喷雾或滚压的方法,均匀地在磨具背面涂上一定量的水,再卷绕成大卷,停放数日,使水分充分渗入产品内部,以达到增湿的目的,如图7-32所示。它经常与柔曲同时进行,实际上是产品柔曲后再增湿的。应该强调的是:柔曲应该在增湿之后进行,这种方法主要适用于布基产品,耐水砂纸便可采取此法增湿,它可在主干燥室出口处,卷绕前行。

目前,涂附磨具制造后处理工艺还在不断完善和发展中,超涂层处理和背胶处理、前绒处理等都是新发展起来的涂附磨具制造后处理工艺,它们赋予了涂附磨具制品新的性能,满足了磨削应用的性能更好、使用更方便的需要,它们将分别在超涂层产品和砂盘中介绍。

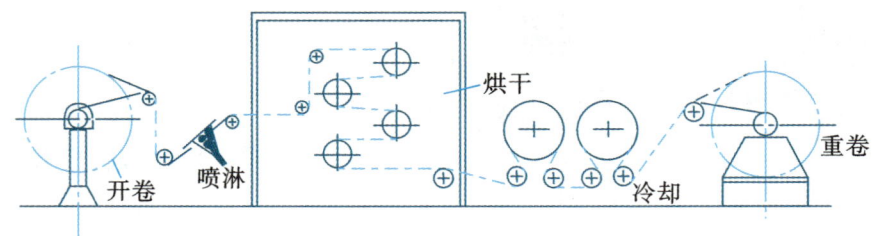

图7-32 喷湿重卷机构示意图

7.6.5 超涂层

涂附磨具的磨削效果,不仅与磨粒的脱落和磨损有关,而且与涂附磨具表面涂层有着密切关系。例如,涂附磨具磨削过程中的表面堵塞、静电吸附、表面散热、烧伤工件等。为了解决这些问题,除了在粘结性能、磨料选择、植砂方法等方面改进外,一种新型的超涂层涂敷工艺,其效果十分明显。

超涂层相应于底胶、复胶,是在复胶干燥完成以后的再涂层。但它不是二次复胶。二次复胶的作用是弥补一次复胶的不足,是以粘结磨粒为目的的,属于制造后处理的一部分。超涂层涂敷可以在复胶机上进行,由于粘结剂成分少,干燥容易,采用平跑干燥也可以。平跑线只需开卷、涂胶、烘房干燥和卷绕即可。除了用辊涂法外,还可用"空气刮刀"的方法来涂敷。西方将超涂层处理和超涂层产品称之为No-Fil处理和No-Fil磨具。

超涂层的主要成分是具有特殊功能的填料,涂层也是很薄的,只有复胶量的四分之一到三分之一。超涂层的作用主要取决于粘结剂中填料的特性,而填料的选择主要根据被磨工件的性能和加工时易产生的问题而确定。超涂层的填料有两种类型,一种是非活性填料或称惰性填料,如石墨、金属粉末、硬脂酸盐、滑石粉等。另一种为活性填料,如六氟化铝钠、六氟化铝钾、硅氯化钠、氟化钠、硅氟化钾、氟化钾、氰化钾和氟化铝等。这些材料在磨削过程中伴随着一定的化学反应发生,从而可以改善磨削条件,提高磨削效率。

它在解决涂附磨具磨削加工中的表面堵塞、静电吸附、表面散热、烧伤工件等方面,都具有明显的效果,如采用一种颗粒状石墨或金属粉末为填料组成的一种超涂层粘结剂,涂于涂附磨具表面,则磨具表面的堵塞、静电吸附、表面散热,均有十分明显的改善。因为石墨与金属粉末是电和热的良导体,有利磨具表面静电和热量散发。同时石墨是一种固体润滑剂,使磨具与工件摩擦减少,因而有利于克服堵塞现象。

砂纸专用水性硬脂酸锌乳液产品性能:NMFH-S40 砂纸专用水性硬脂酸锌,外观为白色乳液,无毒、无污染、无危险特性,符合环保要求。易分散于水中,具有超细度、分散相容性好。易消泡,具有润滑细腻感,抗热性好,透明性好,不易沉淀,耐黄变,快干和增加打磨性等特点,可提高涂层表面的润滑性和疏水性,改善涂层的润滑细腻感。主要用于超涂层砂纸的面涂层,因其中吸热剂合适的熔点及极大的吸热能力,在研磨过程中可转移吸收磨削中产生中的热能,在砂纸及磨削面形成液态薄膜润滑层,可以起到防止磨屑阻塞砂纸,减少摩擦,有效地提高砂纸的使用效率及磨削量,延长磨具的使用寿命,改善磨削质量。

一种涂附磨具的热熔型超涂层涂附方法

7.7 涂附磨具制造过程中的环保处理

涂附磨具制造和原布处理过程中会产生游离苯酚、甲醛、二甲苯、乙醇等各种有机(VOCs)气体,这些废气中的有机物沸点低、易挥发,如果不经处理直接被排放到大气中,会造成一定范围的环境污染,危害身体健康。因此,目前国内所有的涂附磨具企业都安装了各种有机(VOCs)气体吸收和处理装置。

常规的涂附磨具制造线和布基处理线在生产过程中所产生的 VOCs 废气量约为 $2 \times 10^4 \sim 3.5 \times 10^4 \ m^3/h$,浓度约为 $1\,000 \sim 2\,000 \ mg/m^3$,温度 100 ℃ 左右。

国内外有机废气治理的方法很多,目前在涂附磨具企业实际应用中最常用的主要有吸附法、热力燃烧法、催化燃烧法、光催化法等。

7.7.1 吸附法

吸附法是利用活性炭等吸附材料在不同温度下的吸附和脱附能力,对有机物进行吸附和脱附操作(见图 7-33)。首先是废气的吸附过程,废气经过空气过滤器除去微小悬浮颗粒后进入罐内,通过填装在管内的颗粒状活性炭或活性炭纤维吸附过滤后再由后置风机排空。然后是脱附和回收过程,用 0.5 MPa 高温蒸汽自塔底喷入罐内将有机物从活性炭中剥离,剥离后的气体通过配套的冷凝器进入分离桶,分离回收有机溶剂。减压方式有助于降低有机气体沸点利于脱附。

采用吸附法治理有机废气过程,通常使用呈多孔状结构的活性炭、沸石等物理吸附材料作为吸附剂,从而保证这些吸附剂具有较大的比表面积与较强的物理吸附作用。适用于大风量、中高浓度、低温度有机气体和需要回收挥发分有机溶剂的企业。

吸附法是常用的有机废气处理方法中广泛应用的处理方法。吸附法与其他方法相比,具有去除效率高、能耗低、工艺成熟、易于推广等优点,有着良好的经济和环境效益。但是,吸附法也有缺点,主要是工艺流程复杂、处理设施体积庞大、占地面积大;在处理含有劲着力较大的胶粒物质或其他杂质废气时,吸附材料活性容易降低,从而失去吸附作用;吸附剂用量大、费用昂贵,吸附剂的脱附及再生困难;要求条件苛刻,必须保证待处理的有机废气保持较低的温度和含尘量,且容易产生二次污染。

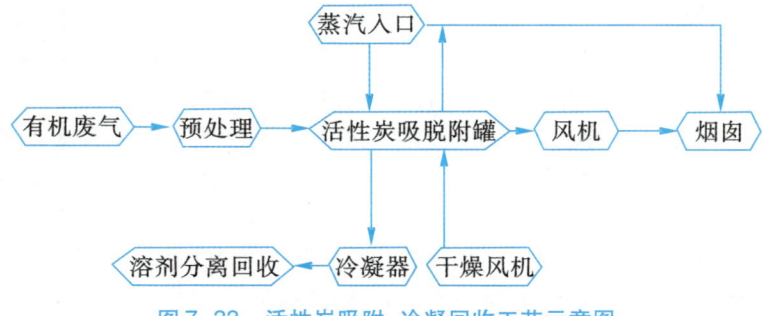

图 7-33 活性炭吸附-冷凝回收工艺示意图

7.7.2 热力燃烧法

利用辅助燃料燃烧放出的热量将混合气体加热到要求的温度,使可燃有害组分在高温下分解成无害物,以达到净化的目的。

附加燃料首先和部分废气混合并进行燃烧,产生高温气体;然后大部分废气则与附加燃料燃烧生成的高温气体混合,并使其达到反应温度;最后可燃污染物在高温下与氧反应,转化成非污染物后排放。

其中,蓄热式热力氧化(RTO)采用天然气直接燃烧有机废气,在 750~850 ℃ 温度下,将有机分子分解为 CO_2 和 H_2O,燃烧后的烟气通过蓄热式陶瓷砖将热量积蓄在陶瓷内,预热有机废气,然后再排放,废气的进出方向通过切换阀的自动切换,循环工作,RTO 可以充分回收燃烧有机分解热能,使得系统能耗大大地降低。适用于中浓度(数千 ppm),风量在 8 000~30 000 m^3,挥发性有机废气以及臭气治理。其工艺示意图如图 7-34 所示。

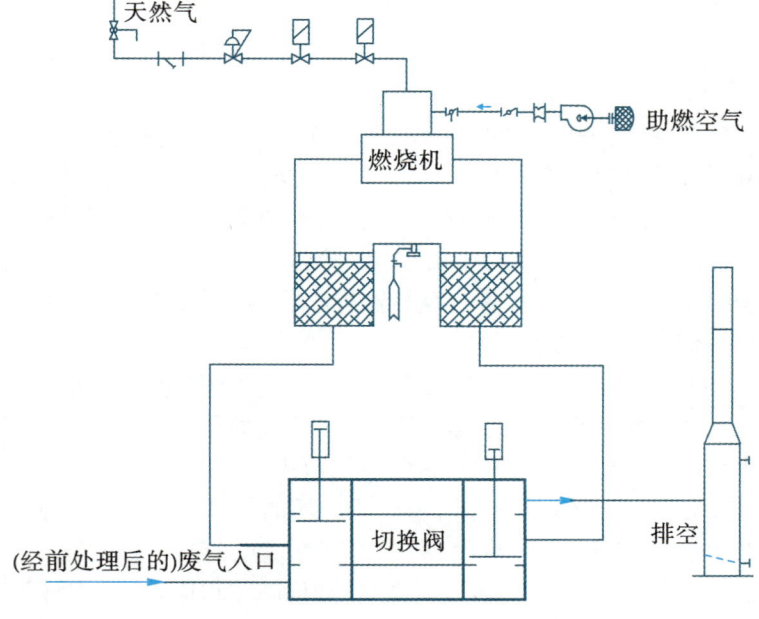

图 7-34 蓄热式热力氧化(RTO)工艺示意图

7.7.3 催化燃烧法

利用催化剂来加快燃烧速度的燃烧作用称为催化燃烧。在催化剂的作用下,能使气态污染物中的可燃质在较低温度下氧化分解。

首先进行预处理,除去粉尘、液滴及有害组分,避免催化床层的堵塞和催化剂中毒;然后预热阶段进入催化床层的气体必须达到起燃温度;最后进行回收利用,催化放出大量的热,燃烧尾气温度高,对这部分热量循环利用。

催化净化是典型的气固相催化反应,其实质是活性氧参与的深度氧化作用。

$$C_nH_m+(r+\frac{m}{4})O_2 \xrightarrow[催化剂]{250\sim300\ ℃} nCO_2\uparrow+\frac{m}{2}H_2O\uparrow+热量$$

典型的蓄热式催化净化(RCO)如图7-35所示。在将废气进行催化净化的过程中,废气经管道由风机送入热交换器,将废气加热到催化燃烧所需要的起始温度。经过预热的废气,通过催化剂层使之燃烧。由于催化剂的作用,催化燃烧法废气燃烧的起始温度约为250~300 ℃,大大低于直接燃烧法的燃烧温度650~800 ℃,高温气体再次进入热交换器,经换热冷却,最终以较低的温度经风机排入大气。

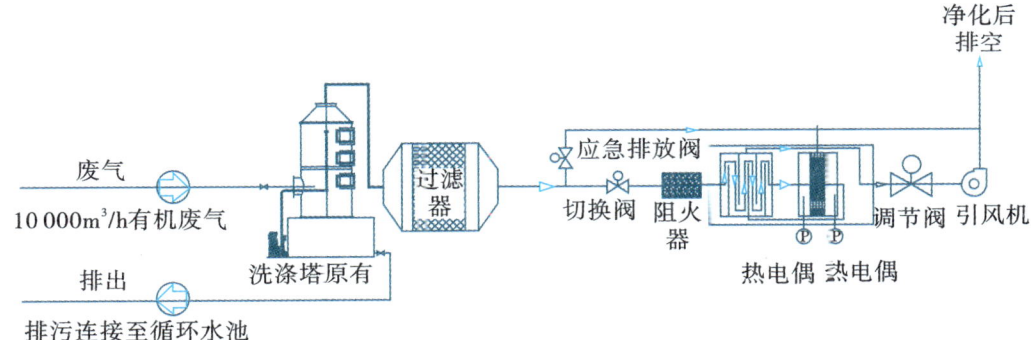

图7-35 蓄热式催化净化(RCO)工艺示意图

7.7.4 光催化法

通过特制的紫外线光源产生不同能量的光子,利用恶臭废气物质对光子的强烈吸收,在大量携能电子的轰击下使恶臭废气分子解离和激发,并使呈游离状态的污染物分子与臭氧氧化结合成小分子无害或低害的化合物,如 CO_2、H_2O 等。其净化原理图如图7-36所示。

$$UV+O_2\rightarrow O^-+O*(活性氧) \qquad O*+O_2\rightarrow O_3(臭氧)$$

光催化氧化废气净化具有如下优点:

(1)光催化氧化适合在常温下将恶臭气体完全氧化成无毒无害的物质,适合处理高浓度、气量大、稳定性强的有毒有害气体的废气处理。

(2)有效净化彻底,通过光催化氧化可直接将空气中的废臭气体完全氧化成无毒无害的物质,不留任何二次污染。

(3)绿色能源,光催化氧化利用人工紫外线灯管产生的真空波紫外光作为能源来活化光催化剂,驱动氧化-还原反应,而且光催化剂在反应过程中并不消耗,利用空气中的氧作为氧化剂,有效地降解有毒有害废臭气体成为光催化节约能源的最大特点。

每种VOCs废气治理方法都有各自的优缺点,要根据具体情况,有针对性地选择合适的VOCs废气处理技术。涂附磨具制造VOCs废气浓度低于2 000 mg/m³,流量较大,且超过了35 000 m³/h,温度较高。如果采用活性炭吸附法,则要降低废气温度才能处理,不容易实现彻底净化。目前,燃烧法处理VOCs废气成为主流方法,此法具有净化效率高、操作简单、适用范围广等特点,在国内外均已有工业应用。

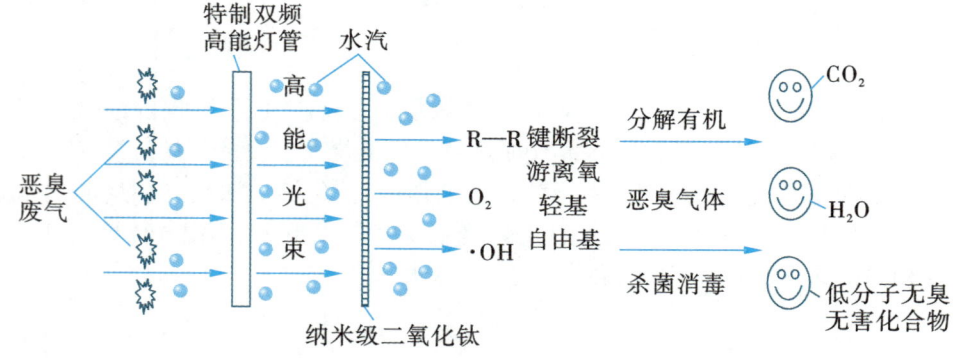

图7-36 光催化氧化废气净化原理图

思考题

1. 涂附磨具大卷制备时,粘结剂涂层有几种?其中哪些涂层不是必需的?
2. 涂胶的方法有几种?请分类整理各种涂胶方法的特点。
3. 涂附磨具粘结剂涂层底胶和复胶的作用是什么?其厚薄对涂附磨具产品的性能有什么影响?
4. 胶层厚度的测定方法有哪些?
5. 根据薄流式重力植砂的原理图,影响重力植砂角的因素有哪些?薄流式重力植砂过程中植砂角如何调整?
6. 请描述重力植砂和静电植砂的特点。
7. 静电植砂装置的基本组成。
8. 静电植砂过程中磨料的种类确定之后,如何选取合适的静电植砂频率?
9. 静电植砂采用的是哪种静电发生装置?为什么?
10. 静电发生装置中对极板有什么要求?
11. 根据静电植砂的原理,请谈谈在静电植砂过程中如何调整植砂角?
12. 混合磨粒怎么进行植砂?请分析设计原因。
13. 适合平跑干燥线和悬挂线的干燥方法分别有哪些?
14. 什么是柔曲?柔曲的过程中影响柔曲程度的因素有哪些?
15. 涂附磨具生产中为什么要进行大卷的停放?

第 8 章 涂附磨具制品

涂附磨具经过制造线制造成大卷,然后进入产品转换,制作出形状多样的制品。本章按照砂页/砂纸,砂带,砂盘,研磨轮等进行介绍。

Awuko Image-film Englisch

8.1 砂布和砂纸

8.1.1 干磨砂布

8.1.1.1 干磨砂布的组成和特点

干磨砂布(如图 8-1 所示)俗称铁砂布,金刚砂布、砂皮等。它是以棉布、化学纤维和再生纤维为基体,以合成树脂为粘结剂,将天然或人造磨料粘附于基体上而制成的一类磨具。其形状有:页状、卷状、圆片状等。

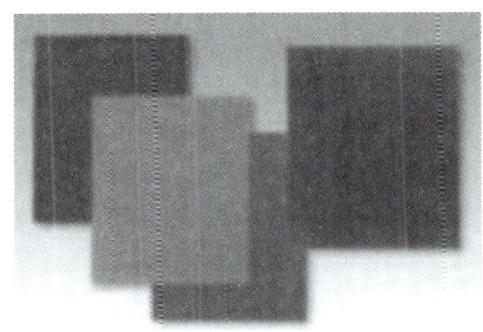

图 8-1 干磨砂布

干磨砂布是我国涂附磨具中产量最大、应用最多的一个老产品。具有许多特点,如:生产周期短、生产工艺和设备简单,大部分都采用联动线生产,从坯布开始到成品连成一线,生产效率高;使用方便,应用广泛,是一种通用性产品,能用于金属、陶瓷、橡胶、塑料、木材、半导体、皮革和玻璃等多种材料的打磨和抛光。

8.1.1.2 原材料及其选择

表8-1 干磨砂布浆料用原材料

名称	用途	名称	用途
淀粉	粘结剂	滑石粉	填料
膨润土	填料	乙萘酚	防腐剂
褐藻酸钠	粘结剂	酒精	溶剂
磷酸三钠	辅料	混合染料	着色剂

表8-2 干磨砂布基体、粘结剂、磨料用原材料

名称		技术条件	用途
基体	斜纹布	23×21	P24～P280（24#～280#）
	斜纹布	21×21	P24～P280（24#～280#）
	府绸	42/2×34	P120～P280（120#～280#）
粘结剂	脲醛胶	—	—
	酚醛胶	水溶性	—
磨料	棕刚玉	P24～P280（24#～280#）	—
	碳化硅	P24～P280（24#～280#）	—

主要粘结剂：

（1）酚醛树脂　取水溶性酚醛树脂中加入20%～30%的碳酸钙类填料及其他助剂，即成复胶料。根据粒度不同，并确定其一定的黏度，一般在室温条件下复胶。

（2）脲醛树脂　在水溶性脲醛树脂中加入3%～5%氯化铵（为固化剂）等，即成复胶料。根据粒度不同，确定其黏度。脲醛树脂复胶料配好后，由于固化速度较快，必须随配随用。使用要求在低温或室温。

粘结剂的配制依据以下几个方面确定：①磨料的粒度。②磨料的材质不同，要求胶液的黏度也不同。一般，刚玉磨料比碳化硅、玻璃砂要求胶液的黏度高约20%以上。③胶料的质量。

8.1.1.3 干磨砂布制造工艺

目前国内有两种工艺流程：一种是张紧平跑式生产联动线；另一种生产线是分段生产线，分为原布处理、产品制造和转换三段，工艺流程图见第1章图1-2所示。

（1）张紧平跑式生产联动线特点　张紧平跑式生产联动线如图8-2所示。

张紧平跑式生产联动线的优点：由于采用全联动式生产线，减少了中间运输环节，所以，产品的废品率较低，生产效率高。由于砂布在整个生产过程中都是在拉紧状态下运行，所以皱折、变形较少，平整性好。设备结构简单，操作方便。

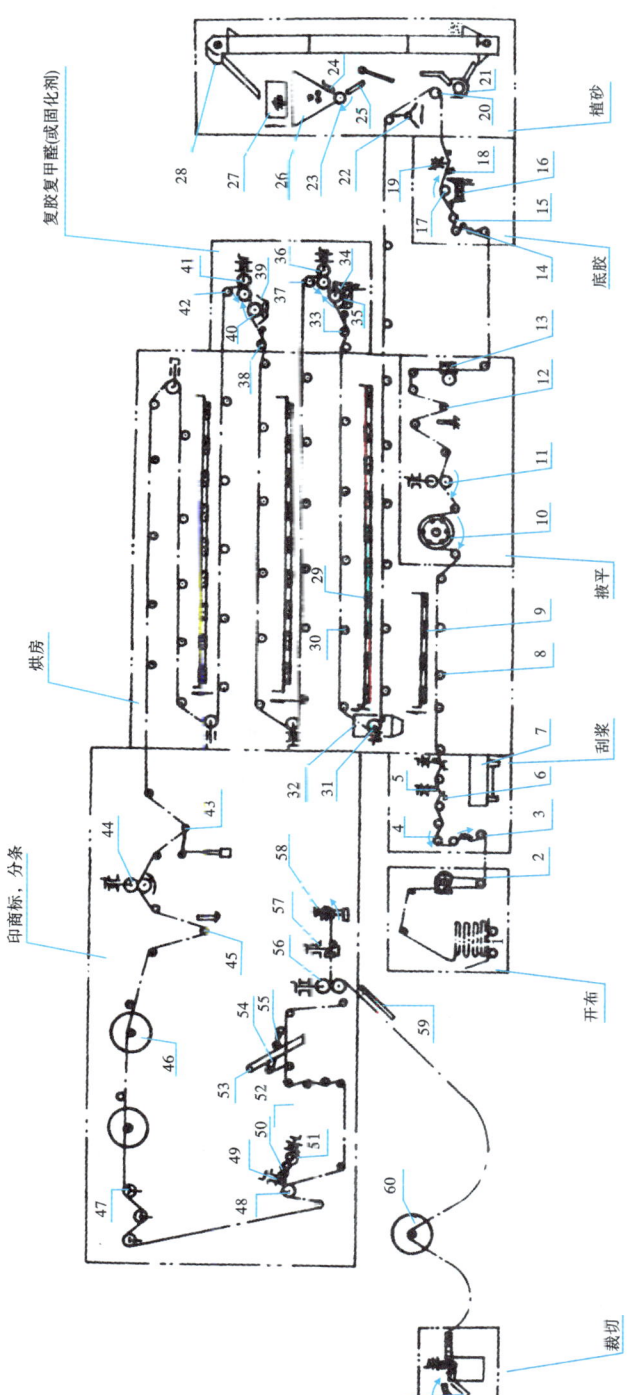

图8-2 干磨砂布简易联动生产线

1—小车；2，13—电动吸边器；3—刮浆刀；4，14—紧布器；5—开幅辊；6—托辊；7—浆托板；8，30—托辊组；9—加热板板组；10—烫平滚筒；11，36，41，44—牵引机构；12—烫平后储布装置；15—合布架；16，35，39—胶盘；17—涂胶辊（刮刀）；18，37，42—导辊；19—压砂辊；20—干动导辊；21—螺旋输运机；22—打砂刀；23—落砂辊；24—调砂刀；25—挡砂板；26—砂箱；27—加热轨道组；28—提出机；29—加热烘干机；31—调偏物装置；32—余砂回收装置；33，38—张力控制装置；34—复胶辊；40—甲醛压辊；43—橡胶压辊；45—输出后储布装置；46—挡偏布装置；47—阻尼装置；48—印刷背辊；49—快印商标辊；50—印刷传墨辊组；51—印刷墨盒；52—分条张进装置；53—刀座轴；54—插刀；55—挡刀轴；56，57—边条导向器；58—卷边辊；59—导向板；60—分条格挡盘；61—滚切机。

191

张紧平跑式生产联动线缺点:只适用于低温快速固化的树脂,不适用于固化温度较高,固化时间较长的树脂粘结剂产品。采用平拉式干燥,砂布表面在生产过程中反复多次地与导辊接触摩擦,减低了砂布表面的锋利性。适用于单一品种,如页状干磨砂布生产,不适用于多种品种生产。

(2)分段生产线 这种生产线中的基体处理和转换工序一般都是单台式的,只有制造工序才采用联动线(见图8-3)。

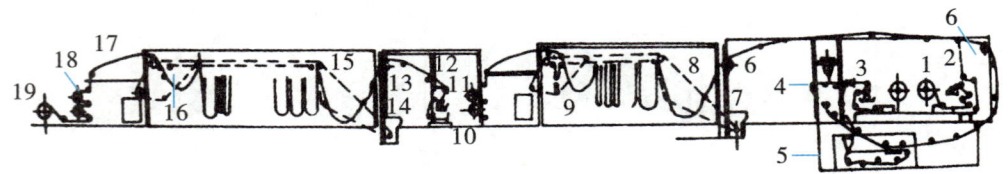

1—开卷;2—印商标;3—涂胶;4—重力植砂;5—静电植砂;6,13—空气牵引;7,15—挂杆上架;8—悬挂干燥;9,16—挂杆下架;10,17—下滑架;11,18—制动辊;12—复胶;14—挂杆供给;19—卷绕。

图8-3 涂附磨具制造联动线

1)适用面广,适用于多种基体、多种粘结剂产品生产。由于采用了封闭式悬挂式烘房的干燥,所以烘干温度较高,一般可达130 ℃左右;烘房中砂布半成品容量大,停留烘房中的时间也较长,从而可以延长烘干时间,所以目前国内外生产高质量、高强度的全树脂产品,均采用这种方法,它可以解决酚醛树脂高温长时间固化的问题。为了提高这种方法的生产效率,烘房长度已达300多米长,干燥室中分成若干个不同温度区域,一般是由低温到高温,再由高温降到低温,在操作时须根据工艺规定,严格控制这些区域的温度差别,而且在最后一个区域,当温度降到80~90 ℃,还要增湿,使砂布(纸)吸收一部分水分,以防止产品发脆。

2)分段生产线,一是有专用的原布处理线,能满足各种产品对原布处理的要求,制得不同质量的高档产品;二是有专门的转换设备,能得到多种形式的产品。

3)分段生产线,将砂布(纸)半成品成卷后,可以存放一段时间,使产品进一步定型、整型,有些产品还可进入专门的固化炉中进一步完成其固化。

4)悬挂式干燥方法在生产过程中砂面接触辊子较少,因此摩擦也较少,表面锋利性好。

分段式生产方法的缺点是中间周转环节较多,增加了废品产生的因素。

8.1.1.4 砂页转换

裁切是页状干磨砂布最后一道制造工序。包括纵向切割(简称纵切)和横向切割(简称横切)。纵切即可制得砂卷在经横切即得砂页。习惯上讲纵切和横切两道工序合并简称为裁切。

(1)纵切(裁条) 纵切主要有三种形式:直插刀法、双圆刀法和挤压切割法。

直插刀法是将刀片直接固定在刀架上,并插入砂布中,使其锋利的刀刃迎向砂布运动的方向。利用砂布向前运动,被刀片分割成条状。其方法原理如图8-4所示。此法设备简单,操作方便,但分条毛边多,只适用于砂布产品。

砂布分条机

双圆刀法是采用上下两把圆刀利用剪切力将砂布分割成条状,又称圆滚刀法。其方法原理如图 8-5 所示。此法切边整齐,但换刀较麻烦、设备较复杂。

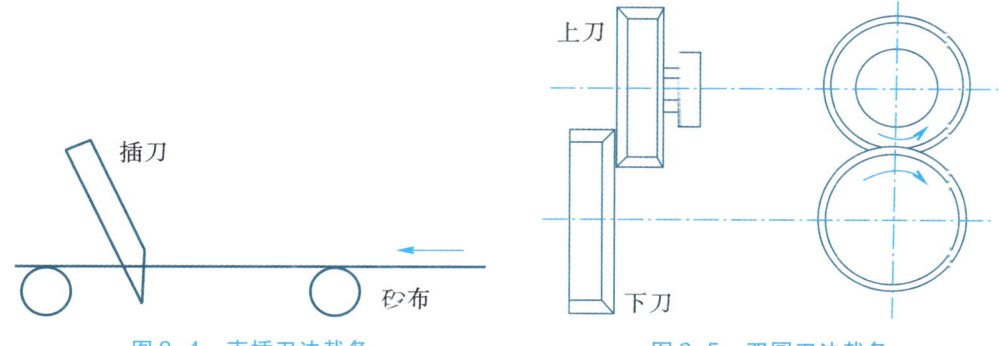

图 8-4 直插刀法裁条　　　　　　图 8-5 双圆刀法裁条

挤压切割法是一种先进的纵切方法,采用圆刀片对钢辊施加挤压力,而将产品切割分条。挤压力是通过液压或气压实现的。其方法原理图如图 8-6 所示。上为示意图,下为挤压实况。钢辊为主动辊,刀片为被动,圆片很薄,一般≤1 mm。这种方法的优点是操作方便,能切割很窄规格的产品,切边质量好,效率高,现在得到广泛的应用。

（2）横切 横切即砂页切块。有两种方式:甩刀法（如图 8-7 所示）和龙门冲切法（如图 8-8 所示）。甩刀机有两把刀,下刀固定在工作台上,上刀固定在转轴上,随轴转动,转动一圈即切割一次,得到一张砂布。速度快、尺寸精度较高,操作方便。

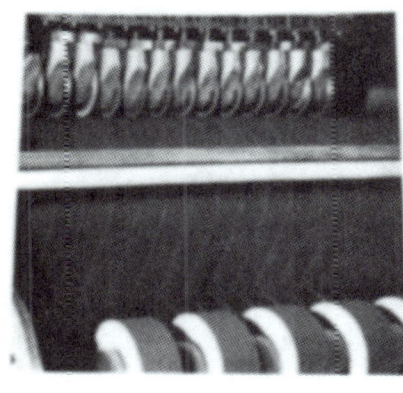

图 8-6 挤压切割法裁条

砂页转换

龙门冲切是将闸刀安装在上、下运动的刀梁上,利用闸刀下落与固定刀的冲剪力,将产品切断。与甩刀法不同的是,甩刀法是在产品运动的情况下切块的,而龙门冲切法,产品应停下来切块。因此冲切速度较低,但对刀的要求也较低。

现在还有横切和纵切同时进行的裁切机,速度快,效率高,用于砂页的裁切。

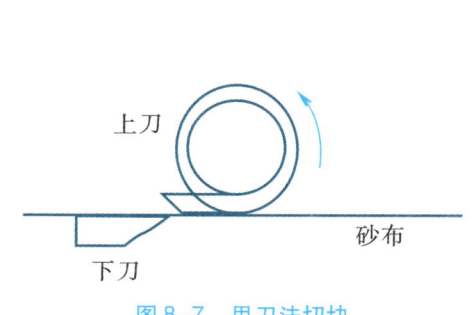

图 8-7 甩刀法切块

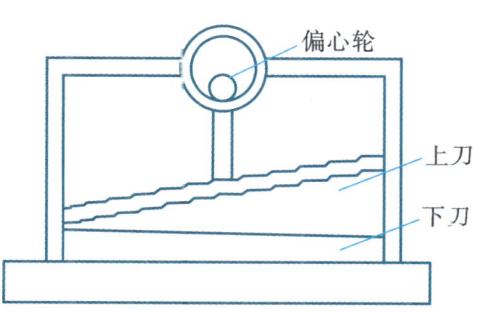

图 8-8 龙门冲切法切块

8.1.2 干磨砂纸

8.1.2.1 干磨砂纸组成与特点

干磨砂纸因常用于木工的打磨与抛光,故又名木砂纸。干磨砂纸是以纸为基体,以脲醛树脂和酚醛树脂为粘结剂,将人造或天然磨料粘附于基体而制成的一种磨具。形状主要有页状和卷状两种。

8.1.2.2 干磨砂纸原材料

干磨砂纸原材料见表8-3。

表8-3 干磨砂纸原材料

名称	规格	用途
原纸	120 g/cm³	基体
天然磨料(玻璃砂、石榴石)	P24~P150(24#~150#)	磨料
人造磨料(棕刚玉、碳化硅)	P24~P150(24#~150#)	磨料
脲醛树脂	固含量30%~60%	粘结剂
酚醛树脂	固含量30%~60%	粘结剂

8.1.2.3 干磨砂纸工艺流程

干磨砂纸生产工艺流程如下:

原纸 → 涂底胶 → 植砂 → 预干燥 → 涂复胶 → 干燥 → 裁切 → 包装

干磨砂纸生产线如图8-9所示。

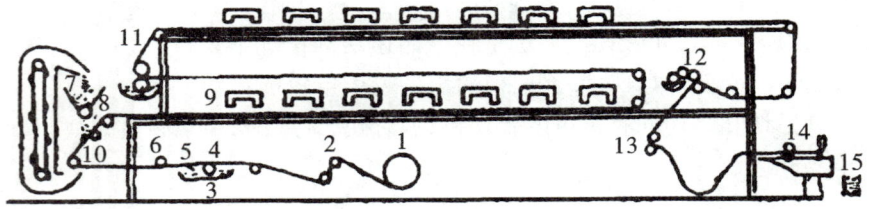

1—纸卷;2—张紧辊;3—胶槽;4—胶辊;5—刮刀;6—厚度控制辊;7—砂箱;8—磨料提升机;9—干燥器;10—打砂辊;11—复胶;12—印商标机;13—砂纸引出;14—裁切;15—成品。

图8-9 干磨砂纸生产线

干磨砂纸的生产工艺流程是从原纸的开卷开始的,经过张紧辊使原纸在进行涂胶之前拉紧,以便涂胶,涂胶辊顺着纸前进的方向转动,涂上一定厚度的胶,然后再经过一个半圆刮刀,使胶层厚度达到预定的要求,这个厚度是通过涂胶厚度控制辊的上下调节来实现的,涂胶后纸立即进行植砂,经预干燥磨料基本定型后,进入复胶工序,复胶需经干燥后,送去裁切、包装,每道工序的具体工艺要求,与干磨砂布基本一样。

8.1.3 耐水砂纸

耐水砂纸使用耐水纸作基体，粘结剂使用脲醛树脂、环氧树脂、醇酸树脂和胺基醇酸清漆，可以在水中磨削，加工精度较高，主要用于汽车、船体、机床等机械的底腻打磨，精密仪器的抛光。

8.1.3.1 生产工艺流程

耐水砂纸生产工艺流程如下：

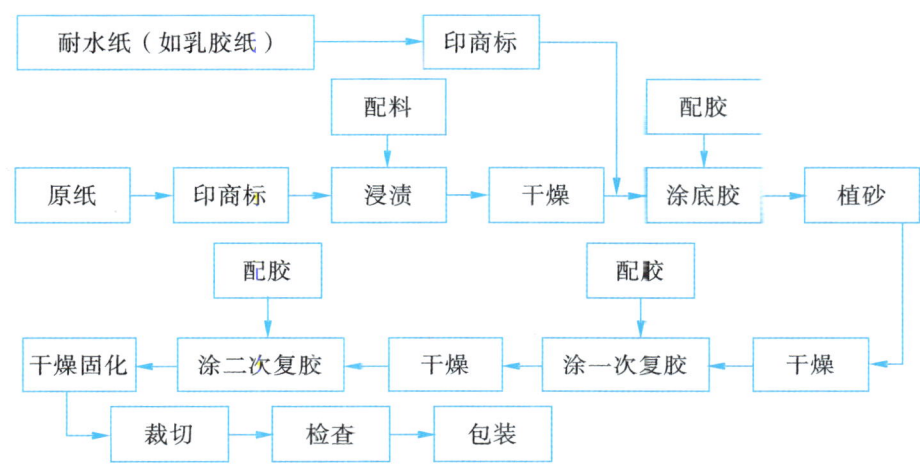

8.1.3.2 涂胶

涂胶包括底胶和复胶两部分。涂底胶与复胶的方法都是辊压法。底胶和复胶的黏度和固含量影响耐水砂纸的性能，因此实际生产中常根据需求进行动态调整。

传统的耐水砂纸以醇酸清漆为胶粘剂，成本较高。目前，国内基本上形成了低档产品以脲醛树脂为结合剂，中高档产品以环氧树脂为结合剂。

为了保证耐水砂纸复胶的厚度，一般要求复胶比底胶黏度大，因为辊压法上胶有胶纹产生，底胶黏度低一些，有利于胶液流平，以保证植砂均匀。但底胶的黏度也不宜太稀，太稀了会影响磨料的粘结性。

另外，复胶后，胶料向磨料内部和底胶内部渗透的时间长，渗透量较多。复胶黏度大一些既有利于提高复胶的厚度，又有利于减少干燥固化的时间。

因此，为了保证复胶的厚度，以保证粘结强度，耐水砂纸一般都采用二次复胶。为了保证复胶胶膜坚硬，耐热性好，使成品磨削锋利，不粘磨屑，可以在第二次复胶中加入部分胺基醇酸清漆，或全部用胺基醇酸清漆作为二次复胶。

8.1.3.3 植砂

耐水砂纸的植砂方式可分为重力植砂、静电植砂、静电加重力植砂三种。耐水砂纸的重力植砂与干磨砂布的重力植砂方法基本相同，只是由于粘结剂的性能不同，不能使用压砂辊，以防止磨粒产生位移，造成"砂斑"和植砂不均匀。

8.1.3.4 干燥和固化

由于耐水砂纸的粘结剂一般为醇酸树脂或其他树脂。这些人造树脂的干燥固化都采用热风悬挂干燥。热风一般用蒸汽加热。烘房温度 80~120 ℃。醇酸树脂及油漆属于氧化聚合型。在耐水砂纸生产中,浸渍、植砂、复胶后都需要干燥,但要求是不同的。

浸渍、植砂和第一次复胶后的干燥,主要是溶剂的挥发,只有部分的氧化聚合,分子中还留有很多活泼的支链。浸渍干燥只要求表面干燥、不互相粘结;植砂后干燥只要求磨料基本粘牢,用手轻摸不掉就可以了;第一次复胶只要求表面干燥,不互相粘结。第二次复胶的干燥,不仅要求本身干燥,而且是各道工序的总干燥和固化。在这道干燥中,主要是发生氧化聚合反应。因此要保证一定的烘干温度和时间。

一般说来,磨料粒度越粗、涂胶量越大,烘干的时间越长。烘干温度越高,粘结剂干燥越彻底,固化交联越完全,产品的磨削性和耐水性越好,但产品的脆性也大。如图 8-10 所示。

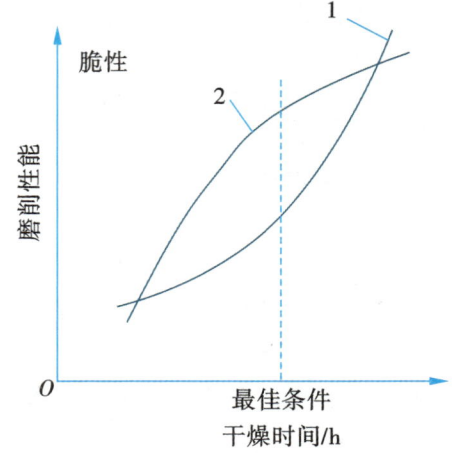

1—脆性曲线;2—磨削性能曲线。

图 8-10 耐水砂纸的烘干条件与产品性能

由图 8-10 可知,有一个最佳的烘干温度和烘干时间,在这个最佳条件下烘干的产品,磨削性较好、脆性较小。

实际生产中,考虑到出厂至用户使用中,产品的缓慢固化,应控制烘干温度时间略短于"最佳条件"。

8.1.3.5 裁切

水砂纸的裁切类似干磨砂布。

新型的耐水砂纸有两种,乳胶纸耐水砂纸和浸渍型耐水砂纸,它们都采用环氧树脂或改性的酚醛树脂为粘结剂。第一种采用乳胶纸,它是造纸厂在造纸过程中加入橡胶乳液,使之成为乳胶防水纸,因此不用浸渍处理,就达到耐水效果。新型的耐水砂纸比传统的耐水砂纸无论从外观、磨削性能和耐水性能上都有了较大的提高。

8.2 砂带

HS-XM268
接触轮式砂带磨削机

砂带(如图 8-11 所示)是一种环带状涂附磨具,它安装在砂带机或者砂带磨床上,以高速运转而起磨削作用。由于具有效率高,适用于大面积和复杂型面的磨削,操作和制作都方便等优点,有"软砂轮"之称,在国民经济的各个部门得到迅速发展和广泛应用。

砂带是 20 世纪 60 年代才迅速发展起来的一种新型涂附磨具。砂带和砂带磨削、砂带磨床的发展状况最能体现涂附磨具发展。它使用的原材料、包括的生产工序、使用的机

图 8-11 砂带示意图

械设备、工艺的复杂程度以及磨削应用的广泛性,都是涂附磨具最全面、最典型的代表,是涂附磨具发展水平的最高体现。由于它的发展,把涂附磨具从手工打磨中解放出来,向机械化自动加工中过渡,并发展到与固结磨具有着同等重要的地位。

8.2.1 砂带的分类

砂带按照有无接头分为两大类:一类是无接头砂带,另一类是接头砂带。

无接头的优点是不用接头,可以避免接头厚度和硬度的差别对磨削的影响,适用于一些宽度和长度较小的砂带。

目前从国际上来说,砂带接头的质量是有保障的,因此接头砂带的发展已远远超过无接头砂带,处于遥遥领先的地位,有完全取代无接头砂带的可能。

8.2.2 砂带对基体和粘结剂的选择

8.2.2.1 砂带对基体的选择

作为砂带的基体,强度要高,延伸率要小。砂带在使用时受砂带磨床的拉力,加上负荷力,没有足够的强度就会断裂。尤其是强力磨削,对砂带的强度要求更高。如果砂带的延伸率太大,会使磨粒脱落。同时由于砂带磨床有一定调整范围,过大的延伸率,将会使砂带长度很快超过极限而无法使用,因此基体的延伸率应尽量小一些。

砂带基布

对于多接头砂带,由于使用方向既非纵向(径向)又非横向(纬向)而是斜向。所以要求斜向强度大,斜向延伸率小。国外,多接头砂布的布基是专门的,称作"塞添"布(sateen)。

砂带用的原纸,有一定的耐水性和耐候性要求,以防止砂带在潮湿条件下产生变形,而使砂带无法使用。

8.2.2.2 砂带对粘结剂的选择

磨削使用要求砂带既能锋利磨削,又能耐久使用,因此对粘结剂要求严格。不但要求底胶和复胶都具有优良的粘结性能,而且还要求底胶有韧性,复胶胶膜坚硬、耐热性好,这样才能使砂带既有一定的柔韧性,而且又磨削锋利,不沾磨屑。

目前,我国常用的砂带底胶粘结剂有酚醛树脂、环氧树脂、醇酸树脂等。而复胶粘结剂有酚醛树脂、环氧树脂、胺基树脂等。

8.2.3 砂带生产工艺流程

8.2.3.1 无接头砂带生产工艺流程

环形坯布 → 开布 → 修布 → 烫平拉伸 → 基体处理 → 干燥 → 烫平 → 涂胶植砂 → 干燥 → 复胶 → 干燥固化 → 裁切分条 → 检查包装

无接头砂带的基体是环形布。因此它不能在通常的涂附磨具设备上涂胶植砂,而必须有专门的制造设备。生产是一条一条间歇制造,而不是连续的。其大小规格也有一定限制,随环形布的尺寸而定。

砂带介绍

8.2.3.2 接头砂带生产工艺流程

接头砂带是将大卷涂附磨具按照一定的接头形式转换成的一种环形涂附磨具。其流程如下：

大卷涂附磨具 → 柔曲 → 裁切 → 磨边 → 接头 → 检查包装

接头砂带的接头质量好坏在极大程度上影响着砂带的寿命。因此良好的接头设备，正确的接头工艺极为重要。

8.2.4 接头的形式

砂带要成为有效的磨削工具必须具有良好的接头。接头的形式分为搭接接头和对接接头（又称衬垫接头）两大类，可根据不同产品、产品的使用条件和表面质量要求不同而选择和采用。

8.2.4.1 搭接接头

砂带

搭接接头是将两接头边根据接头宽度的要求，分别磨成倾斜边，互相重叠搭接而成，如图 8-12 所示。

搭接接头是目前国内外应用最广的一种接头方法，这种接头方法无论对宽砂带、窄砂带、布带、纸带均适用。

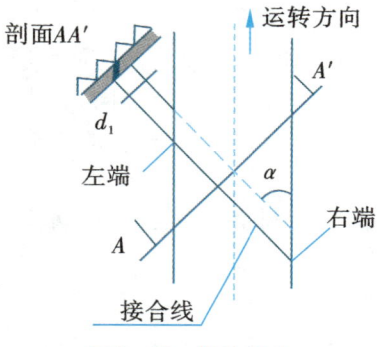

图 8-12 搭接接头

8.2.4.2 对接接头

对接接头是在接头边后面垫以涂胶的衬垫材料并进行压合而成的，因此又称衬垫接头。对接工艺简单，生产效率很高，接头平滑。近年来，经过极大的努力，在接头衬垫材料上有重大进展，使对接头的质量有充分的保证，所以对接发展迅速。

对接头的衬垫材料绝大部分是聚酯纤维，但有一些是塑料和其他人造纤维。其接头强度决定于衬垫材料的性能。

对接接头有斜对接、S 形对接、螺旋接头和嵌接接头四种形式：

（1）斜对接　斜对接是将接头边裁切成一定角度的斜边，利用两斜边拼接，下面垫以衬垫材料，粘结而成，其结构如图 8-13 所示。

斜对接是一种最简单的、最基本的对接方法，接头强度较好，是对接方法中最常用一种。一般常用的衬垫材料是聚酯薄膜，为提高强度、减少伸长，还要附以强筋。这种薄膜强度特高，可制得很薄的衬垫。

（2）S 形对接　S 形对接是将接头边在冲床上冲切成两个完全相同形状的 S 形边，然后互相对接而成,其结构如图 8-14 所示。

S 形对接法是美国 Norton 公司首创,并取专名为 NORLOK(诺洛克),它的特点是接头强度高,不会断裂,接头处柔软性好,使用寿命较长,但需要专门的设备。斜对接的衬垫薄膜亦适用于 S 形对接。

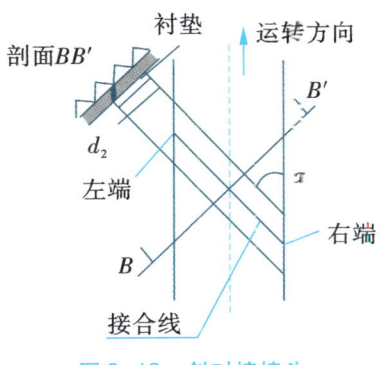

图 8-13　斜对接接头

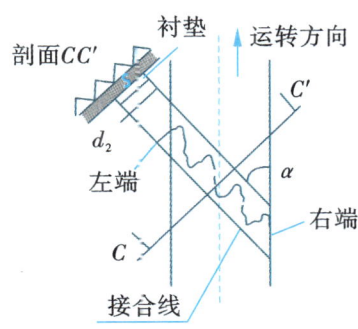

图 8-14　S 形对接接头

(3)螺旋接头　如图 8-15 所示,螺旋接头是将砂布(纸)和衬底以螺旋的方式互相完全粘合而成的一种方法,衬底一般都是已处理好的布。衬底的布就相当于衬垫薄膜一样,因此也可以将它看作对接接头的一种。由于以这种方式制作的砂带为双层结构,如同复合基一样,因此它的强度很高,伸长却很小。它不用磨过接头,避免了接头带来的缺陷。大小砂带均可制作,制作的方法和砂套制作相似,但使用方法不同。由于它的制作工艺和设备复杂,特别是大型砂带,目前应用较少,其制作方法将在砂套一节中介绍。

(4)嵌接接头　嵌接接头适用于涂附磨具的厚重产品,如复合基产品,它与斜对接的不同点在于:一是背面的衬垫材料不一样,嵌接所用的衬垫材料是一种强度很高,很厚的塑料材料,而且两边需要修磨成单斜面;二是嵌接砂带的接头边反面各自磨成斜面,如图 8-16 所示。这种接头强度很高,接头也十分平整。

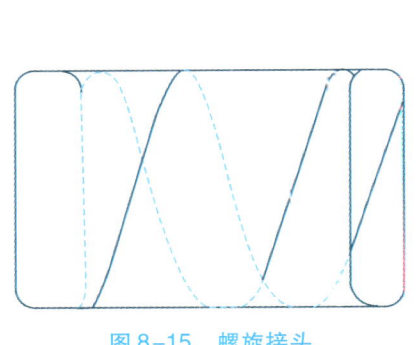

图 8-15　螺旋接头

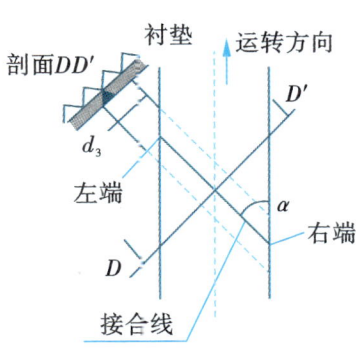

图 8-16　嵌接接头

8.2.5　砂带坯料尺寸的计算

已知砂带的长和宽,砂带如何制作? 首先必须对砂带坯料大小进行一下计算,下面分几种介绍。

8.2.5.1 单接头砂带

一般砂带宽度不超过布(纸)幅面的,可采用单接头的办法制作。方法有两种,一种是宽幅的砂布(纸)首先搭接成长度符合要求而宽度较大的砂带,然后用分条机分割成若干条确定宽度的砂带;二是将砂布(纸)直接裁切成规定尺寸的砂布(纸)条,再搭接成砂带。目前,第一种方法国外广泛采用,其效率高,小规格砂带特别适用。第二种方法适于制作砂布(纸)幅面宽度以内的宽砂带。

单接头砂带规格的计算,首先要确定接头的角度,所谓接头角度是指接头边与砂带旋转方向的夹角(如图 8-17)。

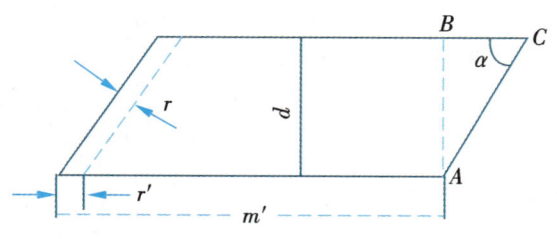

图 8-17 单接头砂带坯料尺寸计算示意图

α 为砂带接头角,砂带接头边长 AC 等于砂带宽度[或者砂带砂布(纸)的幅宽]与接头角的正弦商值,即

$$AC = \frac{AB}{\sin \alpha} \tag{8-1}$$

由此可见砂带的接头角越大,则接头边越短;反之砂带的接头角越小,则接头边越长。一般说来,砂带的宽度越小,则所选用的接头角越小,则接头边越长,这样可以增加接头处的两端搭接面积,以提高砂带的接头强度。如果砂带宽度越大,接头处两端的搭接面积较大,所以一般选用较大的接头角。另外,从接头设备来说,宽度较大的砂带用小角度接头也是不合算的。例如接一条 1 m 宽的砂带,其接头边长度的变化列于表 8-4。

表 8-4 砂带的接头角度与接头边长度

砂带宽度/mm	接头角度/(°)	接头边长度/mm
1 000	80	1 015
1 000	70	1 064
1 000	60	1 154
1 000	50	1 305
1 000	40	1 555
1 000	30	2 000

由表 8-4 可知,如果采用 30°接头角,则接头边长度为砂带宽度的一倍,这样无论是磨边设备,还是压头设备,都非常庞大,所以只要能保证强度,接头角选用较大一点较好。

当然,90°的接头使用上不允许,所以也不采用。砂带的接头角度一般在45°~85°。

确定了接头角度就可以计算半成品砂带规格(如图8-17),设砂带要求宽度为d,长度为m,搭接接头宽度为r,那么砂带坯料平行四边形的宽度亦为d,而坯料的长度为m'为

$$m' = m + r' = m + \frac{r'}{\sin \alpha} \tag{8-2}$$

如果砂带为对接法接头,那么长度亦为m。

例:砂带规格为50 mm×3 350 mm,采用搭接法接头,接头边为10 mm,接头角度为45°,求砂带下料长度。

解:宽度$d=50$ mm

长度$m'=3\ 350+10/\sin 45°=3\ 350+14=3\ 364$ mm

8.2.5.2 多接头砂带

当砂带的宽度超过砂布(纸)幅面宽度时,就需要接成多接头砂带了。多接头砂带的出现是砂带制造技术上的一次突破,使有限的砂布(纸)的幅面,可以得到比原幅面宽几倍的宽砂带,这要比增加制造线的宽度简单而容易得多。从理论上说,多接头砂带的宽度是可以无限的。但根据使用的实际要求和接头设备的限制,其宽度仍然是有限的。

多接头砂带的外形结构,如图8-18所示。这是一条四个接头的砂带,由四个平行四边形块组合而成,这种平行四边形块如何选择的呢?其大小尺寸又如何确定呢?为了解决这些问题,首先从定性的角度上理解其意义,然后再做定量计算,如图8-19所示。

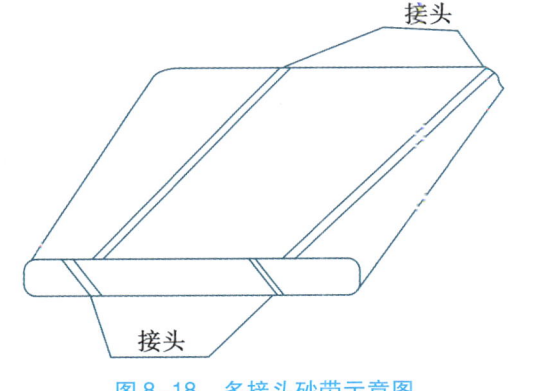
图8-18 多接头砂带示意图

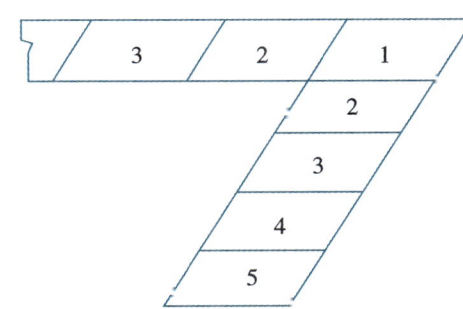
图8-19 平行四边形块采取方法

在成卷的砂布(纸)的长度方向上截取相等面积的平行四边形块,然后以平行四边形的底边互相搭接,形成一个大的平行四边形,如图8-19中1、2、3、4、5所指称的平行四边形。再将1、5搭接起来,这就形成了一条比原砂布(纸)幅面宽很多的大砂带。

一条多接头砂带应该由多少个平行四边形块组成?每个平行四边形底边是多少?斜边是多少?平行四边形的锐角是多少度,下面介绍几种计算方法。

第一种计算方法,即假定砂布(纸)的幅面宽度为一固定数值,如图8-20所示。

假设:多接头砂带的周长为m,多接头砂带的宽度为d,砂布(纸)的幅面宽度为h,接头数(平行四边形块数)为n,接头宽度为r。

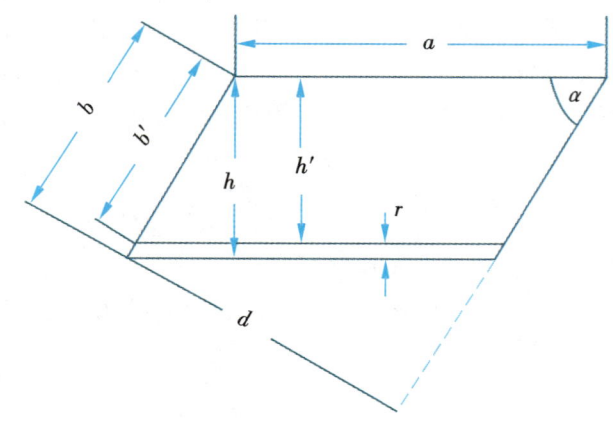

图 8-20 砂带规格计算示意图

求:(1)平行四边形块的底边长 a;
(2)平行四边形块的斜边长 b;
(3)砂带的接头角 α。
解:在平行四边形中

$$\sin \alpha = \frac{h'}{b'} = \frac{h-r'}{b'}$$

$$\because b' = \frac{m}{n}$$

$$\therefore \sin \alpha = \frac{n(h-r)}{m}$$

$$a = \frac{d}{\sin \alpha} = \frac{dm}{n(h-r)}$$

$$b = \frac{h}{\sin \alpha} = \frac{hm}{n(h-r)}$$

即

$$接头角的正弦值 = \frac{接头数 \times (砂布幅宽 - 接头宽度)}{砂带长度}$$

$$底边 = \frac{砂带宽度 \times 砂带长度}{接头数 \times (砂布幅宽 - 接头宽度)}$$

$$斜边 = \frac{砂布幅度 \times 砂带长度}{接头数 \times (砂布幅宽 - 接头宽度)}$$

这种计算方法的特点是取砂布(纸)幅面宽度为一确定值,这样砂布(纸)的半成品可得到充分的利用,从而可以节省原料,但其中接头角度是一个因变值,所以角度往往不是一个整数值。

第二种计算方法,即假定砂带的接头角为一固定值,这种方法克服了接头角度的非正整数值是缺点。

假设:接头角度 α 为一确定数值。

求:(1)砂布的幅面宽度 h;
(2)平行四边形的底边长 a;

(3) 平行四边形的斜边长 b。

解：如图 8-20。

$$h = h' + r' = b'\sin\alpha + r = \frac{m\sin\alpha}{n} + r$$

$$a = \frac{d}{\sin\alpha}$$

$$b = \frac{h}{\sin\alpha} = \frac{m}{n} + \frac{r}{\sin\alpha}$$

即

$$砂布(纸)幅面宽度 = \frac{砂带长度 \times 接头角的正弦值}{接头数} + 接头宽度$$

$$底力 = \frac{砂带宽度}{接头角的正弦值}$$

$$斜边 = \frac{砂带长度}{接头数} + \frac{接头宽度}{接头角的正弦值}$$

这种计算方法的特点，是确定了固定的角度，在以角度取样时比较方便，但其缺点是必须先计算出砂布(纸)的幅面宽度，再进行裁切，它与实际生产的半成品幅面宽度不是一致的，容易造成砂布(纸)半成品的浪费，所以常用的是第一种计算办法。

在上述两种计算方法中，砂带接头数 n 都是已经确定的，它确定的原则是什么呢，从图 8-20 的平行四边形来分析。

根据多接头砂带的含义

$$n = \frac{m}{b'}$$

$$b' = \frac{h'}{\sin\alpha} = \frac{h-r}{\sin\alpha}$$

$$\therefore n = \frac{m \cdot \sin\alpha}{h-r}$$

由于 $h-r$ 已知，$\alpha = 45° \sim 85°$

$\therefore$ 接头数主要取决于砂带长度 m

当 $\alpha = 45°$ 时，$\sin\alpha = 0.7071$

$\alpha = 85°$ 时，$\sin\alpha = 0.9962$

$\therefore \sin\alpha = 0.7 \sim 1.0$

$\therefore \dfrac{0.7m}{h-r} < n < \dfrac{m}{h-r}$

这就是接头数确定的必要条件。

在应用时，先求 $\dfrac{m}{h-r}$，得出的小数的整数部位即为接头数 n，再求 $\dfrac{0.7m}{h-r}$，它必须小于 n，这个接头数 n 就确定了。如它们大于 n，这就复杂了，必须增加接头数为 $n+1$，并将砂布(纸)宽度缩小。

举例说明：

已知砂带规格为 1 420 mm×4 660 mm，已裁边的砂纸大卷宽度为 1 050 mm，接头宽度为 8 mm,试确定接头数,并求出接头角度,平行四边形块的斜边和底边长度。

解:首先确定接头数 n

$$\frac{m}{h-r} = \frac{4\,660}{1\,050-8} = 4.47$$

$$\frac{0.7m}{h-r} = \frac{0.7 \times 4\,660}{1\,050-8} = 3.13$$

$$4.17 > 4 > 3.13 \quad \therefore n = 4$$

再求接头角度 α,平行四变形斜边 b 和底边 a。

$$\sin\alpha = \frac{n(h-r)}{m} = \frac{4(1\,050-8)}{4\,660} = 0.894\,4$$

$$\therefore \alpha = 63°25'$$

$$a = \frac{dm}{nz(h-r)} = 1\,588 \text{ mm}$$

$$b = \frac{hm}{n(h-r)} = 1\,174 \text{ mm}$$

如果接头角度 α 已知,为 60°,要求平行四边形块的底边 a,斜边 b 及砂布(纸)大卷宽度 h,可按第二套方法计算。

$$a = \frac{d}{\sin\alpha} = \frac{1\,420}{\sin 60°} = 1\,640 \text{ mm}$$

$$b = \frac{m}{n} + \frac{r}{\sin\alpha} = \frac{4\,660}{4} + \frac{8}{\sin 60°} = 1\,174 \text{ mm}$$

$$h = \frac{m\sin\alpha}{n} + r = \frac{4\,660 \times \sin 60°}{4} + 8 = 1\,017 \text{ mm}$$

以上公式适用于搭接法接头砂带,如果用对接法,由于无须留接头边,因此只需将 $r=0$ 带入公式即可。

8.2.5.3 螺旋形接头砂带

螺旋形接头砂带是近几年发展起来的一种新型砂带接头方法,它与多接头砂带接头方法一样,其砂带宽度突破了砂布(纸)幅面的限制,理论上可以制得无限宽。螺旋形接头砂带的强度特别高,延伸率极小,因为它用双层或多层基体互相粘贴而成,它是一种高速重负荷产品,用于胶合板表面打磨和抛光,耐用度比一般砂带高 1~2 倍;另外从砂带的结构上来说,因为它不用磨边接头,所以避免了因接头带来的一些缺陷,但是这种砂带的制作工艺和设备比较复杂,所以使用较少。

螺旋式接头砂带是由 2~3 层叠合粘结而成。第一层为起磨削作用的砂布或砂纸,衬底层由高强度的纸组成,有的因特殊需要中间再增加一层增强层,一般由网格布组成。它先由衬底按某方向螺旋形缠绕,缠绕一圈大小为砂带的周长,接缝处紧密对齐,不重叠,亦不留缝,再用相同宽度的砂布(纸)按相同或相反方向缠绕于衬底之上。在相同方向时,接缝处应彼此错开,其两层中间用胶粘剂粘牢,干燥成型后即可分割成一定宽度的砂带。其结构如图 8-21 所示。如果把一条螺旋式接头砂带的衬底层和砂布(纸)剥离开,就可以知道这两层是相等的平行四边形,可以根据砂带的长宽要求来计算平行四边形的大小。

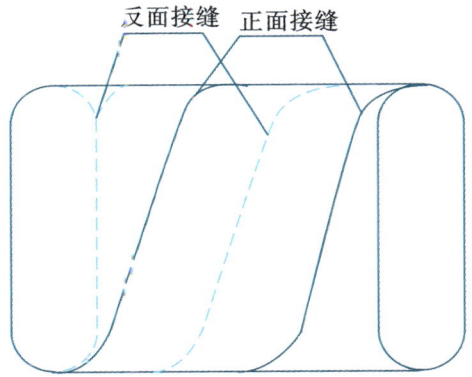

图 8-21　螺旋式接头砂带

假设:砂布(纸)幅面宽度为 h,砂带的周长为 m,砂带的宽度为 d。
求:平行四边形块的(如图 8-22)的锐角 θ,斜边 b,底边 a。
解:b 的长度等于砂带周长 (m)

$$\sin\theta = \frac{DF}{AD} = \frac{h}{m}$$

过点 B 作 BE 垂直于 AD 的延长线并交于 E,则 BE 即为已知砂带的宽度 d。

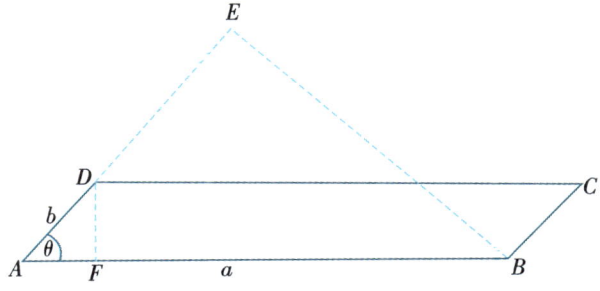

图 8-22　螺旋式接头平行四边形块示意图

在 Rt△ABE 中:

$$a = AB = \frac{BE}{\sin\theta} = \frac{d}{\sin\theta}$$

根据上述计算方法,举一个实例加以证明。
假设:砂布(纸)的幅面宽为 $h = 600$ mm,砂带周长为 $m = 4\,000$ mm,砂带宽度为 $d = 1\,200$ mm。求:平行四边形块锐角 θ,斜边长 AD,底边长 AB。
解:根据上式:

(1) $\sin\theta = \dfrac{h}{m} = \dfrac{600}{4\,000} = 0.15$

$\theta = 8°38'$

(2) $AD = 4\,000$ mm

(3) $AB = \dfrac{d}{\sin\theta} = \dfrac{1\,200}{0.15} = 8\,000$ mm

8.2.6 搭接接头砂带的制作

搭接头砂带的工艺流程：

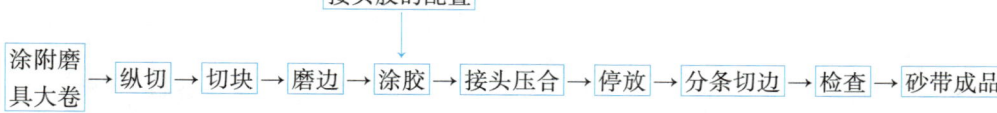

8.2.6.1 纵切

砂带的纵切与砂卷的纵切是相同的，需要特别注意的是保持切边的平直性，不允许有"波纹边"（俗称S边），"波纹边"将极大地影响砂带，特别是多接头砂带的质量。"波纹边"的防止，可通过卷绕整齐，或者在设备上配上自动跑偏装置，均可达到较好的效果。

8.2.6.2 切块

砂带的切块与砂页的切块基本相同，不同点在于它是斜切，整个刀架可以任意改变角度。切块的角度根据砂带的宽度而定，多接头砂带根据计算而定。斜切的关键是正确掌握尺寸和角度，如果角度控制不好，切块时两边尺寸不一，砂带将出现圆柱度超差，俗称"喇叭口"现象。此外，还要注意切边不要有毛边。图8-23是砂带切块示意图。

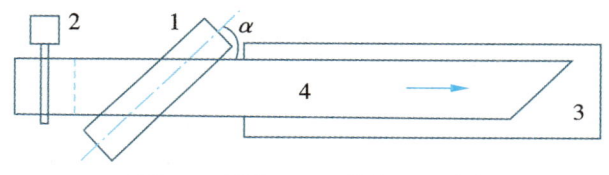

1—刀架；2—开卷；3—工作台；4—砂布。

图 8-23 砂带切块示意图

8.2.6.3 磨边

将砂带接头部位的胶砂层（正面）或浆料层（背面）去掉，以保证接头粘结牢固、厚度适中。搭接接头中，位于下方的称为下接头边，位于上方的称为上接头边。磨边要求如图 8-24 所示。

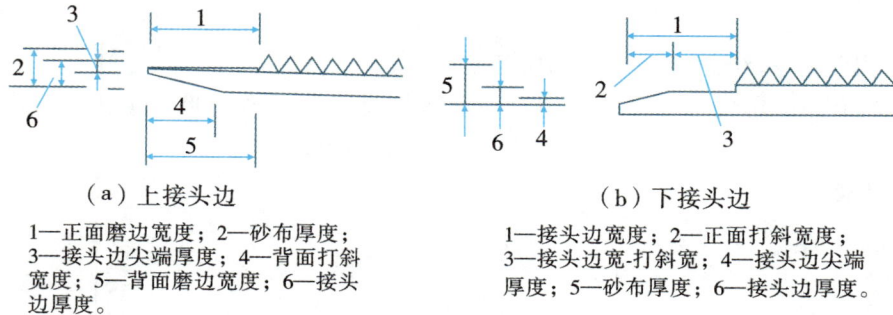

（a）上接头边

1—正面磨边宽度；2—砂布厚度；3—接头边尖端厚度；4—背面打斜宽度；5—背面磨边宽度；6—接头边厚度。

（b）下接头边

1—接头边宽度；2—正面打斜宽度；3—接头边宽-打斜宽；4—接头边尖端厚度；5—砂布厚度；6—接头边厚度。

图 8-24 砂带磨边要求示意图

磨边应将下接头边正面的磨料层和粘结剂层（即胶砂层）去掉，而将上接头边背面的浆料磨掉。为了保证接头厚度与磨具本身厚度一致，有时上接头边正面也需要去掉一部分胶砂层。对于衬垫接头，主要是去掉接头背面的浆料，对于正面的胶砂层一般不去掉或只轻微去掉。

磨料层的加工普遍采用碗形金刚石砂轮，磨削方式如图 8-25 所示。

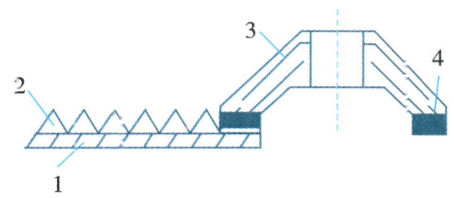

1—基体；2—磨料层；3—金刚石砂轮；4—金刚石层。

图 8-25　砂轮磨边示意图

粘结层和部分基材的加工采用砂带加工。其加工方法如图 8-26 所示。砂带加工分两次进行，第一个正砂带磨头磨去粘结剂层[图 8-26（a）]，磨边应注意，不损伤基材本身，否则会影响强度。第二个斜置砂带打出斜面[图 8-26（b）]。

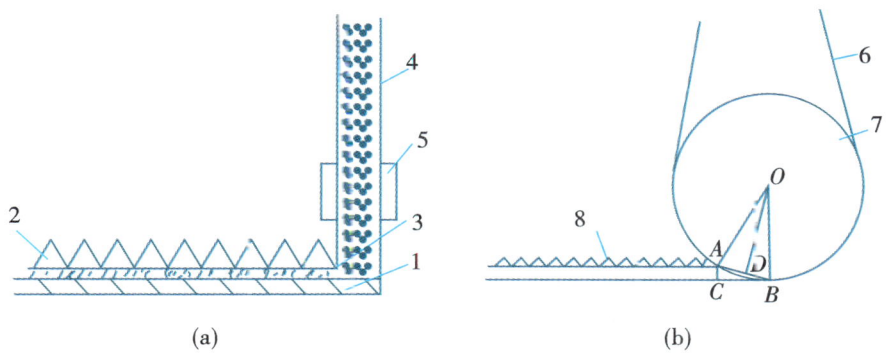

(a)　　　　　　　　　　(b)

1—基体；2—磨料层；3—粘结剂层；4—砂带；5—接触轮；6—砂带；7—接触轮；8—砂布（纸）；
8—砂布（纸）接头边。

图 8-26　砂带磨边示意图

磨背面浆料层可用砂带、钢丝刷轮和喷砂法。布基砂带采用钢丝轮磨边。钢丝轮的方向一定要和砂布的走向角度一致，否则会损伤基材的纤维，进而削弱砂带接头强度。对于 J 布基，多采用砂带磨边；X、Y 布基、聚酯布基多用喷砂的方式磨边。如同时采用钢丝轮和喷砂头，第一个为主，第二个再磨一下，可以达到更加完善的效果。喷砂法也是去除背面浆料层的有效方法。有些砂带背面的浆料层很软，不易去除，这样会影响接头点粘结剂及砂带的使用寿命。下接头磨边和上接头磨边可分两台设备进行，亦可在一台设备上同时进行，同时进行的有层式磨边机和双磨边机两种。

磨边砂带接触轮直径按下式计算：

$$2OB = \frac{AC^2 + BC^2}{AC} \qquad (8-3)$$

式中：$2OB$——接触轮直径，mm。

AC——基体厚度，mm。

BC——接头宽度，mm。

磨胶砂层的金刚石砂轮，可以使用平形金刚石砂轮，也可以使用碗形金刚石砂轮，目前普遍认为采用碗形金刚石砂轮加工精度较高。

磨边宽度一般为 6~10 mm，磨边后，应用稀料擦去表面砂尘，以增加其粘结能力。

8.2.6.4 接头

砂带接头用粘结剂俗称接头胶。

(1) 搭接对粘结剂的要求　①105 ℃以下，固化迅速；②树脂固化后要耐油、耐水，并有一定的耐热性、柔韧性及一定的抗拉强度；③树脂未固化前，应有一定的粘结牢度，以保证砂带在涂树脂后未固化前及搭接、热压的操作过程中不致走样变形；④无毒、无腐蚀性。

(2) 接头胶　一般生产砂带的接头胶，外观为乳白略带黄色的粘胶，用毛刷涂在接头处，短时间内不会干燥。接头搭接之后用手轻按即基本牢固，不会走样变形。在 80~150 ℃，3~5 kg/cm² 条件下加压，4~6 s 即已固化。

常用的接头胶为聚氨酯，双组分胶粘剂。压力：10 kg/cm²；压合温度：40~60 ℃；固化时间：0.4 h。接头性能：粘结强度高，较柔软。

(3) 接头压机　接头压机有悬臂式的，也有龙门式的，有压头式的，也有滚压式的。悬臂单柱式的一般适于较窄的砂带，龙门式的适于宽砂带。压机一般采用油压，每厘米长度压头上能达 400 kg 左右的压力。

砂带接头完毕，应进行质量检查，并标明运转方向。

8.2.6.5 接头压合

在经过理想的接头磨边处理后，接头的强度除与所使用的接头胶有关之外，砂带接头压接的力量，即压力、压接时间、压接的温度等都是至关重要的，因此对接头压机的选择直接影响到产品质量的优劣。通常使用的有柱式液压压机、滚压机、液压程序压机（如图 8-27，图 8-28，图 8-29 所示）。

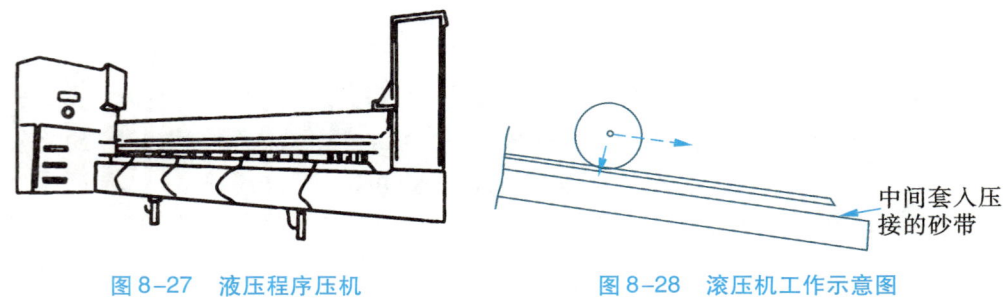

图 8-27　液压程序压机　　　　图 8-28　滚压机工作示意图

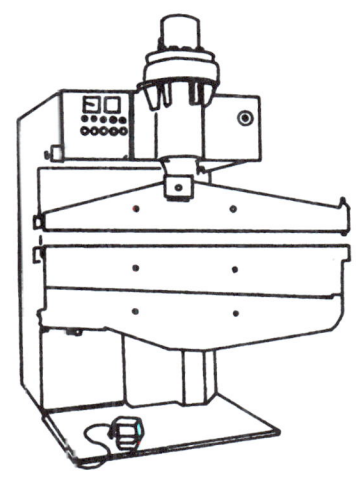

图 8-29 单柱式液压砂带接头压机示意图

8.2.6.6 分条切边

压合好后的砂带停放一段时间,使砂带接头胶达到一定的固化强度,砂带接头能够承受较大的拉力,即可分条切边,一般窄砂带都是先接头后分条,既保证接头质量,又提高生产效率。只有在长度规格小于或者大于分条机所能加工的范围时,才先纵切成砂带宽度再磨边接头。

由于砂带规格范围太宽,因此分条机也有多种规格才能满足分条切边的需要,分条切边的方式一般都采用挤压式的圆片刀,设备上有自动跑偏装置,以保证分条边平直。

分条切边后的砂带,应进行必要的检查,标明运转方向,方可包装。

8.3 其他砂带制备技术

8.3.1 砂套

砂套(也称砂圈)实际上是一种用螺旋形接头法制作的小砂带,砂套一般规格很小;它由衬底和砂布两层复合而成,硬实,是以"圈"的形式存在;更主要的由于它的使用方法与砂带完全不同,因此把砂套作为一种单独品种。在机械刨光技术中,通常用在大砂带触及不到的地方或其他器具上的小零件刨光。

砂套是直接套在一个叫"夹紧装置"的工具上使用的,它既无接触轮,也无支撑轮。

带轴夹紧装置("胀胎"和"气臌")是一个片状芯或一个气动装置。片状芯通常用橡胶制成的,表面开斜槽,将砂套安装在"胀胎"上(如图 8-30 所示),"胀胎"上的金属轴可以安装在风动或电动手提机上,当驱动手提机,并以反时

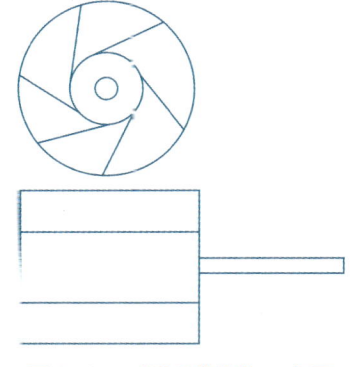

图 8-30 "胀胎"结构示意图

针方向转动时,"胀胎"发生体积膨胀,使砂套紧紧地固定在"胀胎"上进行磨削作业。同理,气动装置的带轴夹紧装置(气臌)通常也是用橡胶制成的,用于大直径砂套,充气涨紧。

砂套由两层材料组合而成,内层是经过处理的布或纸,外层是起磨削作用的砂布或砂纸。砂套应用十分广泛,它的特点是:

(1)轻便。由于砂套和"胀胎"本身重量很小,所用的手提机功率也较小,重量轻,使用比较方便。

(2)劳动条件好。

(3)对内孔和不同半径的凹面的抛光,能很好地保持原有的精度要求。

(4)砂套除用于金属的抛光外,也适用于非金属的打磨抛光。

8.3.1.1 砂套用原材料

砂套所用的原材料,见表8-5。

表8-5 砂套所用的原材料

名称	技术条件	用途
砂布	全树脂粘结剂	
布	刮浆处理	衬底
纸	120 g/m² 以上	衬底
胶粘剂	树脂胶	粘合用

8.3.1.2 砂套的计算方法

砂套是如何制作的,首先要了解砂套规格的计算方法,如图8-31所示,如果将一个砂套的衬底和涂附磨具两层剥开,就可知道这两层是相同的平行四边形,下面根据砂套的直径和宽度来计算平行四边形的尺寸。

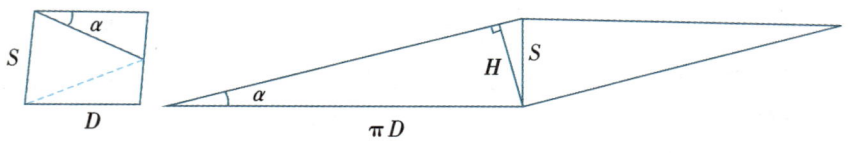

图8-31 砂套规格计算示意图

已知:砂套直径 D,砂套宽度 S。

求:平行四边形的锐角 α 和宽度 H。

解:

(1)如果砂卷宽度 H 为一定,则锐角:$\sin \alpha = \dfrac{H}{\pi D}$

在这里一定要注意的是,砂卷的宽度必须小于砂套的圆周长,即 H 必须小于 πD。

(2)如果锐角 α 一定,则砂卷的宽度:$H = \pi D \sin \alpha$,都与砂套的宽度 S 无关。

例:一个砂套直径为 45 mm,砂布卷的斜角为 30°,求砂布卷的宽度 H。

解:$H = \pi D \sin \alpha = 3.14 \times 45 \times \sin 30° = 70.63$ mm

8.3.1.3 砂套的制造工艺

(1)砂套生产的工艺流程

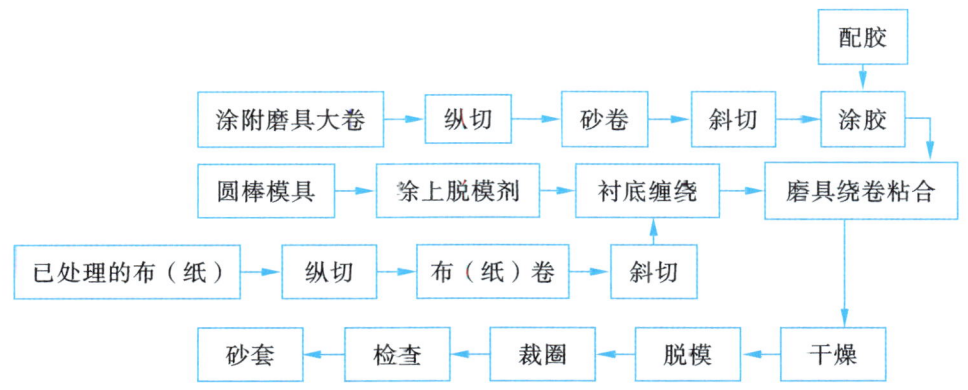

(2)成品的制作步骤

第一步:按计算好的宽度裁取砂布条和衬底布(纸)条,并成一定角度的斜角,衬底与砂布的斜角可以一致,也可相反,如图 8-32 所示。

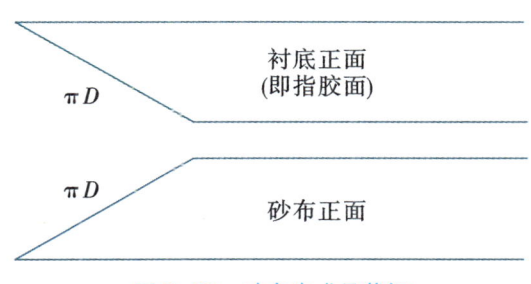

图 8-32 砂套半成品裁切

第二步:将衬底布(纸)先卷绕在一个带 5/1000 锥度的圆棒上,然后将涂胶的砂布条以反方向(或者是顺向)卷绕在衬底表面,卷紧后,并将衬底的两头稍作固定。

第三步:在已经缠绕好的衬底和待缠绕的砂卷上均匀涂上粘结剂,粘结剂常采用聚醋酸乙烯乳液;再将涂胶的砂卷以反向或同向,同样紧密地、边与边紧靠地缠绕在衬底表面。在同向时,接口应和衬底的接口错开。卷紧后,两头固定。在 60~80 ℃温度下干燥,烘干后将圆棒取出,而成砂套半成品。

8.3.1.4 砂套的应用

手提式砂圈抛光机:将砂布做成圆筒形或带锥度的砂套,套在抛光孔的橡胶"胀胎"上,在高速转动下加工金属工件内孔、弧面、凹面和各种模具的复杂型面等。这些抛光机可以更换磨头,不用"胀胎"而安装上研磨页轮或松散的砂布卷(圆锥体),用来抛光凹凸的曲面及小角落部位,如图 8-33 所示。

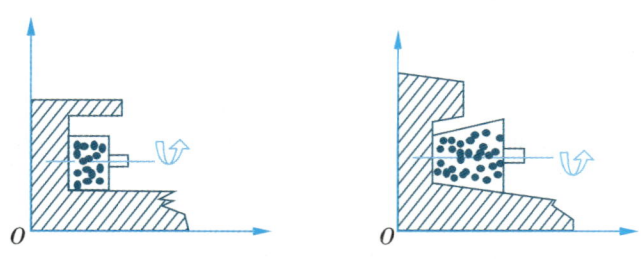

图 8-33　砂套砂光机工作示意图

8.3.2　薄膜砂带

研磨薄膜砂带(如图 8-34 所示)是采用合成树脂为粘结剂,将几十个 μm 以细的磨粒,粘结在厚度为 25~100 μm 的聚酯薄膜上,而制成的一种新型的、特殊的研磨材料。

研磨薄膜砂带,是研磨产品的一个里程碑,它将涂附磨具工作范围延伸到了精密抛光领域,也为微余量、高精度抛光提供了可能。

图 8-34　精密研磨抛光带

8.3.2.1　原材料选择

(1) PET 薄膜　薄膜砂带的基材一般使用 3~100 μm 厚度和抗拉强度均匀、经过双向拉伸的聚对苯二甲酸乙二酯(BOPET)。最近也有使用更富有弹性和凹凸性聚酯纤维基材。

基材不仅具有非常好的机械强度,可以做成长卷,易于实现连续自动研磨抛光,而且具有较强的抗水性和抗油性,使干式研磨和湿式研磨都能进行,又因基材的柔软性还能进行复杂型面的研磨抛光(如图 8-35 所示)。

由于聚酯薄膜为非极性材料,表面能低,为了提高与粘结剂之间的粘结能力,需要对其表面进行物理化学改性处理。

图 8-35　汽车凸轮轴的抛光

(2) 粘结剂　为把持磨粒,要求与磨粒亲和性好,同时既保持与基材的粘结强度,又要有适当的柔软性和弹性。耐水性能优良,固化温度低且固化速度快,粘结强度高。根据磨削用途,可使用共聚合聚酯树脂、聚氨酯树脂、聚氯乙烯-醋酸乙烯共聚合树脂、聚氯乙烯-丙烯共聚合树脂等。

(3) 磨料　根据工件的性质及磨削的目的。可以选用粒径为 16 μm 以下的人造或天然金刚石微粉,粒度组成应注意其粒度分布范围要小,而且特别注意清除大粒。

8.3.2.2　薄膜砂带的制备工艺

一般的聚酯薄膜研磨产品是用合成粘结剂,将磨料均匀涂附在基材上面而制成的。涂附方法大致可分为静电涂附法和辊式涂附法,如图 8-36 所示。

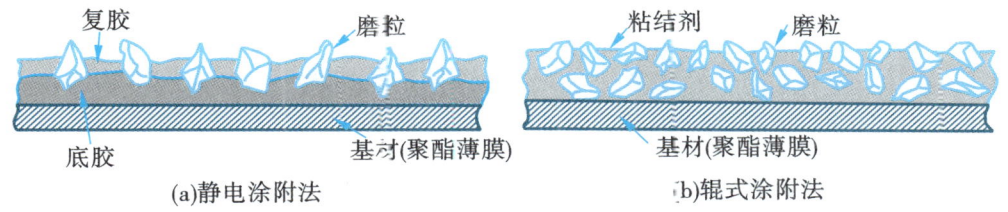

图 8-36　聚酯薄膜砂带的涂附方法

静电涂附法的工艺流程如下：

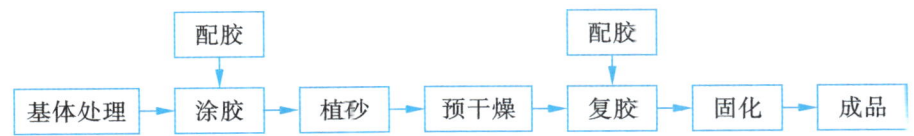

辊式涂附法是借助超精密涂布技术,将粒径 0.1～16 μm 的磨粒(金刚石、碳化硅、刚玉、氧化硅、氧化铈等)与粘结剂均匀分散后,用辊式涂附法涂附到聚酯薄膜基材表面而制成,具有磨粒切刃高度齐整的表面结构,适用于要求获得高精度精加工表面的磨削加工。

另外,还有混炼法、烧结法、电镀法、镀镍法。

8.3.2.3　新型薄膜砂带产品

随着对磨削精度的要求越来越高,研磨薄膜产品的粒度越来越细,而磨粒微细化经常带来产品表面被磨屑堵塞,致使加工表面产生条痕缺陷。为此,研制出各种高新型聚酯薄膜研磨砂带产品。

(1) 聚酯薄膜金刚石砂带　如图 8-37 所示,将粒径为 0.5～0.9 μm 的金刚石磨粒与树脂粘结剂混合,以规整的结构状态涂附在基材上形成。具有优良的耐久性,能实现高精细的加工表面,适用于光纤插座和插孔的端面磨削抛光。

(2) 格子结构聚酯薄膜砂带　如图 8-38 所示,通过印刷技术,在聚酯薄膜基材上涂敷一层发泡聚氨酯,再在上面图上 WA1500 的磨粒和粘结剂混合料,使之形成格子状的结构。

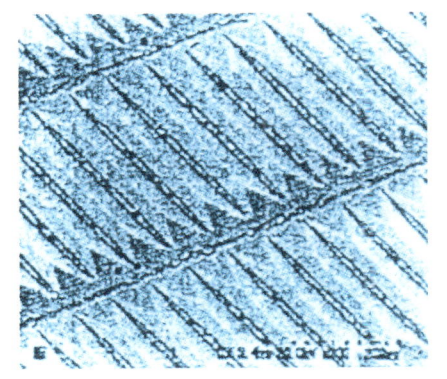

图 8-37　金刚石抛光薄膜砂带

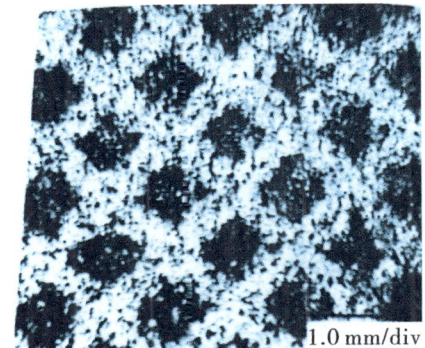

图 8-38　格子结构薄膜砂带

(3) 模压特殊结构砂带 如图 8-39 所示，在热塑性的聚酯薄膜基材上，辊涂 GC1000 磨粒与粘结剂的混合料，再通过加热到 120～140 ℃ 的两个模压辊进行辊压，如图 8-40 所示，在砂带上形成凹凸状结构磨削作业面。不同的模压辊可以制造出不同的表面结构。这种凹凸状的表面结构可以排除磨屑和提高磨削量。

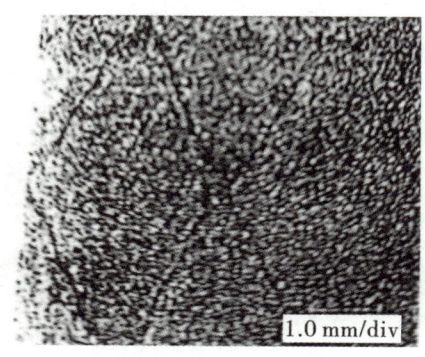

图 8-39 模压特殊结构薄膜砂带

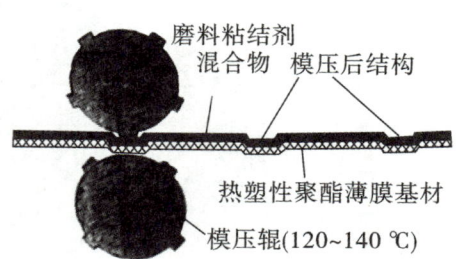

图 8-40 模压辊模压示意图

(4) 背面涂磁粉薄膜砂带 在聚酯薄膜或聚酯薄纤维基材研磨产品背面涂上一层粒径 80 μm，厚度约 300 μm 的磁性铁粉而制成，如图 8-41(a) 所示。

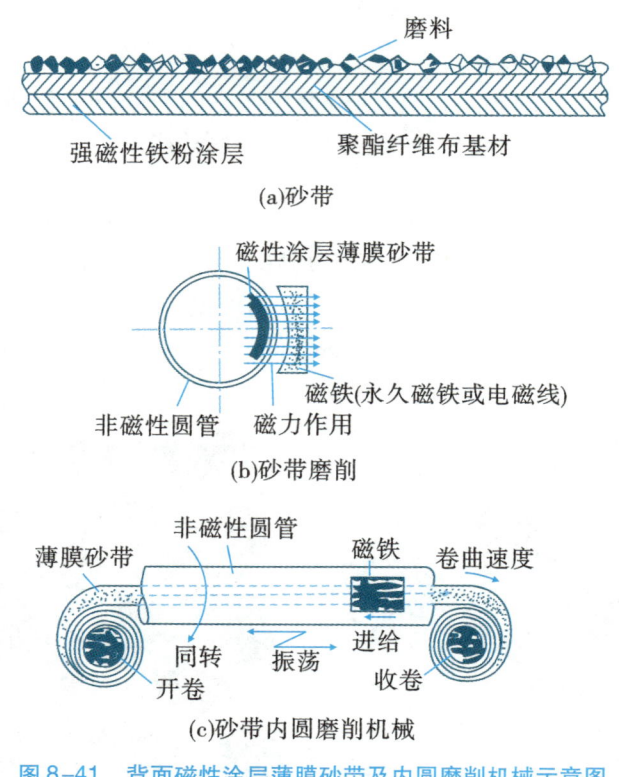

图 8-41 背面磁性涂层薄膜砂带及内圆磨削机械示意图

该产品是为了适应对饮料、药品等类的运送配管、循环使用的高纯度流体配管等不锈钢长管要求的镜面抛光采用的一种磁性援引研磨新技术。该新技术是充分利用薄膜和布基材的柔软性进行曲面(特别是管内面)的磨削而开发的,如图8-41(b)(c)所示。

8.3.2.4 新型薄膜砂带应用

(1)微型马达轴和换向器的抛光 金属辊、曲轴的精密抛光;光学镜头、光学晶体、LED、LCD的研磨抛光;磁头、硬盘的抛光;半导体材料(砷化镓、磷化铟等)的研磨抛光。

(2)汽车行业 发动机曲轴、凸轮轴;各种镜面辊、压光辊、橡胶辊、马达转句器的研磨抛光。

此类抛光都使用开式砂带磨削(如图8-42所示),采用这样的磨削方式与工作接触的始终是新的研磨带表面,从而保证了所加工工件表面的一致性。

图8-42 开式砂带磨削

8.3.3 无纺布砂带

无纺布砂带是以高强度的尼龙网格布为背基,再辅以研磨无纺布材料构成,以斜边接口粘结成带,如图8-43所示。其结构是优良的抗张能力和防堵塞磨削的完美结合。这种研磨无纺布制成的三维磨具,不同粒度的磨粒散布在纤维上,如图8-44所示,几乎适合所有表面的加工,并取得高质量的抛光效果。

图8-43 无纺布砂带

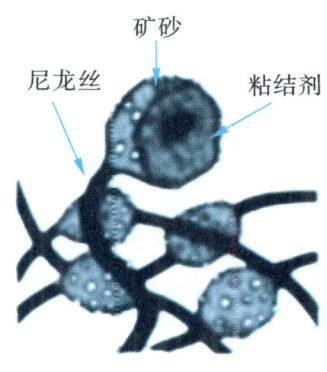

图8-44 研磨无纺布结构

8.3.3.1 无纺布砂带特性

(1)基体由高强度基布复合而成,并进行了相关处理,保证了砂带的强度、伸长率等指标与传统砂带具有相同标准,可在砂带机上安全使用。

(2)立体三维结构使砂带具有弹性研磨的特性,可有效地防止孤独切削和划伤工件表面,并可用于复杂表面研磨。

(3)立体结构保证砂带在研磨过程中有很好的自锐性,既有较长的使用寿命,又能使被加工工件品质保持一致。

(4)开放的网状结构防堵塞,有利于散热,避免了工件烧伤和高温引起的变形和变色。

(5)耐水、耐油性较好,可用于湿磨和有润滑剂条件下的研磨,无噪声,粉尘少,环境好。

无纺布砂带规格:宽度 3~150 mm。按照用途不同可分为超重负荷砂带、重负荷砂带、表面处理砂带、轻磨和调和砂带等。

8.3.3.2 无纺布砂带制作

无纺布研磨产品的制造分两步完成:即无纺布研磨产品大卷制造和无纺布研磨产品制品制作。

第一步:无纺布研磨产品大卷制造。

大卷生产工艺流程如下:

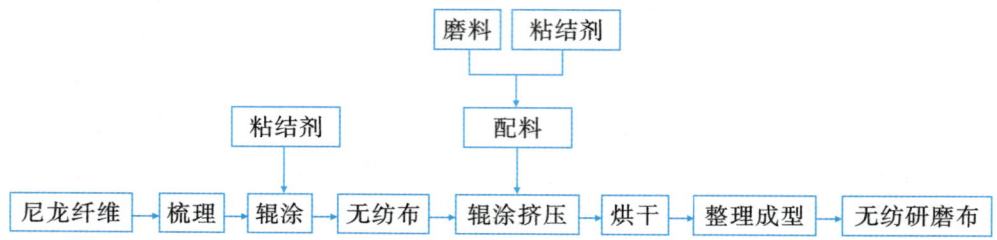

第二步:无纺布研磨产品的制品制作。

无纺布研磨产品有很多种类,可以制成不同结构的形状和产品。它们有砂页、砂卷、砂盘、砂页轮、砂带和砂刷等。

无纺布研磨产品一般拉力强度很低,无法直接制成带状产品。无纺布砂带、砂盘和砂套都是以高强度的尼龙网格布为背基,再辅以研磨布层,制成一种复合型带状产品。

或通过下列工艺进行制作:

8.3.3.3 无纺布砂带的应用

无纺布砂带可以用于金属(特别是不锈钢)和非金属(漆面、塑料)的管、罐体、构件、涡轮叶片进行表面抛光、去毛刺、除锈、清洁、打磨。其耐用度是普通单层磨料砂带的10倍以上。砂带的弹性很好,更有利于抛光作业,提高了工件的表面光洁度;砂带表面疏松,散热性好,提高了工件的表面质量;且对凹凸不同和复杂工件的研磨和抛光效果更好,可以替一般砂布的打磨作业。

8.4 砂盘

砂盘，又称砂碟，是一种圆盘状涂附磨具，和砂带一样，都是依靠高速旋转而进行磨削的，是涂附磨具中发展最迅速、最具活力的品种之一。形式多样，但最主要的形式是直接粘贴或装卡在手持磨削工具（如风动、电动工具）底盘上，而进行磨削作业的，装卸、更换十分简单，应用十分方便。

各种基材，包括布、纸、复合基、钢纸、无纺布，都可以制成砂盘产品。制作工序主要是冲切，就是采用不同规格的冲刀，在专门的冲压设备上进行冲压，以达到砂盘成型的目的。由于冲刀使用较费，近年来一种新型的切割方式——激光切割也应用到砂盘制作上，特别是钢纸砂盘。

（1）砂盘的规格　标准砂盘有两种形式，一种是无中心孔的，一种是有中心孔的，如图 8-45 所示。两种标准砂盘规格如下：

无中心孔砂盘直径（mm）：80/100/115/125/140/150/180/200/235；

带中心孔砂盘直径[D(mm)×H(mm)]：80/100/115/125×8，100/115/125/140/150/180×12，100/115/125/140/150/180/200/235×22，180/200/235×400。带除尘孔砂盘也有两种形式，如图 8-46 所示，A 型与 B 型，其规格形式见表 8-5。

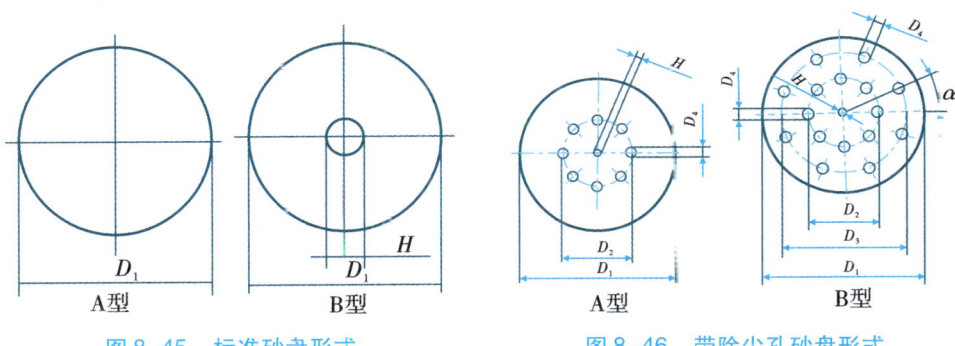

图 8-45　标准砂盘形式　　　　　图 8-46　带除尘孔砂盘形式

（2）砂盘的分类

1）按基材不同　砂盘可分为纸砂盘、布砂盘、复合基砂盘、钢纸砂盘、无纺布砂盘、聚酯薄膜砂盘、毛毡盘等。

2）按使用磨料不同　砂盘可分为刚玉砂盘、碳化硅砂盘、锆刚玉砂盘、陶瓷刚玉砂盘、堆积磨料砂盘、超硬磨料砂盘等。

3）按照固定形式不同　砂盘可分为背胶砂盘、背绒砂盘、背扣砂盘、背磁砂盘等。

除了标准形状以外，砂盘的形状形式多样，五花八门，并没有一定的标准，可以根据需要进行发明创造。

表 8-6 带除尘孔砂盘的规格尺寸

型号	规格代号	D_1 /mm	极限偏差 /mm	$D_2\pm1$ /mm	$D_3\pm1$ /mm	$D_4\pm0.5$ /mm	$H\pm0.5$ /mm	α	每片孔数
A	1	80	±1.5	50	—	10	—	—	6
A	2	100	±1.5	65	—	10	—	—	8
A	3	115	±1.5	41	—	10	6	—	4
A	4	115	±1.5	65	—	10	—	—	8
A	5	125	±1.5	41	—	10	6	—	4
A	6	125	±1.5	65	—	10	—	—	8
A	7	125	±1.5	72	—	10	6	—	5
A	8	150	±1.5	65	—	10	—	—	8
A	9	150	±2	65	—	10	—	—	8
A	10	150	±2	80	—	10	6	—	6
A	11	150	±2	120	—	10	—	—	6
A	12	150	±2	120	—	10	18.5	—	8
A	13	200	±2	128	—	10	—	—	8
B	1	150	±2	65	116	10	6	22.5°	8
B	2	180	±2	90	140	12	6	22.5°	8
B	3	200	±2	105	150	12	6	22.5°	8
B	4	230	±2	105	150	14	6	22.5°	8

8.4.1 钢纸砂盘

钢纸砂盘(如图 8-47 所示),又称钢纸磨片、研磨盘、高速磨片等,是采用高强度钢纸(即硫化纤维),以合成树脂为粘结剂,把刚玉或碳化硅磨料粘附在高强度钢纸表面而制成的一种圆片状涂附磨具。国外称 Abrasives discs 或 Fiber discs。它可安装在电动或者风动角向磨光机上,使用速度较高,转速约为 8 000~12 000 r/min。由于它具有许多使用上和制造上的特点,与砂轮磨片相比,具有更广泛的应用。

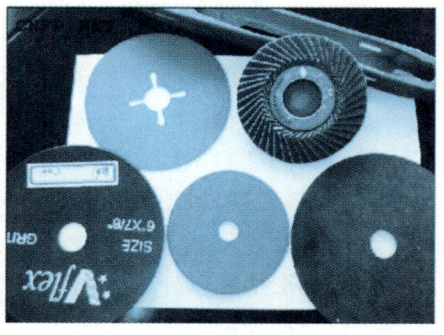

图 8-47 钢纸砂盘

钢纸砂盘的使用特点:

(1)使用面广,磨削效率高。钢纸砂盘使用时是装在手提风动机或电动工具上。对平面、曲面、边角、焊缝进行打磨加工,适用于除锈、打焊缝、打毛刺,部分代替手工挫、铲、刮、研等工艺；还可进行金属或非金属的粗磨和抛光。

（2）钢纸砂盘的柔韧性比较好，它比钹型砂轮具有更广泛的用途，它一般不破坏工件的几何形状。

（3）钢纸砂盘本身质量很小，在高速旋转时所产生的离心力比较小，强度高，一般不会破裂，安全性较好。最大允许速度 80 m/s。

（4）钢纸砂盘的制造工艺比钹型砂轮简单，若采用连续式生产，生产效率高、成本低。

（5）钢纸砂盘及其工具质量很轻，易于操作，使用灵活，适于野外作业，如船体、桥梁的大面积除锈、打磨，也是钳工机械化的必备工具之一。

8.4.1.1 钢纸砂盘用原材料

（1）钢纸砂盘用基体　钢纸（又称硫化纤维），是用氯化锌溶液处理植物纤维，然后压合而成，可以制成不同的厚度。根据磨料粒度的不同，其厚度采用 0.6 mm、0.8 mm、1.0 mm、1.2 mm 等不同规格。这种基体的涂附磨具能够承受特别高的机械载荷，几乎全部用于制造钢纸磨片。其特点是抗张强度大，延伸率小。

（2）钢纸砂盘用粘结剂　钢纸砂盘采用粘结性和耐热性都好的合成树脂为粘结剂。目前比较常用的有酚醛树脂、环氧树脂等。

（3）钢纸砂盘用磨料　磨料为氧化铝、碳化硅、锆刚玉、陶瓷刚玉、堆积磨料等，并经过一定的处理，以提高其磨削和粘结性能。

8.4.1.2 钢纸砂盘的制作

钢纸砂盘的制作有两种工艺流程：一种是把钢纸冲成圆片，然后再涂胶植砂，称之为"先冲片工艺"；另一种是按一般涂附磨具制造工艺，先涂胶植砂后再冲切成圆片，称之为"后冲片工艺"。

先冲片工艺流程如下：

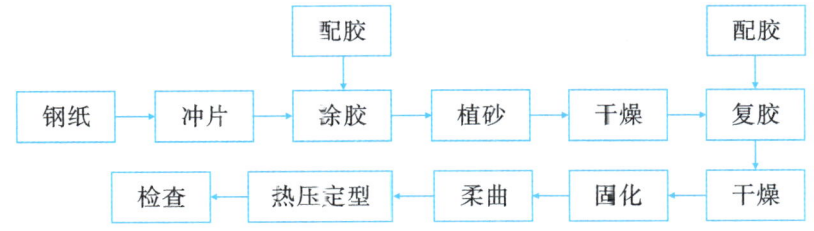

后冲片工艺流程如下：

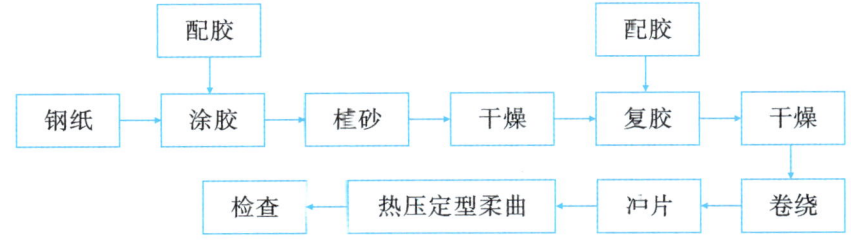

先冲片工艺适用于厚钢纸粗粒度产品，可以用于手工操作，效率比较低、产量较小、操作麻烦、质量稳定性较差。后冲片工艺采用联动生产线，适用于生产较薄的钢纸和较

细粒度产品,效率高、产量大、质量好,但对设备要求较高。特别是对冲具要求高,如采用一般高碳工具钢冲具耗损极快,不能符合生产的要求,应使用镀碳化硼或立方氮化硼的钢基冲具。目前,激光切割已经实际应用。

8.4.1.3 主要的工艺说明

(1)冲片 采用联动生产线时,挂杆与挂杆之间的距离要调大,便于悬挂,由于涂层厚度较大要防止胶层的流动,所以在确定升温曲线时要增加低温预热的时间,使胶料凝胶化,然后在进入高温段充分固化。复胶时同样也应防止胶层的流动。

(2)柔曲 钢纸砂盘,厚而硬,柔曲是在磨片冲切后一片一片进行的。柔曲是采用橡胶辊与橡胶带挤压的方法达到柔曲效果的,为了使砂盘不同方向上的柔曲效果一致,柔曲至少进行三次,前两次是正面柔曲,第一次完成后,通过90°转向机构,使钢纸砂盘在与第一次柔曲呈垂直的方向上再进行一次柔曲,第三次是背面柔曲。

(3)热压定型 为改善大卷固化造成的卷曲,钢纸磨片还需进行热压定型,通过一定的压力、一定的温度和一定的时间,使钢纸砂盘均一地向砂面凸起。并且热压定型之后的钢纸砂盘应尽快检查、点数,用塑料薄膜包装,以免它受外界的温度、湿度影响而变形。

8.4.2 背胶砂盘、背绒砂盘

背胶砂盘[图8-48(a)],又称粘贴砂盘、不干胶砂盘(self-abrasive disc),是指在砂布或砂纸的背面涂有一层不干胶所制成的一种圆片状涂附磨具。国外称之为PSA砂盘,在使用时将不干胶表面的保护纸撕去,即可将磨具粘附在手提式抛光机的底盘上进行磨削作业。

背绒砂盘[图8-48(b)]是在磨具背面粘上一层绒布,制成背绒产品,也广泛使用于手动打磨机中,但在其磨头上应有一层能与绒布咬合紧密的"搭扣"。

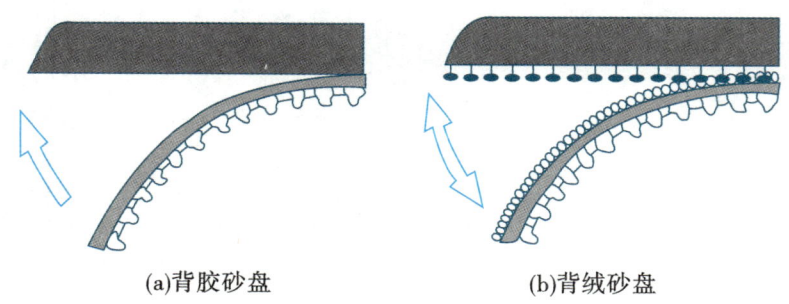

(a)背胶砂盘　　　　　(b)背绒砂盘

图8-48 背胶砂盘与背绒砂盘示意图

这种磨具的特点如下:

(1)背胶和背绒砂盘不需要安装卡具,可直接粘贴在一个底盘上进行磨削作业,用完后,砂盘很容易从底盘上剥落下来,重新更换新砂盘。

(2)背胶和背绒砂盘可以装在电动或手动手提机上,可以在不同的生产现场或野外进行磨削和抛光作业,使用十分方便,如钟表和仪器仪表零件等的修磨。把背胶和背绒砂盘装在电动或风动研磨机上,可以在野外现场对石油钻杆接口台阶面进行修磨。另外,对电厂、化工厂管道的大型阀门的接口端面,用背胶和背绒砂盘也可以在野外进行修磨。

（3）砂盘的背胶和背绒处理属于制造后处理的范畴，它们赋予了产品新的性能，不是以改变产品形状为目的的。

8.4.2.1　背胶和背绒砂盘用原材料

（1）半成品的砂布、砂纸。

（2）粘结剂：背胶砂盘用丙烯酸压敏胶；背绒砂盘用聚醋酸乙烯乳液、环氧树脂、聚氨酯胶、氯丁胶等。

（3）背胶砂盘，保护纸；背绒砂盘，绒布。

8.4.2.2　背胶和背绒砂盘制造

背胶砂盘制造工艺流程如下：

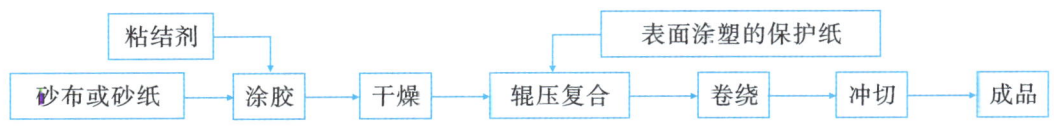

背绒砂盘制造工艺流程如下：

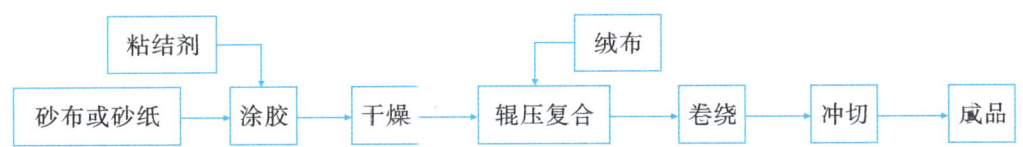

8.4.2.3　背胶、背绒砂盘应用

砂盘砂光机(图8-49)，又称角向砂光机，将砂盘用螺帽固定在砂光机底盘上，可以对各种金属工件的平面、曲面、端面进行砂光，特别适用于大型工件的除锈、砂光、磨焊缝及一般装配钳工、机修钳工对机床、工件进行刮研、修磨，另外，对大型齿轮的角度修正、钢轨对接焊前的砂光，各种金属模具的修磨以至水泥预制板、金属门框、窗框、石料雕塑的修磨都可用这种砂盘。造船、汽车、重型电机、建筑等行业用得十分广泛。这种砂光机有电动与风动两种，电动的广泛用于建筑、机车、汽车等机械、服务行业；风动的广泛用于造船、桥梁等行业。使用时一般都为干磨，砂盘线速度约80 m/s。

此外，还有背扣砂盘(图8-50)，或称转矩砂碟、转聚砂碟、快转砂碟。它与以上两种砂盘不同，中心带有固定螺栓，与之相应的手持工具磨头上有相配合的螺母，更换十分方便。

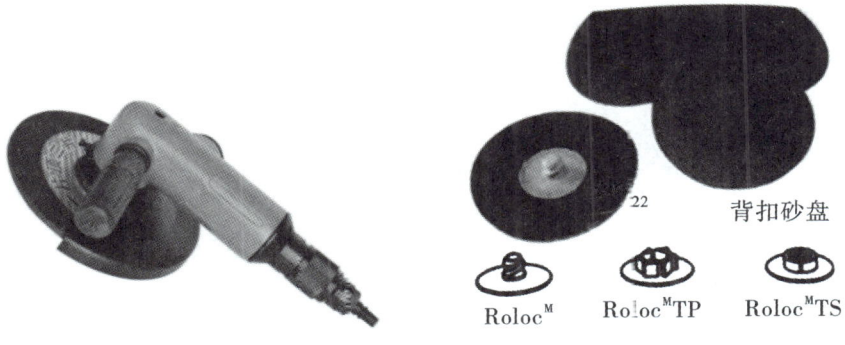

图8-49　砂光机　　　　　图8-50　背扣砂盘与背扣

适合制作背扣砂盘的涂附磨具包括布基、钢纸基、复合机、无纺布涂附磨具以及毛毡盘等。背扣沙盘的出现，很快覆盖了表面处理应用范围。从粗研磨、表面修纹到镜面抛光等比较严苛和复杂的精密加工任务都可以进行加工。具有快速替换，不会粘结或滑动、无震操作等特点，是使用方便、完美的一站式工具。应用于工具和模具制造、塑膜，机械工程、汽车、航空航天、飞机发动机制造和维修、小部件的修补等。

8.4.3 薄膜砂盘

盘状研磨薄膜，即薄膜砂盘（图8-51），是利用国际上最新发展的超精密涂布技术，将微米级或纳米级研磨粉（金刚石、碳化硅、刚玉、氧化硅、氧化铈等）与新型高分子材料均匀分散后，涂覆于高强度薄膜表面而成。

它具有较好的强度和柔韧性，最大限度地提高了研磨质量；产品质量稳定，批次之间差异小，耐用性良好，研磨效率高。

它比之砂盘的优势在于表面平整，磨料与图层更加均匀，磨削效率高，不易被撕裂与磨损。

图8-51 薄膜砂盘

薄膜砂盘主要应用于光纤连接器、耦合器、衰减器的抛光；陶瓷插芯、塑料插芯、玻璃毛细管的研磨抛光；光学镜头、光学晶体、蓝宝石、光学玻璃、LED、LCD 的研磨抛光；磁头、硬盘的表面处理；半导体（砷化镓、磷化铟等）的研磨抛光；木工、乐器、橱柜；漆面，腻子及不规则表面抛磨；3C 电子行业；铝镁合金；抛磨手机外壳、平板电脑外壳。

薄膜绒布（图8-52）是一种在聚酯薄膜表面植上绒毛的抛光制品，配合抛光液用于最后的精密抛光。产品具有良好的柔软度和弹性，能有效避免划伤；表面绒毛可以存储大量的抛光液，提高抛光效率；耐用性良好，可以多次重复使用，大大降低生产成本。

薄膜绒布　　　　　　　SEM照片

图8-52 薄膜绒布及其 SEM 照片

主要规格：砂碟有 $\phi 70$ mm、$\phi 110$ mm、$\phi 127$ mm（5 英寸）、$\phi 203$ mm（8 英寸）；砂页有 114 mm×114 mm、152 mm×152 mm（6 英寸）、228 mm×228 mm（9 英寸）。还可根据客户要求定做。

8.4.4 超硬磨料砂盘

金刚石颗粒的卓越磨削力和耐用度，使其研磨效果好、效率高。超硬磨料砂盘配合手动及固定机器,裁剪成各种不同的形状,可制成背胶或背绒、背扣、背磁等形式。

电镀金刚石砂盘主要用于石材、玻璃、陶瓷工件的磨边和修整;树脂金刚石砂盘用于光学玻璃快速减薄、陶瓷板减薄与抛光、手机非金属面板或背板抛光。

该砂盘有 ϕ150 mm ~ 600 mm 不同规格,60、120、200、400、800、1 500、3 000 等不同粒度,配合粗磨、中磨、细磨及抛光程序应用。

其打磨效果细腻,无爆边产生;树脂片用于边部修复,低噪声,设备简单,操作容易简便。

图 8 - 53 所示的 K - Loc 磨盘直径为 25 ~ 75 mm 不等,可装配在手动角磨机及自动机器人手臂上使用。由于柔韧性好,被广泛用于打磨硬质合金和复合材料,尤其适用于碳化钨、碳化铬、碳化钛等硬质饰面加工,诸如钛及钛合金的发动机制造材料的作业。例如打磨抛光涡轮叶片表面的 TBC 热障涂层、去除粗糙表面、改善粗糙度等粒号 60# 可以用于起始粗磨,然后使用相对细的粒度,如 320# 做进一步表面处理,获得较高的表面效果。使用速度为 10 ~ 20 m/s 时性能最佳。

图 8-53 K-Loc 磨盘

8.4.5　砂页盘

砂页盘(如图 8-54),又称铍型页轮、弹性磨片、百页片,它是由许多砂布页片牢固地粘贴在钢纸、网布、塑料或金属的盘状基体上而制成的一种盘状涂附磨具。

砂页盘有如下显著的优点和特性:

(1)具有弹性的结构,可打磨平面、曲面、沟槽、棱角等,特别适合较薄工件的焊缝打磨和除锈。

(2)自锐性好,效率高。在磨削过程中砂布页片同步消耗,不断露出新的砂粒,保证磨削过程中始终如一的锋利、高效率。

图 8-54 砂页盘

广州百叶片自动化生产

(3)散热性好,不易损伤工件,避免了工件在加工过程中由于过热而引起的变形和变色。

(4)重量轻,安全性好,噪声低。在操作过程中,即使出现脱片,其对人员的伤害和对设备的破坏程度也很小。

(5)有很强的灵活性和多变性。根据要求磨削和抛光的工件需要,不论是点或者是面、线还是弧面,都有与之相适应的产品可供选择。

因而,砂页盘广泛用于汽车、自行车、机器制造、玻璃制品、不锈钢制品、金属制品、休闲家具、压力容器等行业中的焊缝、焊点、毛刺和飞边的打磨、除锈,金属表面的缺陷修磨和精细抛光。它与树脂铍型砂轮相比有较好的弹性,与钢纸砂盘相比又具有强力重负荷磨削性能。它们同样安装在手提式角向磨光机上,通用性好,有广泛的适用范围。

8.4.5.1 砂页盘规格和分类

（1）砂页盘规格 有 φ100/115 mm×16 mm；φ115/125/150/180/200/230 mm×22(22.23)mm。

（2）砂页盘分类 按磨料分，有棕刚玉、锆刚玉、碳化硅、金刚石等。

按基体分，有钢纸、玻璃纤维、塑料、金属及组合材料等。

按结构分，有标准型和加强型。通过调整砂页片长度和疏密程度，调整产品厚度和硬度，以满足工件打磨和抛光过程的不同需求。加强型比标准型有更多的砂布和磨粒，有更长的寿命。

按形式分，有平型（T27）、凸型（T29）和立式等。

8.4.5.2 砂页盘制作工艺流程

砂页盘的制作工艺有手工操作和全自动两种。目前，多以全自动生产工艺为主。

砂页盘手工操作工艺流程如下：

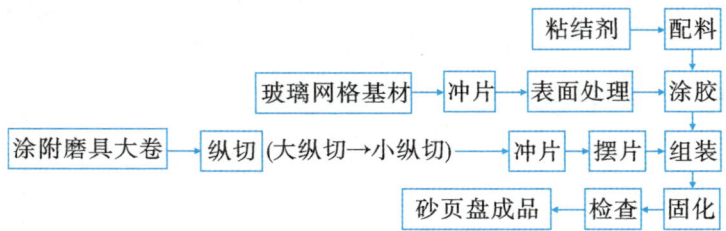

砂页盘全自动生产工艺流程如下：

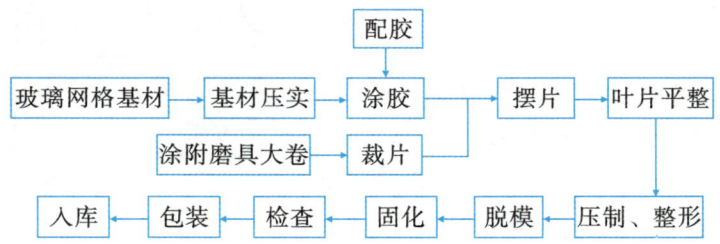

8.4.5.3 主要工艺过程说明

（1）基体的冲片和处理 砂页盘所使用的基体有钢纸、网布、塑料和金属（以铝基为主）等几种，有的基体可以自己冲片，如钢纸；有的还需要进行一定的处理，如塑料基体和金属基体，以提高表面的粘结性。

（2）纵切 根据砂页盘规格规定的页片宽度，在纵切机上分成宽度相同的条。

（3）冲片整片 将一定宽度的纱布窄卷在冲床上冲成所需形状和长度的页片，冲好的页片整齐排列在一定规格的容器内，以便组装用。

（4）摆片 又称码片、推片、扣背盖、修片、穿杆等。不同规格的砂页盘有不同的模具，摆片应整齐、均匀、到位。

（5）配料 粘结剂一般采用环氧树脂，加入固化剂、填料（碳酸钙、石英粉等）和稀释剂。生产机械化自动化之后，已广泛采用单组分环氧树脂。

(6)涂胶　在基体上涂胶,均匀一致,涂胶量符合要求。

(7)组装　将已涂胶的基体反扣在已摆片的磨具上,然后翻转放入夹具。

(8)固化　将组装好的砂页盘放入烘箱,根据粘结剂的要求,在一定温度、一定时间内固化。

(9)检查包装　根据产品标准的要求,对产品进行检查,并必须有以下标志:粒度、注册商标、生产厂名、旋转方向、使用速度和制造日期,然后按要求包装。

8.4.5.4　金刚石砂页盘

金刚石砂页盘有弹性磨盘、Mini砂碟和立式磨盘等多种形式。弹性磨盘专用于打磨不锈钢、钛合金、钨钼合金、高锰合金材料的飞边;陶瓷、石材等难磨材料的打磨。Mini砂碟有更好的弹性及柔韧性,适用于异型曲面的打磨抛光。金刚石立式磨盘专用于PCB印刷电路板表面层的氧化层抛光。

其他砂盘还有网格砂布砂盘、海绵砂盘、毛毡砂盘、砂刷盘等。

8.5　研磨轮

轮状涂附磨具是用涂附磨具制成的轮状产品,称之为抛光轮或研磨轮,它与砂盘、砂碟不同之处是:它的磨削面是圆周面(即端面),综合了固结磨具与涂附磨具的优点,同时具有砂轮的刚性和涂附磨具的柔性,刚柔相济。

研磨轮按选用材料或产品结构,可分为如下一些品种:

(1)按材料不同分类

1)砂页轮　由各种不同粒度、不同磨料(如刚玉、碳化硅、锆刚玉)的砂布制成,适用于各种类型材料的研磨、抛光、打毛刺及精加工。

2)布轮　包括棉布抛光轮、麻棉混合抛光轮。前者采用不同种类的棉布制成,使用不同浸渍方法和不同的研磨剂,用于半抛光、抛光和镜面抛光。后者采用麻布或衬以棉布,一般经过浸渍处理、借助于各种研磨剂,用于初抛光和镜面抛光。

3)无纺布研磨轮　以研磨无纺布为原料,制成各种形状的研磨轮 多用于抛光。

4)砂刷轮　用砂刷制作而成。

5)毛毡轮　用毛毡制作而成,借助于各种研磨剂进行抛光作业。

6)特种材料抛光轮　特种应用加工。

(2)按结构不同分类

1)飞翼轮或辐射轮　按辐射法制作。以砂布为材料的称为砂页轮,以研磨无纺布为材料的称为飞翼轮,以砂刷为材料的称为砂刷轮。

2)叠合轮或层压轮　按层压法制作。以研磨无纺布为材料的称为叠合研磨轮;以棉布或麻布为材料的称为布轮;以毛毡为材料的称为毛毡轮。

3)卷紧轮　按卷紧法制作。只有研磨无纺布可按此方式制作,称为卷紧研磨轮。

4)特种结构抛光轮　其制造方法与PVA轮类似,属于砂轮的范畴,不应属于涂附磨具。不过因为它的性能与由研磨无纺布制作的研磨轮类似,因此,无论国内外、业内外都将它们归在一起介绍。

8.5.1 砂页轮

砂页轮(如图 8-55),又称研磨页轮(flap wheel)、千页轮,是将一定形状(以长方形为主)的砂布块一端固定在卡盘上而制成的一种轮状涂附磨具。砂页轮磨削是涂附磨具磨削的一种重要的形式,由于砂页轮具有优良的磨削抛光性能,具有既经济又灵活的使用手段,这就决定了它的应用前景广泛,在航空、机械、汽车、造船、化工、家具、建筑装潢以及日常生活等各个领域都有广泛的应用。

20 世纪 80 年代末期,白鸽集团从原西德引进的高档涂附磨具生产线的正式投产,为砂页轮的生产提供了强有力的物资条件。随后几年,砂页轮作为一个具有高附加值的产品在我国得到了快速发展,年产值超过亿元。研磨页轮成为涂附磨具异型产品中产量最大的主导产品。

图 8-55 砂页轮

8.5.1.1 砂页轮的磨削特点

砂页轮是借助于高速旋转,与工件表面接触,并在一定的压力下,来实现磨削、抛光、研磨的加工过程。

砂页轮磨削与砂轮、砂带的磨削机理大致是一样的,都是在磨粒高速运动下的切削过程,但由于砂页轮本身的结构和磨削方式的不同,在磨削、抛光过程中有其独有的特性。

(1)砂页轮磨削是弹性磨削。砂页轮磨削与砂带一样是弹性磨削,砂带是借助于接触轮实现弹性磨削,而砂页轮是借助于本身结构特点来实现其弹性磨削的。弹性磨削有许多优点,它具有磨削、抛光、研磨等多种作用,且吸振性好,因此,被加工工件表面的质量高。

(2)砂轮磨粒之间,充满结合剂,磨粒分布很不规则,其磨削条件恶劣。砂页轮所采用的砂布多为静电植砂,磨粒定向排列,尖刀朝上,分布均匀,因此,切削效率高。由于砂页轮是弹性磨削,和工件接触面积大,其参与磨削的砂粒远远超过砂轮,单颗磨粒所承受的载荷小,而且均匀,磨粒不易被磨损,因此,其磨削效率高。

(3)砂页轮磨削,其页片在高速运转的情况下,附着在页片上的磨屑被自然抖掉,同时随着磨削过程的进展,其表层不断脱落,新的磨粒不断出现,因此,不易被磨屑堵塞。这更有利于在自动生产线上使用,不像砂带那样,随着磨削的进展,磨粒逐渐变钝,其磨削效率也随之降低,特别是在砂带磨粒磨损严重时,其磨擦加剧,会产生大量磨削热,易烧伤工件。

(4)砂页轮在高速运转下,每一立片,犹如一片风扇叶,把磨削产生的热量,不断散发出去,俗称风扇效应,因此,不易烧伤工件。

(5)砂页轮磨削成本低,原因如下:

1)砂页轮磨削是弹性磨削,它可以在很大程度上吸收磨削过程中产生的振动和冲击,因此对机床的强度和刚性要求远低于砂轮磨床,也不像砂带磨床要依赖接触轮实现对工件的压力,也不需要考虑张紧和纠偏机构,因此页轮磨床结构简单。

2)砂页轮操作简单,装卡时间短,有利于提高工作效率。

3)砂页轮实用性强,不但可以装在各种专用生产线上使用,还可以装在车床、刨床、各种砂轮机械和手提电动、风动工具上使用,而且可以很容易解决复杂形面,以及超大、超长工件的加工。

4)砂页轮比同样大小的砂轮重量轻得多,因此,所需动力小、电耗低。

砂页轮磨削并非完美无缺。砂页轮随着磨削过程的进展,其直径逐渐变小,其线速度也随之变化,同时由于页片变短,弹性减小,其砂面和工件接触面变小,切削力降低,往往需调整砂页轮对工件的压力来弥补;对那些要求表面误差小,精度要求很高的工件,砂页轮磨削就很难达到。由于砂页轮结构的特点,很难做得很宽,因此,不太适用于对太宽的工件进行加工,现有的采用组合办法,加工宽度可达 800 mm 或更宽,但由于制造工艺复杂一般不采用。

8.5.1.2 砂页轮的主要形式

砂页轮是由许多长方形的砂布或砂纸页片组成的,其主要形式如表 8-7 所示。

表 8-7 页轮的主要形式

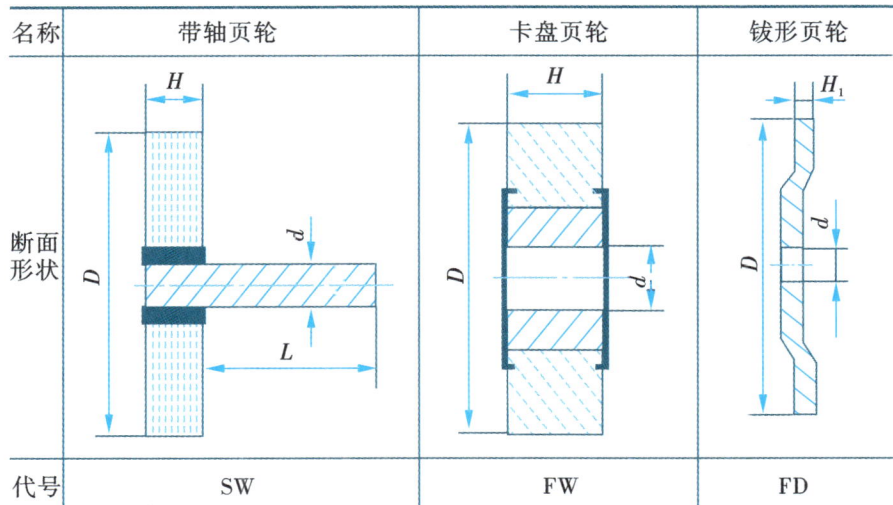

名称	带轴页轮	卡盘页轮	钹形页轮
断面形状			
代号	SW	FW	FD

(1)带轴页轮 用浇灌树脂的方法把砂布或砂纸页片的内端与中心轴粘结住。因能承受的机械力较小,所以带轴页轮只适用于小型页轮。

(2)不带轴页轮 不带轴页轮以卡盘页轮为主,还有注孔式、粘结式、装配式等形式,不带轴页轮能承受较大的机械力,所以适用于大中小各型页轮,常用于大中型页轮。

在讨论页轮分类时,还有注孔式(图 8-56)和粘接式(图 8-57、图 8-58)两种,考虑到这两种页轮的技术要求与结构形式和卡盘相近,因

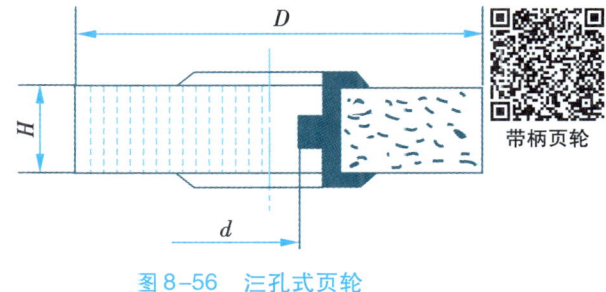

图 8-56 注孔式页轮

此,一并归到卡盘式。

注孔式页轮可省掉一对卡盘,但粘接胶用量要加大,多用于小型页轮。粘接式页轮既省掉卡盘,又节约了粘接胶,为了增加页轮的粘接强度,往往要加铁丝网(图 8-57)或两个加强圈(图 8-58)。粘接式页轮由于强度高、粘接牢固,多用于厚度大于 60 mm 的大型页轮。装卡盘的页轮,粘接胶用量少,强度较粘接式页轮差,一般用于厚度在 60 mm 以下的中型页轮。

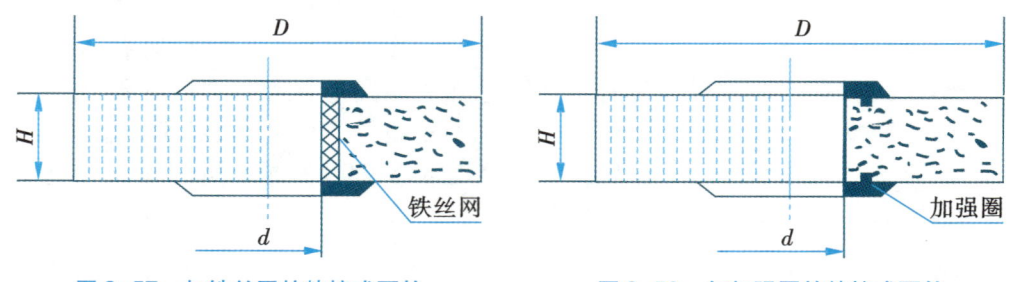

图 8-57　加铁丝网的粘接式页轮　　　　图 8-58　加加强圈的粘接式页轮

由于页轮要适应加工件的各种需要,因此其形状和结构十分繁杂,简单的分类方法很难全部包容在内,到目前为止,国内的有些页轮还没有统一的命名。这有待于以后大家共同努力,尽快把页轮的名称统一起来,并有一个更科学的分类方法。

8.5.1.3　砂页轮制作工艺过程

砂页轮是由许多页片牢固地固定在卡盘、轴或基体上制成的。常见的页轮最小直径为 10 mm,最大可达 500 mm;其厚度最薄为 5 mm,一般为 25～100 mm,目前,国内生产的大型组合页轮,其厚度可达 800 mm。由于受技术和其他条件的限制,研磨页轮的生产厂家绝大部分采用的是比较传统的单片冲生产工艺和多冲片工艺。

(1) 单片冲生产工艺流程　工序繁多,操作复杂,生产周期时间长,特别是页片两边的边距、槽宽、槽深等施工数据不能保证一致,其产品质量也不能得到有效的保证。生产工艺流程如下:

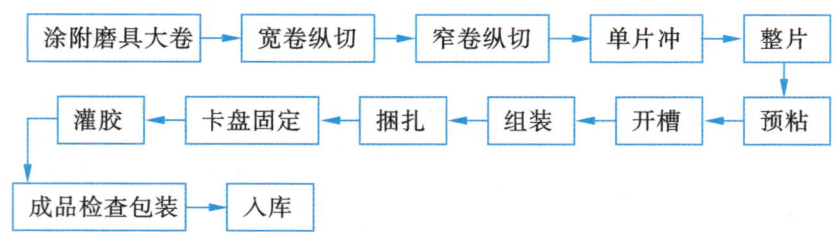

(2) 多冲片生产工艺流程　传统的单片冲工艺只能冲长方形,且一次只能冲一片。新工艺采用多片型冲,一般一次可冲 20～40 片,而且冲出的页片上,用于固定卡盘的槽位已切出,省去了对施工数据影响较大的整片、预粘、开槽等工序,型冲后每个页片的槽宽、槽深、边距等施工数据基本一致,不仅有力地保证了施工数据的准确无误,而且生产效率得到了几十倍的提高。

按传统的单片冲工艺生产的研磨页轮必须使用涂附磨具大卷,多片型冲新工艺的实施,可将砂带生产剩余的边角余料加以充分利用,大量地节省了原材料大卷的消耗,有效地提高了原材料大卷的利用率,极大地降低了研磨页轮的生产成本。其工艺流程如下:

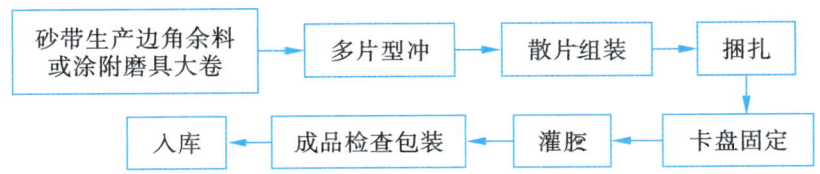

(3) 主要工艺说明

1) 冲片　将砂布窄卷根据产品要求,在冲床上冲切成所需形状和长度的页片。

2) 整片　将冲好的页片整齐排列至一定规格的容器内,以便组装用。

3) 配料　将粘结剂(一般采用环氧树脂)加入固化剂、填料(碳酸钙、石英粉等)和稀释剂。严格按照配方和配料顺序配料;搅拌均匀,黏度一致;环氧树脂的配料温度以 25 ~ 35 ℃ 为宜;固化剂最后加入;配好的料尽可能在 30 min 内用完,如发现胶液明显变稠、起泡和温度升高,应停止使用。

对粘结剂要求:①一般要求粘结剂和页片粘结性能好,为便于浇铸,应有较好的流动性;②能在较低的温度下固化,一般不超过 120 ℃;③固化时间要适中,固化时间过快,会影响胶液在页片和页片、页片和卡盘之间渗透,一般固化时间为 4 ~ 12 h;④粘结剂固化后要有一定的硬度和耐热性能;⑤操作方便,便于调配。

4) 组装　将充好的页片组装成研磨页轮。利用卡盘组装的是卡盘研磨页轮,利用卡盘和轴组装的是带轴研磨页轮。带轴研磨页轮的轴多为碳钢、镀锌和镀铝。卡盘要求有足够的强度、外形美观,多采用冷板冲制,根据研磨页轮的规格,卡盘也有不同的规格。页片有效长度一般不超过 60 mm。

注孔式研磨页轮和粘结式研磨页轮完全不用卡盘而仅仅灌胶,但需要专用组装磨具。

注孔式研磨页轮完全靠粘结剂把持砂页轮,粘结剂用量较大,一般用于规格小的砂页轮。

粘结式砂页轮为了增加砂页轮的粘结强度,需用加强圈或铁丝网加固,它既省掉卡盘,又节约了灌胶粘结剂。

粘结式研磨页轮由于强度高,粘结牢固,多用于厚度大于 60 mm 的大型研磨页轮。卡盘页轮粘结剂用量少,强度较粘结式研磨页轮差,一般用于厚度在 60 mm 以下的中型研磨页轮。

研磨页轮组装要求页片密度要均匀,为此可用木榔头和橡皮榔头敲打。对大型研磨页轮可采用两次组装,即第一次初装后放置一段时间,使其内部应力释放后再加入更多页片。

5) 灌胶　将配好的粘结剂浇入砂页轮,灌胶量应符合要求、均匀适中,保证渗透和填充良好,可采取两次灌胶法。为保证灌胶的质量,灌胶前可对组装好的研磨页轮进行预热和清洁处理。

6) 固化　先将浇注好的研磨页轮室温预固化,然后放入烘箱固化,固化的温度和时间根据粘结剂的要求而定。

7）检查包装　根据产品标准的要求,对产品进行检查,并必须有以下标志:粒度、注册商标、生产厂名、旋转方向、使用速度和制造日期。然后按照要求包装。

8.5.1.4　影响页轮质量和寿命的主要因素

（1）砂布的质量直接影响到砂布页轮的质量,常见的砂布质量问题如下:

1）砂布强度低,韧性差,在使用过程中出现大量断片。

2）磨粒粘接不牢,在磨削过程中出现脱砂,切削能力迅速降低,直至失去切削能力。

3）布基不耐磨,磨粒尚未进行充分磨削,而随布基脱落,页轮很快磨损。

4）根据不同的磨削对象选择不同的布基、磨料和植砂密度,由于砂布选择不当,往往会引起堵塞,影响磨削效果,严重时会造成页轮报废。

（2）粘接胶固化后,强度、粘接性能差,或耐热性不好,在磨削过程中,由于温度升高,造成卡盘脱落,或页片成组脱落。

（3）卡盘强度低,刚性差,在受到压力和冲击后变形,造成页轮报废。

（4）页片装的过密,弹性小,砂面和工件接触面积小,切削效率低,特别是页轮在自然磨损过程中,直径不断变小、页片变短的情况下,这种现象尤为突出,因此页轮组装时,页片不宜过密,有的页轮还要把页片分组间隔开来,以增加其弹性。

（5）页片组装中疏密不匀,造成页轮磨损不均匀,使页轮变形,在磨削过程中,出现跳动,甚至会损伤工件。

（6）页轮装卡工艺不合理,页轮装卡应使用法兰盘,主要受力部位应在页轮与页片粘合部位,装卡不合理,会使卡盘变形,甚至脱落。

（7）操作工艺不合理,新的页轮,因其页片长,弹性好,砂面和工件接触面大,其切削力最佳,因此,页轮对工件的压力不应过大,否则,页轮磨损快,还会造成工件的过度磨损,在实际操作中,应根据页片磨损程度,适当调整页轮对工件的压力。

（8）砂页轮使用线速度一般为 20～30 m/s,过高的线速度会引起页轮磨损,甚至破裂。

近年来,砂页轮制作的机械化、半机械化已得到很大的进展,有利于提高产品的质量和质量的稳定性,促进产品的发展和应用水平。

8.5.2　研磨轮

12547—2015
涂附磨具无
纺布抛光轮

由无纺布制作成的轮状涂附制品,称为研磨轮（图8-59）。其规格见标准 JB/T 12547—2015。

带轴或不带轴研磨轮采用研磨无纺布制成。材料柔性开放式结构使产品更具有韧性、更能确保冷态研磨性能。

研磨轮具有研磨力强、耐用性好、不用研磨剂、无噪声、污染少、不烧伤工件（不发黑）、光洁度高、防堵塞等优点,在清洁、去毛刺、焊缝调和、精加工和抛光应用上,均取得很好的表面效果和

图 8-59　研磨轮

耐用性。与软轴驱动工具、电动/电气角磨机、直磨机或台式研磨工具配合使用,可替代传统布轮粘砂工艺和钢丝轮等。广泛用于不锈钢、铜、铝等金属制品的表面抛光处理,使金属表面呈哑光、丝光。研磨轮具有很好的韧性和弹性,还可对复杂不规则形状工件进行抛光处理。近年,研磨页轮在装潢业、塑料加工、纺织机械、陶瓷、表面涂覆等行业得到广泛应用,是现代表面处理的首选产品。在切削速度 10~20 m/s(最大允许圆周速度为 32 m/s)下,产品性能最佳,切削率、表面品质及工件热载荷和工件使用的寿命方面实现完美平衡。

由于磨料(切削率)和密度(硬度)的不同,研磨性能也不同。这两种主要影响因素的变化,决定了研磨轮是否切削率更高或更耐用或一致性更好。

为了满足各类用户的不同需求,研磨轮的制作因材料、密度和处理工艺不同,可分为四类。前三类(图 8-60)由研磨无纺布加工而成,后一种由整体抛光轮直接加工而成。

叠合型　　　　　辐射型　　　　　卷紧型

图 8-60　研磨轮形式示意图

辐射状(flaptupe)称为飞翼轮;层压状(disk type)称为叠合轮;卷紧状(convolute)称为卷紧轮;整体海绵状(sponge type)称为整体抛光轮。

8.5.2.1　飞翼轮

飞翼轮是无纺布按辐射状制成的,规格、型号齐全,应用广泛。主要用于复杂曲面(如手表、门闩、拉手、锁之类的五金行业以及高档木器品的线条处理)的切削、去毛刺,加入砂布可增加切削力。

无纺布砂布混合飞翼轮(图 8-61)采用高度柔软、切削力强、耐高温的研磨无纺布,间隔放砂布、砂纸制成。比单独的无纺布轮更锋利,打磨出另一种特别线纹效果,能有效地加强切削力,去毛刺时更加耐用。可按客户需要选择无纺布和砂布质量、片数,如单片间隔、二片砂布一片无纺布间隔等。通过调整无纺布片数,可改变飞翼轮硬度(密度);同时,也可通过化学处理来增加飞翼轮硬度。按不同磨削需要选择不同无纺布和砂布材料,使飞翼轮在打磨过程中一直损耗,在高速抛光设备上不烧伤工件表面(不发黑),光洁度高。应用范围:首饰抛光、不锈钢打磨、木线打磨、高档木相架打磨、配套木线设备。

拉丝轮(图 8-62)是飞翼轮的一个产品,是由粗纤维和粗砂构成,采用高度的柔软设计,主要用于表面拉丝、出线纹等。主要用于不锈钢表面拉丝,如大型机器表面以及抽油烟机、消毒柜、电梯、厨具、不锈钢货架、扶手、胶木板、金属家电等的表面处理。用于不适合固定的抛光机的场合。

图 8-61 无纺布砂布混合飞翼轮

图 8-62 拉丝轮

8.5.2.2 叠合轮

叠合轮又称层压轮(图8-63),是由研磨无纺布一层层致密铺设,涂布胶粘剂(亦可含磨料),多层叠压,并在固化炉中烘烤固化,最后冲切而成。磨削效果好、切削力强,强韧耐用、砂纹美观均匀、组织密、有光泽、经济、寿命长。

图 8-63 叠合轮

叠合轮有四种不同的型号。软(W):具有最高柔韧性,非常适合轮廓加工;中软(MW):具有半柔韧性,适于轮廓加工;中硬(MH):具有一般柔韧性与强度,适于优异的切削及边缘打磨;硬(H):具有低柔韧性、高强度,适于极好的切削及边缘打磨。

8.5.2.3 卷紧轮

卷紧轮是一种将研磨无纺布涂以树脂粘结剂,按预定的组织结构、紧密地卷绕在一个空心轴上组成的磨轮。卷紧轮表面印有箭头,指示必须遵守的旋转方向。这种制作方法适合制作大规格圆筒形产品,是叠合轮无法达到的,但它的制造工艺相对较难。

卷紧轮适合高速、高温磨削、重磨削,组织均匀,线纹细腻而不混乱,光亮好,表面不发黑,切削效率高,磨削效果优良一致。主要安装在台式、手提式、柔性驱动器、无芯磨、旋转式的研磨装置上。特别适合金属磨削、涂附磨具磨削后的划痕处理;凭证表面的清洁、抛光和装饰性精磨;特殊合金除毛口、平磨和抛光等。其研磨效率均优于飞翼轮、叠合轮和无纺布砂页轮。

卷紧轮的性能,同样也由磨料及组织决定。磨料力度决定了它的切削率,粒度决定硬度。

8.5.2.4 黑金刚

黑金刚(图8-64)是一种由高强度尼龙纤维与磨料颗粒特别混合而制成的粗结构无纺布磨具。其材料和结构设计使产品适用于特别锋利的边缘打磨和去毛刺,给焊缝处理与腐蚀部位处理带来了全新的概念。与其他研磨工具相比,操作简便、有效,使用寿命长。

黑金刚适用于任何金属的打磨,无堵塞,打磨力持续强劲;低噪声,操作简单快捷;表面光洁、平整;可重复使用,经济性高。

黑金刚产品的形式有黑金刚轮、带轴黑金刚和黑金刚盘等几种。最佳的切割速度是15～20 m/s,在此范围内可实现切削率、表面加工品质、工作温度载荷及工具磨耗的最优平衡。主要应用表现在:①清除锈迹、腐蚀斑点、水垢、污垢、灰尘;②清洁焊缝、清除轻微标记和发蓝物质,特别是不锈钢上的发蓝物质;③去除PVC底部保护涂层、油漆、面漆、顽固漆或粘胶残渣、旧涂层或密封胶、密封圈残渣;④粘结或涂料前的表面清理;⑤清洁石料及混凝土制品、清洁各种表面。

图8-65是清理研磨无纺布(黑金刚)拉丝轮,能有效地还原拉丝纹,使用方便快捷。特别适合加工不规则的工件,不烧伤工件表面,耐用、高效、自锐、防堵、光洁度高、产品切削力强、寿命长、纹路清晰。主要用于不锈钢铝材、铜等金属制品表面拉丝和管件效果处理,粗粒可制造出各种精度不同的雪纹、拉丝纹、波浪纹、快速修补深度划痕。

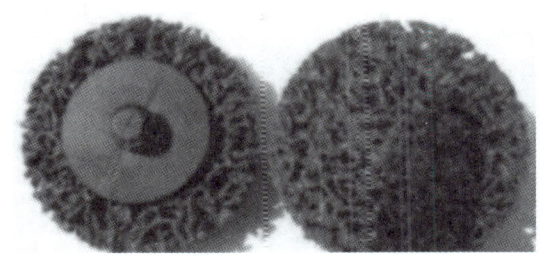

图8-64 黑金刚

图8-65 黑金刚拉丝轮

8.5.2.5 研磨辊

当研磨轮的厚度逐渐加大,与它的直径相当时,称为研磨鼓。如果继续加大,即当研磨鼓的长度(厚度)大于直径时,就成了研磨辊(图8-66),或称为无纺布刷辊或辊刷,通常用于生产线上的大型磨床上。亦可根据工件宽度,采取多片研磨轮叠加,制成研磨辊。

图8-66 研磨辊

(1)分类 研磨辊按制造工艺不同可分为辐射状、层压状、卷紧状和整体海绵状研磨辊四类;按切削力的大小不同可分成高切削力、中切削力和低切削力研磨辊三种。切削力≥0.1 μm/次的称高切削力研磨辊;切削力在0.01~0.1 μm/次的称中切削力研磨辊,切削力<0.1 μm/次的称低切削力研磨辊。研磨辊按含磨料的不同又分为碳化硅类、刚玉类和纯无纺布类。

(2)应用 对于加大面积的工件、板材,采用高抛光辊对其表面进行拉丝抛光处理,拉丝效果均匀、清晰,抛光质量稳定,光洁度高,不烧伤工件,湿磨(配合研磨抛光液或水)更佳。使用于清洁电路板的氧化层,钻孔后的毛刺,不锈钢、铜铝合金板材和制品的抛光与拉丝。研磨辊的特点是研磨更精细。例如在PCB行业,所处理的表面粗糙度均匀一致,从而能明显提高光敏膜和绿油膜的附着力,特别适用于线宽/线距≤100 μm、铜箔厚度≤35 μm的PCB的制造。在钻孔后毛刺去除、光敏膜前处理和绿油(防焊)前处理领域有其卓越的表现。特别是绿油(防焊)前处理工序,已证明会提高成品率或减少短路、断路及电气测试NG 10%~15%以上。

根据工件的材质和工艺要求合理选用不同参数与几何尺寸的抛光轮。抛光机的转速直接影响工件表面抛光质量,转速应控制在3 000 r/min以内。线速度过高易产生烧伤现象。当转速确定后,工件进给速度不宜过快,进给压力不宜过大,否则也会引起工件表面烧伤,或粘上黑色残留物。

研磨辊的缺点是寿命短,研磨成本高。

8.5.3 砂刷轮

砂刷轮(图8-67)又称砂筋轮,是由砂刷按辐射方式制作的轮状产品。

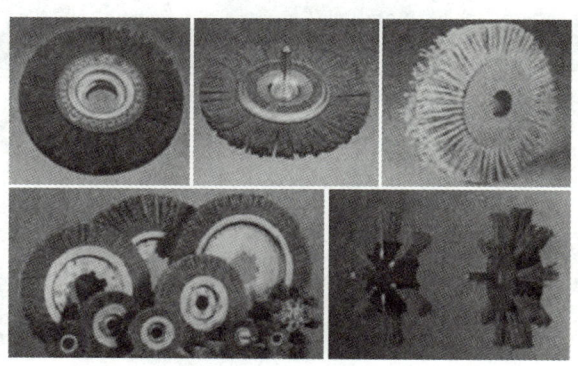

图8-67 砂刷轮

砂刷轮应用于各种金属、非金属表面的研磨和抛光,如镁合金、锌合金、铝合金、铜制品等有色金属零件的打磨和抛光;不锈钢、工具钢、高速钢等制品的表面处理;木材制品及某些塑料部件。尤其适用于半导体产业相关零部件的精加工,如硬盘驱动器零部件等。

8.5.3.1 砂刷的特征

相比普通抛光打磨产品,它具有突出优点:柔韧性好,安全性高,使用寿命长,不需频繁更换，效率高，无污染。

正是因为这些特征，在精磨金属片领域开发了很多样式的去毛刺专用机，普遍使用砂刷轮来去除毛刺。

8.5.3.2 砂刷轮构造

砂刷轮的构造分层叠型（标准型）、螺旋型和页片型三种（图8-68）。层叠型、螺旋型通用性强、不用根据被加工物的形状进行选择，对研磨机械的负荷小；螺旋型与工件接触效果较好，接触面较大，对锐角的研磨效率比层叠型效率高约20%。页片型不会对平面造成划痕，但重量大、耐磨性好，对研磨机械造成的负荷较大。

层叠型　　　　　　螺旋型　　　　　　页片型

图8-68　砂刷轮

产品规格（英寸）：3″、4″、6″、8″。

磨料种类：刚玉、碳化硅等。

磨料粒度：P60（紫红）、P80（深绿）、P120（草绿）、P220（棕红）、P400（蓝红）、P600（灰），P180是主流产品。

磨料含量：30%。

常用规格（外径 D×长度 L×内孔 d，单位mm）：

102×610×25.4，105×650×35，106×616×25，142×610×51，80×324×40，103×610×32，130×80×18。

8.5.3.3 砂刷轮的应用

在砂刷轮的使用过程中应考虑下列因素影响：允许使用温度<60 ℃；刷辊必须按顺时针方向运转；刷辊转速、磨料粒度、刷辊压力、物件输运速度对于抛光工件的质量非常重要。

刷辊外径的选择根据工件的形状、加工效率等因素来考虑。刷辊的外径越大，研磨速度增大，研磨效率及研磨面的粗糙度变高。

刷辊的宽度根据被加工工件的尺寸、形状来决定。轧辊加工采用砂刷辊，刷辊的尺寸与轧辊长度一样，可一次加工完成。要注意较宽的研磨刷工作时动平衡的情况。

选定刷辊的规格后，还要对研磨条件进行选定，包括刷辊回转速度、磨削压力（切入量）和刷辊进给速度、工件转速等。磨削压力较大时，会使刷辊产生密松间隙，而产生波纹现象。为减少磨削波纹，可将刷辊的研磨角度改变一下，改变研磨轨迹，可提高加工效果。产品可以数片或数十片以上装在砂轮机或手提机具上使用；也可以配合厂家特别设计的自动化设备，组合多至数百片或更多使用，非常灵活，同时还可以配合用户的要求，如改变尺寸、磨料粒度和比例，以达到客户的理想效果。

图 8-69 是一种砂刷拉丝轮,应用于各种拉丝、清理毛刺、清洁材料以及抛光木材年轮和还原纹理。主要应用于航空、鞋厂、电气、汽车加工处理打磨、拉毛、除锈、去污、除油、去毛刺、抛光清洁等。

图 8-70 是一种螺旋砂刷,包括内螺旋刷和外螺旋刷,可用于去污、除锈、抛光等用途,广泛应用于木工、机械、钢铁、造船、电子等行业。

图 8-69　砂刷拉丝轮

图 8-70　螺旋砂刷

图 8-71 是小型砂刷辊的实例,分别装在研磨机上(图 8-72 左)和手持(图 8-72 右)两种用法。

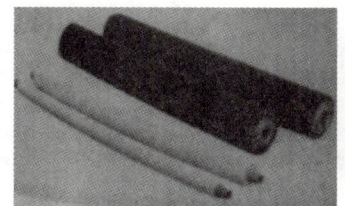
图 8-71　砂刷辊

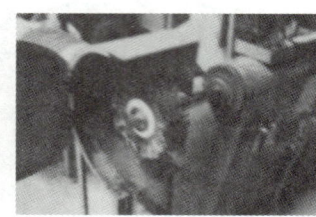
图 8-72　砂刷轮应用

8.6　其他异型产品

8.6.1　砂布螺旋磨头

砂布螺旋磨头(图 8-73)称之为"子弹头",可适用于窄小、难以接触的区域。如内孔及难接触区域去毛刺;金属构件的角焊焊缝的清理;铸件飞边清除。使用过程中,外层的砂卷会逐渐脱落,露出新的磨料继续打磨作业。

图 8-73　砂布螺旋磨头

8.6.1.1 砂布螺旋形磨头的结构

砂布螺旋形磨头的结构有圆柱形和圆锥形两种结构。

圆柱形(PR)$D \times T$(直径×长度):6 mm×25/35 mm、9 mm×25/35 mm、12 mm×25/35 mm、18 mm×25/35 mm。

圆锥形(PR)$D \times T$(大端直径×长度):10 mm×25/35 mm、12 mm×25/35 mm。

8.6.1.2 砂布螺旋形磨头主要制造工序

(1)中心轴准备 中心轴为外购件,但必须和磨头的规格相适应。

(2)砂布准备 根据磨头的要求,将大卷经过纵切分条、切片,制作成要求规格和形状。

(3)粘结和组装 在一定规格的芯棒磨具上,使用环氧树脂粘结剂将已制作好的砂布条紧密缠绕,并粘结成磨头。

(4)烘干固化 将已成型的磨头在干燥箱内加温固化。

8.6.1.3 产品特点

本产品磨削使用端部而非表面,否则研磨产生的热量会破坏其粘结。最大允许圆周速度为 11 m/s。

8.6.2 砂帽

砂帽(图 8-74),即无纺布磨头,由无纺布叠合轮冲压而成,可以根据使用要求做成多种精致而不同的形状,适用于金属、木材、油漆等多种材质零部件的去毛刺和精加工。

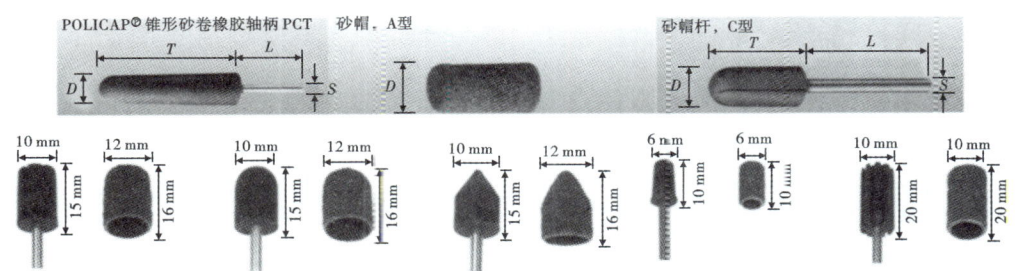

图 8-74 无纺布砂帽

产品特点:特别的制造工艺确保良好的外形和优异的研磨性能;轴柄的槽口使其扩展并牢牢固定工具;更换十分便利。

主要应用:工具和模具制造中精细研磨;维修后涡轮叶片抛光;航空发动机结构边缘及轮廓作业;内孔或难接触区域作业;装配及泵结构校准。使用时推荐转速为 10~20 m/s。最大允许圆周速度为 25 m/s。

8.6.3 毛毡磨头

毛毡磨头(如图 8-75)主要用于高亮度抛光作业。有多种不同形状,圆柱形主要用于外围加工;锥形带柄磨头主要用于加工半径和轮廓;圆头圆柱磨头主要用于加工轻度凹面轮廓;椭圆形用于加工小型半径;倒锥形磨头用于内角的加工。

毛毡头有两种结构形式,一种无金属插件,主要用于高亮度抛光作业。另一种带金属插件(MS),配合金刚石研磨膏使用进行预抛光,切削率更高。

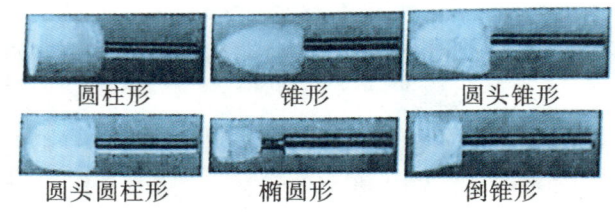

图 8-75　毛毡磨头

规格:D(磨头直径,mm)×T(磨头长度,mm):6/8×10、10×14、15×20、20×25、25×30;
S(磨头轴径,mm)×L(轴长):3×40、6×40。

8.6.4　砂垫

砂垫(图 8-76)主要有两种,方形砂垫和十字形砂垫。

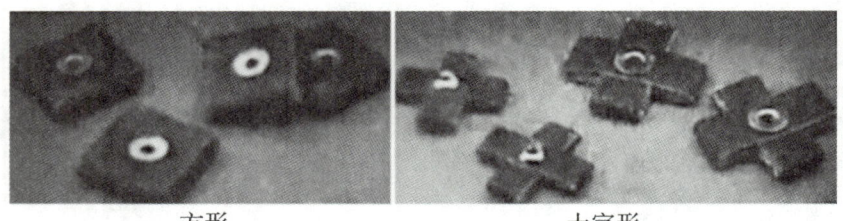

图 8-76　砂垫

方形砂垫适用于快速打磨、调和管件、圆角、拐角和平面上的缺陷。当方形砂垫旋转时,边角处能实现快速磨削,随着打磨磨损能暴露出新的磨料。

十字形砂垫又称十字形打磨片,可用于小半径部件或管件的抛光,管件端部和内部的去毛刺,或其他特殊应用。

砂垫采用 X 布基、优质刚玉磨料的通用型砂布,性价比高、寿命长和切削率高。如采用陶瓷和刚玉混合磨料+涂层,有超高切削率,超长寿命,适合在对温度变化敏感的合金上使用。

8.6.5　砂绳

砂绳(图 8-77)即是如绳状的磨具,在绳的表面粘结磨料。砂绳主要作用就是切割,即"线据",它脱胎于传统的木工线据和碳化硅线据。

木工线据是在金属丝表面用人工加工成齿状突起,形成"线据",后来演变为碳化硅线据,即在张紧的钢丝表面,将游离的碳化硅颗粒压入,而在被加工物体表面来回运动,达到切割的目的。

人造金刚石线锯又称丝锯,是外形呈线(丝)状的锯。广泛应用于加工宝石、半导体晶体材料、太阳能多晶硅晶体材料、光学玻璃材料、功能陶瓷材料、铁氧体材料、复合材料以及昂贵的石材饰面材料等。

如同其他人造金刚石工具一样,人造金刚石线锯的结构也分为基体和工作层两部分。其基体是经过严格处理的金属丝,工作层则是分布于金属丝表面的人造金刚石晶粒。金属丝的直径大小和人造金刚石大小决定了被切割材料的切缝的宽度和厚度大小。由于人造金刚石线锯的特别优异性能,木工线锯和碳化硅线锯均已被淘汰。

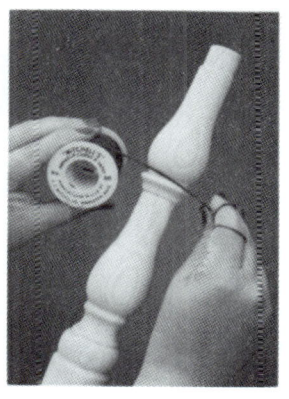

图8-77　砂绳

8.6.5.1　金刚石线锯的类型

金刚石线锯有单线往复式、单线环形回转式和多线往复式三种形式。

(1)单线往复式线锯　优点:结构简单,适应性好,可进行内外表面的切割加工;可以自由改变切割方向及倾斜角度,进行精确的复杂轮廓切割。缺点:锯丝的有效工作强度受限制,锯丝利用率不高,切割速度较低(一般2~3 m/s)。

(2)单线环形回转式线锯　被焊接为环形,可通过导轮实现循环切割。优点:①整个锯丝长均可参与切割;②使用寿命长;③切割速度高(高达10~20 m/s)。缺点:在线锯切割内曲面时必须先切割一条引线槽。

(3)多线往复式线锯　优点:①能进行大尺寸工件切片;②能多件多片同时切割,产量高;③能切精密窄缝,适合切割贵重材料,切割直径只比锯丝直径大0.01~0.015 mm;④切割脆软材料,保证边缘不破损;⑤切割时温度低,切片加工变质层浅,可用来切割易炸裂材料;⑥线锯使用寿命长;⑦环境污染小。

8.6.5.2　金刚石线锯的制造方法

人造金刚石线锯最简单实用的制造方法是复合电镀法。复合电镀法是通过金属电化学方法,将一种或数种不溶性的固体颗粒,均匀地夹杂到金属镀层中,形成特殊复合镀层。以超硬材料作为分散微粒,以金属形成的金属镀层,称为超硬材料复合镀层。其结构一般包括底层镀、上砂镀层、加厚镀层和光亮镀层四个部分,结构示意图如图8-78所示,基本工艺流程如下:

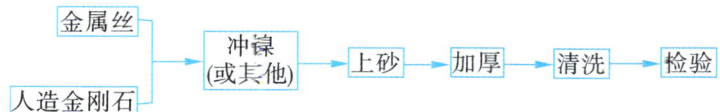

金刚石线锯中金刚石磨料的其他固定方式还有:滚压、挤压或冲压嵌入法,树脂结合剂固结法,钎焊固结法等。滚压、挤压或冲压嵌入法是直接将超硬磨料通过机械作用嵌入到钢丝基体中。树脂结合剂固结法是采用素质加热固化和烧结法将磨粒和填料固结在高强度新线上。另一种钎焊法生产人造金刚石线锯,效率高、寿命长,但投入大、技术相应要求高一些。

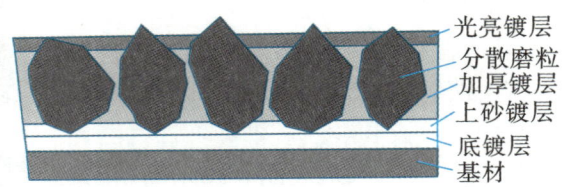

图8-78 金刚石线据镀层结构示意图

8.7 超硬材料涂附磨具

超硬涂附磨具的应用前景和研究现状

普通磨料硬度低,磨料消耗量大,因而对环境污染较大,且加工效率不理想。而超硬材料制作的砂布、砂带等涂附磨具,在使用中寿命长且粉尘极少,符合国际上对人体健康和环保越来越严的要求。金刚石是目前已知的世界上硬度最高的材料,由于其硬度高、耐磨性好,用其作磨料来加工硬、脆性等难加工工件时,其消耗量极小,而且可以较长时间保持其锋利度和磨具外形,这样不仅可以保证工件的加工精度,而且提高了加工时效,同时也有效解决了对环境的污染问题,是一类新型的高效高精环保产品,如图8-79所示美国3M公司超硬材料涂附磨具。

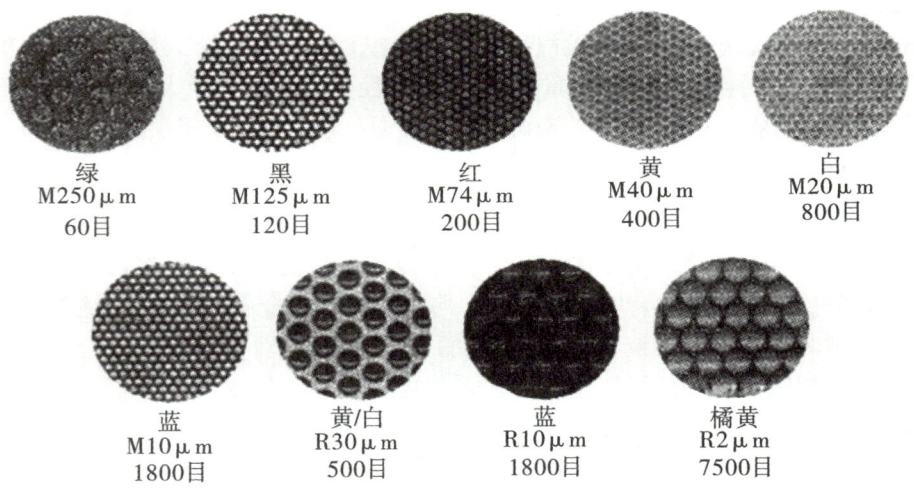

图8-79 美国3M公司超硬材料涂附磨具产品

8.7.1 超硬材料涂附磨具的磨削特点

超硬材料涂附磨具选用优质的超硬磨料与镍金属或树脂结合,电镀或粘合于特质的合成材料或金属上,产品拥有非常好的磨削力及抛光效果。超硬磨料涂附磨具具有超硬材料的"硬"和涂附磨具的"柔"的双重特性,是"刚"和"柔"的最佳组合,符合现代高速、高效、精密、节材、节能、环保加工技术发展的战略要求,具有重要的经济技术价值。超硬磨料涂附磨具的质量和水平往往标志一个国家涂附磨具生产加工水平。

（1）超硬磨料涂附磨具，不再有干湿区分，所有产品均可在有水或无水状态下使用；而且，在有水或冷却状态下使用，由于良好的散热，更能延长其寿命，并达到最理想的抛光效果。树脂结合剂金刚石砂带尤其如此，否则磨削时产生的热量会使数值性能快速下降。

（2）金刚石涂附磨具，具有超长使用寿命，是传统涂附磨具的100倍以上。尤其适合硬脆的难加工材料或用于特殊用途的高精度、超高精度产品的加工。

（3）立方氮化硼涂附磨具，更适合砂带磨削机床对钢件的加工，从一般的砂带平面磨床、内外圆磨床到数控多工位自动砂带磨床，在机械工业、汽车制造业的应用与日俱增。

8.7.2 超硬材料涂附磨具的分类

（1）按磨料材质不同　分为金刚石涂附磨具和立方氮化硼（CBN）涂附磨具两类。金刚石涂附磨具主要用于加工非铁金属材料、玻璃、陶瓷、宝石等硬质材料。立方氮化硼涂附磨具主要用于加工钢件，制造各种砂带磨床用立方氮化硼砂带。

（2）按基材不同　分为重型化纤与树脂复合材料，硬挺性极强，化纤基材中加有金属丝，以避免在使用过程中产生静电；化纤与树脂复合材料，硬挺性较好，兼顾柔软性；棉布基材，非常柔软；聚酯薄膜材料，采用聚酯薄膜基材制造超硬材料砂带、砂碟、磨片，在磨削难加工材料方面具有明显优势，可用于精密和超精密研磨抛光领域。

（3）按用途和结构不同　可分为砂带、砂卷、研磨盘、聚酯薄膜圆片、受用锉刀、抛光块等。

（4）按加工方法不同　可分为金属结合剂超硬材料涂附磨具和树脂结合剂超硬材料涂附磨具。如图8-80所示为金刚石砂带产品组成结构示意图。

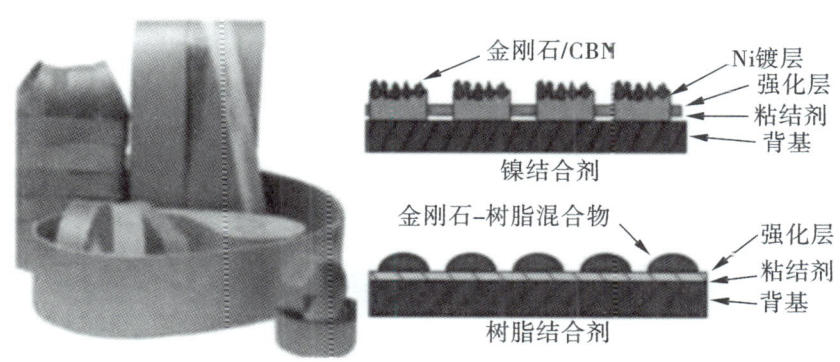

图8-80　金刚石砂带产品组成结构示意图

1）金属结合剂，即金属镍电镀形式。金刚石颗粒通过金属镍电镀于特质的合成材料或金属上，固结在要求的涂覆图案，柔软性好，形成整齐一致的尖锐磨料层，具有非常强的磨削力，不同的植根深度，可满足锋利度好重型磨削的要求，并均可在有水或无水状态下使用。需指出，在有水状态下使用可延长使用寿命及达到理想的抛光效果。

但使用过程如果操作不当，易造成金刚石颗粒的钝化。电镀形式的金刚石磨料层只有单层，防止金刚石钝化非常重要。

导致金刚石钝化的原因:①接触压力不够或者砂带线速度过低,导致金刚石晶体的韧部无法破碎而钝化。②在打磨韧性金属时,因产生热量过大,导致金刚石切割点碳化。

2) 树脂结合剂超硬材料涂附磨具根据树脂的软硬程度又分为软树脂形式和硬树脂形式。

软树脂柔软度好,涂覆的图案也能弯折,能够更好地贴合工件表面,抛光性能更为优越,但由于树脂较软,耗损也相对较快,耐温性较差,不适宜制作成粗号砂带;同时该形式固结的砂带必须采用湿磨,在一定条件下限制了使用场合。

硬树脂形式的耐磨性较软树脂明显提升,同时耐温性好,填补了金刚石砂带干磨应用的空缺,满足了一些防水、防油的产品加工要求。具有更厚、更开放的树脂磨料层,可以制成不同粒度,形成粗磨-细磨-抛光的系统应用,但柔软性较差,适合较大曲径的辊件。表 8-8 所示为电镀和树脂结合形式的特点及性能效果比较。图 8-81 反映了树脂结合剂与电镀结合剂产品性能。

表 8-8 电镀与树脂结合形式的特点与性能效果

结合剂	特点	性能效果
金属镍	强韧的金属结合剂 可应用于湿磨和干磨	从粗磨至抛光; 优越的磨削力(锋利的金刚石晶体刀刃)
树脂	较软的结合剂更软的接触 软树脂结合适应湿磨,硬树脂结合适应干磨	从精磨抛光到超精细抛光 磨削相对较慢,切削速度稳定,但可以达到一致的更好的抛光效果

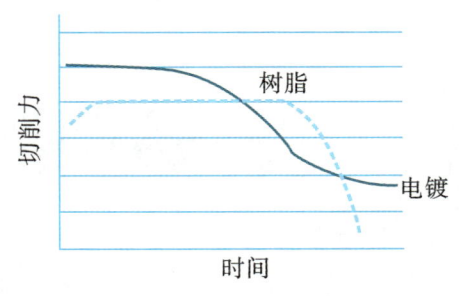

图 8-81 树脂结合剂与电镀结合剂产品性能比较

树脂超硬材料涂附磨具采用粘结剂与磨料混合,通过点胶机或者事先制好图形的模板通过丝网印刷、凹版印刷等多种涂附方法而成。金属结合剂砂带则采用电镀或其他特殊工艺制造而成。

树脂全面涂布型砂带是将树脂均匀涂布于整个基材表面,使磨料以一定密度分布在布基整个表面的产品。其中,按制造方法分为手工涂布型和机械涂布型。手工涂布型工艺适用于生产规格小的产品,单模料及粘结剂的涂布均匀性控制差、生产工艺不连续,使砂带工作面厚薄不均、磨料分布不匀、磨料朝向不齐,因此产品质量较差。

树脂点胶型砂带是将含有超硬磨料的树脂成点状均匀涂在基材表面的产品,其制造设备较涂布型简单,且能够改善全面涂布型产品因普通树脂固化后脆硬、柔软性不好的的缺点。由于点胶型产品中间有分布均匀的间隙,因此在磨削硬塑性材料或干磨时表现出更好的磨削性能。

电镀点胶型砂带是磨粒通过镍或铬电镀方法沉积在金属带基上制成的产品,是较普遍采用的类型,其生产设备简单,砂带粘结强度高,粘结剂耐磨性和耐温性均比树脂型高。但电镀型闭式砂带存在基材强度、基材接头强度差等问题。

一种表面有序排列的树脂金刚石砂带

(5)按涂覆图案不同　超硬磨料砂带的磨削效率高,不仅因为磨料本身的硬度,还因为涂覆图案的特殊性。

超硬材料砂带的磨料排列形式在整个磨削过程中作用非常重要。单颗磨粒除本身作为磨削单元外,若干磨粒在植砂图案中共同组成磨削小单元,磨削小单元均匀分布于砂布表面,在工作过程中形成众多锋刃参与磨削,因而磨削锋利;同时磨削小单元之间的均匀缝隙形成较大的容屑空间,磨屑随砂带转动即时被带走,并在砂带的自然震动中抖落,避免了磨屑残留造成堵塞,影响磨削效果的情况出现。因而该类产品适用于加工表面质量及精度要求高的各种形状工件的加工,不但使用寿命较长,而且磨削效率高。如表8-9所示是瑞士某公司金刚石砂带产品图案及结合剂类型。

表8-9　瑞士某公司金刚石砂带产品图案及结合剂类型

图案	结合剂	图案	结合剂	图案	结合剂
	nickel		nickel		nickel
	nickel		nickel		nickel
	reson		reson		reson
	reson		reson		reson

不同磨削图案对CBN砂带磨削性能的影响研究

1)箭头形(telum)　特点是锋利耐用,磨削性能很强,磨边速度很快,寿命增加20%,效率提升20%~30%,但砂带柔韧性稍差,张紧轴直径小时容易造成箭头开裂。

2)圆点形(flexis)　特点是柔软;镀点大小主要有1 mm和1.6 mm两种规格,此图案砂带柔韧性好,磨削相对柔和,边部细腻无爆边,但磨削锋利度不及其他图案的砂带。

3)波浪形(swiflex)　特点是锋利、经济。

4)十字形(telum CH)　特点是可干磨、湿磨、经济。

此外，还有按砂带接口形式、磨料植入深度等分类方式。

8.7.3 电镀超硬材料涂附磨具生产工艺流程

超硬材料涂附磨具生产工艺流程如下：

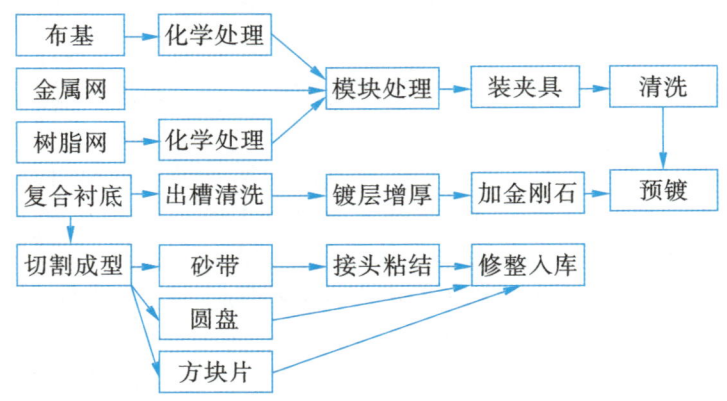

8.7.4 超硬材料涂附磨具砂带的应用

金刚石和 CBN 工具应用于多种行业，主要包括石材、玻璃、陶瓷、合成材料、金属、硬涂层、底面抛光和 DIY 工具等。具有超长的使用寿命，远远优于传统磨具的性价比。

如在玻璃划割成形后，玻璃边很锋利、易碎，必须进行磨边加工，改善玻璃易碎性。玻璃磨边主要采用砂带磨边和砂轮磨边两种方式。砂带磨边具有设备要求相对较低，玻璃损伤小，且能用于异形玻璃加工，特别是汽车玻璃加工具有不可比拟的优势。但砂带使用寿命相对较低。砂轮磨边使用寿命长、表面质量好，但设备要求高，且对于加工异形板面操作工艺复杂。由于金刚石砂带在磨边加工中不可代替的优势，国内外大多数厂家采用金刚石砂带作为汽车玻璃磨边工具（图 8-82）。据对国内某汽车生产厂家调研，经过成本核算用一条高档碳化硅砂带磨边成本为 48.5 元/m²，而金刚石砂带磨边成本仅为 18.5 元/m²。其次在轧辊耐磨涂层、硅铸块表面研磨和倒角、精密轴承等方面都具绝对的优势。

图 8-82　金刚石砂带用于汽车玻璃磨边

8.7.5 其他超硬材料涂附磨具

金刚石/CBN 柔性磨轮（图 8-83）是超硬材料涂附磨具的另一种重要产品，是采用小规格砂带与基体和特殊柔性过渡层组装而成，可用于小规格工件表面研磨、抛光。主要安装在专用的柔性磨抛机（图 8-84）上使用，能够实现各种不同粒度磨轮的连续串装，从而实现在同一台设备上完成工件的粗磨、精磨到抛光的全部工序，加工效率高，设备要求低，安全性好，操作方便，是宝石、陶瓷、玻璃工艺品等小型工件最佳的加工工具设备。

图 8-83 金刚石/CBN 柔性磨轮

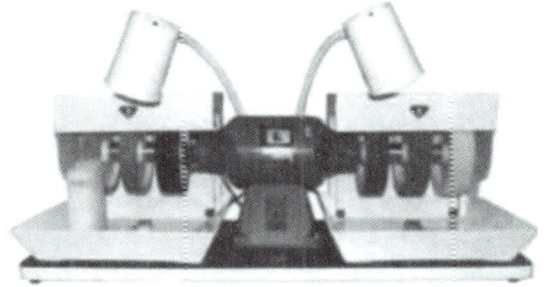

图 8-84 柔性磨轮专用磨抛机

金刚石研磨片（图 8-85）可用布作为基材，也可用纸作为基材；可以直接使用，也可以在基材背面再粘一层磁性背衬，或者粘结一层尼龙扣，也可以粘结螺丝与螺纹相连接。金刚石研磨片可以安装在柔性磨轮机的侧面应用于工件的平面磨削，可以安装在金相研磨机上应用于材料金相的磨制，也可以安装在电动磨抛机上应用于石材、玻璃、陶瓷等硬脆性材料边角打磨、去毛刺等用途。

图 8-85 不同种类的金刚石研磨片

金刚石手磨块（图 8-86）主要用于手动研磨领域，未来也将会大量用于玻璃、刀具等领域。

金刚石研磨刷（图 8-87）是一种新型超硬涂附磨具产品类型，是将金刚石涂附在丝状基材上，制成毛刷工具，可以代替碳化硅研磨刷，用于手工研磨，或者安装在手扶磨机、连续磨机、底面翻新机上，应用于石材表面的后期处理。

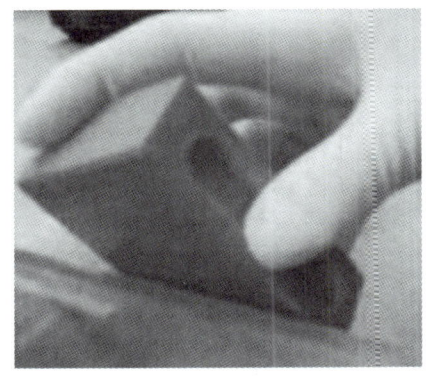

图 8-86 金刚石手磨块磨边

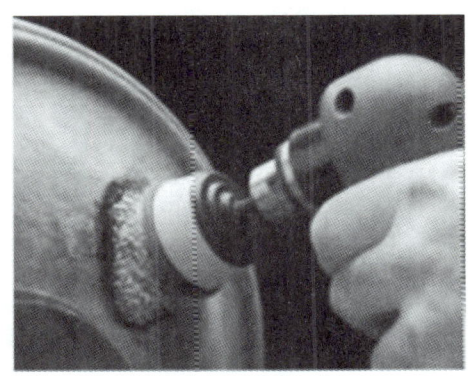

图 8-87 金刚石研磨刷的应用

8.8 涂附磨具性能测定

为了统一产品标准,切实保证产品质量,国家标准及行业标准分别对涂附磨具产品的质量及检测方法作出了相应的规定。涂附磨具产品的性能检测是保证涂附磨具产品质量的重要手段之一,不同的产品可以根据不同需要,按照国际标准、国家标准、行业标准和企业标准进行检测。

8.8.1 砂布、砂纸磨削性能测定

页状砂布、砂纸分为干磨砂布、干磨砂纸和耐水砂纸三类。

8.8.1.1 测试条件

测试条件(根据标准 JB/T 10155—2012)见表 8-10。

表 8-10 页状砂布、砂纸磨削试验条件

项目		砂布		砂纸		耐水砂纸
		动物胶砂布 酚醛半树脂砂布	全树脂砂布 酚醛半树脂砂布	动物胶砂纸	树脂砂纸	
试样	材质	45		LY12CZ	45	LY12CZ
	直径/mm	$12_0^{+0.15}$				
	硬度/HRB	79~85			79~85	
磨削压力/N		15	20	10	15	10
磨削时间/min		20	4×30	20	2×30	20
磨削轨迹/mm		环内径:87±0.2 环宽度:16.5±0.4				
试验大气条件		温度:20 ℃±2 ℃ 相对湿度:60%~70%				

8.8.1.2 测试设备仪

(1) 磨削性能实验仪 如图 8-88 所示,应符合下列要求:

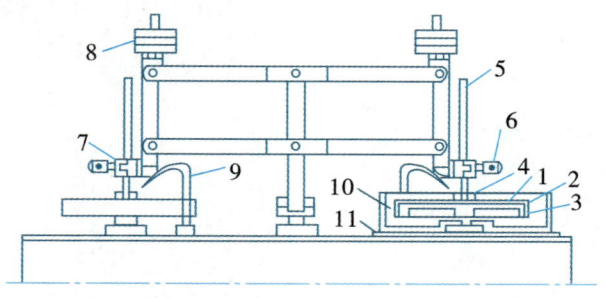

1—试样;2—磨盘;3—磨盘盖圈;4—压紧螺帽;5—度棒;6—夹紧螺帽;7—夹头;8—砝码;9—喷水管;10—水槽;11—橡皮垫。

图 8-88 涂附磨具标准耐磨试验机

1)磨削性能试验仪的磨盘端面圆跳动不大于0.05 mm;
2)磨削性能试验仪的磨盘转速为(320±5)r/min;
3)磨削轨迹:轨迹的环内径(87±0.2)mm,环宽为(16.5±0.4)mm。
(2)天平 感量为0.01 g的天平。

8.8.1.3 测试方法

(1)干磨砂布和干磨砂纸磨削性能测试方法 将被测产品做成外径为165 mm,内径为10~20 mm的试样,并称其质量为W_1。将试样平放在磨盘上,其圆周和中间分别用磨盘盖圈和压紧螺丝卡紧。将已知质量为G_1的试棒用螺丝夹紧在夹头上,放上砝码。开动电机,使试样与试棒在磨盘上作匀速磨削,30 min 停机,取下试样与试棒,并称得质量分别为W_2和G_2。

计算:

磨削量:表示在一定时间内磨去标准材料的质量,g。
$$W_W = G_1 - G_2 \tag{8-4}$$

脱砂量:表示在磨削一定时间后,涂附磨具试样的损耗量,g。
$$W_S = W_1 - W_2 \tag{8-5}$$

磨削比:单位脱砂量所磨去标准材料的质量。磨削比越大,磨削性能越好。
$$G = \frac{W_W}{W_S} \tag{8-6}$$

磨削率:表示单位时间所磨去材料的质量,磨削率越大,磨削越快。
$$Z = \frac{W_W}{T} \tag{8-7}$$

式中:T——涂附磨具从开始使用到丧失使用价值(或达到一定脱砂量)为止的累计时间(小时或分钟表示)。

(2)耐水砂纸磨削性能测试方法 取一外径为165 mm,内径为10~20 mm的试样,在40 ℃恒温水中浸泡4 h,取出。将试样平放在磨盘上,其圆周和中间分别用磨盘盖圈和螺丝卡紧。将已知质量为G_1的试棒用螺丝夹紧在夹头上,放上砝码。打开喷水管阀门,使水冲在试棒与试样接触处;开动电机,使试棒与试样在磨盘上作匀速磨削,30 min 停机,取下试样与试棒,擦干试棒上的水,并称得质量为G_2。

计算:
$$磨去金属量(g) = G_1 - G_2 \tag{8-8}$$

8.8.2 砂带磨削性能测定

目前在涂附磨具行业中,砂带磨削性能仍没有统一的标准,各个生产企业大都是利用企业内部砂带磨削机床直接磨削工件,测量数据。通过控制相同的磨削条件,如转速、磨削方式、磨削压力、试件等,比较在相同时间内试件的磨削量,试样的脱砂量;同时计算磨削比和磨削率。从而对其性能进行客观评价。

8.8.3 涂附磨具抗拉强度和伸长率测试

抗拉强度和伸长率是涂附磨具产品一项重要的力学性能指标,没有足够的强度,涂附磨具产品无法承受磨削应用所赋予的张力、压力、冲力。

首先将被测试样在温度 20 ℃±2 ℃和相对湿度 65%±5%的环境中放置 24 h。然后按照图 8-89、图 8-90、图 8-91、图 8-92 所示进行取样。按照行业标准 JB/T 7424—2007《涂附磨具 抗拉强度和伸长率测定方法》规定的涂附磨具抗拉强度及伸长率的测定方法进行测试。

（1）抗拉强度

$$S = \frac{F}{L_W} = \frac{\sum F_i/n}{L_W} \tag{8-9}$$

式中：S——抗拉强度，kN/m；

F——平均最大拉力，N；

F_i——各式样最大拉力，N；

n——测定次数；

L_W——试样宽度，mm。

（2）伸长率及断裂伸长率

$$E = \frac{\sum E_i}{n} = \frac{\sum \Delta L_i/L_i}{n} \times 100 \tag{8-10}$$

式中：E——伸长率（或断裂伸长率），%；

E_i——各试样伸长率（或各试样断裂伸长率），%；

ΔL_i——各试样伸长量，mm；

L_i——各试样长度，mm；

n——测定次数。

在拉力试验仪（图 8-93）上进行抗拉强度和伸长率性能测试。

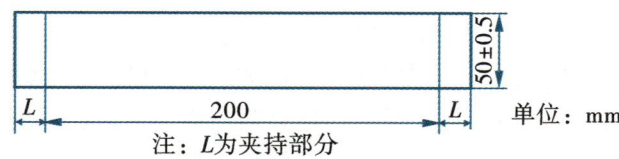

图 8-89 拉力机试样尺寸

取样方法：砂页按图 8-90 取样（a 横向，b 纵向）；砂卷按图 8-91 取样（a 横向，b 纵向）；砂带按图 8-92 取样。

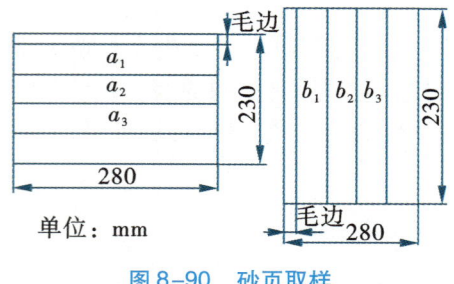

图 8-90 砂页取样　　图 8-91 砂卷取样

第8章 涂附磨具制品

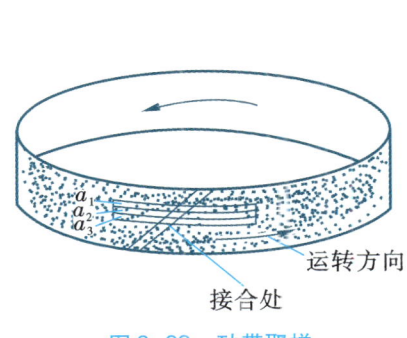

图 8-92 砂带取样

图 8-93 拉力试验仪

8.8.4 涂附磨具剥离强度测试

剥离强度指的是在规定条件下，将涂附磨具基材与胶砂层剥离所需要的力。若剥离后基材上有胶砂层残留物称为不完全剥离。

测试原理：将试样（胶砂层面）用胶粘剂粘接在金属板上，金属板无胶粘剂一端固定在拉力试验机的一个夹钳上，试样自由端反转180°固定在拉力试验机的另一个夹钳上，在规定的条件下拉伸使试样基材与胶砂层剥离，测量出剥离过程中所需的力。剥离强度测试如图8-94所示。若试样（图8-95）在有效剥离长度范围内有不完全剥离现象，则应重新制样并测试。有效剥离强度试验次数为三次，取其算术平均值为试验结果。

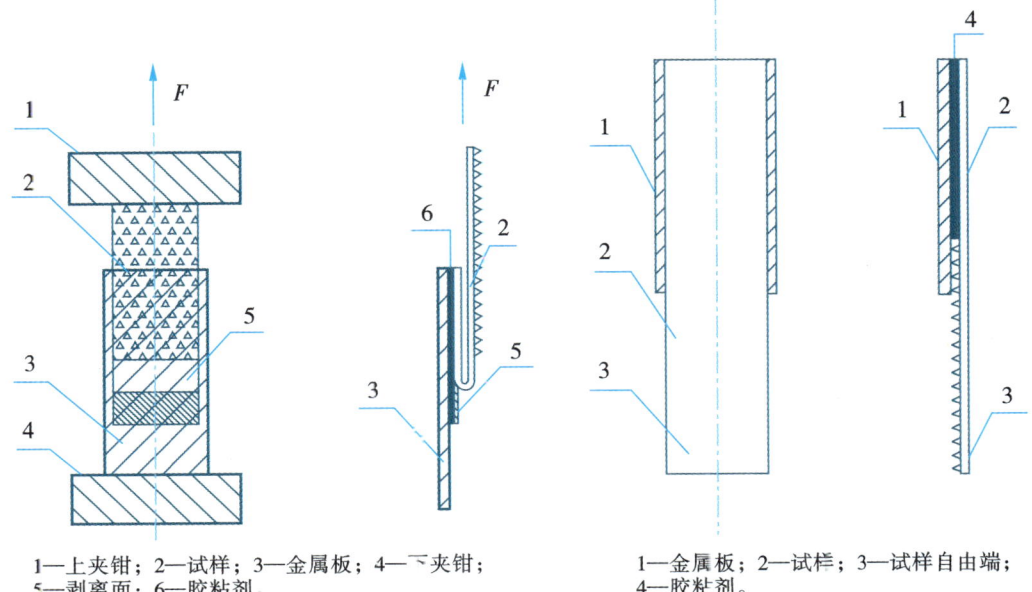

1—上夹钳；2—试样；3—金属板；4—下夹钳；
5—剥离面；6—胶粘剂。

图 8-94 剥离强度测试示意图

1—金属板；2—试样；3—试样自由端；
4—胶粘剂。

图 8-95 试样制备示意图

8.8.5 涂附磨具植砂量的测定

磨料是涂附磨具的核心,无论是产品的设计,还是产品的检测,植砂量都是至关重要的。标准 JB/T 10043—2012《分离涂附磨具磨料的方法》,规定了各种涂附磨具(不适合以玻璃砂为磨料的砂纸)植砂量的测量方法。先将面积为 25 mm×25 mm 的方块试样上的磨料从基材上去掉,并通过酸煮(刚玉磨料除外)、过滤、灼烧、冷却、称重等得到植砂量。

要求:P220 及以粗的涂附磨具样品,应能保证分离出 100 g 磨料;W63(P240)及细的涂附磨具样品,应能保证分离出 2.5 g 磨料。

8.8.6 涂附磨具其他性能检查

涂附磨具其他性能包括:重量、厚度、耐水性、柔软性、回转试验等。

8.8.6.1 重量

重量是以每平方米涂附磨具的质量来表示,单位 g/m²。重量测定仪器的精确率应为小数点后两位。

8.8.6.2 厚度

用厚度计或千分卡尺直接测量,精确至小数点后两位,单位 mm。

8.8.6.3 耐水性(耐水产品)

将涂附磨具产品试样放入一定温度的水中,浸泡一定时间,测定其吸水性、抗拉强度和伸长率以及磨削性能等,与不浸水的测试结果进行比较,即可反映出该试样的耐水性。

8.8.6.4 柔软性

柔软性是指涂附磨具可以任意弯曲的程度。

试样背面朝上,背面紧贴不同直径(10 mm、20 mm、30 mm、40 mm、50 mm)的一组圆棒,绕圆棒的曲面缓慢做 180°的弯曲,如图 8-96 所示,用肉眼或放大镜检查试样砂面裂纹情况。如无明显裂纹,即表示柔软性检查通过,以此圆棒的直径来表示试样的柔软性。试样圆棒的直径越小,柔软性越好。

由于环境温度、湿度会影响以上性能指标的测定的准确性,测试前需将试样放置在 20 ℃±2 ℃,相对湿度 65%±5% 的空气中保持 24 h。

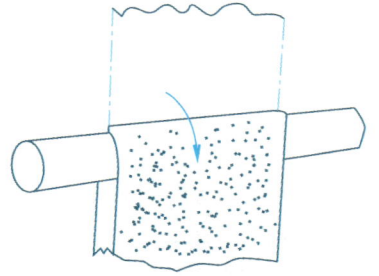

图 8-96 柔软性检测

8.8.6.5 回转试验

为了使用的安全性,钢纸砂盘、砂页轮、砂页盘等高速旋转下使用的涂附磨具,都有一个最高工作速度。这个最高工作速度用磨具的周边速度 m/s 表示。产品在出厂之前都要采用高速回转试验机做回转试验。回转检查速度高于最高工作速度,并在该回转检查速度下磨具能持续一定时间不破裂、不脱片。我国标准对钢纸砂盘、砂页轮、砂页盘的回转检查速度如表 8-11 所示。

表8-11 涂附磨具的安全要求

品种	最高工作速度/(m/s)	回转检查速度为最高工作速度的倍数	维持时间/s
砂页轮	16、20、25、32、35、40、45、50、63	1.5	30
砂页盘	60、70	1.5	
	80	1.4	
钢纸砂盘	60、70	1.5	
	80	1.4	

8.8.7 涂附磨具基材性能测定

8.8.7.1 布面平整度的测定

用织物厚度仪在规定的压力下测试试样厚度,以最大值与最小值之间的差异表示布面平整度。要求:在试样测量区域内至少测试20个部位,测试部位应分布均匀。

8.8.7.2 上浆率的测定

使用化学试剂(通常用2 wt%的氢氧化钠溶液),在(60±3)℃的恒温水浴锅中放置30 min,分离样品上残留的浆料,通过称量试样前后的质量(G_1,G_2),计算上浆率。

注:试样在烧杯中搅拌以及被水冲洗过程中可能会散落纱线,倒液体时可用高密度的筛网收集散落纱线,与试样一起烘干称重最为退浆后试样质量的一部分。

计算:上浆率

$$J = \frac{G_1 - G_2}{G_1} \times 100\% \tag{8-11}$$

式中:J——上浆率,%;
  G_1——退浆前试样质量,g;
  G_2——退浆后试样质量,g。

8.8.7.3 加热收缩率的测定

将试样悬挂在180℃的烘箱内,其下端施加500 g砝码,如图8-97所示,加热10 min后测量试样长度的变化,并计算加热收缩率。

加热收缩率按 $R = \frac{200 - H}{200} \times 100\%$ 计算,结果保留到小数位1位,求三次测试结果的平均值,结果保留到整数位。式中,R为加热收缩率(%),H为加热后试样标记线间的距离(mm)。

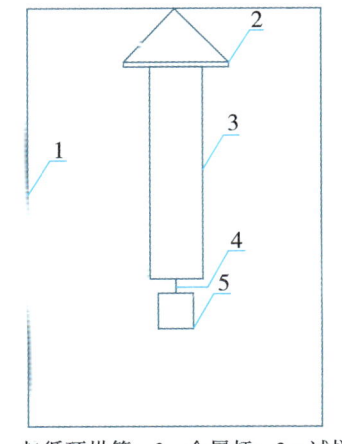

1—热循环烘箱;2—金属杆;3—试样;
4—砝码挂杆;5—500g砝码

图8-97 加热收缩率测定示意图

思考题

1. 请写出涂附磨具干磨砂布分段式生产的工艺流程。
2. 分析比较涂附磨具连续式生产工艺和分段式生产的特点。
3. 涂附磨具产品转换时,如何分别得到砂页、砂卷产品?
4. 某厂砂布车间生产某日生产宽为 970 mm 的砂布卷 7 500 m。裁切成 230 mm× 280 mm 的页状砂布,得合格品 1 030 包(每包 100 片)。除去裁切边角料,问砂布废品率是多少? 废品面积是多少平方米?
5. 请写出采用乳胶纸为原料制备耐水砂纸的工艺流程,在该工艺中有四次干燥,制备过程中不同的阶段对干燥的要求不同,请说明。
6. 耐水砂纸制造过程中,请分析会造成耐水砂纸不锋利的原因。
7. 砂带有几种接头形式,请区分不同接头方式的特点。
8. 已知某厂家要生产一砂带的规格为 1 350 mm×2 620 mm,在进行砂带制作时,只知道已裁边的砂布大卷宽度为 1 100 mm,接头边宽度为 10 mm,请你帮忙确定接头数 n,砂带进行下料时平行四边形块的斜边 b 和底边 a。
9. 已知单接搭接头砂带的规格为 100 mm×1 370 mm,接头角度为 65°,下料平行四边形的长边长度为 1 384 mm,试求砂带的接头宽度。
10. 根据自己对砂带产品的理解,砂带在制造过程中能造成砂带出现喇叭口的原因。
11. 超涂层的作用是什么,在涂附磨具制备过程中如何实现?
12. 超硬材料涂附磨具根据结合剂可以分为哪两类? 制造方法有什么不同?
13. 超硬材料涂附磨具表面做成不同形式图案,是为了产品的好看吗? 请分析这些图案的作用?

第 9 章 涂附磨具磨削技术

9.1 涂附磨具磨削加工的特性及应用

涂附磨具的品种、规格虽有成千上万,但从使用方法上看,不外乎两种:一种是手工使用的品种;另一种则是用于机械加工的品种。前者主要是页状砂布、砂纸及部分卷状砂布、砂纸;而后者则是不同材质、粒度、宽度和长度、大小的砂带、砂盘、砂套、页轮等。

9.1.1 涂附磨具磨削加工的特性

磨削加工是借助磨具的切削作用,除去工作表面的多余层,使工件表面质量达到预定要求的加工方法。进行磨削加工的机床称为磨床。磨削加工应用范围很广,通常作为零件(特别是淬硬零件)精加工工序,可以获得很高的加工精度和表面质量,可以用于粗加工、切割加工等。

涂附磨具磨削与砂轮的磨削机理大致是一样的,都是在磨粒高速运动下的切削过程,但由于涂附磨具本身的结构和磨削方式的不同,在磨削、抛光过程中有其独特的特性:

(1)性能柔软,使用方便,适用面广。"柔软"是涂附磨具的最大特点,可以折叠、弯曲、卷绕,亦可撕开或者剪切成条状、块状及其他形状,满足各种不同加工的要求,使用十分方便,适用面广。

(2)砂带的磨削效率高,热积累小,散热快,不易烧伤工件。目前砂带磨床的效率已提高到 96% 以上,几乎全部的功转换成有用功,这在目前的金属切削机床中是效率最高的一种机床。

由于砂带的长度和宽度比砂轮大得多,而且锋利多角的磨粒均匀分布在其表面,磨削工件时几乎每颗磨粒都可以参加切削活动;砂带磨削的宽度可以很大,因为砂带的宽度不像砂轮那样受制造上的限制,目前国内平面砂带磨削的宽度最宽的为 2.25 m,而美国已制成了 4.9 m 宽的平面砂带磨床,由此可见,平面砂带磨削的效率是非常高的。随着强力粘结剂的发展及砂带制造上的进步,其生产效率比铣削的高 10 倍,比一般磨削的高 5~20 倍。

由于砂带表面的磨粒的间隙大,所以砂带的蓄热率小,砂带一般同期比砂轮大得多,所以砂带可以自行冷却,一般不易烧伤工件。

(3)涂附磨具磨料利用率高和不容易堵塞。由于涂附磨具的磨料是薄薄的一层粘结在基体上,磨削过程中,几乎所有的磨粒均参与磨削,所以磨料利用率高。由于砂带表面的磨粒的间隙大,容屑能力大,不容易被磨削堵塞。

(4)涂附磨具可以做的很宽。对一些工件磨削时,可以使用全进给磨削,磨削效率和工件表面质量好。

(5)能解决其他磨具无法解决的磨削,适用于大面积和复杂型面的加工。成卷的不锈钢、大张的胶合板和整张皮革都必修采用砂带加工。几何形状复杂的工件,如发动机页片、凸轮轴用砂轮磨削很困难,采用砂带的靠模磨削则容易多了。此外,摩托车的油箱,它形状复杂且壁薄,用砂轮磨削很容易磨穿,而用涂附磨具进行磨削,由于是弹性磨削,就不会出现此问题。

(6)设备简单。与砂轮磨削相比较,它的设备简单得多,制造较容易,设备造价低,而且容易实现自动化。它的结构由带动砂带旋转切削磨头和张紧砂带的张紧轮,以及把磨头沿着工件纵向进给的进给装置,加上冷却装置等四部分组成。而且砂带本身很轻,振动小,所以对床身的刚性要求低。

(7)使用安全,装卸方便,操作辅助时间少。因而砂带本身很轻,只要一般的防护装置即可达到安全使用的目的,砂带即使发生断裂,一般不会造成严重的人身设备事故。砂带的重量很小,更换砂带非常容易,只要几分钟时间即可完成。砂带在使用过程中不需要修整,可以节省辅助时间。

(8)砂带的切削速度稳定。接触轮在使用过程中,磨损很小,因此砂带可以长期以稳定的速度进行磨削,这是一个很重要的特点,因为大多数金属对切削速度的变化很敏感,而对于磨削小曲面和较高精度要求的工件更是一个突出的特点。

涂附磨具磨削并不是完美无缺的:

(1)涂附磨具是弹性磨削,精密度不够,对于要求表面误差小,精度要求很高的工件,涂附磨具磨削就很难达到。

(2)涂附磨具使用的有机粘结剂和基体热稳定性不如砂轮,不能进行高温磨削。

9.1.2 涂附磨具主要用途

由于涂附磨具具有上述多方面的特性,近年来,它的产量急剧上升,使用范围日益广泛,手工用的涂附磨具几乎遍及所有加工工业部门,而机用涂附磨具虽然只有几十年的历史,但在许多磨削加工部门中占有非常大的优势,显示了强大的生命力。目前砂带、砂盘、页轮、砂套已广泛地应用于如下一些工业部门。

(1)大型的平面厚板、中板和薄板,如各种钢板,特别是耐热合金、钛合金等难加工材料,不锈钢薄板、硅钢片板等;木材加工工业中的刨花板、胶合板、中密度纤维板以及其他各种板材的平面砂光等;大张皮革、橡胶制品的表面磨光等。

(2)大批量生产的工件表面砂光,如电子工业的印刷板、电机工业的硅钢片、计算机"信息"存贮磁盘、电熨斗壳体、工业锯条、齿轮箱体、密封件、压铸件、汽车保险玻璃及玻璃器皿、混凝土构件、大理石、硬塑料件等。其他的还有钢琴面板、缝纫机台板等零件及各种金属门框、窗框、木器家具的各种板材(各种橱柜的门板、侧面板等)。

(3)砂盘大量用于大型壳体、箱体、车辆外壳、船体、桥梁以及打磨焊缝,去毛刺,除漆等,其使用安全、方便、效率高。

(4)金属带材的连续抛光与修磨,如金属带锯和冷轧不锈钢薄板带材的连续抛光,带材宽度可以在 1 200 mm 以上,带材长度几乎不受限制。

(5) 各种直径的金属管、棒、辊(加工范围从直径 1.5 mm 至 1 000 mm 以上)的外圆磨削,不仅可以磨加工一般零件的外圆表面(包括圆柱体和圆锥体),还可以用来清除金属管表面的锈斑及氧化皮,特别适于加工大直径工件的外圆,其磨削效率比砂轮磨削提高一倍以上,而所用设备则简单得多。如加工直径 600 mm 以上的铸轧机轧辊及直径 2 100 mm、长 10 250 mm 的超大型支承辊的外圆等。其他如活塞杆、柱塞、曲轴以及单晶硅棒、铀棒、橡胶辊筒等适用于砂带外圆磨削。

(6) 复杂型面工件的成型磨削与抛光,如航空发动机压缩机叶片、汽轮机叶片、燃气轮机叶片、导航叶片以及各种带弧度曲面的金属工件,如金属手柄、聚光灯反射镜、不锈钢餐具等。在高级木质家具、乐器等型面复杂的工件中多用砂带进行型磨。

(7) 利用页轮和砂套可以代替抛光轮的抛光,为抛光工序自动化及自动线提供了条件,在自行车行业中得到了广泛的应用,另外,在电镀磨具行业也有大量的应用。

9.2 涂附磨具的磨削原理、方法及设备

9.2.1 磨削原理

磨削原理是研究磨具与工件在磨削加工过程中的各种物理现象及其内在联系的一门学科。磨削原理的研究内容主要包括磨屑形成过程、磨削力和磨削功率、磨削热和磨削温度、磨削精度和表面质量、磨削效率等,目的在于深入了解磨削的本质,并据以改进或创造磨削方法。

磨削原理的研究始于 1886 年,美国的 C. H. 诺顿和 C. 艾伦合作研究砂轮和磨削过程,20 年之后制订出正确选择砂轮类别和砂轮速度的原则;同时发现为了提高磨削效率和精度,必须对砂轮进行平衡,并在磨削过程中正确地修整砂轮(见砂轮修整)和使用切削液。1914—1915 年,英国的 J. 格斯特和美国的 G. 奥尔登对磨削用量、磨屑大小和选择砂轮等问题又做了进一步的研究。此后,磨削原理的研究不断深入。在磨屑形成方面,德国的 K. 克鲁格对砂轮上磨粒与工件的接触弧长和影响单颗磨粒的切深等因素进行了几何计算和研究,在 1925 年提出了研究报告。德国的 M. 库莱恩和 G. 施勒辛格尔以及日本的关口八重吉等对磨削力做了研究,在 20 世纪 20 年代末至 30 年代先后提出了磨削过程中影响磨削力的诸因素,并使磨削力的测量技术不断发展。从 20 世纪 30 年代起,随着测量磨削表面温度实验技术的发展,推动了有关磨削热的理论研究。对于砂轮磨削性能的理论研究,导致一系列新型高速砂轮的出现,发展了砂带磨削。由于金刚石和立方氮化硼磨料的应用,磨削原理又得到新的发展。20 世纪 70 年代以来,应用扫描电子显微镜对磨削的微观过程和超精密磨削的机理做了深入的分析。

9.2.1.1 磨屑形成过程

磨粒在磨具上排列的间距和高低都是随机分布的,磨粒是一个多面体,其每个棱角都可看作是一个切削刃,顶尖角大致为 90°、120°,尖端是半径为几微米至几十微米的圆弧。经精细修整的磨具,其磨粒表面会形成一些微小的切削刃,称为微刃。磨粒在磨削时有较大的负前角(见刀具),其平均值为 -60° 左右。磨粒的切削过程可分 3 个阶段

磨屑形成过程

(图 9-1 和图 9-2)。

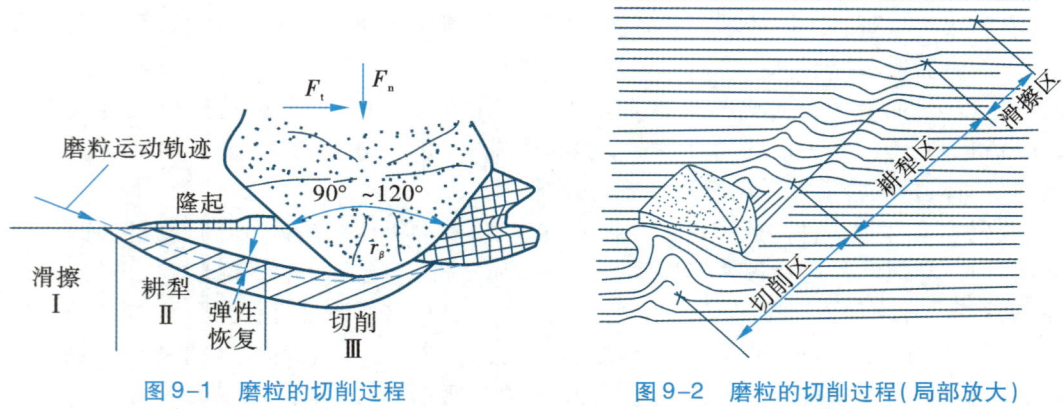

图 9-1 磨粒的切削过程　　　　图 9-2 磨粒的切削过程(局部放大)

①滑擦阶段　磨粒开始挤入工件,滑擦而过,工件表面产生弹性变形而无切屑。

②耕犁阶段　磨粒挤入深度加大,工件产生塑性变形,耕犁成沟槽,磨粒两侧和前端堆高隆起。

③切削阶段　切入深度继续增大,温度达到或超过工件材料的临界温度,部分工件材料明显地沿剪切面滑移而形成磨屑。

根据条件不同,磨粒的切削过程的 3 个阶段可以全部存在,也可以部分存在。

磨屑的形状有带状、挤裂状和熔融的球状等(图 9-3),可据以分析各主要工艺参数、磨具特性、冷却润滑条件和磨料的性能等对磨削过程的影响,从而寻求提高磨削表面质量和磨削效率的措施。

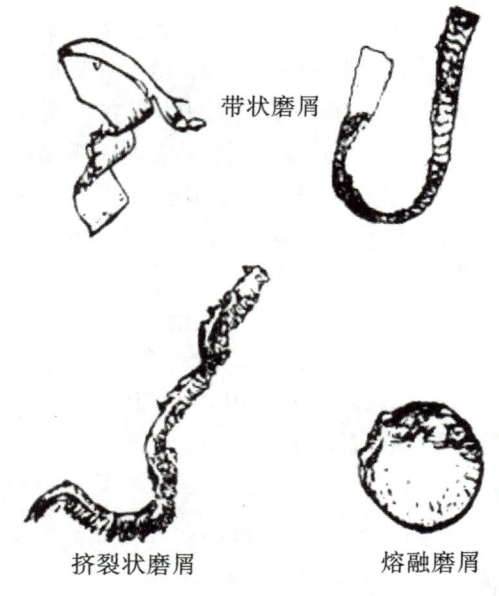

图 9-3 磨屑的形状

9.2.1.2 磨削力和磨削功率

磨粒受到工件材料变形的阻力以及磨粒与工件表面间的摩擦力,形成磨削力。磨削力可按工件与磨具的相对位置分解为切向分力 F_t、法向分力 F_n 和轴向分力 F_a。一般法向分力 F_n 较大,随着工件材料和磨具特性的不同,$F_n/F_t = 1.5 \sim 3$;当采用润滑性能好的切削液时,由于摩擦力减少,F_n/F_t 可高达 4。轴向分力较小,一般可不予考虑。磨削功率 P_m(kW)与切向分力 F_t(N)和磨削速度 v(m/s)的关系如式(9-1):

$$P_m = \frac{F_t \cdot v}{1\,000} \tag{9-1}$$

在特定的磨削条件下,都有一个最佳磨削力区间,采用该区间的磨削力加工可获得较高的金属切除率、较小的表面粗糙度和较长的磨具寿命。因此发展了在磨削过程中使磨削力按预定数值保持恒定的控制力磨削技术。

9.2.1.3 磨削热和磨削温度

磨削过程中所消耗的能量几乎全部转变为磨削热。试验研究表明,根据磨削条件的不同,磨削热约有 60% ~ 85% 进入工件,10% ~ 30% 进入磨具,5% ~ 30% 进入磨屑,另有少部分以传导、对流和辐射形式散出。磨削时每个磨粉对工件的切削都可以看作是一个瞬时热源,在热源周围形成温度场。磨削区的平均温度约为 40 ~ 1 000 ℃,至于瞬时接触点的最高温度可达工件材料熔点温度。磨粒经过磨削区的时间极短,一般在 0.01 ~ 0.1 ms 以内,在这期间以极大的加热速度使工件表面局部温度迅速上升,形成瞬时热聚集现象,会影响工件表层材料的性能和磨具的磨损。

9.2.1.4 磨削精度和表面质量

大多数情况下磨削是最终加工工序,因此直接决定工件的质量。磨削力造成磨削工艺系统的变形和振动,磨削热引起工艺系统的热变形,两者都影响磨削精度。磨削表面质量包括表面粗糙度、波纹度、表层材料的残余应力和热损伤(金相组织变化、烧伤、裂纹)。影响表面粗糙度的主要因素是磨削用量、磨具特性、磨具表面状态(也称磨具地形图)、切削液、工件材质和机床条件等。产生表面波纹度的主要原因是工艺系统的振动。由于磨削热和塑性变形等原因,磨削表面会产生残余应力。残余压应力可提高工件的疲劳强度和寿命;残余拉应力则会降低疲劳强度,当残余拉应力超过材料的强度极限时,就会出现磨削裂纹。磨削过程中因塑性变形而发生的金属强化作用,使表面金属显微硬度明显增加,但也会因磨削热的影响,使强化了的金属发生弱化。例如磨具钝化或切削液不充分,在磨削表面的一定深度内就会出现回火软化区,使表面质量下降,同时在表面出现明显的褐色或黑色斑痕,称为磨削烧伤。

9.2.1.5 磨削效率

评定磨削效率的指标是单位时间内所切除材料的体积或质量,用 mm^3/s 或 kg/h 表示。

提高磨削效率的途径:①增加单位时间内参与磨削的磨粒数,如采用高速磨削或宽磨具磨削;②增加每颗磨粒的切削用量,如采用强力磨削。

在磨具两次修整之间,切除金属的体积与磨具磨损的体积之比称为磨削比(也有以两者的重量比表示的)。磨削比大,在一定程度上说明磨具寿命较长。磨削比减小,将增加修整磨具和更换磨具的次数,从而增加磨具消耗和磨削成本。影响磨削比的因素:单位宽度的法向磨削分力、磨削速度以及磨料的种类、粒度和硬度等。一般单位法向磨削分力越小或磨削速度越高,则磨削比越大;磨具粒度较细和硬度较高时,磨削比也较大。

9.2.2 磨削方法

9.2.2.1 外圆磨削

外圆磨削

外圆磨削可以在普通外圆磨床或万能外圆磨床上进行,也可在无心磨床上进行,通常作为半精车后的精加工。

(1)纵磨法　磨削时,工件做圆周进给运动,同时随工作台做纵向进给运动,使砂轮能磨出全部表面。每一纵向行程或往复行程结束后,砂轮做一次横向进给,把磨削余量逐渐磨去。可以磨削很长的表面,磨削质量好。特别在单件、小批生产以及精磨时,一般都采用纵磨法。

(2)横磨法　采用横磨法(切入磨法),工件无纵向进给运动。采用一个比需要磨削的表面还要宽一些(或与磨削表面一样宽)的砂轮以很慢的送给速度向工件横向进给,直到磨掉全部加工余量。横磨法主要用于磨削长度较短的外圆表面以及两边都有台阶的轴径。

(3)深磨法　特点是全部磨削余量(直径上一般为 0.2~0.6 mm)在一次纵走刀中磨去。磨削时工件圆周进给速度和纵向送给速度都很慢,砂轮前端修整成阶梯形或锥形。深磨法的生产率约比纵磨法高一倍,能达到 IT6 级,表面粗糙度 Ra 值在 0.4~0.8。但修整砂轮较复杂,只适于大批、大量生产,磨削允许砂轮越出被加工面两端较大距离的工件。

(4)无心外圆磨削法　工件放在磨削砂轮和导轮之间,下方有一托板。磨削砂轮(也称为工作砂轮)旋转起切削作用,导轮是磨粒极细的橡胶结合剂砂轮。工件与导轮之间的摩擦力较大,从而使工件以接近于导轮的线速度回转。无心外圆磨削在无心外圆磨床上进行。无心外圆磨床生产率很高,但调整复杂;不能校正套类零件孔与外圆的同轴度误差;不能磨削具有较长轴向沟槽的零件,以防外圆产生较大的圆度误差。因此,无心外圆磨削多用于细长光轴、轴销和小套等零件的大批、大量生产。

9.2.2.2 内圆磨削

内圆磨削除了在普通内圆磨床或万能外圆磨床上进行外,对大型薄壁零件,还可采用无心内圆磨削;对重量大、形状不对称的零件,可采用行星式内圆磨削,此时工件外圆应先经过精加工。

内圆磨削由于砂轮轴刚性差,一般都采用纵磨法。只有孔径较大,磨削长度较短的特殊情况下,内圆磨削才采用横磨法。

与外圆磨削相比,内圆磨削有以下一些特点:

(1)磨内圆时,受工件孔径的限制,只能采用较小直径的砂轮。内圆磨削砂轮需要经常修整和更换,同时也降低了生产率。

(2)砂轮线速度低,工件表面就磨不光,而且限制了进给量,使磨削生产率降低。

(3)内圆磨削时砂轮轴细而长,刚性很差,容易振动。因此只能采用很小的切入量,既降低了生产率,也使磨出孔的质量不高。

(4) 内圆磨削砂轮与工件接触面积大,发热多,而切削液又很难直接浇注到磨削区域,故磨削温度高。

内圆磨削的条件比外圆磨削差,所以磨削用量要选得小些,另外应该选用较软的、粒度号小的、组织较疏松的砂轮,并注意改进操作方法。

9.2.2.3 平面磨削

零件上各种位置的平面,如互相平行的平面、互相垂直的平面和倾斜成一定角度的平面(机床导轨面、V 形面等),都可用磨削进行加工。磨削后平面的表面粗糙度 Ra 值在 $0.2 \sim 0.8$,尺寸可达 IT5 ~ IT6,对基面的平行度可达 $0.005 \sim 0.01$ mm/500 mm。

周边磨削特点是砂轮与工件接触面小,磨削力小,排屑和冷却条件好,工件的热变形小,而且砂轮磨损均匀,所以工件的加工精度高。但是砂轮主轴悬臂工作,限制了磨削用量的选择,生产率较低。端面磨削特点是砂轮与工件接触面大,主轴轴向受力,刚性较好,所以允许采用较大的磨削用量,生产率较高。但是端面磨削的磨削力大,发热量大,排屑和冷却条件较差,工件的热变形较大,而且砂轮磨损不均匀,所以工件的加工精度较低。

9.2.2.4 手持磨削

最早,人们用手直接拿着磨具对工件进行磨削。现在,一般借助于手持式磨削工具,如风动砂轮、电动砂轮等手持式磨削工具对工件进行打磨。因而,手持磨削可以认为是指利用手持式磨削工具或者直接用手抓着磨具对工件进行加工的一种磨削方法。

手持磨削具有灵活多变、工具简单易携带、适应性强等优点,但是磨削精度较低,主要依靠操作人员的素质,适用于户外或者精度要求不高的场所,如家具的打磨、道路两侧路缘石的修正等。

9.2.2.5 研磨

研磨利用涂附或压嵌在研具上的磨料颗粒,通过研具与工件在一定压力下的相对运动对加工表面进行的精整加工(如切削加工),如图 9-4 所示。研磨可用于加工各种金属和非金属材料,加工的表面形状有平面,内、外圆柱面和圆锥面,凸、凹球面,螺纹,齿面及其他型面。加工精度可达 IT 5 ~ 01,表面粗糙度 Ra 可达 $0.63 \sim 0.01$ μm。研磨既可用手工操作,也可在研磨机上进行。工件在研磨前须先用其他加工方法获得较高的预加工精度,所留研磨余量一般为 $5 \sim 30$ μm。

(1) 研磨方法　根据研磨时所使用的设备,研磨方法可分为手工研磨和机器研磨。

①手工研磨　研磨外圆时,工件夹持在车床卡盘上或用顶尖支撑,作低速回转,研具套在工件上,在研具与工件之间加入研磨剂,然后用手推动研具做往复运动。往复运动速度选用 $20 \sim 70$ m/min 为宜。

②机器研磨　机器研磨效率高,可以单面研磨,也可以双面研磨。此外,机器研磨不仅可以研磨外圆柱面、内圆柱面,还适用于平面、球面、半球面的表面研磨。

根据磨料是否嵌入研具,研磨又可分为嵌砂研磨和无嵌砂研磨两种。

①嵌砂研磨　研具材料比工件软,组织均匀,具有一定弹性、变形小、表面无斑点等特点。常用材料为铸铁、铜、铅、软钢等。

在加工中,磨料直接加入工作区域内,磨粒受挤压而自动嵌入研具,称自由嵌砂法。若是在加工前,事先将磨料直接挤压到研具表面中去的则称强迫嵌砂。此方法主要用于精密量具的研磨。

②无嵌砂的研磨 研具材料较硬,而磨料较软(如氧化铬等)。在研磨过程中,磨粒处于自由状态,不嵌入研具表面。研具材料常选用淬硬过的钢、镜面玻璃等。

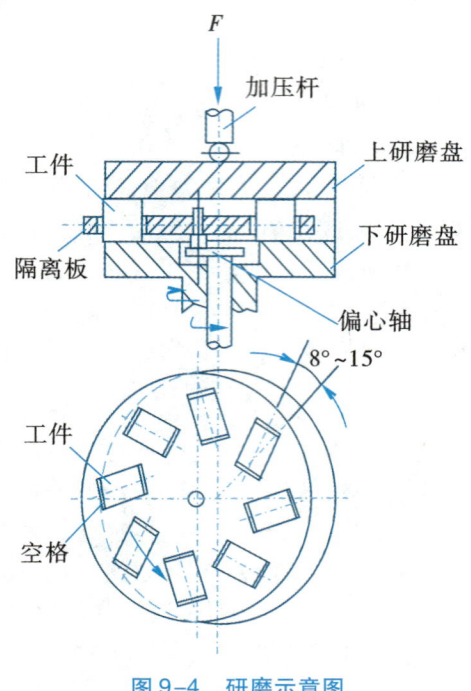

图9-4 研磨示意图

根据研磨时的状态,研磨可分为湿研、干研和半干研三类。

①湿研 又称敷砂研磨,把液态研磨剂连续加注或涂敷在研磨表面,磨料在工件与研具间不断滑动和滚动,形成切削运动。湿研一般用于粗研磨,所用微粉磨料粒度粗于W7。

②干研 又称嵌砂研磨,把磨料均匀地压嵌在研具表面层中,研磨时只需在研具表面涂以少量的硬脂酸混合脂等辅助材料。干研常用于精研磨,所用微粉磨料粒度细于W7。

③半干研 类似湿研,所用研磨剂是糊状研磨膏。

(2)研磨特点 研磨能获得其他机械加工较难达到的稳定的高精度表面,研磨过的表面其表面粗糙度细;耐磨性、耐蚀性能良好;操作技术、使用设备、工具简单;被加工材料适应范围广,适用于多品种小批量的产品零件加工。

9.2.2.6 喷砂

喷砂是采用压缩空气为动力,以形成高速喷射束将喷料(铜矿砂、石英砂、金刚砂、铁砂、海南砂)高速喷射到需要处理的工件表面,使工件表面的外表面的外表或形状发生变化,由于磨料对工件表面的冲击和切削作用,使工件的表面获得一定的清洁度和不同的粗糙度,使工件表面的机械性能得到改善,因此提高了工件的抗疲劳性,增加了它和涂层之间的附着力,延长了涂膜的耐久性,也有利于涂料的流平和装饰。

喷砂机是磨料射流应用最广泛的产品,喷砂机一般分为干喷砂机和液体喷砂机两大类,干喷砂机又可分为吸入式和压入式两类。

(1)吸入式干喷砂机　一个完整的吸入式干喷砂机一般由六个系统组成,即结构系统、介质动力系统、管路系统、除尘系统、控制系统和辅助系统。吸入式干喷砂机是以压缩空气为动力,通过气流的高速运动在喷枪内形成的负压,将磨料通过输砂管。吸入喷枪并经喷嘴射出,喷射到被加工表面,达到预期的加工目的。在吸入式干喷砂机中,压缩空气既是供料动力,又是加速动力。

(2)压入式干喷砂机　一个完整的压入式干喷砂机工作单元一般由四个系统组成,即压力罐、介质动力系统、管路系统、控制系统。压入式干喷砂机是以压缩空气为动力,通过压缩空气在压力罐内建立的工作压力,将磨料通过出砂阀压入输砂管并经喷嘴射出,喷射到被加工表面达到预期的加工目的。在压入式干喷砂机中,压缩空气既是供料动力,又是加速动力。

(3)液体喷砂机　液体喷砂机相对于干式喷砂机来说,最大的特点就是很好地控制了喷砂加工过程中粉尘污染,改善了喷砂操作的工作环境。

一个完整的液体喷砂机一般由五个系统组成,即结构系统、介质动力系统、管路系统、控制系统和辅助系统。液体喷砂机是以磨液泵作为磨液的供料动力,通过磨液泵将搅拌均匀的磨液(磨料和水的混合液)输送到喷枪内。压缩空气作为磨液的加速动力,通过输气管进入喷枪,在喷枪内,压缩空气对进入喷枪的磨液加速,并经喷嘴射出,喷射到被加工表面达到预期的加工目的。在液体喷砂机中,磨液泵为供料动力,压缩空气为加速动力。

9.2.2.7　自由磨削

自由磨削(free-abrasive machining,FAM),是斯皮德范公司开发的一种新的平面加工工艺。由于自由磨削的开发,克服了历来用传统的研磨工艺切削量小、磨削效率低、生产成本高等缺点,并可有效地取代铣、磨预加工工序,做到了磨、研或铣、磨、研工序合一。

自由磨削工艺主要特点有:

(1)磨盘不是采用通常的铸铁或砂轮,而是由特殊合金钢采用分段组合结构制成的,淬硬至 HRC 60-62。磨料也采用所谓游离磨粒(即散砂)来进行磨削,不能嵌入磨盘。切削时磨粒呈滚动状态而很少滑动,这样就能充分地发挥磨粒的切削作用。另外,还采取比通常研磨高 1.8~2 倍的转速和比研磨高 3 倍(200 g/cm^2)的压力,这就大大提高了切削效率。而且只需极少的磨粒规格就能满足对各种工件材料的要求,加工铸铝件一次可直接除去 0.8~1 mm 的余量。

(2)装具十分简单,甚至可以完全不要。

(3)加工效率虽略低于铣加工,但无需担忧铣、削、装卡之前变形。如与一般卧式矩台平面磨床相比上下料的辅助时间可大幅缩减,并可消除因磁力引起工件的翘曲变形。

此外,机床主要特点:磨盘采用冷却水内冷,由多个通道注入循环水。盘面厚度一般选用 25~30 mm。为了控制抛光时盘面的升温,机床上备有控制盘面温度的传感器,准确控制温度。另外,磨液一般都以煤油为基体,但也可以水为基体。由于溶削用散砂,磨盘又很硬,磨粒根本不会嵌入研磨盘,因此清洗调换磨粒工作十分方便。而且合金钢盘无石墨溢出等现象,也利于清洁,操作简单,基本上无须维修。机床加工精度一般平行度可达 3 μm,甚至更高;尺寸精度 0.3 μm,比平面度 0.3 μm,比光洁度可达 ▽11。

自由磨削磨盘盘面的修整是在磨削过程中,通过修整环(亦即工件保持器)正反回转方向的改变(可编制程序控制)自动修整的。由于机床固有的特性,磨盘不会产生双峰状的畸形形变,因此修整效果极为良好,其原理如图 9-5 所示。右图为装上中心齿轮时,强制给工件保持器以反向回转,这样在磨盘外用的相对速度叠加时,使磨盘外周的磨损加剧,呈现中凸。左图为不用中心齿轮时的情况,工件保持器与磨盘同向回转,则相比之下磨盘内周的相对速度较大,使磨盘呈现中凹,因此只需测量磨盘形状或工件形状,来脱开和啮上中心齿轮就能控制磨盘面的凸凹。自由磨削(FAM)的适用范围极广。

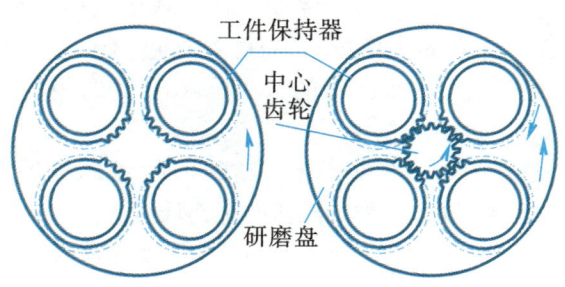

图 9-5 磨盘面自动修整原理

9.2.2.8 珩磨

珩磨是指用镶嵌在珩磨头上的砂带片对精加工表面进行的精整加工,又称镗磨。主要加工直径 5~500 mm 甚至更大的各种圆柱孔,孔深与孔径之比可达 10 或更大。在一定条件下,也可加工平面、外圆面、球面、齿面等。珩磨时,工件安装在珩床工作台上或夹具中,具有若干砂带片的珩磨头插入已加工的孔中,由机床主轴带动旋转并作轴向往复运动。砂带片以一定压力与孔壁接触,即可切去一层极薄的金属。珩磨头与主轴一般成浮动联接。珩磨头有机械加压式、气压或液压自动调压式数种。图 9-6 中所示的珩磨头为机械加压式,实际生产中多用液压调压式。珩磨头外周镶有 2~10 根长度约为孔长 1/3~3/4 的油石,在珩孔时既旋转运动又往返运动,同时通过珩磨头中的弹簧或液压控制而均匀外涨,所以与孔表面的接触面积较大,加工效率较高。珩磨后,孔的尺寸精度为 IT 7~4 级,表面粗糙度 Ra 可达 0.32~0.04 μm。珩磨余量的大小,取决于孔径和工件材料,一般铸铁件为 0.02~0.15 mm,钢件为 0.01~0.05 mm。珩磨头的转速一般为 100~200 r/min,往返运动的速度一般为 15~20 m/min。为冲去切屑和磨粒,改善表面粗糙度和降低切削区温度,操作时常需用大量切削液,如煤油或内加少量锭子油,有时也用极压乳化液。

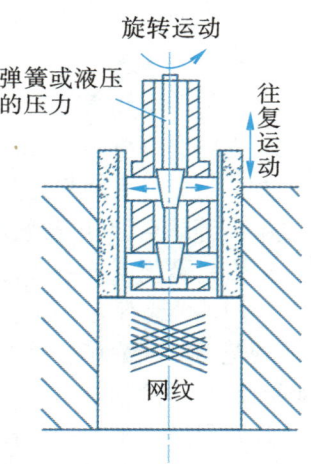

图 9-6 内圆珩磨示意图

9.2.2.9 高速磨削

普通磨床的砂轮速度为 30~35 m/s。当砂轮速度高于 45 m/s 或 50 m/s 以上时,称为高速磨削。

(1)高速磨削机理 砂轮速度提高后,使单位时间内通过磨削区的磨粒数增加。若进给量保持与普通磨削时相同,则高速磨削时每颗磨粒切削厚度变薄,同时使每颗磨粒的负荷减小。

(2)高速磨削特点

①生产率高 生产率比普通磨削高 30%~100%。

②砂轮使用寿命可提高 由于每颗磨粒上所承受的切削负荷减小,则每颗磨粒的磨削时间可相对延长,因此可提高砂轮的使用寿命。

③可提高精度和减小磨削表面的粗糙度 由于每颗磨粒切削厚度变薄,每颗磨粒在通过磨削区时,在工件表面上留下的磨痕深度减小。同时,由于速度提高,使磨削表面由于塑性变形而形成的隆起高度也减小,因此可减小磨削表面粗糙度。有利于保证工件(特别是刚性差的工件)的加工精度。

④改善磨削表面质量 在高速磨削时,需要相应提高工件转速,使砂轮与工件的接触时间缩短,这样使传至工件的磨削热减少,从而减少或避免产生烧伤和裂纹的现象。

9.2.2.10 强力磨削

强力磨削就是以大的径向进给量(可达十几毫米)和缓慢的纵向进给量进行磨削。

(1)强力磨削的机理 普通磨削的纵向进给速度通常为 0.033~0.042 m/s(2~2.5 m/min),而强力磨削的纵向进给速度则为 0.000166~0.005 m/s(0.01~0.3 m/min)。这样就使单个磨粒的切削厚度大为减小,因而作用在每个磨粒上的力也减小。

(2)强力磨削的特点

①生产效率高 由于采用缓送纵向进给和大的径向进给,这样就可在铸、锻毛坯上直接磨出零件所要求的表面形状及尺寸。同时由于径向进给大,砂轮与工件的接触弧长要比普通磨削时的接触弧长大得多,单位时间内同时参加磨削工作的磨粒数目随着径向进给量的增大而增加。因此,能充分发挥机床和砂轮的潜力,使生产效率得以提高。

②扩大磨削工艺范围 由于径向进给量很大,对毛坯加工能一次成形,所以能有效地解决一些难加工材料的成型表面的加工问题。

③不易损伤砂轮 强力磨削时,工件做缓慢的纵向进给,这样便减轻了磨粒与工件边缘的冲击。同时也减少了机床的振动,已加工表面的波纹小。

④精度稳定 由于单个磨粒的切削厚度小,每个磨粒上所受的力也小,因而能在较长的时间内保持砂轮的轮廓形状,所以被磨削零件的精度比较稳定。

⑤磨削力和磨削热大 大的径向进给,使同时参加工作的磨粒数增加。这样虽然大大地提高生产率,但也增大了切削力和切削热。因此,进行强力磨削时必须充分供应切削液,以降低磨削温度,保证磨削表面质量。

9.2.2.11 超精密磨削与镜面磨削

超精加工实际上是摩擦抛光过程,是降低表面粗糙度的一种有效的光整加工方法。它具有设备简单、操作方便、效果显著、经济性好等优点。超精密磨削已成为对钢铁材料和半导体等硬脆材料进行精密加工的主要方法之一。镜面磨削的必要条件是使用具有高刚度、高回转精度的主轴和微量进给机构的磨床、高动平衡的均质砂轮和精密修整使磨粒尖端变平的砂轮表面。

9.2.2.12　CD 磨削技术

CD 磨削技术即边磨边修,自 2005 年以来以德国 DMG 等为代表的著名磨床制造商成功运用 CD 磨削技术生产了世界先进的数控磨床,该技术可使砂轮始终保持锋利,大大提高切削效率,且能保证加工质量。这是一种新磨削概念,但是,CD 磨削为什么能实现高效高精度的加工,现在还没有完整正确的论述。德国的通俗解释是边磨边修,即抛弃了原来磨削的离线人工操作修整,而采用了在线自动修整的模式,如图 9-7 所示。修整器安装在砂轮架的后面,在砂轮磨削工件的同时,修整器的金钢刀也同时修磨砂轮,实现了在线自动修整的模式。众所周知,磨削加工是靠分布在高速旋转砂轮表面上的大量磨粒的切削刃对工件挤压、耕犁、剪切作用的累积效果,也就是说,磨粒的切削刃尺寸顶角的大小决定着磨削加工质量。我们评定磨削加工质量往往用的是尺寸精度和表面粗糙度。那么磨削是如何改变工件的尺寸精度和表面粗糙度的呢? 在边磨削加工的同时边修整可使得正在磨削的磨粒或即将磨削的磨粒尺寸变小,从而使磨粒的顶角半角减小,磨粒锐利程度的提高减小了法向力和切向力,从而使工件的尺寸精度提高,这是磨削能改变工件尺寸精度的关键所在。单个磨粒切削,示意见图 9-8。可见:修整好的磨粒的顶角要比已磨钝的磨粒的顶角小得多,$A_1 < A_2$,修整好的磨粒的磨削性能比磨钝的磨粒的磨削性能要好,得到的尺寸精度要高。

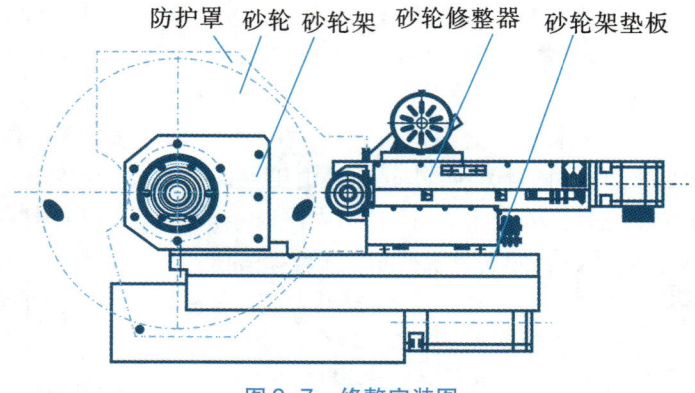

图 9-7　修整安装图

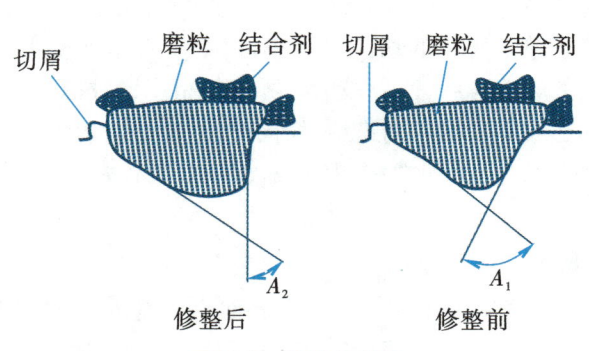

图 9-8　磨粒修整图

9.2.2.13 特种加工方法

所谓特种加工,是相对于传统加工而言的。从广义上说,将电、磁、声、光、化学等能量或其组合施加在工件的被加工部位上,从而实现材料被去除、变形、改变性能或被镀覆的非传统加工方法统称为特种加工(non-traditional machining,NTM)。这是一类涉及多学科、学科交叉融合的先进制造技术,具有传统加工无可比拟的特点。

(1)特种加工的特点

①一般不受工件材料的机械物理性能的限制,可以加工任何硬、软、脆、热敏、耐腐蚀、高熔点、高强度、特殊性能的金属和非金属材料。

②多数特种加工可不直接与工件接触、不承受加工作用力。因此,工具材料的硬度可低于工件材料的硬度。

③可获得较低的表面粗糙度,其热应力、残余应力、冷作硬化等均比较小,尺寸稳定性好。

④两种或两种以上不同类型的能量进行合理组合形成新的复合加工方法,其综合加工效果明显。

⑤在加工过程中实现能量转换或组合,便于实现控制和操作自动化。

(2)特种加工方法的主要类型

①电加工电解加工、电火花加工、电火花线切割加工、等离子弧加工(切割)、电子束加工、激光加工、离子束加工、超声加工。

②非电加工化学加工、光化学加工、磨粒流加工、磨料喷射加工、液体喷射加工。

③复合加工电化学电弧加工、电解磨削、电解电火花加工、电解电火花机械磨削、超声电火花加工等。

(3)特种加工技术的应用 由于特种加工技术具有常规加工技术无法比拟的优点,所以在现代加工技术中占有越来越重要的地位。目前,特种加工技术的应用已遍及到机械、电子、化工、航空航天以及航海工业等各个领域。尤其是对用于这些领域的难加工材料来说,许多更是非采用特种加工技术不可。

9.2.2.14 复合加工方法

在一个工步中同时运用传统加工方法和特种加工方法,并使之相辅相成,同时在加工部位上组合两种或两种以上不同类型能量去除工件材料的特种加工,即复合加工(combined maehining)。

目前,复合加工集多种能量组合之优点,显示出很好的综合效果,发展比较迅速。主要有电-机械复合加工、超声-电火花复合加工、激光-放电复合加工、超声-机械复合加工等。其中电-机械复合加工目前研究应用广泛,主要有以下几种类型:

(1)电解机械磨削复合加工 典型的有在线电解修整砂轮(ELID)精密镜面磨削,它是日本在20世纪90年代初发展起来的一种超精密加工新技术。能够在线电解修整金属基超硬磨料砂轮,始终保持磨粒在磨削过程中的锋利状态,防止砂轮钝化和堵塞,特别适合硬脆材料的加工。该方法具有效率高、精度高、表面质量好、加工适应性广等特点;不足在于设备复杂昂贵,影响了其推广应用。

(2)电解电火花机械复合加工 典型的有电解电火花研磨加工,它是日本应用磁学研究所 20 世纪 80 年代中期开发成功、并用于生产的。它是由电解加工、电火花加工、机械磨削复合的加工方法，又称 MEEC 法。该方法可磨削磁性合金、硬质合金、聚晶金刚石、立方氮化硼、玻璃、导电或不导电陶瓷等难加工材料。而在 MEEC 装置的基础上做出重大改进，即在 MEEC 装置上增设修整砂轮用电极，则构成了新 MEEC 法。该法既能在线修整砂轮，又能充分发挥机械研磨、电解和放电复合作用，提高加工效率。不足在于整套装置结构复杂，需两个电源。

（3）电火花机械复合加工　这种方法常采用 RC 电路进行充放电对砂轮进行修整，效率高、成本低、安全且修整质量好，该法较早开始研究并得到应用。不足在于易发生拉弧现象。

9.2.2.15　机器人磨削

机器人磨削

近年来，以机器人为装备执行体的机器人化智能加工逐渐成为叶片类复杂零件高品质制造的新趋势。与同等操作空间的数控机床相比，加工型机器人的主要优势在于其低成本、操作灵活、可扩展性强。

机器人磨削一种是利用机器人夹持工件，通过在线测量、路径规划、离线编程等操作，与砂带这种柔性涂附工具进行接触，进而对工件表面进行磨削、抛光，具有柔性接触和宽行加工两大优点，特别适合长度一米内复杂叶片的小余量磨抛加工（图 9-9）。另一种是利用机器人加持磨具，对工件进行加工，适用于大型工件（图 9-10）。

为保证最终的表面质量和加工效率，机器人砂带磨削不仅需要对磨削压力和磨头姿态进行准确控制，而且还需要考虑砂带线速度和轨迹规划等加工参数的影响。机器人砂带磨削的运动轨迹是指砂带磨头依次走完所规划的刀位点的连续路径。在进行机器人砂带磨削的轨迹规划时，需要解决的问题主要包括：①确定合适的走刀方式；②确定合适的加工步长控制方法；③确定合适的加工行距控制方法；④在轨迹规划的同时避免加工干涉问题。

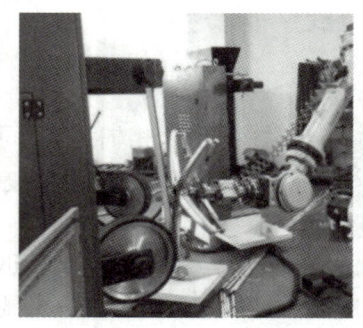

图 9-9　机器人加持工件进行砂带磨削

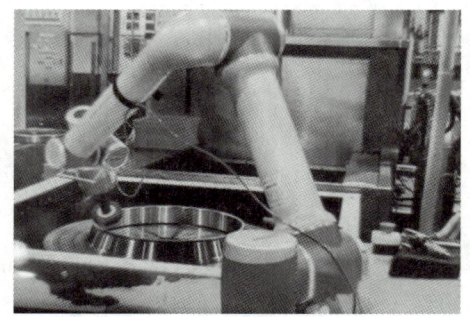

图 9-10　机器人加持砂布页轮磨削工件

9.2.3　磨削设备

磨床是利用磨具对工件表面进行磨削加工的机床。大多数的磨床是使用高速旋转的砂轮进行磨削加工，少数的是使用油石、砂带等其他磨具和游离磨料进行加工，如珩磨机、超精加工机床、砂带磨床、研磨机和抛光机等。

（1）外圆磨床　是普通型的基型系列，主要用于磨削圆柱形和圆锥形外表面的磨床。

（2）内圆磨床　是普通型的基型系列，主要用于磨削圆柱形和圆锥形内表面的磨床。

（3）坐标磨床　具有精密坐标定位装置的内圆磨床。

（4）无心磨床　工件采用无心夹持，一般支承在导轮和托架之间，由导轮驱动工件旋转，主要用于磨削圆柱形表面的磨床。

（5）平面磨床　主要用于磨削工件平面的磨床。

（6）砂带磨床　用快速运动的砂带进行磨削的磨床。

（7）珩磨机　用于珩磨工件各种表面的磨床。

（8）研磨机　用于研磨工件平面或圆柱形内、外表面的磨床。

（9）导轨磨床　主要用于磨削机床导轨面的磨床。

（10）工具磨床　用于磨削工具的磨床。

（11）多用磨床　用于磨削圆柱、圆锥形内、外表面或平面，并能用随动装置及附件磨削多种工件的磨床。

（12）专用磨床　从事对某类零件进行磨削的专用机床。按其加工对象又可分为花键轴磨床、曲轴磨床、凸轮磨床、齿轮磨床、螺纹磨床、曲线磨床等。

9.3　涂附磨具的选择

砂布砂纸在多年前，还是一种比较简单的磨加工工具，其中绝大多数产品只用于手工除锈、打磨和抛光，因此砂布砂纸被认为是一种没什么使用技术，人人都能用的最简单的磨削工具，至于它的选择均是根据使用习惯而确定的。例如：磨木材用木砂纸（带）、水磨削用水砂纸，一般磨削用干磨砂布。对粒度的选择，也不是很严格。但是，随着机械加工工业的飞速发展，对涂附磨具提出了一系列新的要求，就使用来说，不单是手工操作的使用了，而是进入了机械加工的行列，由于它具有许多使用上的特点，与固结磨具相比，则成了后起之秀，具有无限的发展生命力。另外，就品种来说，不单是以前简单的页状砂布砂纸了，而是产生了不少新的品种、规格和型号，如砂带、砂盘、页轮、砂圈等。目前，已有成千上万种涂附磨具的品种规格，在这样众多的产品中如何来选择和使用，是当前涂附磨具使用的一个关键技术问题。为了更好地选择与使用涂附磨具，我们一方面要全面系统地了解和掌握涂附磨具的一般使用特点，另一方面还应了解使用中的有关影响因素，这样才能充分发挥涂附磨具在使用上的优越性，从而得到非常满意的加工效果。

涂附磨具的选择主要是从基体、磨料和粘结剂三方面进行考虑，同时结合使用对象和使用方法等因素进行综合考虑。

9.3.1　磨料及其粒度的选择

9.3.1.1　磨料的选择

磨料是磨削加工过程中起切削作用的主体。因此磨料是针对一定的加工材料选择磨具特性首先要考虑的问题。磨料品种的选择一般依据工件材料的机械性能，如硬度、强度、延伸率来进行选择。一般来说，磨削抗张强度较高的材料时，以选用韧性较大的刚玉类磨料为好。磨削抗张强度较低的材料时，则以韧性较小的碳化硅系磨料较佳。

表9-1是涂附磨具所使用的几种普通人造和天然磨料的特性和适用范围。

表9-1 磨料特性与适用范围

磨料名称	特性	适用范围
棕刚玉(A)	棕褐色,硬度高,韧性好,抗破碎能力高,耐高温及化学稳定性好	用于抗拉强度较大的材料,如碳素钢、一般合金钢、可锻钢、硬青铁等,以及其他磨料的代替品
白刚玉(WA)	白色,硬度较棕刚玉(A)略高,而韧性略低,具有良好的切削性	适合加工淬火钢、高碳钢、不锈钢、合金钢及薄壁零件等易于变形和烧伤的工件
黑刚玉(BA)	黑色,具有一定的韧性,硬度比较低	用于自由研磨和喷砂除锈
微晶刚玉(WA)	棕褐色,硬度高,韧性好,自锐性好,磨具磨损小,寿命长	用于不锈钢、碳素钢、轴承钢和特种球墨铸铁等材料的磨削,以及用于重负荷磨削和精密磨削
铬刚玉(PA)	紫色,硬度与微晶刚玉(WA)相近,韧性比WA稍高,具有较好的切削性,磨具形状保持性好	广泛用于淬火钢、合金钢刀具的刃磨以及螺纹工件、量具和仪表零件等的精磨
锆刚玉(ZA)	硬度高,韧性好	始于重负荷磨削、耐热合金钢、钛合金和奥氏不锈钢等的磨削
黑碳化硅(C)	黑色或深蓝色,硬度高于刚玉系磨料,磨粒尖锐,脆性大,散热快	用于抗张强度较低的工件,如灰铸铁、白口铁、铜、矿石、耐火材料、骨材、玻璃、陶瓷、皮革、橡皮、塑料等
绿碳化硅(GC)	绿色或深绿色,硬度高于黑碳化硅(C),韧性小于C	用于硬质合金工件或刀具的磨削,螺纹磨削和其他工具的精磨等
天然金刚砂(E)	天然的不纯的金刚砂,块状颗粒,切削迟钝	金属和木材抛光,多作干磨砂纸用
石榴石(G)	硬度低、性脆、光滑楔形	木材加工,多作干磨砂纸用
玻璃砂(GL)	硬度低、性脆、较锋利	木材加工,多作干磨砂纸用

除了考虑工件材料的抗张强度之外,在选择磨料时,还应当考虑到磨削工艺系统可能产生的化学反应(表9-2)。在磨削接触区内,磨料、结合剂、工件材料、磨削液以及空气在磨削温度和磨削力的催化作用下,容易产生自发的化学反应。比如说刚玉磨削玻璃,以水作冷却液时,刚玉能与玻璃起强烈的化学反应;碳化硅磨具磨削钢材时,碳化硅磨料就能与钢发生强烈的化学反应;使用金刚石磨具磨削钢时,金刚石能与钢生成FeC合金,因而刚玉磨料不适合磨削玻璃,碳化硅磨粒不适合磨削钢材,而金刚石磨粒不适合磨削钢材。

表9-2 磨料与加工材料化学反应参考表

工件材质	刚玉系磨料			碳化硅系磨料		
	反应	烧结	磨耗	反应	烧结	磨耗
低合金钢	无	无	小	大	有	大
镍	无	无	中	中	有	特大
不锈钢	无	无	中	中	有	特大
纯铁	小	小	小	大	大	大
铸铁(Si-1.4%,C-2.4%)	小	小	小	中	无	小
铸铁(Si-2.4%,C-2.8%)	小	小	小	特小	无	小
钛	大	大	大	大	大	中

此外,选择磨料时,还要考虑磨料的热稳定性。如金刚石磨料在700 ℃左右开始石墨化,因而金刚石涂附磨具在使用时就不能使金刚石磨料的温度接近或超过这个温度。

9.3.1.2 磨料的粒度

磨料的粒度反应磨料几何尺寸的大小,是磨具的主要特性指标之一。选择磨料的粒度主要应考虑被加工工件的表面粗糙度要求(表9-3)和加工效率要求。一般说来,粗粒度磨具加工效率高,但工件表面粗糙度值较大;而细粒度磨具加工效率低,但工件表面粗糙度值较小。

表9-3 涂附磨具磨料粒度与表面粗糙度关系参考表

磨料粒度	加工工序	粗糙度 Ra/mm
P16-P24	荒磨	
P30-P50	粗磨	6.3~3.2
P60-P120	半精磨	3.2~0.8
P150-P240	精磨	0.8~0.2
P320-P1200	超精磨	≤0.2
P1500 及以细		≤0.05

除此之外,磨料粒度的选择还与加工工件的机械性能和物理性质有关。工件材料硬度高时,应选用粗一些的粒度,以减少磨削过程中产生的热量和改善散热条件。如磨削硬质合金材料时,宜选用粗粒度,以免硬质合金材料产生烧伤和裂纹。同样,对于薄壁工件的磨削也因其容易发热变形而应当选用粗粒度磨具。工件材料延伸率较大时,应选用较粗的粒度,以防止和减小磨具表面的堵塞,如磨削铝、黄铜、紫铜、软青铜等工件,在满足工件粗糙度要求时,应尽量选用粗粒度磨具以减小磨削热的产生和防止磨屑在磨具表面的热熔堵塞现象。

粒度的选择还要考虑磨削加工方式,磨具与工件接触弧长的大小。湿磨用的磨料粒度可以比干磨用的磨料粒度细些。磨具与工件接触面积较大时,应选择粗粒度的磨具,这时,粗粒度的磨具与工件之间的磨擦较小,发热量也相应的少。如外圆磨削使用的磨料粒度可以比平面磨削的大些,而平面磨削的又可比内圆磨削的大些。

成型磨削时,适合使用较细的粒度。此外,粒度的选择还应当考虑磨削用量的大小和操作条件等因素。

涂附磨具的植砂密度是表示涂附磨具表面上磨料的分布密度。目前分为密型(CL)和疏型(OP)。

一般来说,疏植砂产品不易堵塞,适应木材、橡胶、软质金属、油漆面加工等。对于疏植砂产品也不能解决的问题,可用超涂层产品。

9.3.2 基体的选择

9.3.2.1 基体的特性与选择

涂附磨具的基体主要为纸、布、布-纸复合基体、钢纸和无纺布等几类,它的选择可以参照表9-4。

表9-4 基体的特性和适用范围

基体名称	特征	适用范围
纸	表面平整、伸长率小、成本较低、强度较小、韧性和抗撕裂性较差	轻型纸主要制作页状砂纸和水砂纸,用于金属除锈、木材抛光、油漆面和腻子打磨等。重型纸以制作砂带为主,用于木材、人造板、皮革等的加工
布	强度好,伸长率较大,基材处理成本较高,品种很多,实用性广	轻型布主要制作页状产品,用于金属除锈、木材抛光等。重型布用于制作砂带,用于条件苛刻的金属、非金属的磨削加工
复合基体	厚实、硬挺、强度高、伸长率小、表面平整,但成本高	主要制作砂盘和重负荷砂带,特别适合刨花板、纤维板、镶嵌式底板等的磨削加工
钢纸	特别硬实,强度高,耐热性好,但脆性大	主要用于制作钢纸砂盘,用于打磨焊缝、大面积除锈,清除氧化皮等
无纺布	具有立体网状结构,柔韧性好,适用面广	制成片状、研磨轮(辊)状、带有背基的研磨带(盘)状,广泛地应用在金属、非金属材料的抛光,除毛刺、氧化膜、纹线装饰领域

9.3.2.2 纸基产品的应用范围

在涂附磨具使用中,纸的型号是用定量来划分的,可分为 A、B、C、D、E、F 等,如表9-5所示。

表9-5 涂附磨具用纸的型号

型号	A	B	C	D	E	F	H
定量(g/m²)	80	100	120	160	220	300	300

不同的纸基有不同的用途,如表9-6所示。

表9-6 纸基产品的性能与用途

产品品种	纸基型号	粘结剂类型	性能与用途
页状产品	A、B、C、D	G/G、R/G、WP	强度低,平整性好,耐水砂纸耐水性好,可生产超细粒度,多用于手工使用,适用于加工量不大的场所
卷状产品	A、B、C、D、E	R/G、R/R、WP	性能有高有低,可连续加工、辊式加工等用途,多用于一些精细磨削
带状产品	C、D、E、F、H	R/G、R/R、WP	轻型产品多为中、窄砂带,用于精细加工。重型产品多为宽砂带,常用于较大强度的加工,其加工工件的表面要求高
异型制品	A、B、C、D	G/G、R/G、WP	主要是圆形砂盘、异型砂盘(片)等,多用于手提工具,使用方便,品种很多

9.3.2.3 布基产品的应用范围

布因为组织的不同形成不同的类型,涂附磨具用布的组织目前主要有1/1、2/1、3/1、4/1等,不同的涂附磨具选用不同组织的布。涂附磨具用布在目前主要有棉布、混纺布、聚酯布等。在涂附磨具使用中,同纸一样,布是用重量来划分的。目前布的重量没有一个通用的标准,其分类如表9-7所示。

表9-7 涂附磨具用布的分类

型号	L	F	J	X	Y	S
名称	轻型布	轻型布	中型布	重型布	厚重型布	超重型布

不同的布基有不同的用途,如表9-8所示。

271

表9-8 布基产品的性能与用途

产品品种	纸基型号	粘结剂类型	性能与用途
页状产品	L、F、J	G/G、R/G	强度低,布基轻薄,柔软,价格便宜,多用于手工使用,适用于加工量不大的场所,少量用于手提工具的使用
卷状产品	L、F、J	G/G、R/G、WP	轻型产品较柔软,用于中细粒度产品,强度适中,多用于精加工和复杂形面的磨削加工,可用于连续加工、辊式加工等
带状产品	J、X、Y	R/R、WP	轻型产品多为中、窄砂带,用于精细加工、异型加工。重型产品强度高,布基硬挺,用于各种宽度的砂带,适用于从抛光到强力磨削的各种用途
异型制品	F、J、X、Y	R/G、R/R、WP	主要是各种砂盘、研磨页轮、磨头、筒形砂套等,多用于手提工具,使用方便,品种很多

9.3.2.4 复合基产品的应用范围

按布的重量不同复合基可分为轻型、重型等。复合基主要用于制作高速重负荷宽砂带、多接头砂带,少量的用于砂盘的生产。

9.3.2.5 钢纸产品的应用范围

钢纸:按厚度分为0.6 mm、0.8 mm、1.0 mm、1.2 mm等。0.6 mm、0.8 mm、1.0 mm的钢纸用于不同直径的钢纸砂盘。0.8 mm、1.0 mm、1.2 mm的钢纸用于铍形页轮。

9.3.3 粘结剂及基体处理的选择

涂附磨具按粘结剂和基材处理分为四大类:动物胶粘结涂附磨具(G/G)、半树脂粘结涂附磨具(R/G)、全树脂粘结涂附磨具(R/R)和耐水涂附磨具(WP),其特性与使用范围见表9-9。

表9-9 粘结剂和基材的性能与使用范围

种类	粘结剂	基材	特性	使用范围
动物胶粘结(G/G)	底胶、复胶均为动物胶	L、F、J 布基;A、B、C 纸基	粘结性一般,无毒,溶于水,成本低,磨具制作简单,但不耐潮、不耐热	主要制作页状和卷状砂纸砂布,适用于手工干磨,用于金属除锈和抛光,木制品打磨等
半树脂粘结(R/G)	底胶为动物胶、复胶为合成树脂(脲醛或酚醛树脂)	F、J 布基;A、B、C 纸基	粘结性介乎动物胶和全树脂之间,价格便宜,较柔软	主要制作页状和卷状砂纸砂布,适用于辊式和砂带磨削,用于木材、金属的大面积加工

续表 9-9

种类	粘结剂	基材	特性	使用范围
全树脂粘结（R/R）	底胶、复胶均为合成树脂	J、X、Y 布基；R/R E、F 纸基	特别硬实，强度高，耐热性好，但脆性大	即用涂附磨具的主要材料，适合各种干磨和油磨加工
耐水粘结（WP）	底胶、复胶均为合成树脂	X、Y 布基	水砂纸以轻型砂纸为基材，其他均为耐水布基产品，耐水	水砂纸主要可制作页状、盘状，布基主要制作耐水砂带，适于在水中的磨加工

动物胶：粘结性能较好，加工简单，耐热性不好，污染低。

脲醛树脂：制造简单，成本低廉，粘结性能、防潮抗霉性优于动物胶。

酚醛树脂：粘结强度高，耐水、抗酸、耐候性好，尤其是水溶性酚醛树脂的使用，使之成为涂附磨具工业的最主要的粘结剂之一。

环氧树脂、醇酸树脂：粘结性能好，耐水性好，但需使用有机溶剂，多用于耐水砂纸的生产。

9.3.4 根据被加工材料选择涂附磨具

在实际生活中，大多数情况是使用涂附磨具的客户的设备及加工工件都已确定，由我们帮助客户选择一种更合适的涂附磨具品种，或者是让你推荐产品。根据表 9-10 的组合，我们就比较容易进行确认。

表 9-10 根据被加工材料选择涂附磨具组合表

磨削对象		磨削方式	磨具选择
木材	软木	窄砂带	D-E 纸,J-X 布基；R/G-R/R；WA-A-C；超涂层
	硬木	窄砂带	X-Y 布基；R/R；A,C
	胶合板	宽砂带	E-F 纸基,X 布基；R/G-R/R；WA,A-C
	中密度纤维板	宽砂带	F-H 纸基；X-Y 布基；R/R；C-A-ZA
	刨花板	宽砂带	X-Y 布基；R/R；C-A
家具	平面加工	砂带	E 纸基,X 布基；R/G-R/R；A-WA-C
	长带压板式		E-F 纸基；R/G-R/R；C-A
	立式边磨		J-X 布基；R/R；A
	仿形磨削		F-J 布基；R/F；A；特柔曲处理
	气鼓磨削		F-J-X 布基；R/G—R/R；A-WA
	辊式磨削	砂卷	D-E 纸基,F-J-X 布基；R/G-R/R；WA-A-C
金属	钢铁	砂带	X-Y 布基；R/R-WP；A-ZA-WA-C；特殊层选择
	非铁金属		J-X-Y 布基；R/R-WP；C-WA-A
	难磨金属		X-Y 布基；R/R-WP；ZA-WA；特殊涂层

续表 9-10

磨削对象	磨削方式	磨具选择
玻璃	砂带	X-Y 布基；R/R-WP；C
塑料	贴面拉毛 砂带	X-Y 布基；R/R；C
皮革打磨、起绒	宽砂带	E 纸基，X 布基；R/G-R/R；A-C
	辊式磨削 砂卷	D-E 纸基，F-J-X 布基；R/G-R/R；A
油漆腻子、涂层	窄砂带	B-C 纸基；WP；C-A；超涂层
手动工具、万能磨床等	砂带、研磨页轮磨头、筒形砂套砂盘、异型盘、异型片等	F-J-X 布基；R/G-R/R；A-B-C-D-E 纸基；R/G-R/R；WA-A-C
手工使用	页状、卷状	A-B-C 纸基，L-F 布基；G/G-R/G-WP；A-C

9.4 砂带磨削

砂带是20世纪60年代才迅速发展起来的一种新型涂附磨具，由于砂带的出现，把涂附磨具从一种古老的手工工具，发展成现代化的精密磨削设备，达到了与固结磨具同等重要的地位。

砂带磨削是根据工件形状，用相应的接触方式及高速运动的砂带对工件表面进行磨削和抛光的一种新工艺。砂带磨床主要用来作为粗磨、去毛刺、大余量磨削、精磨、细磨、装饰抛光、无心磨以及成形磨削之用。在现代砂带磨削技术以其独具的加工特点被视为是一种很重要的加工方法。实现砂带磨削加工的主要方法：砂带自由张紧法、带有接触轮的转动砂带法和接触板法，如图9-11所示。最常用的是带有接触轮的转动砂带法。

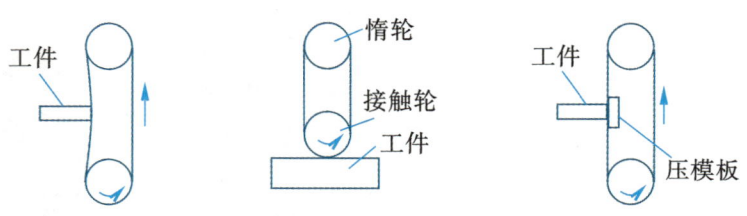

图 9-11 几种常用的砂带磨削加工方法

9.4.1 影响砂带磨削的几个重要因素

(1)砂带速度 砂带磨削速度可能达到的上限取决于砂带制作材料的性能和砂带磨床的设计，同时还要考虑有关砂带的安全要求。砂带磨削可能达到的最高速度，可定为大约 50 m/s。但是，在实际应用时所使用的砂带速度，一般来说要低得多，大约为 10 ~

35 m/s。通常选择砂带速度为 18～23 m/s,在这个速度范围内,砂带磨削可获得廉价的磨削效率。提高砂带的磨削速度,将会降低工件表面的粗糙度,而对相当一些加工材料来说,降低砂带的磨削速度,又能够明显地提高磨除率。

(2) 砂带张紧　砂带的张紧力通常要进行调整,例如移动惰性轮使之远离接触轮,以防止砂带滑动,保证砂带在固有的轨道平面上滚动。当惰性轮也用作传动部件以及在大磨除量在内的加工时,砂带都需要张紧。实际上,有效的砂带张紧力变化幅度很大,从 4.0～8.4 N/cm 至最高限度 52.5～70.0 N/cm。砂带张紧力小时,与软质接触轮一起用于粗糙度要求低的抛光加工;而砂带张紧力大时,则与硬质接触轮一起使用,尤其是当接触轮的面较小时,由于工作压力大,致使接触轮在接触点上可能发生变形的磨削加工和可能引起砂带局部打卷,从而给砂带的预期寿命带来不利的影响,这也要求砂带具有很大的张紧力。

(3) 砂带垫背　砂带垫背可以保证磨削和抛光加工获得良好的效果,它使运转着的砂带能够承受住与工件接触时所产生的巨大压力。除了极少数加工外,例如在松弛砂带上轻微砂磨或抛光,在工件的接触部位必须给予适当的支承,以防止张紧力给砂带带来局部和潜在的危害。砂带垫背的支承作用,通常是通过接触轮来保证的。该支承作用还可以采用另外一种手段,即使用一种延伸式衬垫也称模板来保证。在砂带磨床上,有许多种平直的表面都使用模板来保证加工表面所产生的平直度。成形模板也可用来磨削外形很薄的加工件,且效果很好,但模板表面的形状一般来说呈平面状。精密加工件所使用的背衬模板安装有一个冷却系统,其表面涂有碳化物,可使二件表面的平直度始终精确。

(4) 接触轮和接触辊　接触轮也称为接触辊。由砂带对接而成的砂带圈,一端由接触轮支承,另一端则由惰性轮支承。除了支承砂带以外,在砂带磨削中,接触轮还有其他重要的作用。接触轮还可以支承砂带以抗衡加工件施加于砂带的压力,这种功能就是平常说的垫背。加工件与砂带之间接触时的这种作用是决定砂带磨削加工特性的主要因素。因此,接触轮的选择要适合于所用的设备、操作条件、工件材料,以及加工对象的要求。不同特性的接触轮,其加工效果也不相同。应指出在大多数砂带磨床中,接触轮还可起驱动轮的作用,把必要的向前的转动力传递给磨削砂带。

接触轮的制作材料可以是布、橡胶或钢材。

① 布制接触轮　布制接触轮是用不同的布料制作的。例如:压缩帆布,从粗磨到抛光加工,根据不同的加工,可选用不同硬度和密度的压缩帆布材料。虽然硬质帆布接触轮可用于金属材料的磨削加工,然而其磨削效率比起齿形或相似齿形橡胶轮要差。软质帆布轮用于抛光加工效果好,所加工出的磨削面也较平滑。

折叠式抛光轮是由布层粘结在一起制成的。这种抛光轮具有很好的固结柔曲性能。抛光加工,包括外形需要倒圆磨削的抛光加工,用它作接触轮尤为适宜。

② 橡胶接触轮　橡胶接触轮一般是由实心轮胎用热补法将其固定在一个铝制轮或轮箍上,并将其安装在一个轮体上而构成的。橡胶是制作接触轮时使用最广泛的原料,其硬度与密度各不相同,表面形状各式各样,包括平形和许多形态各异的锯齿形。

③ 钢制接触辊　要求砂带垫背具有可靠刚性的加工件,加工时需要选用钢制接触辊,以便保证精密的工件公差要求。钢制接触辊的表面一般隆起,以便产生较大的传动摩擦力,还可以为润滑油的排泄提供便利。

接触轮和接触辊的形状和规格,就其直径、宽度和形状而言范围甚广。普通砂带磨削加工所使用的接触轮是根据标准尺寸制作的,直径为 150~450 mm 不等,表面宽度为 25~250 mm。这些尺寸代表了最常使用的类型的尺寸规格。对于某些特殊应用来说,例如相当一些类型的木器业加工,所使用的接触轮的直径可以从 50 mm 开始。

对接触轮的要求包括接触轮的牵引性能和支承性能必须能不断地加以调整,以适应特殊加工条件的要求,以及接触轮的圆周形状,即工作面的形状。

接触轮或接触辊的表面可能呈平滑状或者稍微隆起。但是,大多数磨削加工都要求接触轮具有锯齿形表面。这种锯齿形表面可以增强从动接触轮的牵引性能。但是锯齿形的主要目的在于它能对砂带切削性能起控制作用。当砂带由于弯曲(即在冲击点上使砂带弯曲)而失去瞬时的支承作用时,锯齿形接触轮表面的沟纹便起这一控制作用。锯齿形接触轮表面的齿形与相对于轮边的夹角为细齿的角度,细齿角度小时(最小 4°),可降低磨削的粗糙度;增大角度时,一般来说最多增至 45°,可提高切削率。齿宽而槽窄时,加工的粗糙度最小;增大槽的有效宽度,可提高切削率。

橡胶接触轮的硬度使用杜洛硬度测定器来测定和确定。其所示数值大约从 5(最软)到 90(最硬)不等。硬度最大的用于窄齿橡胶接触轮,以减少齿在接触部位的变形总量。在通常情况下,硬质接触轮(杜洛硬度计读数为 40~50)用于普通磨削加工,这种加工所使用的接触轮为标准细齿轮。要求粗糙度低的磨削加工,以及接触轮的柔曲性能必须使砂带能够适应加工件外形的要求时,需用软质接触轮。制作橡胶接触轮的材料,其密度各不相同。硬质橡胶接触轮通常要求密度较大的材料;而用于精加工和成形磨削加工的软质橡胶接触轮,要求材料的密度较小。充气橡胶接触轮用于低冲气压时,这种接触轮的超软度仍然能够满足加工的要求,甚至在加工件的外形相当复杂的情况下也是如此。这种接触轮的特点是可利用改变它们充气所用空气的压力的方法加以控制。

接触轮的选择原则:①接触轮的硬度越大,表面粗糙度就越大;②除软质接触轮因超速而发生硬化情况下,速度高,所获得的表面粗糙度就低;③锯齿形接触轮与表面平滑的接触轮相比,砂带的使用寿命要长;④在加工工件的硬度给定时,硬质接触轮比软质接触轮的切削量大。

(5)润滑剂　砂带磨削加工与使用固结磨具所进行的加工相似,只要所使用的润滑剂种类适宜,用量适当,均可进行有效的切削,并获得很好的加工效果。磨削加工通常所使用的润滑剂为液体。这些润滑剂除了用于加工表面必要的润滑、减少磨削时的摩擦外,可以降低磨削温度,减少磨削力,降低动力消耗,排除切屑,提高砂带耐用度和改善工件表面质量,从而可提高生产率及产品质量,降低生产成本。

9.4.2　砂带磨削特点

砂带与易损坏的工具(如用于单刃车削、铣削、砂轮磨削等工具)相比,具有下列特点:

(1)加工效率高　经过精选的针状砂粒采用先进的"静电植砂法",使砂粒均匀直立于基底、且锋口向上、定向整齐排列,等高性好,容屑间隙大,接触面小,具有较好的切削性能。应用这一多刀多刃的切削工具进行磨削加工,对钢材的切除率已达每毫米宽砂带 200~600 mm^3/min。

(2) 加工表面质量高　砂带磨削时接触面小摩擦发热少,且磨粒散热时间间隔长,可有效地减少工件变形及烧伤,故加工精度高,尺寸精度可达±0.002 mm;平面度可达 0.001 mm。另外,砂带在磨削时是柔性接触,具有较好的磨削、研磨和抛光等多重作用,再加上磨削系统振动小、磨削速度稳定使得表面加工质量粗糙度值小,残余应力状态好,工件的粗糙度可达 0.4～0.1 μm,且表面有均匀的粗糙度。但由于砂带不能修整,故砂带磨削加工精度比砂轮磨削略低。

(3) 工艺灵活性大,适应性强　砂带磨削可方便地用于平面磨削、外圆磨削、内圆磨削、复杂的异形面加工、切削余量 20 mm 以下的粗加工磨削、去毛刺和为镀层零件的预加工、抛光表面、消除板坯表面缺陷、刃磨和研磨切削工具、消除焊接处的凸瘤、代替钳工作业的手工劳动。除了有各种通用、专用设备外,设计一个砂带磨头能方便地装于车床、刨床和铣床等常规现成设备上,不仅能使这些机床功能大为扩展,而且能解决一些难加工零件(如超长、超大型轴类、平面零件及不规则表面等)的精密加工。

(4) 砂带弹性大　砂带有很大的弹性,因而整个系统有较高的抗震性。

(5) 砂带尺寸可很大　适用于大面积高效率加工,且设备简单,操作安全,使用维护方便,更换砂带和培训机床操作人员花费时间较少。

(6) 使用期限短　在加工过程中砂带增长,外形和尺寸达不到高精度,加工零件上的尖锐突出部位和用细粒度磨料精磨困难,砂带的坚固性比较低,同时在大多数情况下砂带不可能修正,所以使用期限短。

9.4.3　装夹式外圆砂带磨削

9.4.3.1　工件装夹

根据工件的形状、尺寸、加工要求以及生产条件的情况不同,工件的装夹也不同。在外圆磨床上磨削外圆时,工件的装夹方法一般有用前后顶针装夹、用三爪卡盘或四爪卡盘装夹、用卡盘和后顶针装夹等。

(1) 前后顶针装夹工件　这是轴类零件磨削外圆表面时最常用的装夹方法。装夹时,如图 9-12 所示,利用工件两端面上的中心孔,把工件 1 支承在前顶针 2(装在头架主轴锥孔内)和后顶针 3(装在尾架 4 套筒锥内)上,由磨床头架 5 上的拨盘 6 和拨杆 7 经夹紧在工件上的夹头 8 带动旋转,其旋转方向与砂带旋转方向相同。

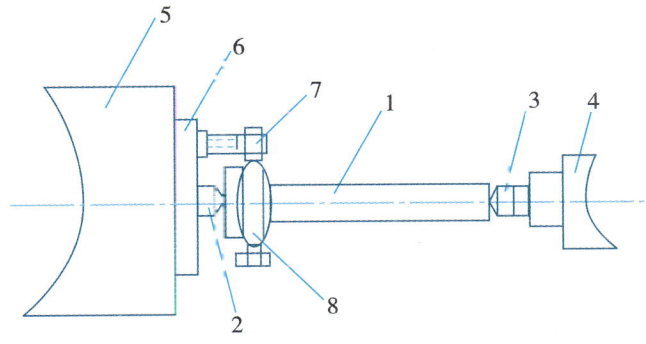

1—工件;2—前顶针;3—后顶针;4—尾架;5—头架;6—拨盘;7—拨杆;8—夹头。

图 9-12　工件在前后顶针上装夹

磨床上采用的顶针都是死顶针,磨削时顶针不随工件一起转动,这样由于轴承和主轴本身的制造误差、轴承中存在的间隙、顶针本身的不同轴度误差等因素就不会反映到工件上来,只要工件上的中心孔及顶针形状正确,比用活顶针安装工件可以获得更高的磨削精度。

磨削过程中,死顶针与工件上中心孔之间产生滑动摩擦,顶针很容易磨损。为了耐磨,顶针通常用淬硬的碳素工具钢或高速钢制成。近年来,开始广泛采用镶硬质合金的顶针,耐磨性好,不易产生"咬死"现象,但脆性大,容易碰坏,使用与保管中应特别注意。

顶针上的60°圆锥面与工件上的中心孔配合,它的形状正确与否,对加工质量有很大影响。所以它的角度必须做得很准,表面要光洁,无缺陷。顶针上的圆锥形尾部与磨床头架主轴、尾架套筒的莫氏锥度锥孔相配合,同样应具有较高的形状精度与表面质量,以保证良好的接触,避免在磨削过程中发生任何松动现象。

工件上的中心孔,在外圆磨削过程中同样占有非常重要的地位,它的好坏将直接影响着加工质量。为了保证加工质量,要求加工中心孔时60°圆锥面的圆度要好,表面光洁度好,没有碰伤、划痕等缺陷,60°圆锥孔的角度要准确,工件两端的中心孔应在同一轴线上。经过热处理的工件,中心孔内不仅含有盐和氧化皮,而且常发生变形;另外,有些工件的中心孔在粗加工时受到较大磨损而变形,对这些工件,在磨削前应对中心孔进行修正,以恢复正确的几何形状。

(2)用三爪卡盘或四爪卡盘装夹工件　断面上没有中心孔而且长度不太长的工件,可以用三爪卡盘或四爪卡盘装夹,四爪卡盘特别适用于装夹表面不规则的工件。装夹时要用百分表校正工件位置。这种装夹方法比较费时,而且主轴的运动误差将会影响加工精度,所以只有在不能用两面顶针装夹的情况下采用。

(3)用卡盘和顶针装夹　如果工件比较长且只有一端有中心孔时,必须采用这种装夹方式,即把工件上无中心孔的一端夹持在三爪卡盘或四爪卡盘内,有中心孔的一端用后顶针支承(如图9-13)。装夹时,除了按图纸技术要求或工艺要求校正近卡盘端处工件外圆的径向跳动外,还必须注意校正头架的零位,使头架主轴的中心线和后顶针在同一直线上。

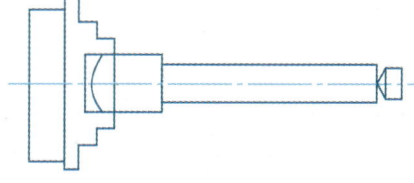

图9-13　用卡盘和后顶针装夹工件

如果不在同一直线上,在后顶针顶进工件的中心孔时,工件会发生弯曲变形,使磨出的工件直径各段不一样,形成细腰形或腰鼓形,有时还会出现锥度不易消除的情况。

9.4.3.2　装夹式外圆磨削的基本方法

外圆磨削的基本方法有纵磨法和横磨法。

(1)纵磨法　磨削时,砂带旋转起切削作用,工件与砂带做同向旋转(圆周进给)并和工作台一起做纵向运动(纵向进给)。当一次纵向行程或往复行程结束时,砂带按要求的磨削深度做周期性的横向进给。每次行程磨削深度很小,磨削余量要在多次往复行程中磨去(图9-14)。

纵磨法的特点:砂轮整个宽度上的磨粒工作情

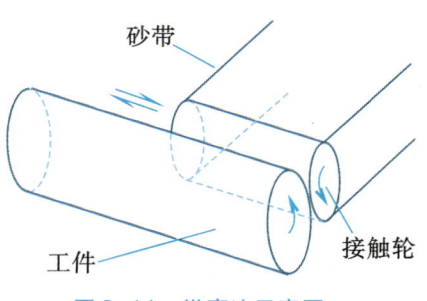

图9-14　纵磨法示意图

况不相同,处于纵向进给运动方向前面部分的磨料起主要的切削作用,而后面部分的磨粒与已切削过的工件表面接触,切削工作大大减轻,主要起磨光作用,未能充分发挥其磨削能力,所以生产效率较低。但此种磨削方法因有很大一部分磨粒担负工件表面的磨光作用,可以获得较低的表面粗糙度参数值。由于每次磨削深度小,因而磨削力小,磨削热小,散热条件好,容易获得较高的加工精度。

(2)横磨法 横磨法又叫切入磨法,磨削时,工件无纵向进给运动,而砂轮以很慢的速度做横向进给运动,直到磨去全部磨削余量为止(图9-15)。

与纵磨法相比,横磨法磨削时整个砂带宽度上磨粒的工作情况相同,容易充分发挥每个磨粒的切削性能,因而生产效率高,但是横磨时工件与砂轮接触面积较大,磨削力大,发热量大,散热条件差,工件容易发生变形和烧伤。故适宜于磨削刚度好,长度较短的外圆表面,磨削要施加充足的冷却液。

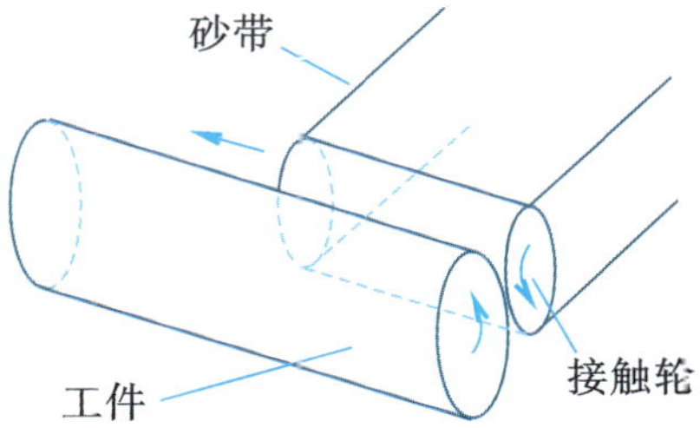

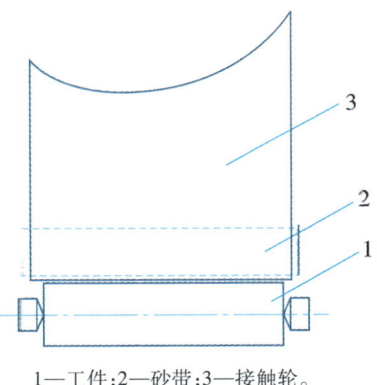

图 9-15 横磨法示意图

9.4.3.3 装夹式砂带外圆磨削磨床

全进给宽辊磨床。由于涂附磨具的特点,砂带可以很容易做成很宽,对于长度较短的外圆磨削,如油压机的芯轴,全进给宽辊磨床(图9-16)是一个很好的选择。全进给宽辊磨床是利用覆盖旋转工件全长的宽砂带进行外圆磨削加工的,在宽辊磨削加工时,除了防止往复移动外,还要使整个工件的表面磨削深度平缓地加深;这样,可节省相当多的时间;这些加工可以在安装有特制的磨削装置和宽砂带的大型车床上进行。

1—工件;2—砂带;3—接触轮。

图 9-16 全进给宽辊磨床

9.4.4 砂带无心外圆磨削

对于长度很长的圆柱形工件,例如圆棒、管道等,进行粗磨、倒圆磨削、光整加工和抛光加工,实践证明:用砂带无心磨床是一种很有效的方法。这些加工是在安装有辅助控制设备的机床上贯穿进行进给的;砂带无心磨床可制成单磨头式以及多磨头式,用于一次贯穿进给连续磨削加工,也可以用于往复进给加工。

9.4.4.1 无心磨削原理

图9-17是无心外圆磨削加工的原理图。工件2放在导轮3及托板之间,以导轮曲面与托板工作面构成的V形定位装置安装。借助于导轮的横向进给f_r使工件与磨轮1接触,进行磨削。从工件入口一端看,磨轮与导轮均按顺时针方向回转。磨削时,工件在磨轮的磨削力矩及导轮的摩擦力矩联合作用下回转。工件磨削点的线速度方向和磨削接触点的线速度方向一致,进行顺向磨削。工件的圆周速度v_w与导轮的线速度v_r在工件切线方向上的分速度大致相等。当导轮轴线相对于工件轴线倾斜α角度后,工件便可获得纵向送进运动。工件纵向送进运动速度v_f与导轮线速度在工件轴向的分速度大致相等。在不考虑工件与导轮间相对滑动的情况下,工件速度与导轮速度之间的关系

(图9-18)如下:

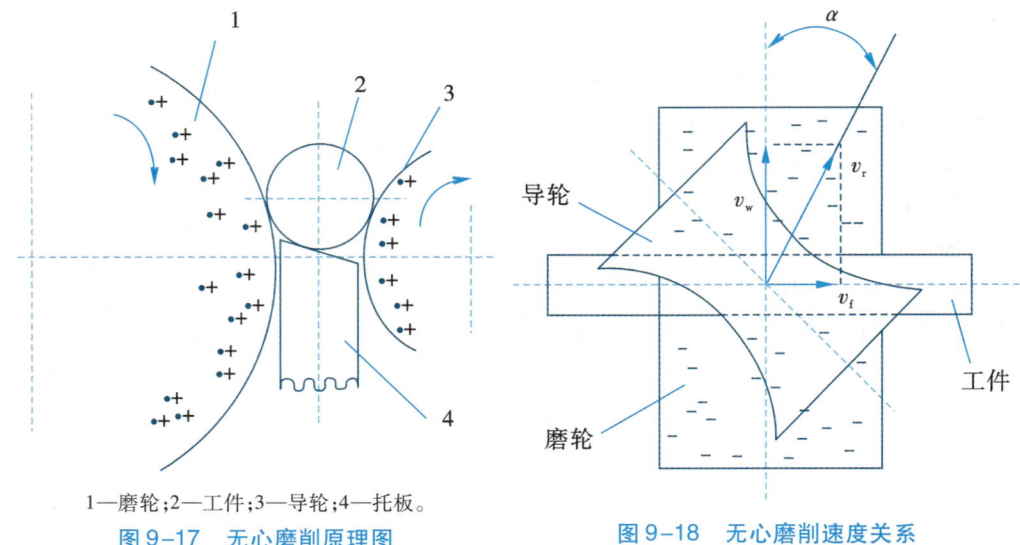

1—磨轮;2—工件;3—导轮;4—托板。
图9-17 无心磨削原理图

图9-18 无心磨削速度关系

$$v_w = v_r \cdot \cos \alpha \quad (9-2)$$
$$v_f = v_r \cdot \sin \alpha \quad (9-3)$$

式中:v_r——导轮线速度;
v_w——工件线速度;
v_f——工件轴向送进速度;
α——工件与导轮轴线间的夹角。

无心磨削时,磨削轮以大于导轮75倍左右的圆周速度旋转,由于工件与导轮间的摩擦力大于工件与磨削轮间的摩擦力,所以工件被导轮带动并与它成相反方向旋转;而磨削轮则对工件进行磨削。无心磨削后工件的精度可达IT6~IT7级,表面粗糙度(Ra)值达0.8~0.2。

9.4.4.2 无心磨削的特点

与外圆磨削相比较,无心磨削的特点如下:

(1)外圆磨削工件两端不打中心孔,不用顶针支承工件。由于工件不定心,磨削余量相对减少。

(2)外圆磨削不能磨轴向带槽沟的工件,磨削带孔的工件时,不能纠正孔的轴心线位置,工件的同轴度较低。

(3)内圆磨削一般情况下只能加工可放于滚柱上滚动的工件,特别适宜磨削套圈等薄壁工件。磨套类零件由于零件是自身外圆为定位基准,因此,不能修正内、外圆间的原有同轴度误差。

(4)无心磨削机动时间与上、下料时间重合,易于实现磨削过程自动化,生产效率高。

(5)在无心磨削过程中,工件中心的位置变化大小取决于工件磨削前的原始误差、工艺系统刚性、磨削用量及其他磨削工艺参数(如工件中心高、托板角等)。

(6)无心磨削工件运动的稳定性、均匀性取决于机床传动链、工件形状、重量、导轮及支承的材料、表面形态、磨削用量及其他工艺参数。

(7) 无心磨削机床的调整时间较长,对调整机床的技术要求也较高,不适用于单件小批量生产。

9.4.4.3 无心外圆磨削的方法

在无心外圆磨床上磨削工件的方法主要有贯穿法、切入法和强迫贯穿法。

(1) 贯穿磨削法　磨削时,工件一面旋转一面纵向进给,穿过磨削区域,工件的加工余量需要在几次贯穿中切除,此种方法用于磨削无阶台的外圆表面。

(2) 切入磨削法　磨削时,工件不做纵向进给运动,通常将导轮架回转较小的倾斜角($\theta=30°$),使工件在磨削过程中有一微小轴向力,使工件紧靠挡销,因而能获得理想的加工质量。切入磨削法适用于加工带肩台的圆柱形零件或锥销、锥形滚柱等成形旋转体零件。

采用切入法时需精细修整磨削轮,砂轮表面要平整,当工件表面粗糙度值超出所要求时,要及时修整磨削轮,磨削时,导轮横向切入要慢而且均匀。

(3) 强迫贯穿法　圆锥滚子的圆锥面在圆锥滚子无心磨床上磨削加工时采用的是强迫贯穿法,其螺旋导轮轴线在垂直平面内与水平面倾斜一个角度 θ,螺旋导轮带有与圆锥滚子圆锥角相适应的螺旋槽。当 $\theta \neq 0$ 时,螺旋导轮螺旋槽的螺旋线在水平截面内形成的包络线为椭圆曲线。圆锥滚子开始是从砂轮宽度的左端进入磨削区,其球基面在螺旋导轮的作用下逐渐向砂轮宽度的中部移动,同时在螺旋导轮螺旋槽底面(圆锥面)摩擦力和砂轮磨削力的作用下作自身旋转运动。随着螺旋槽的连续推动作用,圆锥滚子移动到砂轮宽度的右端,逐渐离开磨削区。

9.4.4.4 无心外圆砂带磨床

(1) 无心砂带磨床　该磨床分为五大部分:磨头部分、导轮部分、托板机构、机架、吸尘器等。

① 磨头部分　磨头部分分为磨头驱动部分、导轨机构、磨头张紧部分、磨头退让机构。

磨头张紧部分依靠压下调节手柄使张紧轮下降,以利更换砂带。平时靠弹簧作用使张紧轮复位,张紧砂带,进行磨削。

磨头的精确进给是实现无心砂带磨削的一个关键因素。只有磨轮、导轮、托板三者按图 9-18 所示原理协调调节,才能实现不同直径工件的加工。而其中磨轮位置的调节必须靠磨头退让机构来完成。磨头退让机构有手动、自动两种进给方式,分别用手轮调节和操纵电器控制箱上按钮,通过气缸带动滑块自动调节,从而使整个磨头沿导轨移动一个确定的距离。

② 导轨机构　导轨机构分为导轨驱动部分和导轮退让机构及调节部分。导轮的退让机构类似于磨头退让机构,有用手轮手动调节和按钮自动调节两种方式,不同的是用滑轨代替了导轨。

根据无心砂带磨削原理,导轮必须有一定倾角,才能带动工件以一定速度向前进给。倾角越大,工件进给速度越大。但是这个倾角必须控制在一定的范围内,以适应不同材料、不同工件加工的需要。因此,必须设计一个导轮调偏机构。

③托板机构　托板用以与导轮一起支撑工件进行磨削,加工不同直径的工件需要托板处于不同的高度。托板高度是自动调节的,是靠控制气缸推动块的动作,从而控制托板的上下位置,此外,还配备了不同规格的垫片来精确调节托板高度。

④上、下料架　上料架用以输送长达十几米的长杆件(或管件)到磨床的磨削区域。其结构可分为上料翻倒机构、传动部分和托轮退让机构。

上翻倒机构将工人或机械方式置于上料台上的长杆件送至上料架十几组托轮之上,由于托轮有一定的倾角,它带动工件向磨削区进给。

(2)行星式外圆砂带磨床　对于细长且刚性差的线材,如钼线材,行星式外圆砂带磨床是一个不错的选择。行星式外圆砂带磨床磨削的工艺方法:线材不转,而两个连续磨削的砂带架,装在一个垂直圆盘上,圆盘绕线材进行旋转,两个接触轮装在相反方向上,以抵消磨削压力(见图9-19)。机组布局为卧式(见图9-20),线材进料端由压料机构1压紧,出料端由收卷机构4拉直,磨削时磨头作行星旋转进行磨削。

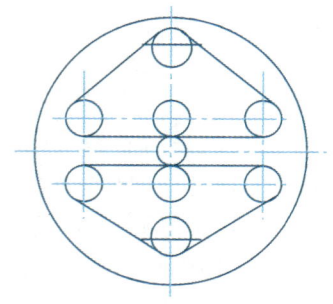

图9-19　线材砂带磨削工艺示意图

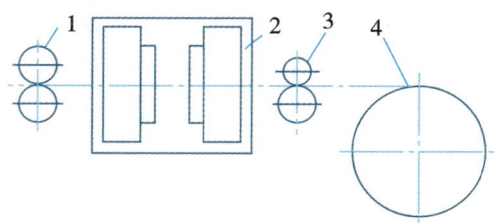

1—压料结构；2—行星磨削装置；
3—后导向装置；4—收卷机构。

图9-20　线材砂带磨削工艺示意图

9.4.5　砂带内圆磨削

内圆磨削是重要的孔的精加工方法之一,磨孔的尺寸精度一般可以达到 IT6~IT7,表面粗糙度 Ra 可达 $0.8 \sim 0.2\ \mu m$。

磨孔的方式基本上可分两种:一是磨削时工件绕所磨孔的中心线旋转,砂带做高速旋转(转向与工件转向相反),工件(或砂带)做纵向进给运动,在每次(或几次)往复行程后,砂轮做一次横向进给。这种磨削方式适用于形状规则,便于回转的工件。二是磨削时工件固定不转,砂带除了绕自身的轴线高速旋转外,还绕所磨孔的中心线以较低速度作行星运动,以实现圆周进给;此外,砂带还沿着所磨孔的中心线作纵向进给运动;在每次(或几次)纵向进给运动后,加大砂带行星运动的回转半径 R,以实现横向进给。这种磨削方式称为行星式内圆磨削,主要用于磨削体积大或形状不对称,不便于回转的零件。这种磨削方式,目前生产中应用较少。

内圆磨削通常是在内圆磨床或万能外圆磨床上进行的。为了保证一定的磨削效率,内圆磨削时,砂带的旋转方向与工件的旋转方向相反。

磨削时,砂轮与工件的内壁有两种接触位置:一是砂带与工件孔的前壁接触(图9-21)。此种接触方式冷却液和磨削屑向上飞溅,影响操作者的视线和安全。二是砂轮与工件孔的后壁接触(图9-22)。此种接触方式冷却液和磨屑向下飞溅,容易看清火花,不影响操作者的视线和安全。

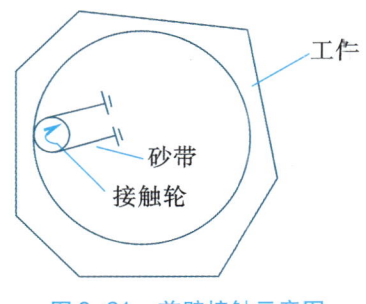

图9-21 前壁接触示意图

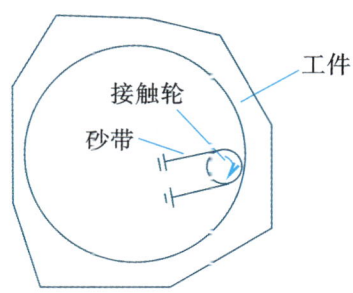

图9-22 后壁接触示意图

在万能外圆磨床上磨孔时,一般采用前壁接触方式,这样可以使用磨床上的自动横向进给机构,因为这时砂带的进给方向与磨外圆时的进给方向相一致。否则,采用后壁接触方式磨孔,砂带的进给方向与磨外圆时的进给方向相反,操作者容易搞错而使工件报废。

内圆的磨削方法有纵磨法和横磨法。纵磨法:这种磨削方法与外圆磨削中的纵磨法相同,是内圆磨削中使用得最广泛的磨削方法。横磨法:这种磨削方法与外圆横向磨削方法相同,适用于长度不大的内孔磨削。

下面列举一些内圆砂带磨床的应用。

9.4.5.1 大直径深孔零件砂带磨削

对于大直径深孔的零件,可采用先在立车上车削内孔并留余量,然后采用砂带磨头磨削的方法进行内孔的精加工。砂带磨削器结构如图9-23所示,主要由压紧块、电机、接线盒、地线接口、从动轮、接触轮和砂带组成。其中接触轮也起到主动轮的作用,并有张紧机构用于砂带张紧。根据工件的尺寸和结构特点,可采用立式车床(或加工直径更大的立式车床)作为加工设备。最终的砂带内圆磨削示意图如图9-24所示。

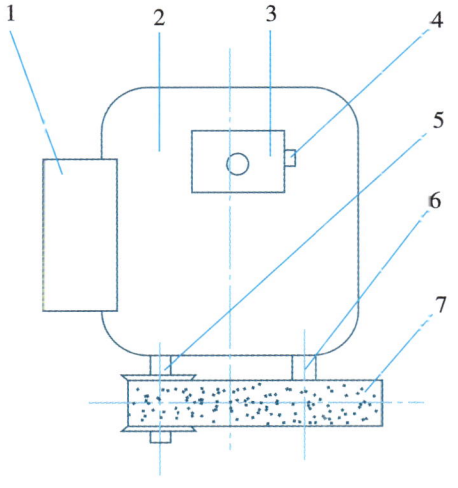

1—压紧块;2—电机;3—接线盒;4—地线接口;5—从动轮;6—接触轮;7—砂带。

图9-23 砂带磨削器结构

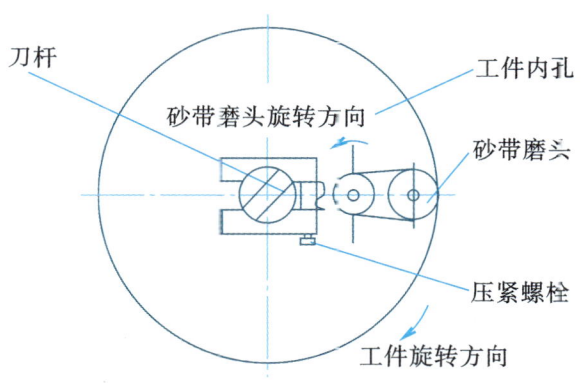

图9-24 内孔砂带磨削装置

9.4.5.2 小直径孔的磨削

一般都是采用接触轮、张紧轮和支撑轮的三轮结构,并将接触轮、张紧轮和支撑轮之间轴线平行设置且其轴线呈三角形排列,从而保证一定的砂带长度,大大减小沿接触轮径向方向的砂带整个截面的外切圆直径,缩小砂带磨削装置的结构尺寸,满足小直径的磨削加工要求。图9-25为一种小直径内孔磨削用磨头结构。

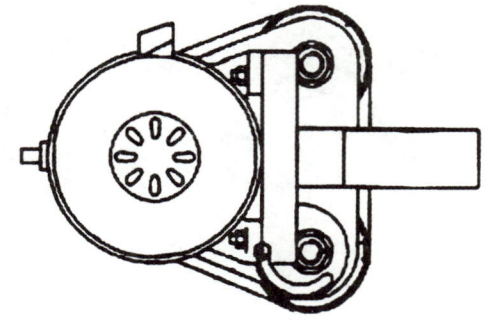

图9-25 内孔砂带磨削磨头结构

9.4.6 砂带平面磨削

平面磨削能可靠地保证加工质量,并具有相当高的生产效率(因为工艺系统刚性好,可采用较大的磨削用量)。除了广泛地应用零件的精加工外,在大量生产中也用于粗加工,如磨带有粗皮的工件表面,粗磨具有两个平行平面但厚度不大的中小型零件。

9.4.6.1 平面砂带磨床的两种基本结构

平面砂带磨床有两种基本结构。

(1)接触轮结构 其工作台运动形式有往复式、传送带式以及回转工作台式。

(2)压磨板结构 在这种结构形式的平面砂带磨床中,砂带由上、下两个轮子支承,两轮之间有一压磨板,被磨工件可做垂直于砂带运动方向的进给运动(即水平方向运动),整个磨削过程为立式操作。

9.4.6.2 平面砂带磨床的结构示意图

下面是目前主要平面砂带磨床的结构示意图。

(1)带传送式磨床 带传送式磨床(图9-26)使用的磨削砂带可以是几条,譬如说两条或两条以上,其硬度可以相同,也可以不同,砂带接触面与传送带的表面呈直线平行,既可以进行渐进磨削,也可以使用硬度不同的砂带进行求补操作,如粗磨和精磨、光整和抛光加工。

(2)板坯精整磨床 对于厚板钢坯的精整加工,大型板坯精整磨床(图9-27)是一个很好的选择。这些大型特制磨床采用宽砂带磨削,对于不是很宽的钢坯,甚至可以实现全进给磨削,磨床上安装有必要的工件搬运装置,并备有冷却液;该磨床采用大功率电机,磨削效率很高。

(3)对偶式砂带磨床 对偶式砂带磨床又称双带磨床(图9-28),它是由接触轮或压模板支承在冲击面上;这种磨床主要用于方形工件的磨削加工,这些工件要求在两个相对的面上光整加工,知道最后达到厚度加工要求。

(4)往复台式砂带磨床 对于大型的板材,适用于往复台式砂带磨床(图9-29)。往复台式砂带磨床的结构及操作原理与普通平面磨床相似,但是所用的是砂带,而不是砂轮。

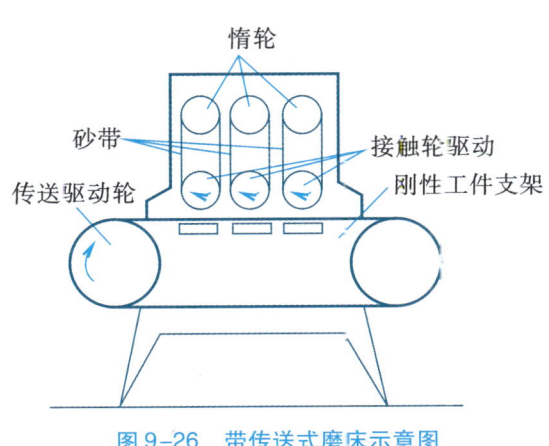

图 9-26 带传送式磨床示意图

图 9-27 板坯精整磨床示意图

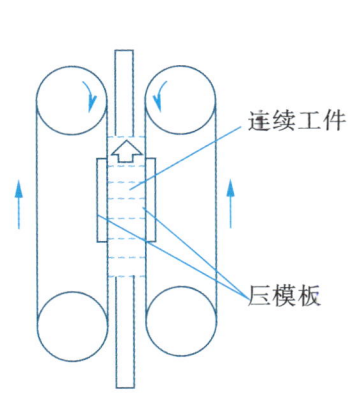

图 9-28 对偶式砂带磨床示意图

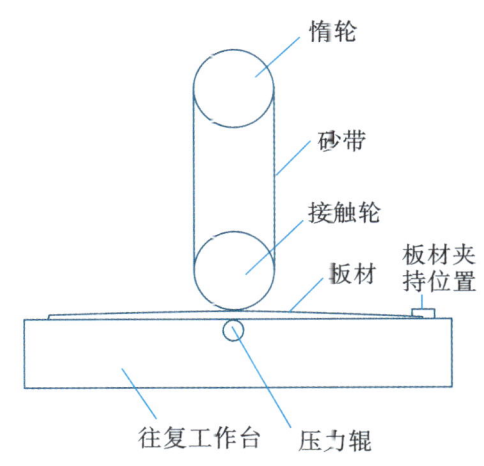

图 9-29 往复台式砂带磨床示意图

(5) 卷带材磨床 卷带材磨床 (图 9-30) 为特制磨床, 用于很长的金属薄板卷材连续不断的加工; 为了获得所需要的加工尺寸及粗糙度, 在加工时须将卷材或带材来回重复卷绕几次; 压紧棍事先将卷材压成弯曲状, 然后进行磨削。

(6) 转台砂带磨床 转台砂带磨床 (图 9-31) 可对加工件依次进行多种加工, 例如粗磨、到圆磨削、光整加工和抛光加工; 这些加工工件装夹在紧靠大型旋转工作台周围的夹具上, 然后被送入几个用砂带进行磨削的加工部位。有时, 也用高精度砂轮代替精磨砂带, 利用砂轮磨削的高精度对工件进行精磨, 实现一次装夹, 完全加工。

285

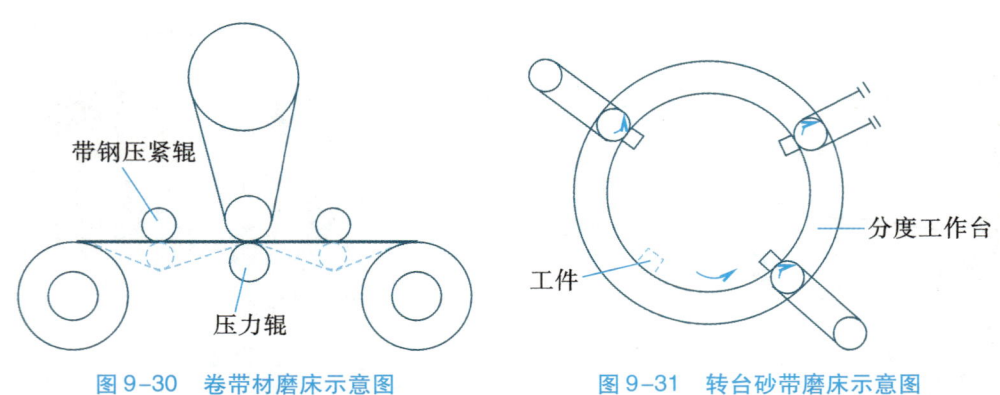

图 9-30 卷带材磨床示意图　　　　图 9-31 转台砂带磨床示意图

9.4.7 砂带异形曲面磨削

9.4.7.1 叶片砂带磨削

叶片是航空发动机、汽轮机、船舶推进装置等的重要零件，结构复杂，精度要求高，其加工质量显著影响着整机的工作性能。由于叶片材料含有高温合金元素，工艺性较差，而且叶片型面通常由复杂曲线组成空间曲面，因此其加工难度大。

国内外叶片生产厂家加工叶片型面的工艺过程首先是精铸或精锻毛坯，然后进入机械加工和光精加工。在机械加工过程中，一般叶片都可以在铣床上用成形铣刀加工或采用仿形加工工艺，也可以采用电解加工、电火花加工等特种加工技术。而在光精加工过程中，因为叶片表面质量要求较高，因此需要抛光，可采用成形砂轮磨削、仿形磨削或砂带磨削。

仿形砂带磨床与一般磨床相比，最关键的是多了一个靠模装置。工作时将工件和靠模都装夹上磨床，使之同步旋转，以靠模为样板，进行仿形磨削，以可调限位装置为监控手段，当工件达到完工尺寸时，该装置能使磨削自动停止，从而保证了尺寸精度，使每个工件的完工尺寸均与样板一样。

9.4.7.2 凸轮轴磨削

凸轮轴磨床是加工汽车发动机凸轮轴的关键设备。其型式主要有两种：第一种凸轮轴磨床是用靠模加工的机床。第二种凸轮轴磨床凸轮轮廓的成形仍为机械靠模式，但运动为数字程序控制。第二种凸轮轴磨床的自动化程度及生产效率比第一种高，但由于靠模本身的精度及磨削成型原理等因素，凸轮轮廓曲线误差较大，精度低，同时表面易形成波纹和烧伤，影响凸轮的表面质量。

共轭原理：用共轭原理磨削凸轮轴凸轮是继机械靠模法及 CNC 方法以后的又一种磨削凸轮的方法，迄今为止，在世界上没有其他人做过这方面的摸索与试验。该方法大大简化了凸轮轴凸轮的加工，提高了工作效率，改善凸轮轴凸轮表面的质量，可以从毛坯或圆钢直接磨出凸轮，为大批量生产凸轮提供一种可能。在凸轮轴凸轮磨削中，非圆共轭轮与工件凸轮平行于固定两轴，作等角速比的平面共轭运动，且无轴向移动，其曲面为母线平行于回转轴线的柱面。在实际凸轮轴的磨削加工中，一般工件凸轮的形状是由图纸给出的,为求得共轭轮的形状,可将工件凸轮作为实体 I 曲面,共轭轮作为实体 II 曲面,就可以根据工件凸轮的形状,按照公式求得共轭轮的形状(图 9-32)。

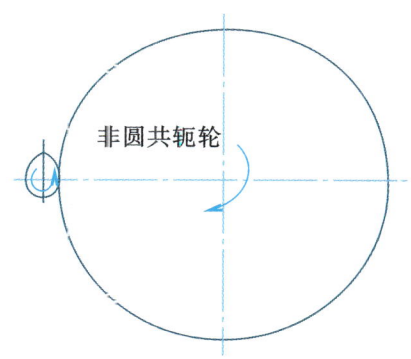

图 9-32 共轭原理磨削凸轮轴凸轮示意图

现有技术中,通常是用砂带磨削凸轮轴的凸轮凸起部的,它是用砂带依次磨削每一个凸轮而完成的。为了适应自动化生产需要,人们设计和开发了多砂带磨床,它能够同时磨削凸轮轴上的若干个或全部凸轮或凸起部。

9.4.7.3 球体磨削

球阀球体的加工应保证其精度和光洁度符合设计要求。目前,球体的精加工一般采用碗形砂轮或金刚砂研磨。此工艺普遍存在加工效率低、光洁度不好、工艺环境差等问题。特别是大直径的奥氏体不锈钢球体更是如此,研具被堵塞,工件表面出现严重的烧伤和粘附现象。从 1983 年起,通过对 160~1900 mm 的 20 钢及 1Cr18Ni9Ti 不锈钢球体采用砂带磨削工艺,取得了良好的效果,磨床采用切入式多砂带磨床(图 9-33)。20 钢球体的表面粗糙度 $<0.8~\mu m$,1Cr18Ni9Ti 不锈钢球体的粗糙度 $<0.4~\mu m$。同时保证了球体精度,改善了工艺环境,提高了加工效率。

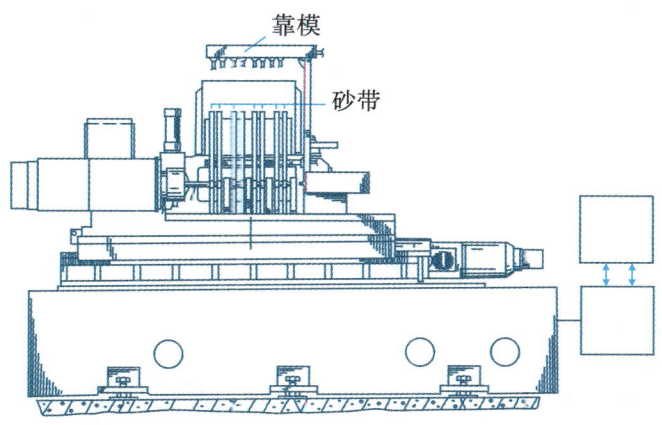

图 9-33 切入式多砂带磨床

9.4.7.4 异形内腔型面磨削

异形内腔型面由于很难采用通用机床和常规工艺方法加工,所以一直是加工中难以解决的技术难题。而是将环型砂带套置于气囊上,制成"特殊"的气涨磨头磨具。通过气囊充气,使砂带充盈在工件的内腔中,仿照使用砂纸进行手工加工时的磨削运动,对工件表面进行磨削。

气涨磨头结构如图 9-34 所示,由气囊定型芯、气囊、气囊挡板、进气管和砂带等零件组成。气囊定型芯截形与工件截形相似,环形扁型气囊缠绕在其上。气囊进气端通过气囊定型芯径向孔引出。气囊定型芯与气囊挡板可使气囊充气时,砂带与工件被加工表面均匀接触。环形砂带与气囊接触面应进行粗化处理,保证气囊与砂带在工作时其接触面间有足够的结合力,由气囊带动砂带一起移动。依靠气囊充气时使砂带对被加工表面产生的压力和砂带与工件间的相对运动,实现对被加工型面的磨削。

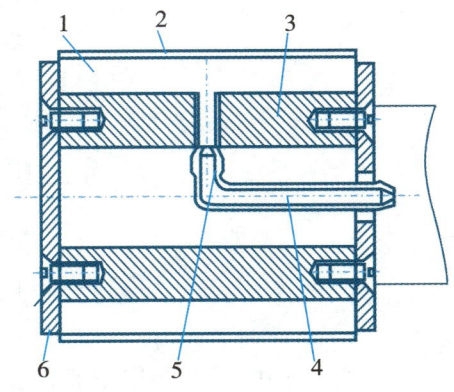

1—气囊;2—砂带;3—气囊定型芯;4—进气管;
5—进气管接头;6—气囊挡板。

图 9-34　气涨磨头结构简图

夹紧装置将工件夹持在工作台上,气缸驱动工作台往复直线移动;万向节用以保证磨头在工件移动过程中依附内腔型面变化时进行随动。磨削时气囊的充气压力与工作台移动速度对加工质量和磨削效率的影响很大,可以通过实验加以确定。

砂带以采用具有一定柔度和弹性的基体为宜,长度应略小于工件截形内表面的周长,以保证在气囊充气时砂带可以与工件内腔型面均匀接触。砂带的宽度不宜过大,应视具体工件结构尺寸在试验时加以确定。砂带磨料粒度可按工件表面加工的粗糙度要求加以选择,为了保证砂带在气囊充气后有足够多的磨粒参与磨削,磨粒的粒度号应适当提高且应采用密植型磨粒的砂带。

磨削时气囊应在工件往复移动换向间歇充放气,以便于排屑并改变磨粒与加工表面的接触状态。

9.4.8　数控磨削

数控磨床是采用数字控制装置或电子计算机进行控制的一种高效能自动化机床,与普通磨床相比,数控磨床的特点是十分突出的,尤其是计算机数控技术和砂轮自动平衡、自动检测技术等新技术的综合应用,使得磨床不仅在加工精度、工作效率方面取得质的飞跃,而且在机床的稳定性、可靠性、易维护等方面也得到很大的提高。数控磨床又有数控平面磨床、数控无心磨床、数控内外圆磨床、数控立式万能磨床、数控坐标磨床、数控成形磨床等。图 9-35 给出

图 9-35　一种数控磨床

了一种数控磨床。

(1) 数控磨床的一般结构　数控磨床的结构一般由下面几个主要部分组成：床身、数控系统、主轴机构、进给机构、砂轮平衡装置、砂轮修整装置、在线测量系统、润滑及冷却系统。

数控磨床除了上述的硬件结构外，还要有一个完整的软件系统，这是数控机床的控制中心。软件系统中的参数包括驱动、测量、加工程序、各运动轴及主轴等部件的控制运行设置，是由机床生产厂家设置、调整好的，用户一般无需修改，用户只需根据需要，以人机对话的形式，填入所要加工的零件尺寸和加工工艺参数，即可完成零件加工程序的编制。

(2) 数控磨床的三个概念

① 机床原点　机床坐标系是以机床原点为坐标原点所建立的坐标系，双轴外圆磨床一般是以卡盘或头架的端面和工件主中心线的交点作为机床原点。机床原点是制造和调整机床的基础，也是设置工件坐标系的基础，出厂前已经调整好，一般不允许用户随意变动。

② 机床参考点　机床参考点是机床生产厂家设置好的一个固定点，并将该点相对于机床原点的坐标值存入机床参数中，数控机床每次开机时，必须先确定机床参考点，即各轴回参考点，这样数控系统中就建立了精确的机床坐标，数控加工程序就是根据这个坐标系完成零件加工任务的。

③ 磨具磨损的补偿　对数控磨床来说，主要体现在对砂轮磨损的补偿，每次砂轮修整后，修整程序自动修改相应的刀具补偿参数，补偿砂轮的修整量，使得下一次的加工尺寸正确。

(3) 数控磨床磨削加工的特点

① 加工精度高　随着驱动技术和检测技术的飞速发展，数字驱动技术和高分辨率的光栅检测技术在数控磨床上的广泛应用，数控磨床保证了高精度加工的实现。

② 工作效率高　数控技术的应用提高了机床的加工效率，数控系统的自动补偿功能在磨床上得到充分发挥。自动测量等自动控制技术的运用大大缩短了机床的辅助加工时间。

③ 稳定性强、可靠性高　电子技术的高速发展以及计算机技术的深入运用，软件技术的不断提高，使数控系统的功能也在不断增强。

④ 机床调整、操作、维护方便　随着计算机技术在数控机床的深入运用，机床厂家根据各种类型的磨削加工方式，编好通用的数控加工程序，用户只需根据所需加工零件的工艺，选择相应的数控程序，填入零件尺寸及工艺参数即可，砂轮修整、补偿等也是采用人机对话方式完成的程序编制。主轴、导轨等润滑采用中央集中润滑，由控制系统自动完成。

9.4.9　适应控制磨削简介

为实现加工过程的最佳化，数控加工中必须预先确定最佳工艺参数，数控程序一旦编好，加工过程中就不能改变。但是，许多参数都是变化的，大约有30多种变量影响着切削过程。如工件材质不均、硬度不一、砂轮变钝、微刃等高性改变、径向切削力变化、工件变形、热传导大小、速度、方向的不同以及冷却润滑条件的差异等,都对切削过程有不同程度的影响。因此,在发展数控加工的基础上开拓了适应控制技术。

适应控制磨削采用了适应控制的新技术。它是指在未知的变化的工作条件下,通过调整磨削用量来控制磨削的一种工艺方法。其原理是,先由传感器测量机床的某些参数,如主轴的转矩和功率、磨削力、磨削温度、砂轮磨损、工件尺寸等参数,然后输入性能测量装置,以极限参数的形式再输入最佳值装置进行比较。若有偏差则反馈出信息,通过控制装置调节输入变量,使磨床在最佳状态下工作。这种方法可最大限度地合理利用机床和砂轮的切削能力,在保证质量的前提下,提高加工效率。

9.4.10 难加工材料的砂带磨削

难磨材料大都具有强度高、硬度高、韧性好等性能,通常含有一些多组元、活性能大的金属元素(如 Ni,Cr,V,Mo,Co,Al,Ti 等)或非金属材料,以及同时含有金属和非金属的复合材料。表 9-11 给出了一些难磨材料特征和磨削特点。

表 9-11 难磨材料特征和磨削特点

材料特征	材料类别	磨削特点
脆性大	工程陶瓷,喷涂陶瓷,光学玻璃宝石等	材料本身硬度高,磨削时法向磨削力大,在较大的磨削力和磨削热的作用下易崩裂和损坏
硬度高	金刚石,立方氮化硼,硬质合金	材料硬度超过普通砂轮中磨料的硬度,砂轮磨粒几乎丧失了切削作用
既软又硬	钢结硬质合金,高钒高速钢,WC 复合涂层,高硬度镍基合金涂层	在相对较软的基体中含有大量的硬质相,两者的物理机械性能差别很大,磨削时砂轮易堵塞,耐用度低
韧性大	铜及铜合金,铝及铝合金,奥氏体不锈钢	磨屑易堵塞砂轮或粘附在磨粒表面,增加磨削阻力,引起磨粒的破碎和脱落,砂轮磨损大,工件不易达到所要求的精度和表面粗糙度
化学活性大	钛合金	材料本身的某些化学元素活性大,在磨削热的作用下,材料表层容易形成氧化膜,其硬度与磨料的硬度接近;或由于材料和磨料间产生化学亲和作用,使磨粒产生粘着磨损
高温强度高	镍基耐热合金,钴基耐热合金,铁基耐热合金	常温下材料硬度不很高,但在磨削区内的高温下仍能保持相当高的强度,易使磨粒产生塑性破坏,砂轮磨损严重或堵塞砂轮,致使砂轮耐用度很低
各向异性	纤维强化金属材料,纤维强化塑料材料	由于增强纤维的作用使得材料性能在不同方向有所差异,沿不同方向磨削,加工效果有较大区别

磨削难加工材料必须以新的工具和工艺方法为基础,材料、工具(砂轮)、工作机械组成磨加工技术的硬件系统,对材料性能,砂轮特性的掌握和加工技术组成了软件系统,这两者构成一个完整的磨削加工工艺系统。

9.4.10.1　花岗岩、大理石、陶瓷、玻璃等硬脆非金属材料

金刚石砂带磨削花岗岩、大理石、陶瓷、玻璃等硬脆非金属材料时,磨粒锋利,磨削力和磨削功率小,切除率高。因此,磨削温度低,砂带寿命长,工件加工表面损伤小。在磨削过程中,添加含表面活性剂的磨削液,通过物理化学作用,可改变材料表面显微硬度,加速磨削过程中材料表面微裂纹扩展,有效地提高金刚石砂带磨削效率。

对于加工精度要求高的工件表面,可用较硬的经过精心平衡及修整接触轮,以获得所要求的高精度。对于加工精度要求不高的工件表面,宜选用较软的接触轮或自由式抛光,利用接触轮和砂带的弹性获得理想的表面粗糙度。

9.4.10.2　不锈钢

不锈钢材料具有热稳定性好、热强度高、耐腐蚀性及耐磨性好等特点,广泛应用于航空、航天、航海等领域,但其导热性差、弹性模量低等特点给磨削加工造成了困难。

比如说汽轮机叶片,它一般采用1Cr13、2Cr13等不锈钢材料,现以1Cr13不锈钢叶片的砂带磨削为例进行分析。1Cr13是马氏体不锈钢,其强度接近普通碳钢,但其组织细密,韧性大,导热性差,且加工时有硬化现象,难以磨削,采用砂带磨削效果比较好。如同普通碳素钢砂带磨削一样,1Cr13不锈钢金属切除率随加工时间的增加而降低,在开始阶段磨粒刃形锋利,金属切除率很高。随着磨削过程的发展,磨粒因破碎、脱落或磨耗等原因逐步钝化,金属切除率降低。对1Cr13不锈钢进行砂带磨削时,粒度越细,有效磨粒数目越多,恒力磨削时,单颗磨粒受力减少,切除率下降。切除率还与构成砂带的粘结剂强度有关,显微观察表明,砂带磨削不锈钢的磨屑常常呈带状或卷曲状,只有在砂带载荷很大及磨损严重时,磨削温度升高才出现部分熔融状或蝌蚪状磨屑,这也是砂带磨削不锈钢有别于砂轮磨削之处,其磨削效果是非常显著的。砂带磨削1Cr13不锈钢不仅能获得较高的材料切除率,而且可以获得较好的表面粗糙度和较高的加工精度。

不锈钢加工表面的缺陷主要是磨削裂纹和磨削烧伤,其产生的原因主要是磨削热。锆刚玉和陶瓷磨料对不锈钢材料可以获得较高的材料去除率,适用于不锈钢的磨削加工。

9.4.10.3　钛合金

钛合金与不锈钢相比,其可磨削性较差,因此用砂轮磨削钛合金非常困难。但钛合金砂带磨削的情况却大不一样,这是由砂带自身构造特点及磨削特性所决定的。在磨削钛合金(~IITC4)时,在同等条件下,碳化硅砂带比氧化铝砂带的相对切除率高25%~60%,这是因为碳化硅磨粒硬度大,脆性也比较大,在磨粒容屑空间堵塞后,磨削力增大,使磨粒及时破裂并形成新的锋刃,可保持较好的磨削能力;其次,碳化硅磨粒与钛合金的亲合力不如氧化铝磨粒强,因而磨屑在磨粒上的粘附力不强,砂带的粘附不像刚玉砂带那样严重。

由于钛合金塑性和韧性大,摩擦系数大,化学亲合力强,导热系数小,磨削度高,因而磨削时极易形成粘屑。进入滑擦时在高温高压下粘附物涂附于工件表面极易发生烧伤。所以砂带磨削钛合金时工件表面质量的主要问题是磨削烧伤。试验表明,适当降低砂带磨削速度,采用合适的磨削助剂可减轻和避免工件烧伤。

9.4.10.4 耐热合金

磨削过程中,耐热合金受到较大的磨削力作用和磨削温度的影响,容易产生加工硬化,磨削后的硬化层深度在 200 μm 以内,表层硬度可达母材硬度的 1.5 倍。这种高硬度的硬化层使得磨粒的切削作用大大削弱,降低了磨具耐用度,特别在高效率大用量的重磨削时,磨具耐用度会大幅度下降。

耐热合金的导热系数一般只有普通碳素钢(45 号)的 1/3～1/4,甚至比不锈钢的导热系数还小。磨削过程中产生的热量不能像普通钢材那样由材料本身传出磨削区,因此磨削区温度很高,致使磨粒强度下降,降低磨具耐用度,严重时高温还会使金属产生熔融,使工件表面质量变差,尤其使表面粗糙度难以满足要求。

镍基耐热合金和不锈钢与磨料的亲和性较强,容易粘着在磨料尖端上,这种粘着物造成已磨表面变粗糙和使用磨粒后刀面摩擦增大。摩擦增大又导致磨削力和磨削温度增高,继而又加快了工件材料与磨粒间的粘附,这种恶性循环加剧磨粒的磨钝磨损,使磨具很快丧失磨削能力。

9.4.10.5 新高速钢的磨削

新高速钢是在普通高速钢(W18Cr4V)基础上改变其成分组成,并加入适量的其他合金元素(如 V、Si、Nb、Al、Co、Mo 等)以改善刀具材料的强度、韧性和其他物理机械性能的钢种。

新高速钢中含有大量的钒,这是一种强烈的碳化物形成元素,在材料处理过程中呈细小分散的碳化物形式弥散析出而存在于钢基体中。这些难熔的碳化物的硬质和熔点高,且含量高达 30%～35%,使普通磨料磨具磨削时,磨削力增大,对磨粒的破坏作用增强,加剧磨具磨损。

由于钒、铌、铬等元素的加入,降低了材料的导热系数,造成磨削区热量剧增,软化了基体,磨具易堵塞,并易烧伤工件。

9.4.10.6 喷涂(焊)材料的磨削

机械零部件的有害作用大都是发生在零部件表面或通过表面影响到内部。因此,在零部件表面采用喷涂(焊)的方法涂上一些具有某种特殊性能的材料,以改善零部件的表面工作性能,从而提高零件的使用寿命。这些涂层有相当部分属难加工材料。

等离子高温喷涂技术使难熔的陶瓷或碳化钨材料也能以粉末形式涂到零件表面,陶瓷涂层又可细分为数十种不同用途、不同材质的涂层,但有一个共同特性,就是硬度极高。

陶瓷材料硬度大都在显微硬度 HV1 000～2 000 左右(碳化钨硬度更高),接近普通磨料的硬度。这种高硬度使得磨削力,主要是法向力非常大,法向力与切向力之比高达 6(刚玉磨具),磨粒切入工件的能力很弱。

高硬度合金涂层在相对较软(HRC45～60)的基体中分布有大量硬质点,这些硬质点的高硬性以及基体的粘附性使磨具很容易堵塞,丧失磨削能力。

涂层结合与普通金属合金材料、烧结陶瓷材料的明显差异就是涂层结构的结合强度低,喷涂时粉末通过火焰高温区时间极短,然后急剧冷却,材料晶体的结晶速度很高,整个涂层为大量变形粒子依次堆积而成,因而造成层与层之间,特别是层与基体之间残留有较大的内应力,磨削过程中容易形成明显的裂纹,严重的可导致涂层剥落。

涂层晶体粒子间的相互热影响小,粒子间的碰撞以及结晶和冷却具有较强的独立性,难以形成致密层,因而涂层留有大量空穴,导致涂层组织结构疏松,特别是陶瓷涂层的气孔率高达3%~10%,过多的气孔直接影响加工后工件表面粗糙度的数值。

9.5 页状砂布砂纸磨削与应用

砂布砂纸是以布或纸作为基体的涂附磨具,它们生产出来后,除了一部分作为砂带、砂套、研磨叶轮的半成品使用外,还有一个非常重要的用途,那就是裁成页状使用,它可以是手用或者机用,用于木材、皮革、金属和石材的磨削和抛光。

9.5.1 砂布砂纸使用设备

除了直接使用外,页状砂布砂纸在各类工具上装配使用,越来越普及并快速发展。主要装配在电动工具、气动工具和手动工具上。工具化使用砂纸砂布不仅能提高磨削效率、磨削质量和砂布砂纸的利用率,还能降低劳动强度和充分利用砂布砂纸的边角余料,装配式使用将是今后发展的方向,对促进市场需求也将起到积极的推动作用。

9.5.2 使用砂布砂纸的方式

目前,市场上装配式使用砂布砂纸的方式有三种基本形式:

(1)背复合拉毛布　复合拉毛布需要胶粘剂和化纤拉毛布。胶粘剂可以使用白乳胶和丙烯酸树脂不干胶,相比较而言,使用白乳胶粘接强度大,使用中不会脱层。使用不干胶工艺简单,成本低,也可以达到良好的使用效果。

根据国外使用的复合拉毛布样品调查,拉毛布的厚度指标在800~1 200 g/m²,国产拉毛布也有同样的规格,一般条件下800 g/m²的拉毛布即可满足要求,但为了提高机压砂纸片的可靠性选用1 200 g/m²的拉毛布,其把结力能达到足够强度。由于复合拉毛布使用上便利和重复性良好,是装配式使用发展的主流方向。

(2)背部复合不干胶　根据试验,不干胶的涂敷量为1 200 g/m²,就能达到必要强度,起隔离作用的硅油纸使用厚度为70~900 g/m²即可。不干胶粘贴片在气动工具上用量大,相比较在使用效果和方便程度上都不如拉毛布片,但成本较低。

(3)机械装夹式　该种方法是将涂附磨具裁成合适的形状,然后将磨具夹紧在模板上进行磨削抛光,模板形式多种多样。磨具的衬垫可以是木块、橡胶或塑料,若进行抛光时可以用软橡胶或毛毡。

9.5.3 使用设备

9.5.3.1 三角形电动砂纸机

在图9-36中用侧视和局部剖切表示的手持式磨光机设计为三角形的三角磨光机,它装有作为磨光工具的三角形对称的磨削板。用塑料制的磨削板下侧装有毛刺片,用于安装图中没有表示的砂纸。但此手持式磨光机同样可设计为配备有矩形磨削板的所谓摆动式磨光机,或有旋转砂轮的偏心式砂轮机。替代磨削板,也可以在此三角形磨光机上装配特种磨光工具,如片式磨削附件或砂片或砂管。

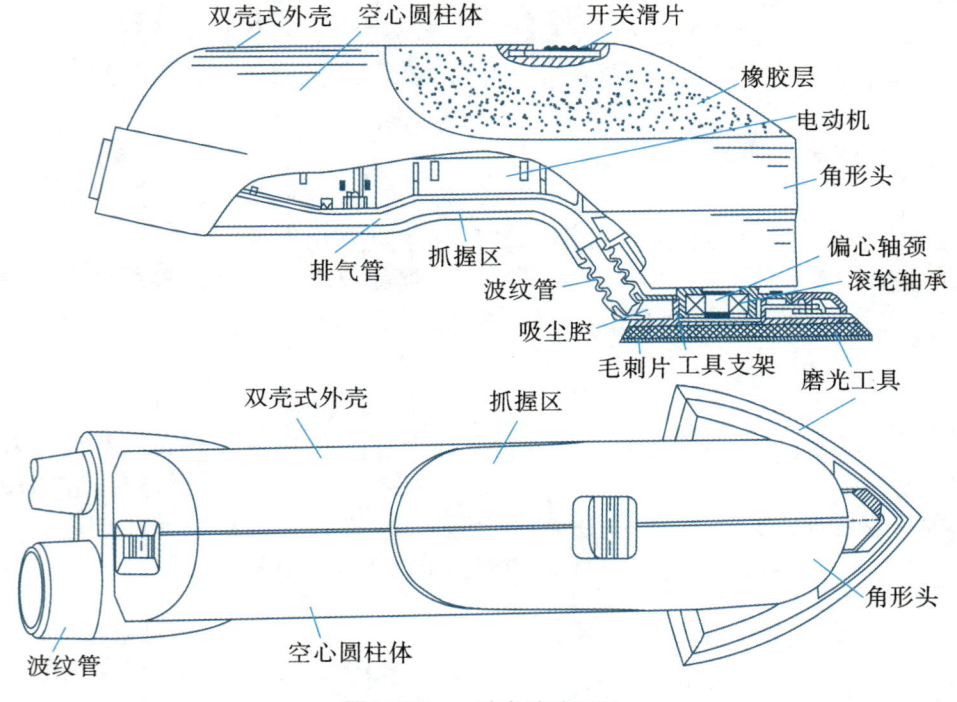

图 9-36　一种电动砂纸机

9.5.3.2　砂布抛光器

这是一种用于木制、金属、非金属制品的表面打光处理的砂布抛光器,是由轴杆端部安装异形砂盘构成,如图 9-37 所示。异形砂盘是由底盘外包有弹性套,在弹性套外包异形砂布构成。异形砂布是用尼龙粘锁片固定的,可以经常更换。使用时将该抛光器和电钻配套使用,由电钻带动工作。本设备结构简单,设计合理,使用它表面抛光均匀、细腻,效率高,移动性好,方便实用,可用于木制地板、家具等木制品的表面抛光,也可用于各种金属、非金属物品的表面抛光。

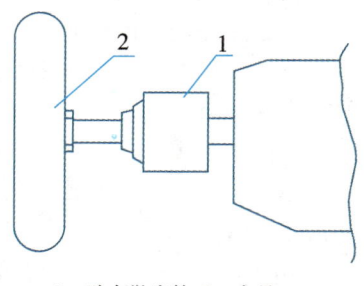

1—砂布抛光轮;2—夹具。

图 9-37　抛光机结构示意图

9.5.3.3　气动打磨机

(1) 气动振动打磨机　不带旋转,打磨时的运动轨迹如图 9-38 所示。配合圆形砂布砂纸使用,主要用于漆面疵点的去除。这种运动轨迹的设计,避免了因旋转打磨过程中内外线速度不同(图 9-39)而导致切削效果不同的缺点,提高了打磨后砂痕的均匀一致性,方便后道工序对砂痕的去除。其高转速(7 500 r/min)的特点,能大大提高打磨效率。

(2) 气动偏心振动旋转抛光机　抛光时的运动轨迹如图 9-40 所示。主要用于砂痕的去除以及上光,可轻松去除雾影。这种偏心振动轨迹的设计,避免了圆圈打磨时重复打磨的问题,也避免了过量打磨和产生划伤的问题。

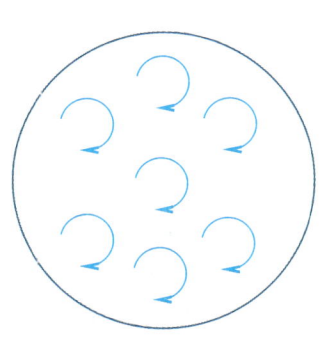
图9-38 振动打磨机动轨迹

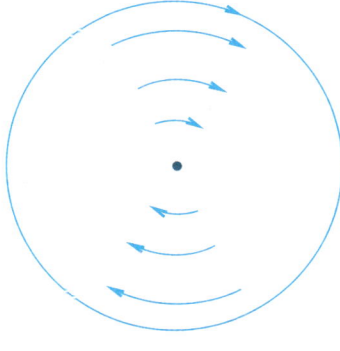
图9-39 旋转打磨机动轨迹

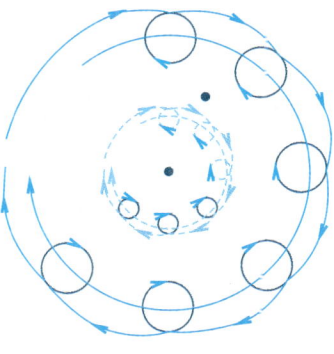
图9-40 气动偏心振动旋转抛光机运动轨迹

9.5.3.4 砂带片内孔珩磨

用砂带片代替油石条镶嵌在珩磨头上对精加工表面进行的精整加工,磨条组件由砂带片、橡胶压条、弹性卡座及磨条座装配组成,导向条与砂带橡胶压条相间排列,对珩磨头起导向作用。

9.5.3.5 鼓式砂布轮研磨机

鼓式砂布轮研磨机如图9-41所示。该砂布轮研磨机包含一底座、一设置在该底座上方并用于输送该待研磨物的输送装置、一可调整该输送装置升降方位的升降装置、一研磨装置及一传动装置。该研磨装置具有一箱体及一设置在该箱体内的砂布轮,该传动装置具有一设置在该底座内的马达及一受该马达传动的传动单元,且该传动单元可同时传动该输送装置及该砂布轮以对该待研磨物进行研磨,如此,即可以单一马达完全提供所需动作的动力源,并充分达到减少能源的使用而增进经济效益。

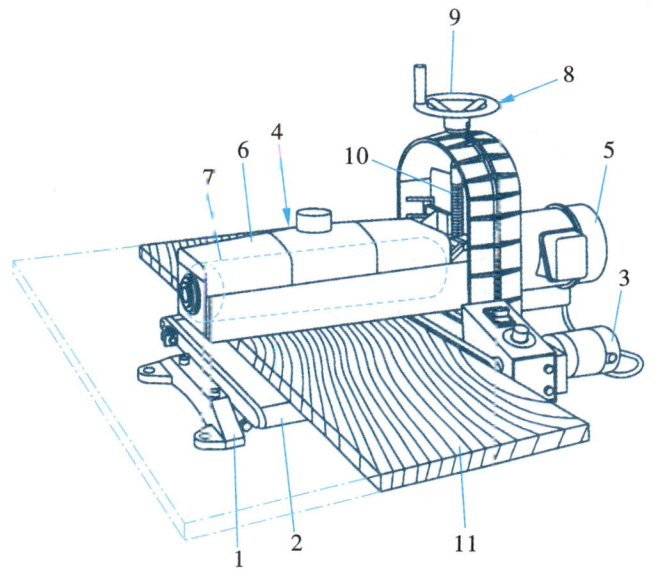

1—底座;2—输送装置;3—第一马达;4—研磨装置;5—第二马达;6—箱体;
7—砂布轮;8—升降装置;9—手轮;10—连动螺杆;11—工件。

图9-41 砂布轮研磨机的立体侧视图

9.5.4 砂布砂纸的应用

9.5.4.1 强化木地板的检测

在这里介绍用水砂纸鉴别真伪强化木地板的方法。

(1)耐磨性能检测 耐磨性能是以在磨耗仪上对材料表面承受砂皮磨损的转数来表示的,根据我国国家标准,分为2个等级,即≥6 000 r为家庭用标准,≥9 000 r为公共场所用标准。现也有用欧洲标准 AC1-AC5 来表示转数的,因其使用的砂纸及测试方法与国标不同,因此转数不能等同对待。一般来说,在保证板面清晰度不受影响的情况下,耐磨程度的高低是区别真假强化木地板的重要标志,伪劣产品因无法解决清晰度问题,只有采取降低耐磨转数的方法来使其产品在外观上过得去,这类产品的耐磨转数大约为 500~2 500 r。

(2)检测方法 采用绿刚玉或棕刚玉水磨砂纸,粒度为180#,裁成 25 mm×25 mm 的小方块。用拇指、食指和中指紧紧捏住,拇指压住砂纸的一只角,贴在地板表面,用力缓慢向前推进。推进长度 2~3 cm。此时会发出"沙沙"的声音。砂纸的每只角推磨 20 次后另换一只角,直到印刷表面出现轻微磨损为止。计算所磨的次数。由于各人的力度、推距的长短、推痕的宽窄不相同,折合的耐磨转数也不同。一般每推一次折合磨耗仪约 10~20 r。例如同样推磨 120 次,用力较轻的大约折合 1 200 r,用力较重的大约折合 2 400 r。整个检测过程只需几分钟。这种方法简单快捷,无需支付昂贵的检测费,特别适合经销商和消费者。

如果在检测时只推磨几次就能磨透的产品,可能用的是普通三聚氰胺纸而未加任何耐磨材料,这类板面的耐磨转数一般不高于 50 r;如果推磨时磨出大量白粉(三聚氰胺胶粉),那么肯定是使用的普通表层纸(不含三氧化二铝),其耐磨转数在 500~800 r 左右。

9.5.4.2 塑料模具型腔的表面磨削

抛光在塑料模具制作过程中是很重要的一道工序。

(1)粗抛 经铣、电火花、磨等工艺后的表面可以选择转速在 35 000~40 000 r/min 的旋转表面抛光机或超声波研磨机进行抛光。

(2)半精抛 半精抛主要使用砂纸和煤油。砂纸的号数依次为 400#-600#-800#-1000#-1200#-1500#。实际上 500# 砂纸只适用于淬硬的模具钢(52HRC 以上),而不适用于预硬钢,因为这样可能会导致预硬钢件表面烧伤。

(3)精抛 精抛主要使用钻石研磨膏。

用砂纸抛光应注意以下几点:

(1)用砂纸抛光需要利用软的木棒或竹棒。在抛光圆面或球面时,使用软木棒可更好地配合圆面和球面的弧度。而较硬的木条像樱桃木,则更适用于平整表面的抛光。修整木条的末端使其能与钢件表面形状保持吻合,这样可以避免木条(或竹条)的锐角接触钢件表面而造成较深的划痕。

(2)当换用不同型号的砂纸时,抛光方向应变换 45°~90°,这样前一种型号砂纸抛光后留下的条纹阴影即可分辨出来。在更换不同型号砂纸之前,必须用 100% 纯棉花蘸取酒精之类的清洁液对抛光表面进行仔细的擦拭,因为一颗很小的沙砾留在表面都会毁坏接下去的整个抛光工作。从砂纸抛光换成钻石研磨膏抛光时,这个清洁过程同样重要。在抛光继续进行之前,所有颗粒和煤油都必须被完全清洁干净。

(3)为了避免擦伤和烧伤工件表面,在用 $200^\#$ 和 $500^\#$ 砂纸进行抛光时必须特别小心。因而有必要加载一个轻载荷以及采用两步抛光法对表面进行抛光。用每一种型号的砂纸进行抛光时都应沿两个不同方向进行两次抛光,两个方向之间每次转动 $45°\sim 90°$。

9.5.4.3 车辆补漆

补漆前先清洁受损部位,可用极细的水砂纸蘸水轻轻磨去锈斑,擦净后涂上一层底漆,底漆具有防锈和增加表面漆附着力的功效,使锈迹不再扩大、加重。如果是新的刮伤,可擦净后直接涂上底漆,待底漆干后用水砂纸将其磨平,用补漆笔上色。然后用抛光轮配合抛光增艳剂除去汽车表面附着的氧化层,拉平细微划痕,同时药剂渗入车漆发生还原变化,这一过程需 $30\sim 40\ \text{min}$。如果伤痕处金属外露,上漆前除要彻底清洁伤口外,还要涂上一层防锈的氧化中和剂,干透后再涂上一层底油,晾干并用水砂纸打磨。切忌涂得太厚,否则,等待漆干费时间,难以补漆,还容易出现气泡、浓度不均等现象。干透后打磨,待伤口周围漆层平整后抛光即可。

9.5.4.4 大理石花线条水砂纸磨光

大理石花线条的磨光必须用水砂纸磨光。它的优点:能保证花线条造型面与图纸吻合,形状不变形;加工简单,不需要任何设备,手工即可操作;原材料易购、材料便宜、成本低;水砂纸加工后光泽度高(可达 $90\sim 110$),清晰度好;加工面光滑、细腻,没有凸凹感;直线、垂直度、弧度线及轮廓能真实地体现出来。

使用水砂纸的前提是一定要有充足的水供给。水的作用是润滑作用,使加工面不会被"烧坏";减少摩擦力,加快磨削速度;将磨削物及时清除。

大理石水砂纸磨光的程序主要为:经仿型机成型→拼装车间拼装→水砂纸磨光。首先用 $40^\#$ 砂轮(或 $120^\#$ 砂轮)片来清除拼装后小锯片残存的痕迹,花线条的直线、垂直线、弧度线等也主要靠它来扫直、扫平,给水砂纸磨光创造有利条件。然后按照以下程序:

(1) $80^\#$ 水砂纸磨(粗磨加工)。先将水、水砂纸放在产品加工面上,用手将水砂纸在产品的加工面上来回无数次均匀的磨削,在磨削过程中,手要适量加点压力,这样磨削效果快一些,把上一道工序的痕迹清除掉。

(2) $150^\#$ 水砂纸。这道工序把粗磨 $80^\#$ 的痕迹清除,只剩下比较细的痕迹,产品加工面平整,顺滑。

(3) $320^\#$ 水砂纸(细磨)。产品加工面的颗粒、花纹、颜色全部呈现出来。

(4) $800^\#$ 水砂纸。产品加工面开始有微弱的光泽度,产品加工面光滑、细腻。

(5) $1500^\#$ 水砂纸(精磨)。产品加工面达到要求精度。

(6)打蜡。

思考题

1. 涂附磨具磨削加工的特性有哪些？
2. 涂附磨具的主要用途有哪些？
3. 请简述磨粒的切削过程和磨屑的形状。
4. 涂附磨具的常用磨削方法有哪些？
5. 请简述涂附磨具所使用的人造磨料的特性和适用范围。
6. 请写出涂附磨具基体的特性与选择方法。
7. 影响砂带磨削的重要因素有哪些？
8. 砂带无心磨削原理是什么？
9. 请写出难磨材料特征和磨削特点。
10. 请写出常用的砂纸砂布使用方式。

第10章 抛光技术及磨具

10.1 抛光技术的特点

物体的表面往往需要经过表面处理才能达到满意的效果。随着人们生活水平及科技事业发展的需要，物体的表面处理日益引起人们的重视。从美学观点来看，表面处理是产品美化的需要，从使用的观点来看，它也是保证产品质量，延长使用寿命及发展新品种的重要手段。因此表面处理已成为不少生产工艺中必不可少的环节。

物体的表面处理有很多方法及手段，如电镀化学处理和表面涂敷等。而研磨抛光则是其中常用的方法。研磨与抛光都是利用研磨剂使工件和研具之间通过相对复杂的运动，对工件进行微量磨削加工，以修正加工表面极微小误差或者去除加工表面凹凸不平而获得高质量、高精度的光滑表面的加工方法。

近年来，在传统研磨抛光技术的基础上，出现了许多新型的精密和超精密游离磨料加工方法，如磁性研抛、滚动研抛、喷射加工、弹性发射加工（又称软质粒子抛光）、液中研磨、液体动力抛光、磁流体抛光、挤压研抛等，它们模糊了研磨和抛光的概念，汲取研磨的高精度、抛光的高效率和低表面粗糙度，形成了研磨抛光加工的新方法。

10.1.1 研磨加工技术

研磨是在刚性研具表面注入磨料（粒径通常为 μm 级），在一定压力下，通过研具与工件的相对滑动，借助磨粒的微切削作用去除被加工表面微量材料的精密加工方法。

研磨加工的机理是在研磨时预先把磨料压嵌在研具表面，或在研具、工件的表面上涂上一层研磨剂，研磨剂中的磨粒就会在研具表面形成一种浮动或半固定的多刃体。当对研具施加压力并做研磨运动时，介于二者之间的无数磨粒就滚动刮划，从而产生微量切削作用，游离的每一颗磨粒都不会重复其运动轨迹。这就是所谓的"物理作用"。当研磨过程中采用氧化铬、硬脂酸或其他化学物品时，工件的表面会形成一层极薄的氧化膜，研磨中氧化膜极易被磨除，但又迅速形成新的氧化膜；周而复始，从而加快了研磨过程。这就是所谓的"化学作用"。这两种作用是同时进行的。整个研磨过程大体经历了初研、细研或匀研及钝化压光三个阶段。

10.1.1.1 研磨加工的特点

研磨加工和其他工艺方法比较起来具有以下一系列的特点：

（1）研磨属于典型的"直接创造性加工"。在一般情况下，工作母机（加工高精度零件的机床)的精度一定要比被加工工件的精度高。因为在加工过程中,其误差以及由热变形、振动等产生一些其他误差,要以一定的形式"遗传"给工件。所以用这样的加工方式是不能创造出高于工作母机精度的工件来的。而研磨采用"直接创造性加工"的方法,在工作母机上采取提高精度的措施,直接加工出高精度的工件来。这种方法不需要高精度的机床,仅需在普通精度的机床上采取一系列有效的提高精度措施。

(2)在机械研磨中,机床-工具-工件系统处于弹性浮动状态,可以自动实现微量进给,因而可以保证使工件获得极高的尺寸精度和几何形状精度。

(3)研磨运动的速度通常在 30 m/min 以下,这个数值约为磨削速度的百分之一。因此,研磨时工件运动的平稳性好,能够保证工件有良好的几何形状精度和相对位置精度。

(4)研磨时,被研磨工件不受任何强制力的作用,而处于自由状态。这样在加工过程中工件不会产生弹性变形,故可保证加工的精度;另外,研磨运动的方向是可以不断改变的,这样就能保证被研磨工件获得较低的表面粗糙度。

由于研磨加工具有以上这些特点,因此能够保证被研磨工件获得极高的精度。主要包括:①尺寸精度——长度、角度、螺距等;②几何形状精度——平面度、圆度、直线度、球度等;③表面质量——粗糙度、表面状态等;④相对位置精度——垂直度、平行度等。其中,尺寸精度可达到 0.001 mm 以上;加工表面的粗糙度 Ra 达 $0.008 \sim 0.01$ μm;近来新发展的精密研磨抛光可以加工出 Ra 达 $0.001 \sim 0.002$ μm 的镜面。其几何精度和某些相对位置精度也可进一步提高。

10.1.1.2 研磨加工的分类

根据不同的角度,可将研磨分为不同的类别。

(1)按不同操作方式 研磨可分为手工研磨和机械研磨两类。

1)手工研磨 主要用于单件小批生产和修理工作中,但也用于形状比较复杂、不便于采用机械研磨的工件。在手工研磨中,操作者的劳动强度很大,并要求技术熟练、掌握特有的研磨诀窍,特别是某些高精度的工件,如量块、多面棱体、角度量块等,其尺寸精度、几何形状精度、相对位置精度和表面粗糙度等的技术要求都很高。研磨时,要使工件同时都达到这些要求。

2)机械研磨 主要用于大批量生产中,特别是几何形状不太复杂的工件,经常采用这种研磨方法。

(2)按照不同涂敷研磨剂方式 研磨又可分为干研磨、湿研磨和半干研磨。

1)干研磨 又称嵌砂研磨。研磨前把磨料嵌在研磨工具表面上(这一过程简称压砂),研磨时只要在研磨工具表面上均匀涂以少许润滑剂即可进行研磨工作。一般当工件精度要求较高,选用的磨料颗粒小于 W5 时采用这种研磨方法。

2)湿研磨 又称敷砂研磨。研磨前把预先配制好的液状研磨混合剂涂敷在研磨工具表面上,或者在研磨过程中不断地向工具表面上添加研磨混合剂来进行研磨工作。一般当所研磨的工件精度较低、所选用的磨料颗粒大于 W5 时常采用湿研磨方法。

3)半干研磨 和湿研磨相似。研磨前将浆糊状的研磨膏涂敷在研磨工具表面上进行研磨工作。

干研磨能使被研磨工件获得极高的精度,因此常在高精度工件的最终加工中采用。因为除平面外的其他形状的研磨工件嵌砂困难,所以仅用在采用平面研磨工具研磨平面的情况下。

湿研磨具有较高的生产效率,因此通常先采用湿研磨的方法使工件获得一定的精度,然后再进行干研磨。湿研磨在生产中应用很广,因为其不受研磨工具形状的限制,在平面、外圆、内孔、锥面、螺纹、球面及配合偶件的研磨中都可以采用。

半干研磨在普通精度的研磨和较精密的研磨中都可以采用。这种研磨方法特别适合采用金刚石粉研磨膏研磨硬质合金,此时不需要嵌砂,可以节省贵重的金刚石粉研磨膏。

10.1.1.3 研磨加工的应用

随着现代工业的发展,研磨加工在各个领域中应用得越来越广泛。按被研磨工件表面形状不同,研磨可应用于平面、内孔、外圆、球面、螺纹、齿轮、各种曲面以及各种配合偶件的配合研磨等。按被研磨工件的材料不同,研磨可以加工碳素工具钢、渗碳钢、合金工具钢、氮化钢、铸铁、铜、硬质合金、玻璃、单晶硅、天然油石以及石英等材料制成的工件。

研磨方法经过历代的继承和发展,到现在除已实现批量生产透镜和棱镜外,已能完成光学镜面和保证有几十分之一光波长形状精度的光学平晶、平行平晶以及具有特定曲率的球面等标准件的加工。目前,量块、光学平晶、蓝宝石、单晶硅片、碳化硅晶片等,基本都是用超精密研磨达到高质量表面的。

10.1.2 抛光加工技术

抛光是指用抛光材料对金属、木材、石材、玻璃、陶瓷、塑料等制品表面进行整平处理,降低粗糙度,使凹凸的表面变得平滑、精美,增加表层的光泽度。换言之,抛光就是对零件及制品表面进行光饰加工,其主要目的是去除前道工序的加工痕迹,改变零件表面粗糙度,使产品获得光亮、光滑的表面。它既可作为零件的最终工序,也可用于镀膜前的表面预处理。

10.1.2.1 抛光机理

抛光是切削加工、塑性加工和化学作用的综合过程。微细颗磨粒进行的是切削加工,摩擦引起高温而产生挤擦工件表面层的是塑性加工,抛光剂的介质在温度和压力作用下与金属表面发生化学反应是化学作用。抛光分为砂光和擦亮两种。砂光是用胶粘剂把磨料固定在抛光轮上来进行微量切削加工的方法,称为"固定磨粒抛光"。它的抛光作用可近似地按磨削机理认识和分析,属"粗抛"。擦亮是借油脂粘附的磨粒的摩擦作用使表面平滑,称"粘附磨粒抛光",属"精抛"。砂光和擦亮合并称为"抛光"。

10.1.2.2 抛光加工特点

(1)抛光主要为得到光滑的表面,而非以提高尺寸和几何精度为目的,这是和研磨的不同之一。

(2)抛光既可作为零件的最终工序,也可用于镀膜前的表面预处理。作为中间工序,抛光可为油漆、电镀提供漆膜、镀层附着能力强的表面,以提高漆膜、镀层的质量。

(3)抛光可提高工件抗疲劳和抗腐蚀的性能。

(4)经抛光的零件表面粗糙度 R_a 一般可达到 $0.4\ \mu m$ 以下。

10.1.2.3 抛光的分类

(1) 按照不同操作方式　抛光可分为手工抛光、砂带抛光和自动抛光三类。

手工抛光是指技术工人手持砂布对零件进行抛光的方式,手工抛光劳动强度大、工人工作环境恶劣、生产效率低且抛光质量难以保证,不利于批量规模生产。随着技术工艺的改进,出现了利用环形砂带在机器的带动下对工件表面进行抛光,称为"砂带抛光"。随着生活水平的提高,人们对制品表面的要求越来越高,抛光工件复杂多变,同时,机械制造技术也得到了提高,出现了各种各样的抛光机械,抛光工艺得以自动化机械操作。自动抛光包括工件的自动传送与夹紧、抛光轮自动定位、自动喷剂、抛光及自动卸料等一整套完善的系统装置,抛光效率和抛光质量都得到了大幅度提高。

(2) 按照磨料与工件作用不同　抛光又可分为机械抛光、化学抛光、电化学抛光、超声波抛光、磁力抛光、流体冲射抛光、激光抛光等。其中,机械抛光又分为轮式抛光、带式抛光、盘式抛光、滚筒抛光及振动抛光。

另外,与研磨加工相似,抛光加工按照涂敷抛光剂的方式不同,也可分为干抛、湿抛和半干抛。

10.1.2.4 抛光加工的应用

抛光几乎可以涉及所有材质,比如石材抛光、木材抛光、陶瓷抛光、塑料抛光、不锈钢抛光、铸铁抛光、铜及铜合金抛光、铝及铝合金抛光、玻璃抛光、硅片抛光以及 IC 制造行业中大规模集成电路的全局平坦化等。因而,抛光的应用领域极为广泛,在机械、电子、仪表、医疗、钢铁、造船、汽车、建筑以及装饰等国民经济工业部门中都有着极为广泛的用途。

实际上,随着制造与加工技术的进步,当前研磨与抛光之间的界限越来越模糊,有些领域甚至出现了"磨-抛一体化"以及"以磨代抛"的概念,例如,汽车减震器杆及其他轴类零件采用无心外圆磨削的方式,可以直接将工件的表面粗糙度磨削到 $Ra<0.08~\mu m$。

10.2　抛光磨具用磨料及辅助材料

10.2.1　磨料

无论是流体、半流体还是固结抛光磨具,磨料都是其中必不可少的组分。磨料可按其颗粒尺寸分为磨粒、磨粉、微粉和精微粉四组。

磨粒和磨粉粒度号数的标志,是在数字的右上角加"#"来表示,如 $80^\#$, $100^\#$ 等。微粉及精微粉粒度号数的标志,则在数字前冠以"W"来表示,如 W10 等。

磨粒、磨粉、微粉及精微粉所包括的粒度号数以及其主要用途见表 10-1。

表 10-1　磨粒、磨粉、微粉及精微粉所包括的粒度号数

组别	粒度号数	主要用途
磨粒	$8^\# \sim 80^\#$	粗磨

续表 10-1

组别	粒度号数	主要用途
磨粉	100# ~ 280#	半精磨
微粉	W63 ~ W5	粗磨、研磨
精微粉	W3.5 ~ W0.5	超精密研磨、抛光

每个粒度号的研磨粉的粒度组成中的最粗粒、粗粒、基本粒、混合粒及细粒的重量百分比均有详细的规定。最粗粒和粗粒对研磨粉的质量影响很大,当最粗粒超过规定时,则磨料视为不合格。基本粒和混合粒是研磨粉中的基本组成部分,基本粒的数量是决定磨料研磨能力的重要因素之一。细粒在研磨中起着很小的切削作用,所以应当尽量减少其在粒度组成中的重量百分比。

10.2.2 抛光磨料及辅助材料

常用的抛光磨料及辅助材料的种类及特性,详见二维码"抛光磨料及辅助材料"。

抛光磨料及辅助材料

10.3 流体及半流体磨具

研磨抛光加工时,有些情况下,起磨削和抛光作用的磨料和辅助材料,往往直接或通过某种液态的分散介质,以流体或者半流体的形式进行使用。在此,将具有良好流动性的研磨抛光材料,如抛光液,称为"流体磨具"。将流动性较差的半固态的膏状研磨抛光材料,如抛光膏,称为"半流体磨具"。将不具有流动性的固态研磨抛光磨具,如抛光轮等,称为"固结磨具"。

10.3.1 抛光液

10.3.1.1 化学抛光液

化学抛光液是化学抛光、电解抛光以及电解-机械抛光等抛光技术所需要的抛光材料,利用抛光液对金属表面的微观凸起处的快速溶解而获得光滑、光亮表面。化学抛光液分为酸性抛光液和碱性抛光液两大类。酸性抛光液一般应用于不锈钢材料的表面抛光,有王水型、硫酸型和磷酸型等。碱性抛光液多用于铝及铝合金的表面抛光,主要组分包括氢氧化钠、硝酸钠、氟化钠以及硅酸钠等。由于以上抛光液含有"三酸",作业时会产生大量的NO_x等有害气体,从而污染环境和危害人体健康;随着环境污染日益严重,环境保护要求越来越严格,化学抛光液的应用逐渐减少。

10.3.1.2 化学机械抛光液

化学机械抛光(chemical mechanical polishing,CMP)技术被誉为是当今时代能实现集成电路(IC)制造中晶圆表面全局平坦化的目前唯一技术,化学机械抛光的效果直接影响到芯片最终的质量和成品率。抛光液是影响化学机械抛光质量和抛光效率的关键因素,一般通过测定材料去除率(MRR)和表面粗糙度(Ra)的方法来评价抛光液性能优良程度。CMP抛光液的组分一般包括磨粒、氧化剂和其他添加剂。添加剂一般包括络合剂、螯合剂、缓蚀剂、表面活性剂以及pH调节剂等。通常根据被抛光材料的物理化学性质及对抛光性能的要求,来选择所需的成分配置抛光液。

(1)磨粒 磨粒是抛光液最主要的组成部分,磨粒在抛光过程中通过微切削、微擦划、滚压等方式作用于被加工材料表面,达到机械去除材料的作用。目前,研究及应用最多的是氧化铝(Al_2O_3)、二氧化硅(SiO_2)、二氧化铈(CeO_2)和金刚石等微纳米颗粒。

1)氧化铝 $\alpha-Al_2O_3$的硬度高,多用于不锈钢、LED用蓝宝石衬底、光学玻璃、晶体和合金材料的抛光,氧化铝抛光液的优点是抛光效率高,但具有选择性低、分散稳定性不好、易团聚的问题,容易在抛光表面造成严重划伤,一般需要配合各种添加剂使用才能获得良好的抛光表面。常见的处理方法为利用偶联剂、有机物、无机物等在硬度较高的氧化铝粒子表面包覆一层较软的物质以减少抛光划痕和凹坑等缺陷,进而改善氧化铝抛光液的稳定性和分散性,同时能有效提高抛光磨料的耐磨性能。例如,上海大学的雷红等采用接枝聚合方法制备了Al_2O_3-g-聚丙烯酰胺复合粒子和Al_2O_3-g-聚苯乙烯磺胺复合粒子,成功将高分子有机物以化学键形式接枝到Al_2O_3粒子表面,形成高分子有机物为壳、Al_2O_3为核的复合磨料,接枝改性后的Al_2O_3粒子分散性明显提高。

2)二氧化硅 二氧化硅的粒度很细,约$0.01\sim0.1\ \mu m$,因此抛光工件表面的损伤层极微;另外,二氧化硅的硬度和硅片的硬度相近,因此常用于对半导体硅片的抛光。在研究对硅片的晶抛光过程中,磨削层的厚度仅为磨料粒子尺寸的四分之一。并且,为了减小表面粗糙度和损伤层的深度,精抛时不再采用类似气相法制备的微米级二氧化硅粒子,而采用纳米级的二氧化硅胶体,称为"硅溶胶抛光液"。二氧化硅是抛光液的重要组成部分,其粒径大小、致密度、分散度等因素直接影响化学机械抛光的速率和抛光质量,因此二氧化硅胶体的制备也是抛光液中不可缺少的工艺。例如,孙涛以Na_2SiO_3为原理,通过离子交换法制备出了不同粒径的纳米二氧化硅胶体,考察了磨料粒径和数量等因素对存储器硬盘基板NiP的抛光速率的影响,发现磨料浓度相同时,粒径为150 nm的二氧化硅胶体抛光速率最高;粒子数目相同时,粒径为200 nm的二氧化硅胶体抛光速率最高。硅溶胶抛光液广泛用于多种材料的高平坦化抛光,如硅片、化合物晶体、精密光学器件、宝石等的抛光加工。

3)二氧化铈 二氧化铈具有较为适中的硬度,由于Ce元素具有多种价态且不同价态间易转化,容易将玻璃表面物质氧化或络合,因此CeO_2被广泛应用于手机屏幕、光学玻璃、微晶玻璃、液晶显示器和硬盘等产品的化学机械抛光。纳米CeO_2抛光液用于单晶硅片的抛光,具有高抛光效率和高表面质量等特点。夏超等发明了一种仅含2.5%的中位粒径为$200\sim300$ nm的CeO_2和3%的聚丙烯酸钠及余量为去离子水的抛光液,将其用于硅片的化学机械抛光,在pH=10的条件下MRR能达到1 100 nm/min,抛光后的硅片Ra在1 nm以下,该抛光液利用CeO_2中的四价铈本身具有氧化性的特点,省去额外氧化剂的添加使用,可以有效地降低抛光液的成本,避免氧化剂带来的环境污染等问题。但Ce是稀土元素,且现有加工工艺较为复杂,生产出的CeO_2磨粒的粒径分布不均匀,而导致CeO_2抛光液的使用成本较高,限制了CeO_2抛光液的发展应用。

4)金刚石 金刚石抛光液又分为多晶金刚石抛光液、单晶金刚石抛光液和纳米金刚石抛光液。广泛用于蓝宝石衬底、表镜、硅片、陶瓷等硬脆非金属材料的研磨和抛光。多晶金刚石抛光液以多晶金刚石微粉为主要成分,配合高分散性配方,具有良好的韧性,可以在保持高切削率的同时不易对工件产生划伤,主要应用于蓝宝石衬底的研磨、LED 芯片的背部减薄、光学晶体以及硬盘磁头等的研磨和抛光。单晶金刚石抛光液具有良好的切削力,适用于超硬材料的研磨抛光。纳米金刚石具有金刚石和纳米颗粒的双重特性,而且碳表面极易受化学改性的影响,能和任何极性介质兼容,除此以外,纳米金刚石具有超硬、比表面积大、形状呈球形以及表面多孔等特点,因此,纳米金刚石可以配制成理想的抛光液,可以用于极高光洁度表面材料的抛光。纳米金刚石抛光液分为水性和油性两种,水性抛光液具有绿色环保、抛光散热快等优点,适合高速抛光;油性抛光液抛光质量高,适用于超精抛光领域。

(2) 氧化剂　在化学机械抛光过程中,氧化剂的作用是将被抛光工件表面的材料氧化,生成一层质地较软且与基底结合力较弱的氧化膜,然后通过磨粒的机械去除作用将氧化膜层去除,以达到抛光的目的。氧化剂的种类决定了氧化膜生成的速率及氧化膜去除的难易程度,对抛光速率以及抛光效果有显著的影响。针对不锈钢、铜及铜合金、钛合金等金属材料的化学机械抛光,初期研究阶段抛光液中大多采用具有强氧化性的氧化剂,如高锰酸钾、硫酸钾、溴酸钾等,一般都包括重金属离子,对操作人员及当地环境有危害。随着当今社会环保意识的逐步提高,开发新型绿色环保抛光液是必然的趋势。H_2O_2 作为一种绿色环保的氧化剂已经被广泛采纳,但是 H_2O_2 仅在强酸性体系中稳定性较好,碱性体系中稳定性较差,且自身有自分解现象,导致了含 H_2O_2 的碱性抛光液不能长时间稳定存在。因此,采取合适的方法提高 H_2O_2 在碱性体系中的稳定性是目前亟待解决的问题。

(3) 其他添加剂　抛光液中磨粒、氧化剂和去离子水的含量一般占整个抛光液质量的 99% 以上,虽然添加剂含量较少,但是能显著地改善抛光液的性能。常用的添加剂包括络合剂(螯合剂)、缓蚀剂、pH 调节剂和表面活性剂。

采用 CMP 技术对含有金属的先进功能材料进行原子量级表面加工时,由于不可避免的腐蚀去除,抛光后的废液中会含有大量的金属离子,如果不对其进行及时处理,排放至外界环境中,会对人体和生态造成不可挽回的损失。通过在抛光液中加入适量的络合剂或螯合剂,就可避免此问题的发生。络合剂或螯合剂的作用机理与腐蚀抑制剂十分相似,都是利用分子中的孤电子对与金属的空轨道进行配位,不同的是,络合剂和螯合剂与金属原子或离子形成的配位化合物不会沉积在待抛晶圆表面,而是会溶解在抛光液中,随抛光液流动而被去除,而且通过形成金属配合物,可以有效减少重金属离子的直接排放,降低对环境和水体的污染,符合绿色环保的 CMP 加工要求。常用的络合物有柠檬酸、苹果酸、氨基酸等有机酸以及壳寡糖、乙二醇、山梨醇等有机物,其中应用最为广泛的是氨基酸类络合剂,如甘氨酸、肌氨酸、半胱氨酸、谷氨酸、天冬氨酸等。而且在优化集成电路铜互连线的 CMP 抛光液实验中,甘氨酸被证明是络合性能强于柠檬酸和乙二醇的优选络合剂。

表面活性剂的作用是改善抛光液的分散稳定性,还可以起到降低抛光液表面张力的作用,有利于抛光液快速润湿被抛光的工件表面及 CMP 工艺抛光后清洗流程的进行。主要类型有阳离子表面活性剂、阴离子表面活性剂、非离子表面活性剂等。P. Parthiban 等在以高锰酸钾为氧化剂的无磨料抛光液中分别加入了三种不同的表面活性剂,即阴离子表面活性剂十二烷基硫酸钠(SDS)、阳离子表面活性剂溴化十六烷基三甲胺(CTAB)、非离子表面活性剂辛基苯基聚氧乙烯醚(TX100)。结果表明,在相同条件下,GaN表面材料去除速率从大到小依次为SDS、CTAB、TX-100,并且在SDS作用下表面平坦化性能提高了很多。

腐蚀抑制剂的添加可以通过物理和化学吸附、螯合成键、沉积保护等复杂作用机理,起到对凹处待抛材料的缓蚀保护,使腐蚀剂只腐蚀凸处而不腐蚀凹处,进而有助于CMP原子级精度平坦化的实现。致力于提升集成电路制程工艺的众多学者和专家为了实现高效高质的铜互连线无高度差加工,对腐蚀抑制剂的抛光效果和作用机理进行了大量的研究。其中,唑类有机化合物(BTA,TAZ,TT-LYK)由于具有稳定性高、成本低、碱性适应性强、工业应用潜力较大等优势,在铜互连线的CMP加工中应用最为广泛。

抛光液的pH值是CMP加工的重要参数之一,调节抛光液的pH值可以影响抛光液磨粒表面zeta电位、其他化学添加剂的溶解程度和吸附方式、基底水化程度等因素,很大程度上决定了抛光液性能的优劣。CMP加工中常用的酸性pH调节剂有硝酸(HNO_3)、盐酸(HCl)、氢氟酸(HF)、磷酸(H_3PO_4)、偏磷酸(HPO_3)等无机酸以及柠檬酸、苹果酸、酒石酸等有机酸,常用的碱性pH调节剂有氢氧化钠(NaOH)、氢氧化钾(KOH)、氨水($NH_3 \cdot H_2O$)等无机碱和氨甲基丙醇等有机碱。HNO_3、HCl、NaOH、KOH等强酸强碱以及HF刻蚀剂都具有强腐蚀性,对操作者、设备以及环境都会造成恶劣的影响。而有机酸和有机碱除了在CMP加工中起到溶解氧化层的作用外,某些富含N和O元素的有机酸和有机碱由于具有丰富的可与金属离子配位的孤电子对,还可以在抛光液中起到螯合金属离子的作用。

10.3.2 抛光膏

抛光膏(又称抛光蜡、抛光皂)在我国生产和使用已有70年左右的历史,被广泛应用于机械、轻工、电子、仪表、军工等工业部门。抛光膏具有研磨和抛光两种性能,物品经其研磨,可以起到使物品表面耐腐蚀、减少摩擦等作用;更主要的是可改善物品的外观,使表面带有光泽,更加美观,从而提高产品的价值。可以说,抛光膏是一种工艺简单、成本低廉的表面处理剂。

10.3.2.1 抛光膏的种类

抛光膏是由微细颗粒的磨料、各种油脂及辅助材料制成。由于所用磨料的不同,油脂种类的差异,抛光膏可以做成多种不同的产品,抛光时应根据被抛光材料的性质及抛光表面的质量要求选用合适的抛光膏。我国目前抛光膏主要有下列几种(见表10-2):

表10-2 抛光膏的种类

品种	主要磨料	适用范围
绿抛	硬而锐利的氧化铬绿色细微粉末	铬、不锈钢、硬质合金钢的抛光及精密抛光
黄抛	中等硬度的长石细微粉末	钢铁制品的抛光及不锈钢、铜、铝金属制品的粗抛光

续表 10-2

品种	主要磨料	适用范围
白抛	呈圆形，无锐利棱面的氧化钙极细粉末	镍、铝、铜及其合金等软质金属的抛光及要求低粗糙度表面的精抛光
紫抛	呈圆形，具有较好的韧性，较高硬度的氧化铝白色或灰色细微粉末	不锈钢和铝合金制品的抛光
红抛	红色无定形氧化铁粉末	金银等贵重金属及其镀层的抛光，对各种非金属材质，尤其是不饱和聚酯树脂表面具有良好的抛光效果
黑抛	中、粗粒度黑刚玉	不锈钢、餐具、铸造件等抛光 主要作用是去除沙眼、毛刺等，将粗糙表面整平达到光滑效果

在上述抛光膏中，黄抛产量最大，常用于金属的粗抛，其次是绿抛、白抛、紫抛、红抛等。同一种抛光膏，由于配方不同而有多种牌号。

10.3.2.2　抛光膏的组分及各组分作用

（1）磨料　磨料是抛光膏中起主要作用的成分。抛光膏中的磨料应满足如下要求：①硬度要高于被抛表面不锈钢的硬度，否则无法实现磨削。②具有良好的热稳定性。因为在抛光过程中，随着抛光轮的高速旋转，被抛表面的温度会急剧升高，某些工艺条件下可达 400 ℃以上，如果磨料易热分解，其硬度会下降，影响抛光效果。③具有良好的化学稳定性。在工作温度下磨料应不与被抛表面发生化学反应，否则会使磨料固有的机械性能发生变化，影响被抛表面的光洁度。

抛光膏所用的磨料，几乎都是无机盐类，尤以氧化物为主。除上面所提到的氧化铝、氧化铁、氧化铬、氧化钙、长石粉之外，还有碳化硅、氢氧化钙、硅藻土、石英粉以及氮化硼等，也是抛光膏的主要组分，其配比、细度、品质等对抛光膏的最终质量十分关键。我国已制订出抛光膏的行业标准：HG/T 2571—2006。

（2）油脂及蜡类　油脂是抛光膏的另一种重要原料，除起润滑作用外，还有把固体物料粘合在一起的功能。在抛光膏中经常使用的油脂有脂肪酸酯、牛油脂、石蜡、微晶蜡、巴西棕榈蜡、虫白蜡、日本木蜡以及其他脂类等。我国所用的油脂类品种比较单一，且多利用价廉易得的原料。国外选用的油脂品种较多，如硬脂精、小烛树蜡、加洛巴蜡、橄榄油、氯化石蜡、褐蚝蜡、锭子油、亚麻子油等。上述油脂及蜡类对抛光膏的成膏及被抛表面的光洁度均有良好的效果，同时又可以防止抛光膏开裂。

（3）添加剂　在抛光膏（尤其是不锈钢抛光膏）中也经常加入少量的石油磺酸盐、少量的氟化物、适量的胺类或醇类物质等添加剂，以提高抛光效果和抛光质量。

抛光膏配方举例（见表 10-3）：

表 10-3 抛光膏的配方

配方组分	含量/%									
	白色			绿色				红色		
	1	2	3	4	5	6	7	8	9	10
硬脂酸	15.23	13.28	12.20					1.75		
三压硬脂酸				14.8	14.8	18.2	18.2			
二压硬脂酸				11.8	11.8	12.1	12.1		2.24	0.78
次压硬脂酸										4.4
脂肪酸				6.0	6.0	2.3	2.3	1.75	4.48	0.83
石蜡	6.46	4.01	4.7					8.86		0.39
地蜡								0.88	1.12	3.26
白蜡								1.12		
动物油	1.87							2.18		
植物油	3.35									
硬化油		1.95	2.4						1.35	
米糠油		6.45	5.8						3.50	
气缸油								2.79		
美丰油									1.35	
硬杂油									4.28	
抛光用石灰	73.09	74.31	74.9					0.66		0.67
油酸				0.7	0.7	1.5	1.5			
高碳酸								0.90		
氧化铬				6.67	39.7	43.8	24.4			
白泥					27.0		26.1			
氧化铝						22.1	15.4			
松香								2.88	2.93	3.2
氧化铁								0.66	0.69	0.68
氧化铅								0.45		
长石粉								76.69	75.8	75.33
熟石灰									0.69	

10.3.2.3 抛光膏的制备方法

抛光膏的生产工艺较为简单,基本上是由配料、混合、搅拌及成型等工序组成。现分别以普通黄色抛光膏和金刚石抛光膏为例来说明。

普通黄色抛光膏的制备：将各类油脂按其熔点高低和用量比例依次投入熔油锅中，加热熔融，除去水分和杂质。然后计量注入反应锅，用消石灰皂化，陆续加入长石粉及添加剂，在充分搅拌下进行反应，然后进行冷却成型，即为产品。

金刚石抛光膏的制备：烘干磨料，用钢滚在玻璃板上压成粉末；把各种油脂（煤油和易挥发油除外）放在白铁容器内加热至 80~100℃ 熔化，用纱布过滤后静置 4~30 h；趁热加入易挥发油，然后边搅拌边撒入磨料；继续搅拌使其均匀混合；最后将抛光膏倒入金属模内加压成型。其基本配方见表 10-4 所示。

表 10-4 常用金刚石抛光膏配方举例

抛光膏成分	金刚石	氧化铬	硬脂酸	电容器油	煤油
含量/%	40	20	25	10	5

该金刚石抛光膏主要用于硬质合金的抛光。如果黏度太大，使用时可用煤油、水或甘油稀释。不同粒度的金刚石抛光膏常用不同的颜色表示。

10.3.3 抛光粉

抛光粉的基本成分是一些金属氧化物，如铁、铈、锆、铝、钛、铬等金属氧化物。根据用途可分为玻璃抛光粉、宝石抛光粉和大理石抛光粉等。作为玻璃行业常用的抛光粉有三氧化二铁（又称红粉）抛光粉、铈基稀土抛光粉、氧化锆抛光粉三类，其中铈基稀土抛光粉被誉为最好的抛光材料；宝石抛光粉有三氧化二铬、氧化铈和用高岭土制备的 Al-Si 尖晶石和莫来石抛光粉；大理石抛光粉是一种灰白色超细粉体的混合物，主要由 $a-Al_2O_3$、SnO_2 和 Pb 组成。

铈基稀土抛光粉是较为重要的稀土产品之一。因其具有切削能力强、抛光时间短、抛光精度高、操作环境清洁等优点，而被人们称为"抛光粉之王"。下面对铈基稀土抛光粉进行详细介绍。

10.3.3.1 稀土抛光粉的种类

（1）以稀土抛光粉中 CeO_2 量来划分 稀土抛光粉的主要成分是 CeO_2，据其 CeO_2 含量的高低可将铈抛光粉分为以下三大类。

1) 高铈系稀土抛光粉 主要指标：产品中 $w(CeO_2)=99\%$；平均粒径 1~6 μm（或粒度为 200~300 目），晶形完好。该产品主要适用于精密光学镜头的高速抛光。实践表明，该抛光粉的性能优良，抛光效果较好，由于价格较高，国内的使用量较少。

2) 中铈系稀土抛光粉 主要指标：产品中 $w(CeO_2)=30\%~85\%$；平均粒径 0.4~1.2 μm。该产品主要适用于光学仪器的中等精度中小球面镜头的高速抛光。该抛光粉与高铈粉比较，可使抛光粉的液体浓度降低 11%，抛光速率提高 35%，制品的光洁度可提高一级，抛光粉的使用寿命可提高 30%。目前，国内用这种抛光粉的用量尚少，有待于今后继续开发新用途。

3) 低铈系稀土抛光粉 主要指标：产品中 $w(CeO_2)=48\%~50\%$；平均粒径 0.5~

1.5 μm（或粒度320～400目）。该系产品，如771型适用于光学眼镜片及金属制品的高速抛光，797型和C-1型适用于电视机显像管、眼镜片和平板玻璃等的抛光，H-500型和877型适用于电视机显像管的抛光。目前，国内生产的低铈系稀土抛光粉的量最多，约占总产量的90%以上。

对于抛光粉来讲，氧化铈的含量越高，抛光能力越大，使用寿命也越长，对于硬质玻璃长时间循环抛光时（石英、光学镜头等），以使用中高铈抛光粉为宜。低铈抛光粉特点是成本低、初始抛光能力与高铈抛光粉比几乎相同，但使用寿命难免要比高铈抛光粉低。

（2）以稀土抛光粉粒度的大小及分布来划分　稀土抛光粉的粒度及粒度分布对抛光粉性能有重要影响。对于一定组分和加工工艺的抛光粉，平均颗粒尺寸越大，则玻璃磨削速度和表面粗糙度越大。相反地，如果抛光粉颗粒平均粒度较小，则磨削速度降低，玻璃表面平整度提高，标准抛光粉一般有较窄的粒度分布，太细和太粗的颗粒很少，无大颗粒的抛光粉能抛光出高质量的表面，而细颗粒少的抛光粉能提高磨削速度。通常我们使用的稀土抛光粉一般为微米级，其粒度分布在1～10 μm，一般使用在玻璃抛光的最后精磨工序；粒度大于10 μm的抛光粉大多用在玻璃加工初期的粗磨；小于1 μm的亚微米级稀土抛光粉，由于在液晶显示器与电脑光盘领域的应用逐渐受到重视，产量逐年提高。目前，纳米级稀土抛光粉也已经问世，随着现代科学技术的发展，其应用前景不可估量。

10.3.3.2　稀土抛光粉的应用

（1）阴极射线管玻璃的抛光　电子工业需要采用高铈抛光粉，在日本阴极射线管生产企业是稀土抛光粉的主要消费者，约占氧化铈总消费量的50%。

（2）光学玻璃抛光　光学玻璃包括眼镜片、照相机、复印机、望远镜、分析仪器及半导体装置等用的精密透镜。

（3）电子和计算机元件的抛光　稀土抛光粉之所以能在电子和计算机元件上获得应用，主要是因为化学成分上与玻璃类似的许多电子元件表面需要高质量的抛光，例如集成电路、硬盘芯片、液晶显示屏、中间绝缘层表面及隔离浅槽等。

（4）光掩模抛光　光掩模（又称遮光膜）是用特种玻璃（如硼硅酸盐玻璃）制成，因为抛光后的玻璃表面需镀铬，然后在上面反向印制电路，最后再将电路投射表面喷镀阻光层的半导体芯片上，所以对研磨抛光技术要求极其严格。

除上述应用领域外，稀土抛光粉还应用于钻石、水晶、纽扣以及其他玻璃饰品的抛光等。此外，在磨料磨具行业，稀土抛光粉还可应用于玻璃抛光轮、抛光垫等产品的制备。

10.4　固结抛光磨具

固结抛光磨具，是抛光过程中被固定在抛光机械上，与被抛光工件接触，并通过二者之间的机械相对运动，对工件表面进行抛光处理的磨具。由于抛光对象的材质范围广泛，包括木材、石材、金属、塑料、陶瓷、玻璃等；另外，不同制品所要求的表面粗糙度等级各不相同，从去毛刺、除倒角到镜面加工，相应抛光工艺包括粗抛、半精抛和精抛，因此，用来制备抛光磨具的载体材料有很多种，包括无纺布、聚氨酯、PVA树脂、砂带、织造布等。

10.4.1 固结抛光磨具载体

10.4.1.1 无纺布

无纺布具有生产工艺简单、成本低、对原料适应性强的特点,因而发展迅速,其应用也由传统的纺织产品扩展到了机械、化工、电气、建筑等领域。

无纺布作为抛光磨具的优点:无纺布的纤维呈三维空间分布,与磨削用的砂粒粘接制成产品,因而具有弹性、柔韧性和可挠性,使抛光材料在运动过程中能与抛光工件紧密、均匀地接触,特别适宜于曲面加工;此外,无纺布纤维与纤维间的间隙,使纤维具有一定的弹性,其气孔有利于加工摩擦所产生的热量的扩散,并且适宜于高速研磨。

无纺布作为抛光磨具的骨架和基体,可选用以气流成网方式获得的杂乱排列纤网或经过针刺加固的质材。其中所用纤维原料的选择颇为重要,一般采用耐热、耐磨、耐化学性比较好的聚酰胺、聚酯、聚丙烯腈等合成纤维以及羊毛、麻纤维。由于对纤维的耐磨强度要求甚高,故具有高耐磨性能,且干、湿断裂强度较高,并对酸、碱及其他化学药品的耐受性较强的聚酰胺纤维成为首选原料。$0.55 \sim 22$ tex(纤维直径为 $25 \sim 1\,500$ μm)的尼龙经过气流成网、磨料粘结、叠合、化学粘结固化、成形等工艺过程,采用机械方法加工成磨轮、磨轴、磨盘、磨片(带)等抛光研磨材料。实验表明,用于生产涂附磨具基体材料的纤维原料中,尼龙适合制作高性能抛光磨具,聚乙烯醇缩甲醛纤维、羊毛、棉纤维适合制作一般抛光磨具。

无纺布抛光轮种类较多,包括单片无纺布抛光轮、皱褶式无纺布抛光轮、无纺布抛光页轮、紧密无纺布抛光轮以及扇形无纺布抛光轮等。无纺布抛光一般要求较小的压力,过大的压力会导致很快的磨损,并且加工效果也不理想,其线速度一般为 $12 \sim 25$ m/s,速度过高会造成磨损,也会使表面留下一些黑色痕迹。

无纺布在涂附磨具的制造过程中,浸渍性好,涂胶均匀,可合并工序,使生产工艺简化,操作方便;以无纺布作基体材料生产的涂附磨具抛光效果好,广泛应用于金属部件的清理、去毛刺、木制家具的精磨、皮革砑光以及玻璃、陶瓷和石材的抛光等。

10.4.1.2 聚氨酯

用微孔聚氨酯制造抛光磨具是20世纪60年代后才被采用的一种新工艺。微孔聚氨酯结合剂磨具是以微孔聚氨酯为基本材料,在其结构中填充固体磨料制成的。与其他类型结合剂相比,使用微孔聚氨酯具有以下独特的优势:

(1)微孔聚氨酯具有优良的耐磨性、耐撕裂性、高吸能性和抗冲击性。聚氨酯微孔弹性体和其他微孔橡胶相比,其重要特点是在高硬度下还能保持较好的弹性,同时聚氨酯弹性体素以耐磨橡胶著称,它的耐磨耗性能要比其他橡胶高 $4 \sim 10$ 倍。此外,它的抗张强度、撕裂强度、抗震性能、承载负荷性能也优于一般通用橡胶。

(2)生产周期短,生产效率高。以微孔聚氨酯为结合剂生产磨具,生产周期一般为 $5 \sim 30$ min,适合规模化生产。

(3)软硬度易调节。由于聚氨酯材料有独特的分子结构,在保证其强度和韧性的前提下,通过调节其软硬段的比例,可在很宽的范围内调节其硬度,生产出软弹性、中弹性、高弹性的制品。

(4)黏度易调节,流动性好。可以生产结构复杂的制品,满足不同的表面抛光需求。

(5)微孔聚氨酯形变回复率高,不易变脆,而且与许多磨料有很强的粘接性。

(6)散热性好。磨具中的微孔结构有利于磨削热量的散失。

聚氨酯抛光磨具的微孔结构在光学玻璃抛光中能够加快机械磨削和化学腐蚀作用,提高了抛光效率和稳定了质量,其中无机磨料的加入,不但可以提高产品硬度,而且还可以稳定光圈,保证抛光质量,所以被广泛应用在光学玻璃的冷加工工艺中。聚氨酯高速抛光材料的研制,为我国光学冷加工行业提供了一种理想的抛光材料,它适用于各种眼镜片和其他光学玻璃的高速抛光。

用微孔聚氨酯结合剂可以生产出多种抛光磨具:

(1)海绵抛光砂轮　这种砂轮弹性较好,加工面清洁光亮,不会产生深磨痕;其气孔率可随意调节,避免了发热、烧伤现象,自锐性较好;适合抛光宝石、金属、石材、玻璃、皮革及不锈钢等。

(2)中弹性玻璃抛光砂轮　这种砂轮强度较高,抗冲击和拉伸,其磨面均匀光滑,磨削热少,适用于长时间研磨工作,可抛光玻璃底部和倒角,以及带有棱角的平边、曲边、斜面等。

(3)用天然的软木屑为填料制造的砂轮　这种砂轮显示极好的柔韧性,可用来抛光条形狭缝和凹进处等。

(4)高硬度砂轮　这种砂轮强度不高,主要用来抛光不锈钢和一些非金属材料。

(5)无纺玻璃纤维毡结构抛光片　它的空隙多,粘接牢固,磨削力强,主要用于表面粗抛。

10.4.1.3　聚乙烯醇(PVA)

PVA抛光轮是以PVA为结合剂,添加磨粒和气孔生成剂,在催化剂的作用下,使其发生缩甲醛化反应,合成含有磨粒并具有一定弹性的网状PVF(聚乙烯醇缩甲醛),将其切断加工成所要求的形状后,浸含密胺(三聚氰酰胺)类的热固性树脂,经过热处理,即成为PVA抛光轮。这种PVA抛光轮气孔率高,常达70%以上。气孔率和硬度按照制作工序可任意调整,也就是说,气孔可由气孔生成剂的粒径控制,硬度由浸含树脂的附着率来控制,这是其最大的特点。

PVA抛光轮的特点可归结如下:

(1)由于PVA结合剂的弹性效果,磨具易与加工面紧密贴合,即使是细小的坑洼,也能抛光到,同时不会对工件产生划伤,能获得均匀美观的抛光表面;

(2)由于PVA抛光轮的气孔率高且分布均匀,磨削阻力小,磨削过程中发热少,不烧伤部件,无堵塞,可进行长时间稳定连续作业;

(3)使用过程中脱落的磨粒可保持在研磨作业面上,从而起到游离磨粒研磨的效果;

(4)即使对曲面进行研磨抛光,与砂纸或砂布轮相比,同粒度的PVA抛光轮能获得更好的表面光洁度;

(5)污染小、噪声低、作业环境舒适。

PVA抛光砂轮可以和普通砂轮一样安装在普通磨床、手提式砂轮机以及专用机床上使用。PVA抛光轮适用于各类金属和非金属的抛光,特别适于抛光玉器工艺品的不规则型面、不锈钢、铜合金等韧性难磨材料和复杂型面的零件,用于代替棉轮、布轮,可提高抛光效率。其不足之处在于因聚乙烯醇缩甲醛易水解，故 PVA 抛光砂轮只能进行干抛作业，提高 PVA 砂轮的耐水性可进一步拓宽其应用领域。

10.4.2 固结抛光磨具的类型

根据抛光磨具形状的不同，还可以分为抛光轮、抛光砂带和抛光磨石等，其中，抛光轮的应用最为广泛，根据载体材料的不同，又分为很多类别；各种材料的抛光轮又具有各种各样的型号，应用于不同的抛光机械和抛光对象。

10.4.2.1 抛光砂带

砂带是一种由磨料、柔软基体和粘结剂制成的带状磨具，其切削功能主要由粘附在柔软基体上的磨粒来完成，砂带抛光采用环形砂带，由电机传动主动轮带动砂带作高速回转，同时工件作回转运动，砂带头架作纵向及横向进给，实现对工件的抛光加工，砂带磨损后更换新砂带。砂带抛光效率高，通过使用不同粒度的砂带实现粗加工、半精加工及精加工。

砂带抛光有以下主要特点：

(1) 与砂轮抛光相比，它是用砂带作为抛光工具，而砂带一般只有一层磨粒，加工中无需修磨，在磨粒钝化后只需将其更换便可。这不仅使设备简单、操作方便，而且更能保证高的生产率。

(2) 砂带是一种涂附磨具，采用静电植砂方式制作，利用高压静电吸附原理，使经过精选的磨粒能按自身长轴方向定向排列，且分布均匀，因而其等高性好。磨粒锋刃朝外，较之砂轮具有较好的容屑和排屑条件，从而可长时间地保证高的工效及稳定的加工质量。

(3) 砂带抛光属弹性抛光，与砂轮抛光相比，其径向抗力小，抛光温度低，所以工件不易变形，表面不易出现过烧、裂纹等缺陷，具有较好的表面质量。

(4) 从经济效益来说，与砂轮抛光相比较，砂带抛光装置结构简单，设备价格低，特别是利用前一工序的现有设备加上砂带抛光装置，对工件进行抛光和抛光加工，不仅节省了设备购置费用，而且节省了大量的工件搬运、装夹和调整工时，因此砂带抛光工艺具有明显的经济效益。

砂带抛光可以方便地对工件进行平面、曲面及外圆抛光；被广泛应用于不锈钢和其他金属制品以及金刚石锯片表面的抛光。近年来，随着自动化机械臂的普及，超硬磨料和堆积磨料制备的砂带需求量越来越大，结构设计也越来越精细化，出现了各种印刷图案砂带和金字塔砂带等高端产品。

10.4.2.2 抛光磨石

抛光磨石根据外观颜色的不同，主要分为四种——绿色、白色、黑色和红色抛光磨石。抛光磨石一般应用于大理石、花岗岩等石材的抛光。

(1) 绿色抛光磨石　主要原材料有不饱和树脂、氧化铬绿(Cr_2O_3)、普通氧化铝(Al_2O_3)、食盐(NaCl)，将以上材料按比例称量，搅拌均匀，入模，经室温放置 24 h，再经 80 ℃恒温 3 h 即可，主要起研磨、抛光作用的为 Cr_2O_3、Al_2O_3，起填充作用的为 NaCl，经水解成孔洞，即溶洞型磨石，孔洞分布要均匀，以便润滑表面，减少摩擦。

(2)白色抛光磨石 主要原材料有不饱和树脂、W1.0~W1.5 的白刚玉、氧化铝、食盐,按比例称量,搅拌均匀,入模,经室温放置 24 h,再经 80 ℃恒温 3 h 即可。

(3)黑色抛光磨石 主要原材料有不饱和树脂、W1.0~W1.5 的白刚玉、少量氧化铝、炭黑、食盐,按比例称量,搅拌均匀,入模,经室温放置 24 h,再经 80 ℃恒温 3 h 即可。

(4)红色抛光磨石 主要原材料有酚醛树脂、六次甲基四胺、樟脑、W1.0~W1.5 的白刚玉、普通氧化铝,按一定的比例称量,然后把酚醛树脂升温化稀,依次放入六次甲基四胺、樟脑,搅拌均匀、入模。樟脑主要用于发泡,经热处理,升温到 150 ℃,恒温 3 h 即可,在加热过程中,树脂膨胀呈多孔状,形成硬质多孔的磨石,也叫发泡型磨石,这种抛光磨石经久耐用,具有弹性。

一般而言,红色抛光磨石对中国红、印度红、枫叶红(G562)、天山红(新疆)等石材抛光效果佳;绿色抛光磨石对海底、蝴蝶绿、G623 等抛光效果佳;白色抛光磨石对美国白麻、珍珠白(江西)、冰花玉等抛光效果佳;黑色抛光磨石对山西黑、福鼎黑(G684)、蒙古黑、南非黑等抛光效果佳。以上的抛光磨石也适用于大理石的抛光。

此外,因产品加工后有许多孔隙、缝隙,抛光磨石的颜色会吸入产品中,因此,须选用同一颜色。

10.4.3 抛光轮

10.4.3.1 抛光轮性能要求

(1)要有合适的弹性和刚性 弹性是指抛光轮的"仿形"能力,弹性大的抛光轮,能适应工件的形状而变形,以扩大接触面。

为获得较大的抛光切削量,抛光轮还应有保持一定的刚性。抛光轮的质量越大,旋转速度越高,抛光轮所受的离心力越大,则其刚性也要求越大。

(2)对抛光剂的良好保持性 由于抛光是由粘附在抛光轮上的抛光材料来进行的,故而对抛光剂的保持性是决定抛光能力和表面加工质量的重要因素,这种保持性与抛光轮基体材料的吸水性和与粘结剂的亲和性有关。

抛光轮基体材料的选用可参考表 10-5。

表 10-5 抛光轮基体材料的选用

抛光轮用途	选用材料		
	品名	柔软性	对抛光剂保持性
粗抛光	帆布、压毡、无纺布、软木、皮革、PVA	差	一般
半精抛光	棉布、羊毛毡、无纺布、PVA、聚氨酯、砂页	较好	好
精抛光	细棉布、猪鬃、羊毛、法兰绒、砂页	最好	最好
液中抛光	细毛毡(用于精抛)、脱脂木材(椴木)	好	浸含性好

10.4.3.2 抛光轮的种类

(1) 按主要原材料分类

1) 砂页轮　由各种不同粒度、不同磨料(如刚玉、碳化硅)的砂布制成。其切削率高，适合各种类型材料的研磨、抛光、打毛刺及精加工。

2) 无纺布抛光轮　采用合成材料，多使用尼龙纤维，与粘结剂、磨料等一起制成无纺布，并以此为原料，制成各种形状的抛光轮，因其本身含有磨料，一般不用抛光剂。

3) 棉布抛光轮　采用不用种类的棉布制成，使用不同的浸渍方法和不同的抛光剂，可用于半抛光、抛光和镜面抛光。

4) 麻布抛光轮　采用麻布或衬以棉布，一般要经过浸渍处理，借助于各种抛光剂，可进行初抛光和抛光。

5) 羊毛抛光轮　羊毛抛光轮以羊毛纤维为磨料、利用粘结剂制备而成，可用于不同材料如玻璃、金属、陶瓷、塑料、石材和珠宝等的精抛光或修补擦伤，尤其适用于玻璃抛光。

6) 其他合成材料抛光轮　应用加工。

(2) 按制作方式分类

1) 缝合式　如图10-1所示，多用粗平布、麻布及细平布等缝合而成。缝合的方式有放射式、棋盘方格式、同心圆式、螺旋式(旋涡式、细旋式)、径向式、径向弧形式、方形式等。

抛光轮的刚性和弹性，还可以通过其缝合方式和缝合的网纹及其间隔加以调节。卷成旋涡状的缝合，制造和使用均比较方便，经济实用，应用最广。当材料和缝合的方式都相同时，网纹间隔尺寸大的弹性大，而间隔尺寸小的刚性大。根据缝合密度和布料的不同，可制得不同硬度的抛光轮。这类抛光轮主要用于粗磨，适用于各种形状较简单的制作的抛光。

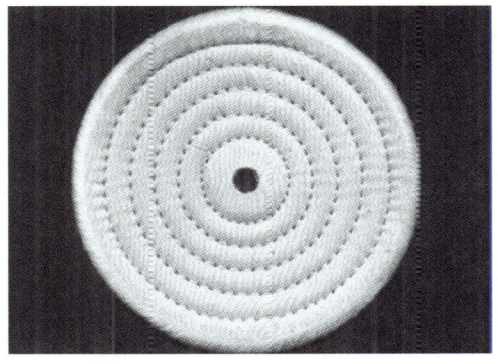

图 10-1　缝合式抛光轮

2) 非缝合式　整布轮多用细软棉布制作而成，分圆盘式和翼片式两种，翼片式的使用寿命较长。这类抛光轮主要用于形状复杂制品、小零件及最后的精抛光。

(3) 按结构形式分类

1) 分面抛光轮　如图10-2所示，用毛毡、无纺布或其他合成材料制成，使用时多为单片或多片组合安装，用于抛光。

2) 页片组合抛光轮　如图10-3所示，多用砂布或无纺布制造，由各种形状的页片组合而成，用于精磨或抛光。

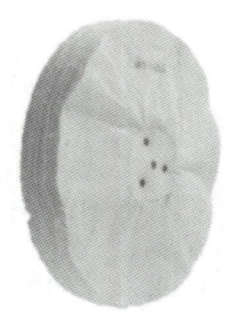

图 10-2　分面抛光轮　　　　　图 10-3　页片组合抛光轮

3）皱褶式（也称风冷布轮）　如图 10-4 所示，一般由棉布、无纺布或棉麻混合制成，将布卷成 45°角的布条，缝成连续的、有偏压的卷，再把布卷装在带沟槽的中间圆盘上，形成皱褶形状。轮的中心可安装能通风的钢轮毂与机轴配合。这种抛光轮空气可以自由流通，冷却效果较好，其通风效果可随褶皱的大小来调节（如图 10-5 所示），适用于大型零件平面、管状件表面等的高速抛光，其软轮可用于塑料件的低速抛光。

图 10-4　皱褶式抛光轮

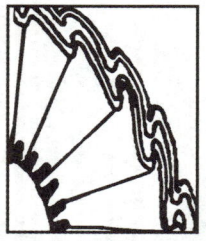

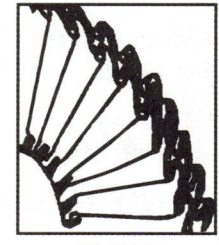

微通风　　　　　正常通风　　　　　强通风

图 10-5　褶皱的宽度和通风效果之间的关系

4）指形、辐条形抛光轮　如图 10-6 所示，由麻布或麻绳制作，柔韧性极佳，应用于复杂工件的抛光。

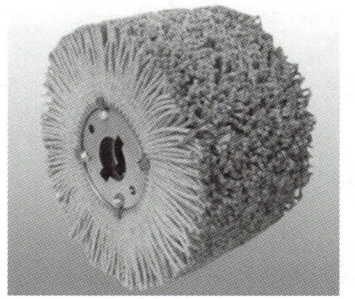

(a)指形抛光轮　　　　　　　(b)辐条形抛光轮

图 10-6　指形、辐条形抛光轮

思考题

1. 无论是流体、半流体还是固结抛光磨具，磨料都是其中必不可少的组分。无论是研磨还是抛光，都需要借助磨粒的摩擦作用使工件表面达到所需的精度并得到低粗糙度的光滑表面，磨料的粒度对研磨和抛光的效果起到非常重要的作用，那么研磨抛光用的磨料粒度范围一般是多少？

2. 仅仅依靠磨料和粘结剂，往往难以使工件表面达到理想的光亮度，所以经常需要针对性地加入一些添加剂来提高抛光的效果。请问，有利于提高工件表面的光亮度的添加剂有哪些？

3. 研磨抛光过程中所用的磨具既需要满足一定的锋利性，又需要满足良好的抛光性，所以磨具的选择非常重要，常用的抛光磨具有哪些？你能总结出这些抛光磨具所具备的特性吗？

第 11 章
抛光方法及应用

抛光技术,是制造平坦而且加工变形层很小、没有擦痕的平面加工工艺。由于加工对象的材质各有不同、形状多种多样,同时对表面的光洁度要求也各不相同,因而,需要采取各种各样的抛光方法。

目前,国内广泛使用的抛光方法有机械抛光、化学抛光、电解抛光、磁力研磨抛光、超声波抛光等。随着科学技术的不断进步,出现了许多新的材料品种,同时,对抛光表面的精密度要求也越来越高,于是,出现了一些新型的抛光技术工艺,比如磁流变抛光、流体抛光、激光抛光和无磨料低温抛光等。本章将从抛光原理、特点、应用以及机械装置等方面对各种抛光方法进行介绍。

11.1 机械抛光

机械抛光方法是指靠切削和材料表面的塑性变形作用,除掉被抛光面的凸部而得到平滑表面的技术。机械抛光可分为轮式抛光、带式抛光、滚筒及振动抛光和超精研磨抛光。

11.1.1 轮式抛光

整体叶盘自动化抛光

又称抛光轮抛光,是指将抛光轮安装在抛光机轴上,通过抛光轮的旋转而对工件表面产生摩擦,从而进行表面抛光的方法。该方法仅用于光泽加工,不易保证工件尺寸。

11.1.1.1 抛光轮

抛光轮材料根据抛光用途进行选择,例如,粗抛光可用柔软性较差、对抛光剂的保持也一般的帆布、压毡、硬纸壳、软木、皮革等;半精抛光可选用柔软性较好、对抛光剂的保持性也较好的棉布和毛毡;精抛光可用柔软性极好的细棉布、毛毡、法兰绒或其他毛织品。另外,还有聚氨酯抛光轮,可用于对光学玻璃的精密抛光;以及无纺布抛光轮、PVA抛光轮等,用于金属零件及制品的粗磨,木制家具的精磨,皮革砑光,玻璃、陶瓷和石材的抛光等。

抛光轮对工件进行抛光时,需要用到抛光粉、抛光膏或抛光液等抛光剂,抛光速度、抛光时间、抛光压力都要视具体情况来确定。

11.1.1.2 轮式抛光机械

轮式抛光机种类繁多,根据抛光轮工作数量,可分为单轮抛光机和多轮抛光机;根据抛光机工作台上工件安置的数量,可分为单工位抛光机、双工位抛光机和多工位抛光机;

根据工作台的运动方式,可分为分度转位抛光机和连续转动抛光机;等等。下面进行举例介绍:

(1) 单轮抛光机　单轮抛光机结构如图 11-1 所示。

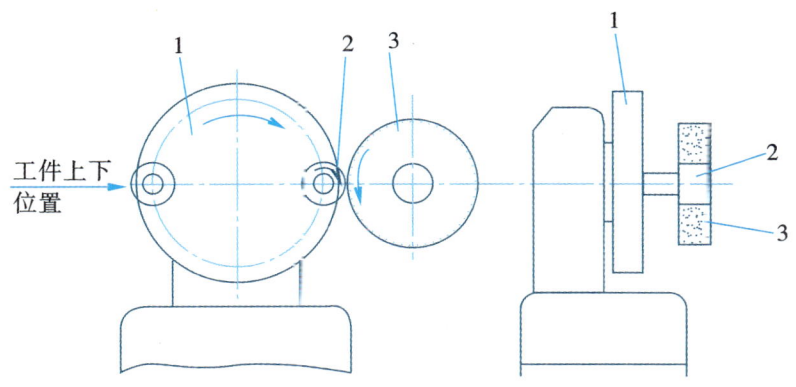

1—立式回转台;2—工件;3—抛光轮。
图 11-1　单轮双工位抛光机示意图

(2) 多轮自动抛光机　多轮自动抛光机结构如图 11-2 所示。

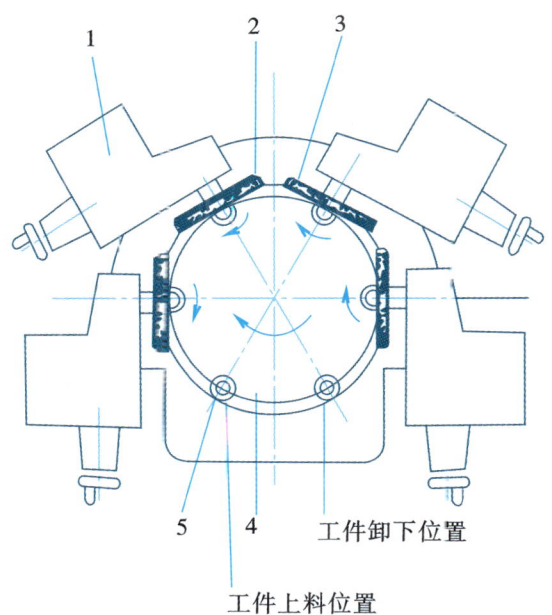

1—抛光轮头架;2—砂带(抛光);3—抛光轮(抛光);
4—工作台;5—工件。
图 11-2　多轮自动抛光机示意图

(3) 工艺参数　抛光直线进给速度一般为 3~12 m/min;而平板抛光时为 12 m/min。

319

11.1.2 带式抛光

机器人砂带抛光

自由式砂带抛光

又称砂带抛光,是指用附有研磨材料的砂带摩擦工件进行的抛光方法。

11.1.2.1 抛光砂带

如前所述,抛光砂带是一种由磨料、柔软基体和粘结剂制成,主要由粘附在柔软基体上的磨粒来进行磨削和研磨的带状磨具。抛光砂带磨削力强,易于排屑,且属于弹性抛光,表面不易烧伤。

砂带抛光过程中,一般辅助使用抛光膏、抛光液。砂带抛光效率高,通过使用不同粒度的砂带可实现粗加工、半精加工及精加工,广泛应用于不锈钢和其他金属制品以及金刚石锯片表面的抛光。

11.1.2.2 砂带抛光机

下面以金刚石锯片砂带抛光机为例进行介绍。

PGJ105-600 型金刚石锯片砂带抛光机结构如图 11-3 所示。由机架部件、主轴驱动部件、砂带磨头部件、进刀部件和电器部件组成。机架部件起支撑其他部件作用。主轴驱动部件带动锯片高速平稳地旋转,由数根镶有磁铁的支撑杆支撑。强力磁铁夹紧锯片并带着锯片高速旋转,旋转的风力可自动排走工作时产生的粉尘,净化工作环境,降低设备损耗。砂带磨头部件由三轮布置组成,除砂带抛光外,接触轮上可加装连接轴安装砂轮或其他抛光轮,可清理锯片焊缝,实现一机多用。

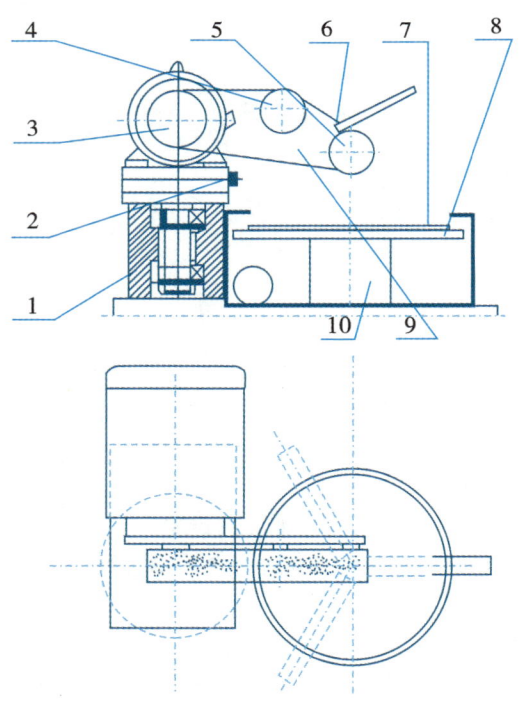

1—轴系;2—轴系支点;3—驱动轮;4—张紧调偏轮;5—接触轮;6—砂带;7—金刚石锯片;8—锯片支撑杆;9—支撑板;10—旋转轴。

图 11-3 PGJ105-600 型金刚石锯片砂带抛光机示意图

砂带磨头部件安装在一个轴系上,可方便地绕此轴系旋转,砂带磨头部件绕此轴系一支点摆动,加力后可向锯片进刀,实现对锯片的抛光,撤力后可靠重力返回。电气控制部件实现主轴驱动部件无级变速,主轴驱动部件快速制动。

11.1.3 滚筒及振动抛光

滚筒抛光也叫滚磨,将一定比例的工件、磨料与抛光剂投放到滚筒或振动抛光孔中,迫使内部物体做三维空间运动,由于各自形状、大小和重量不同,产生相对摩擦,工件表面和周边毛刺就会被磨掉,棱角被倒圆,氧化皮被除掉,达到抛光的目的,与抛光轮相比,因有捶打效果,光泽稍差,但较均匀,抛光后的表面粗糙度 Ra 可为 $0.8 \sim 3.1~\mu m$。

超声振动抛光

滚筒抛光用的滚筒为多角形,常用的一般为八角形。

常用的磨料有普通刚玉、碳化硅磨料或磨料块、熔融氧化铝、天然金刚石及钢球等。滚筒抛光工作液一般根据滚筒抛光零件而定,可以是酸性、碱性或者是中性的水溶液。常用抛光剂有十二烷酸钠、十四烷酸钠、十六烷酸钠、硬脂酸钠、油酸钠、钾脂皂、碳酸钠、亚硝酸钠、氢氧化钠、硅酸钠、轴承润滑油及二硫化钼等。滚筒抛光介质还起着清洗、润滑、防锈、缓冲等作用。

滚筒抛光广泛应用于去除铸件、锻件或热处理后零件的飞边、氧化皮,并清理表面;小型冲压零件去毛刺、倒棱角;去除零件表面多余的涂层、镀层;改善零件表面质量。

11.1.3.1 滚筒抛光的特点

滚筒抛光加工具有零件装填简单、能同时进行多件滚筒抛光、效率高、操作管理容易等优点。缺点是被滚筒抛光零件的外形及大小受到一定限制,不能得到准确的加工形状和尺寸。

11.1.3.2 滚筒抛光加工类型

(1) 回转式滚筒抛光　加工原理:工件和加工介质随滚管转动,在某瞬时,处于 α 线以下,在重力、离心力、摩擦力的滚筒作用下,处于动态平衡而保持静止;在 α 线以上,则失去平衡而产生滑移,由此引起互相摩擦、碰撞,对零件表面进行加工。

(2) 振动式滚筒抛光　加工原理:容器置于弹性支座上,容器底部装有偏心激振器,偏心轮使容器(内衬有橡皮)做强迫振动。混合物在容器内壁作用下做不规则运动,工件同磨料相互摩擦、碰撞,实现对零件表面加工。

(3) 离心式滚筒抛光　加工原理:利用行星运动原理,使几个同方向自转的滚筒同时绕某一固定轴心等速公转。可使工件、加工介质获得较大的离心力和速度,并使其经常处于工作状态,因此能大大提高加工效率。

金属去除率比振动式滚筒抛光高,可实现自动化生产,不需工人装卸工件。国外已有全自动离心式滚筒抛光机。

(4) 轮流式滚筒抛光　工作原理:滚筒由固定槽和回转盘构成。转盘以 $150 \sim 400~m/min$ 的圆周速度转动,工件与加工介质在离心力作用下沿槽壁上升(类似洗衣机原理),到一定高度时由于失去离心力而下落到底部,这样反复循环,使工件与磨料介质间产生强烈的磨削作用。

与其他几种形式比较:金属去除率高;可供选择的加工能力范围广;易实现自动化;

噪声低,震动小,无工作液飞溅;不能加工薄的工件,也不宜干滚筒抛光。

11.1.3.3 滚筒及振动抛光机

与以上滚筒抛光类型相对应,滚筒抛光机也有回转式抛光机、振动式抛光机、离心式抛光机和轮流式抛光机等类型。下面分别对较为常用的离心式抛光机(行星式抛光机)和振动式抛光机进行介绍。

(1)行星式抛光机　行星式抛光机的传动装置,如图11-4所示,采用行星抛光加工工艺,首先将零件、磨料、添加剂(抛光液)按一定的配比装入数个密封的行星滚筒内。其加工原理如图11-5所示。行星滚筒等距离地装在转塔的外圆周上,当转塔以一定的速度按顺时针方向旋转时,行星滚筒一方面随转塔旋转,另一方面以慢速沿逆时针方向旋转,其速度与转塔速度成一定比例。转塔的转速称为公转转速,行星滚筒的转速称为自转转速。设转塔的旋转中心为 O,转速为 $n_塔$,行星滚筒的旋转中心为 O_1,转速为 $n_筒$,中心距 OO_1 即为转塔半径 R。当转塔转速 $n_塔 > 0$,若行星滚筒转速 $n_筒 = 0$ 时,且 $OO_1 = R$ 保持不变,则滚筒将随转塔以同样转速旋转,同时在滚筒内形成一个半径为 R_0 的曲面,零件与磨料相互压紧,无相对运动,因此,没有加工过程进行,如图8-5(b)。但是,当行星滚筒相对转塔沿相反方向以转速 $n_筒 > 0$ 慢速旋转时,如图8-5(c),因转塔仍以 $n_塔 > 0$ 转速快速旋转,这样滚筒内的零件和磨料等将形成一个新曲面,如图8-5(c)虚线。在离心力的作用下,零件和磨料力图回到原来位置,因此从 C 到 D 形成一个滑移层,使零件和磨料之间产生相对运动,借以去除毛刺、倒角,完成倒圆、精整和抛光。行星滚筒内的零件和磨料在公转时产生的径向速度(即转塔的离心加速度)和行星滚筒自转径向加速度(即滚筒的离心加速度)的共同作用下,使其中的零件和磨料不断做滑动和翻滚运动,并得到相当高的研磨力,可达回转滚筒研磨力的60倍以上。同时,转塔在公转时,产生大约地心引力的20~50倍的离心压力,使零件和磨料之间产生很高的压力,而行星滚筒低速的自转使零件产生滑动和翻滚,形成磨蚀、挤压和磨削作用,从而达到去毛刺、倒角、倒圆、抛光和精整的目的。此种加工方法使零件和磨料始终保持十分紧密,相互滑动也十分平滑,使零件和零件间,以及零件和磨料间的相互撞击可能性很小,不产生喷砂处理所产生的表面小麻点,从而保证了加工质量。

行星式抛光机适用于机械、电子、仪器仪表、宇航、汽车、摩托车、日用五金、工艺品、饰物等加工制造行业的金属、有色金属和非金属表面光整、去毛刺、去飞边、倒圆角、光亮抛光、除氧化及除锈、强化金属表面,电镀前及化学处理前的表面光整处理,特别适用某些不能承受较大机械压力的薄壁、窄缝、薄片零件,复杂的异型孔腔的光整加工。

(2)振动式抛光机　目前振动式抛光机一般采用三元振动加工原理。将工件、成形磨块、抛光液和水按一定比例放入抛光机的容器中,启动振动电机,振动电机轴的上下两端装有偏心铁块,它们在水平面上的投影互成一个直角,当振动电机高速旋转时,两个偏心块产生在水平面内沿圆周方向变化的激振力(离心力),使机体产生水平面内的圆周运动,同时由于激振力不通过机体的质心。因此产生激振矩(即倾倒力矩),使容器绕水平轴摇摆,由于容器底部呈圆形状,各点的振幅不一致,使容器中的成型磨块和工件既绕竖直中心轴线公转,又绕圆环中心翻滚,其合成运动为环形螺旋运动,同时容器有一螺旋升角,成型磨块和工件沿螺旋面向上滑行,使工件和成型磨块在运动时增加了摩擦力,把凸出于工件表面和周边毛刺磨掉,并使锐边倒圆和表面抛光处理。

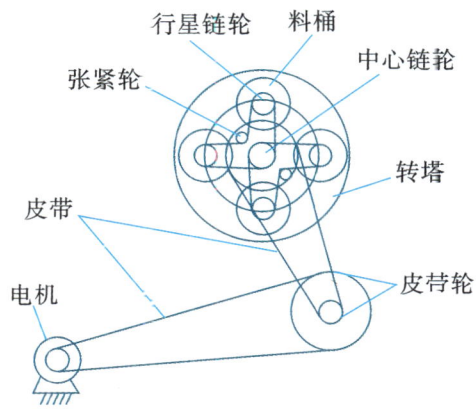

图 11-4　行星式抛光机传动示意图

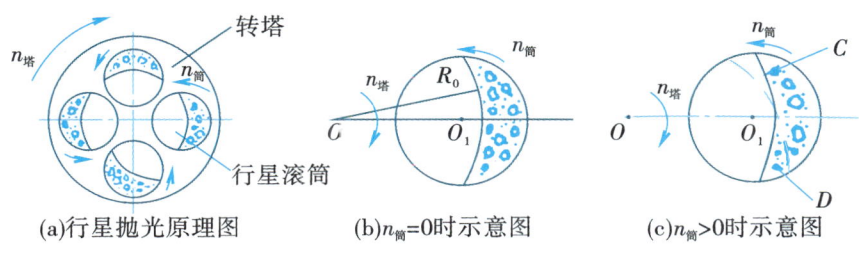

(a) 行星抛光原理图　　(b) $n_筒=0$ 时示意图　　(c) $n_筒>0$ 时示意图

图 11-5　行星式抛光加工原理图

如图 11-6 所示,振动式抛光机主要由振动电机、带有分选筛的容器、支座弹簧和底座等组成,振动电机与容器用螺栓固定联接,一起安装在与底座相联的弹簧上。在抛光过程中,容器是主要受振动的部件。为了避免工件在振动过程中表面被划伤及减少噪声,在容器内壁涂衬橡胶或聚氨酯,橡胶材料具有耐磨、耐酸和耐碱性能,但不耐油;聚氨酯材料具有更高的耐磨性。

振动式抛光机主要用于小型五金零件、标准件、仪器仪表、钟表、自行车、缝纫机、液压、气动件、轴承、汽车、电器件、塑件、陶瓷、有色金属、贵重手工艺品等行业各类产品零件的去毛刺、表面抛光,特别是对异形零件的表面光整加工具有优异的效果,经光整加工的零件,不破坏原有的形位精度且表面质量有所提高。

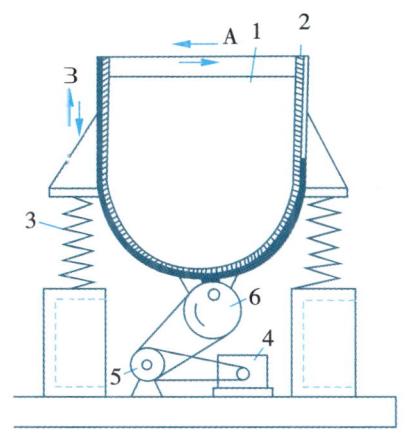

1—抛光桶;2—橡皮板内衬;3—弹簧;4—电动机;5—皮带传动装置;6—偏心轮。

图 11-6　振动式抛光机结构示意图

11.1.4　超精密研磨抛光

超精密研磨抛光能实现原子级的材料去除,是一种实现加工极限精度的方法。超精密研磨抛光的主要功能是获得极高的零件表面质量,主要指极低的表面粗糙度($Ra=$

碳化硅单晶衬底超精密抛光

0.01~0.0001 μm)、极高的形状精度(平面度、平行度、圆度等)和无加工变质层(表面完整性)。只有采用超精密研磨抛光方法,才能获得无加工变质层的表面,这一点对很多晶体材料、功能材料的制造是至关重要的。

11.1.4.1 超精密研磨抛光方法分类

传统的研磨一般利用铸铁研磨盘,采用手工实现无规则的运动或靠机床实现模拟手工的运动轨迹,即游离磨料机械接触研磨方法。随着对超光滑表面质量要求的不断提高,出现了非接触式超精密抛光。

(1)游离磨料机械接触研磨 采用特制的磨具,在含有磨料的研磨抛光液中,紧压在工件被加工表面上,做高速旋转运动,工件由工作台带动做纵向往复运动,使得磨具在工件表面形成极其复杂、均匀而又细密的运动轨迹。游离磨料机械接触研磨是一种广泛适用的高效研磨方法,应用已较成熟。

(2)非接触式研磨 非接触式研磨(浮动抛光)的工作原理,是研磨时工件与研磨平板不直接接触,研磨平面浸入具有微小研磨粒子的研磨液中,通过研磨平板与工件的相对运动,使研磨粒子与工件表面在近似平行的方向产生撞击,产生机械和化学的去除作用。由于研磨粒子粒径很小,在与零件表面近似平行的方向碰撞时产生的切削作用很弱,理论上能够实现材料原子级的去除,并且不破坏材料的晶格组织,故非接触式研磨可获得极高的零件表面加工质量。由于零件表面与研磨平板间液膜的均化效应,使此种研磨能够达到比其他方法加工更高的零件面型精度。

11.1.4.2 超精密研磨抛光的特点

(1)超精密研磨抛光加工既具有高速、高效和复杂轨迹的研磨特性,又具有低速、轨迹均密的液中抛光特性,还具有低频游离磨粒的液中超精加工特性。

(2)超精研磨抛光在运动原理上消除了中间白带、划痕、斑点、灼伤和表面粗糙度不均等缺陷,容易直接加工出高质量的镜面,表面粗糙度 $Ra<0.01~0.008$ μm。

(3)生产效率高,比传统方法提高10倍以上。

(4)机床结构简单,容易制造。

(5)磨料、磨具材料来源广泛,加工成本低。

(6)加工范围宽,从黑色金属材料到陶瓷、玻璃、有色金属材料均可,适用性广。

11.1.4.3 超精密研磨抛光的机械

下面介绍一种传统接触式、使用超细磨料的软质研具进行平行平面的研磨抛光的机械——精密平面的双面研磨机。

精密平面研磨可以采用单面研磨或双面研磨方式加工。某些平面研磨有着较高的要求,如研磨光学平晶、量块,石英振子基片,除要求极高平面度、极小表面粗糙度值外,还要求两端面严格平行。

双面研磨机的工作原理示意图如图11-7所示,研磨的工件放在工件保持架内,上下均有研磨盘。下研磨盘由电动机或通过减速机构带动旋转。为了在工件上得到均匀不重复的研磨轨迹,工件保持架制成星轮形式,外面和内齿轮啮合。故工作时工件将同时有自转和公转,做行星运动。上研磨盘一般不转动(有时也转动),上面可加载并有一定的浮动以避免两研磨盘不平行造成工件两研磨面的不平行。

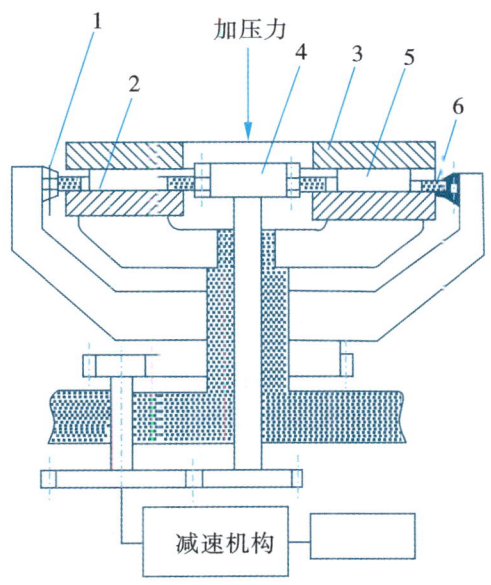

1—内齿轮；2—下研磨盘；3—上研磨盘；4—小齿轮；
5—工件；6—工作保持器（行星轮）。

图 11-7　双面研磨机的工作原理示意图

11.2　电解抛光

由于机械研磨抛光在金属制品及零件领域的局限性，被处理后的工件表面会出现应力变形、金属晶格组织损坏、表面易被氧化生锈腐蚀，表面出现毛刺、附着微小颗粒、污垢和油脂，复杂形状和尺寸小的工件不能处理等缺点。由于这些问题难以解决，在 20 世纪 80 年代出现了不锈钢电解研磨抛光技术，一定程度上解决了机械抛光难以解决的问题。经电解研磨抛光的不锈钢表面晶格组织连续，并且形成氧化钝化层，其耐腐蚀耐磨性能和光反射性以及粗糙度极大改善，在不锈钢表面研磨抛光领域中应用广泛并发挥重要作用。

该电设备电解抛光

目前，电解抛光技术在金属精加工、金相样品制备以及需要控制表面质量与光洁度的领域具有广泛的应用，并应用于化工、轻工、机械制造、强激光系统、食品加工设备、装饰行业、生物医学等领域。尤其在航空航天领域，它是保证产品质量的一个重要环节。涉及电解抛光的材料有铁锰合金、纯金属、碳钢、合金钢、有色金属及其合金、贵金属等几乎所有的金属材料。

11.2.1　电解抛光原理

电解抛光是一种使用电解液及直流电流的金属表面处理方法，与电镀类似，与之不同的是电解抛光把被加工的零件作为阳极，正好与电镀相反。阳极表面抛光的概念应细分为宏观整平和微观整平两个过程。其中，前者是指表面粗糙度 $Ra>1\ \mu m$ 的表面整平；

后者是指表面粗糙度 $Ra < 1\ \mu m$ 的表面整平。金属在控制下被有选择性地溶解，金属表面上的显微"高点"的溶解速度大于"谷点"（显微的或宏观的凸点或凹点）。采用电解抛光溶液，显微的抛光和宏观的抛光就会同时进行，并获得光亮和平滑的效果。金属的溶解可以控制，抛光厚度通常在 $2.5 \sim 6.5\ \mu m$。

国内外对电解抛光工艺研究得比较充分，而电解抛光机理方面的研究则较少。因此，抛光理论还不完善。主要的电解抛光机理有黏膜理论及钝化膜理论。金属电解抛光的平滑度和黏稠液体膜密切相关，而光泽则和固体钝化膜产生相关。如图11-8所示，AB 段形成的钝化膜不能有效地保护酸对金属表面的腐蚀，而 CD 段电流过大，造成金属表面加速溶解。在 BC 段，阳极表面溶解，金属离子不断进入附近的溶液中，由于金属离子产生的速率大于向溶液扩散的速率，受到扩散作用控制，于是在金属表面和电解液之间形成一层黏稠金属盐液体膜，同时钝化膜也有效地形成。金属表面凹凸不平，凸处比凹处液体黏膜层薄、浓差、温差和电阻抗要小些，因而分配到的电流大些，凸处比凹处溶解的速率要快，正是黏膜层的存在产生选择性溶解，达到平滑化的目的。但是一个平滑的表面，如果入射光朝多个方向散射，自然光亮度不高。对于电抛光来说，在一定的工艺条件下，被抛光工件表面产生一层极薄的固体氧化膜，使得金属表面溶解时，结晶不完整的晶粒优先溶解，去除抛光表面微观的不平，使表面达到光亮如镜的效果。

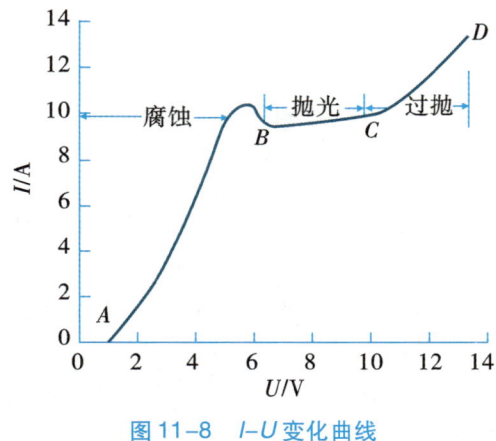

图11-8　I-U 变化曲线

电解槽通电后，在被抛光金属的表面上可能发生下列一种或几种反应：
（1）金属离子溶入电解液中

$$Me \longrightarrow Me^{2+} + 2e;(Me\ 为二价金属)$$

（2）阳极表面生成钝化膜

$$Me + 2OH^- \longrightarrow MeO + H_2O + 2e$$

（3）气态氧的析出

$$4OH^- \longrightarrow O_2 + 2H_2O + 4e$$

（4）电解液中各组分在阳极表面上的氧化。

11.2.2　电解抛光的特点

与机械抛光技术相比，电解抛光的优点如下：

（1）许多外形复杂的零件难以通过机械抛光技术进行抛光，而电解抛光则能够加工任何形状、尺寸的外表面和内表面。

（2）与机械抛光相比，电解抛光可大大减小工件内部和表面的应力，适用于任何硬度的金属和合金。

（3）电解抛光是基于阳极溶解原理去除金属的，没有宏观"切削力"和"切削热"的作用，因此工件表面不会产生像机械抛光中所形成的塑性变形层，也不会产生残余应力，更不会像电火花、激光加工那样在加工面上产生再铸层，反而还会将原有的变形层和残余应力层去掉。

（4）电解抛光选择性地溶解材料表面微小的凸出部分使表面光滑，其抛光后的光洁度与表面平整度比机械抛光保持得更长久。

（5）它具有其他表面精加工技术无法比拟的高效率、高清度、速度快、劳动强度小的优势，并且具有表面无加工硬化层、耐蚀、耐磨、反射率高等一系列优点。

11.2.3 电解抛光机械

电解抛光装置如图 11-9 所示。

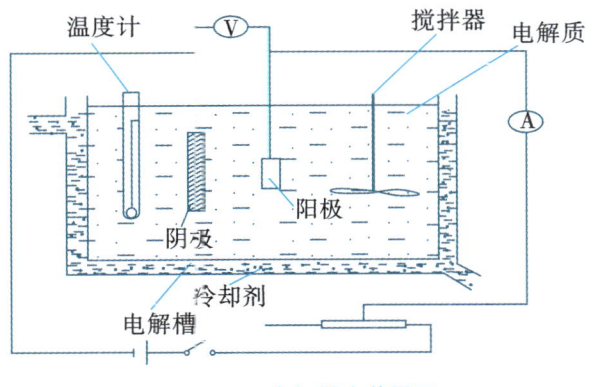

图 11-9 电解抛光装置图

如图 11-9 所示，电解抛光的设备有直流电源、电解槽、挂具、搅拌设备、温度控制设备等。

（1）电源 要求用低压直流电流，由整流器提供电流，在少数情况下使用直流发电机和电池电源，但多数情况下都用硅二极管整流器。电压变化幅度为 3~18 V，但通常是 5~12 V，电压随电解液而不同，电流密度范围应在 2.7~27 A/dm^2。

（2）电解槽 为了供给加工区域足够的电解流液，防止严重缺液时产生震耳的"氢爆"声（气体报燃声，无危险），必须使用小水泵供液。

（3）挂具 被抛光工件通常用一个导电的挂具或紧固件固定在转点位置上，必须注意挂具的尺寸，以便保持从槽的顶部到底部，挂具上工件之间有足够的距离，挂具和紧固件的设计，还应考虑能为工件提供均匀的电流分布。挂具的中心和端点应能通过所需的电流量。挂具的端点可以为铜、铝、磷、青铜或钛，这要由电解抛光液的类型而定。钛要求不绝缘，并在无工件时，在电解液二不导电。

(4) 搅拌设备　无论采用何种工艺均需要搅拌,搅拌可给金属表面提供新鲜溶液,并且有助于防止在被抛光工件的表面上形成气体纹,以及产生温度分布不均的现象。如有条件,最好进行机械搅拌,也可以用机械混合器或泵进行溶液和气体搅拌。

(5) 温度控制设备　加入或冷却电抛光液装置的设备由所采用的抛光类型而定,较为理想的是自动调节温度装置。制冷设备通过蛇形管、板、套式冷却或热交换器来实现。热源有蛇形铅管、炭、铝、316不锈钢蛇形管、盘式或板式传送蒸汽,还有浸入式石英电热器。不锈钢、聚四氟乙烯或铝电热器放置于槽底或浸在溶液中,在其管道内燃烧煤气也可作热源,但需注意尽可能将热源在大范围内分布均匀。不同方法和材料的适用性和耐蚀性应参照所采用的溶液类型来选择。

11.3　化学抛光

石英玻璃片的化学抛光

前面所介绍的电解抛光优点较为突出,可以很大程度上弥补机械研磨抛光的不足,但仍有许多缺点,例如高耗能、现场环境差、污染严重、投资高、操作工艺复杂等,另外,由于受电流流动特性影响,对有些工件易出现表面不均匀现象或不能处理。1992年,日本NEFLOS株式会社研发成功无电解化学抛光技术,该技术可完全达到电解抛光的所有技术指标,还可以满足一些新的技术要求,对不锈钢工件表面的溶解量可以达到1～10 μm,粗糙度 Ra 可达到0.05 μm,达镜面程度,还具有无污染、效率高、设备投资少、可批量生产、操作技术简单等优点。

化学抛光是金属制品在特定条件下的化学浸蚀,即制品在加有适量及合理配比的腐蚀剂、氧化剂、添加剂的水溶液中发生一系列化学反应,由于金属微观表面的金相学的、结晶学的以及几何学的不均匀性受到不均匀的溶解,凸出部分溶解多,而凹处溶解很少,结果表面就由凹凸不平而变得平整光亮。化学抛光应用于不锈钢、钢基材料、铜及铜合金、铝及铝合金以及其他金属制品和零件的抛光。

11.3.1　化学抛光的机理

目前,有关化学抛光过程机理的研究比较少,还没有一致公认的理论出现。学术界对化学抛光的机理存在三种看法,即黏性液膜理论、钝化膜理论以及用来解释电解抛光的双重膜理论。

黏性液膜理论认为,化学抛光像电解抛光一样,是基于被抛光工件表面上凸起处的化学活性较高,被优先溶解,溶解出来的金属离子在表面不断积累,与溶液中的配体形成了一层黏性液膜,这层薄膜在凹谷处比在凸起处更厚。因而,随后抛光液对凸起处的溶解将仍比凹谷处剧烈,所以凸起处被迅速削平,表面得以整平。当抛光液中含有黏度大的磷酸、甘油以及聚乙二醇或聚乙烯醇时,黏性液体膜很容易生成,因此抛光效果会更好。另外,化学抛光过程中进行轻微的搅拌,会对抛光产生有利的影响;若进行剧烈搅拌,则可能完全破坏抛光作用。这是因为轻微搅动有利于金属溶解而形成黏液膜,剧烈搅动时黏液膜被破坏,金属表面失去了"保护层"来保护表面凹谷部分不受溶蚀,结果表面受到剧烈腐蚀而失去抛光效果。

钝化膜理论认为,金属在化学抛光液中的溶解可作为电化学过程来看,由于金属表面各部分的物理和电化学性质的不均一性,使得金属表面上有许多电位不相同的部分,即金属表面存在着微观凸凹不平和或多或少的其他元素和杂质,使金属表面发生局部电位的高低不平,正电位的部分会发生还原反应,负电位的部分发生氧化反应,即形成了瞬间闭合原电池,产生腐蚀电流,当腐蚀电流密度达到相当高时,就有可能在金属表面上形成钝化膜,这种由腐蚀到钝化的过程与电抛光时的电流-电位曲线十分相似。钝化膜的微观凸起部位,由于反应活性高而被优先溶解,该过程反复进行即可得到光亮的金属表面。

双重膜理论认为,金属的抛光是由金属表面的平滑化和光亮化两个不同的过程构成。平滑化是指消除金属表面几何形状不平整(即凹凸),它依靠抛光过程在金属表面凸凹部位产生黏稠液体膜的厚度不同而实现。光亮化则是抑制由于金属基体结晶学上的不平整(即各向异性)而引起的特定结晶面的选择性的溶液,它取决于金属表面上的固体膜(氧化膜)的不断生成和溶解。

11.3.2 化学抛光的特点

与机械抛光相比,化学抛光是一种更为先进、科学的抛光方法,其优点:①适应性强,可对形状复杂和不同材质的制品进行抛光处理;②生产工艺简单,操作方便且生产效率高;③不需电源和特殊夹具,生产成本低;④抛光后工件表面粗糙度比机械抛光和电解抛光更加均匀。

但化学抛光也存在着抛光温度高、酸雾大等缺点,而且对某些光亮度要求很高的制件,仅用化学抛光不容易达到要求,通常化学抛光的光亮度不及机械抛光,有时化学抛光后还需机械抛光。

与电解抛光相比,化学抛光具有设施与设备费用低、生产效率高、易进行批量生产、操作简单、抛光时间短等特点,但抛光后的光亮度比电解抛光差,抛光液的管理与控制比较困难,抛光前的处理要求比较严格,自动化操作比较困难。

化学抛光工艺流程如下:

常温化学除油→冷水清洗→化学抛光→冷水清洗→中和→冷水清洗→干燥→检验

其中,化学除油液组成一般包括碳酸钠、氢氧化钠、磷酸三钠、OP-10 和水。中和液组成一般包括碳酸钠、氢氧化钠、磷酸三钠和水。抛光液的组成则较为复杂,随抛光对象的改变而改变。

11.3.3 化学抛光设备

化学抛光工艺相对其他抛光工艺比较简单,基本上各工艺步骤都在槽体中进行,非自动生产线的设备基本由各个工艺槽体组成。某些工艺步骤如酸洗、除油、热水清洗,特别是化学抛光步骤会采用搅拌或加热。

化学抛光槽要求安全稳固且耐腐蚀。根据不同的槽液和不同的操作温度,酌情选用单一材料制作或复合材料制作。槽体的大小根据抛光工件的大小和产量决定。

为了获得均匀一致的抛光效果,通常需要工件和抛光液之间有一个相对运动,一般可以采用两种方法。第一种方法是使工件在槽液中运动。由电机驱动凸轮带动横梁,做水平往复移动,试样通过挂具挂在横梁上,挂具应选用耐腐蚀的材料制作或涂上耐腐蚀的涂层。一般每分钟移动10~15周,行程为100~150 mm较为适宜,具体操作由工件大小和抛光表面质量决定。第二种方法是用无油压缩气体搅动溶液,其他出口部位的分布要尽量使槽液搅拌各处均匀,气管和挂具同样要选用耐腐蚀的材料或涂上耐腐蚀的涂层。

大多数抛光工艺需要在一定的温度下才能获得较好的抛光效果,因此需要对槽液进行加热或控温。化学抛光槽液加热可用槽液蒸汽或热水,通过浸入式加热管装置加热。采用蒸汽加热时,所用的压力建议与整个生产线用蒸汽压力相同或稍低。加热器的温度控制装置很重要,要采用合适的温控系统控制抛光液的温度,保证安全可靠地调控温度,确保温度在需要的工作范围之内,超过温度上限要能迅速切断热源或电源,保证操作安全。加热管和温控系统传感器的套管必须耐化学抛光液的腐蚀。

对于有一定规模的化学抛光生产可采用自动生产线。化学抛光的自动线设备由槽体、行架、行车、通风系统、槽外循环加热系统、直流供电系统、自动控制系统、酸雾回收系统、添加剂自动添加系统等组成。从大的方面分,可以分为主要系统(抛光操作系统)和辅助系统两大类。

11.4 超声波抛光

超声波抛光研究进展

频率在20 kHz以上的振动波称为超声波。超声波具有频率高、波长短、能量大的特点。超声波抛光用的频率范围一般为20~25 kHz。

超声波抛光主要应用于在模具的复杂型腔和细颈窄槽内进行整形和抛光。一般经机械加工或者电火花加工后的模具型腔,在表面上留有刀痕或者硬化层,需要抛光去除。传统采用钳工手工完成,不仅效率低,而且抛光质量差。特别是模具选择硬脆材料时,传统抛光方法更显得无能为力。若采用超声波振动抛光技术,则可有效地解决这一问题。

11.4.1 超声波抛光的原理

通过超声波发生器将市电转变为超声波频率的交流电,再通过振荡头的压电陶瓷将其转变为每秒20~40 kHz、振幅为1~40 mm的超声波机械振动,并在振荡头部沾上磨料和研磨油剂的混合物(稀糊状),在一定压力下与被加工面接触,使磨料向被加工面碰撞,产生微小的破碎。其基本原理为工具振荡的锤击作用,使承受磨料撞击的工件表面产生微小裂纹,在超声振荡下将细微的碎屑逐渐从工件上剥离下来;由于稀糊状工作液体在超声波的作用下产生强烈振荡,形成很大的负压而发生所谓气穴现象,在振荡面和相对应的加工表面上引起气蚀,气蚀时液体产生的气泡在负压下瞬时破裂,周围介质受到极大冲击。这个冲击作用在工件表面上产生机械气蚀效果,使工件表面产生微小裂纹,并在气蚀作用力的冲击下将细微的碎屑末从工件表面剥离下来。

11.4.2 超声波抛光类型

超声波抛光方式有散粒式超声波抛光和固着磨料式超声波抛光两种。

散粒式超声波抛光工作时,工具与被抛光工件之间加入混有金刚砂、碳化硼等磨料的悬浮液(即抛光剂),在具有超声振动的工具作用下,颗粒大小不等的磨粒将会产生不同的剧烈运动,大的颗粒高速旋转,小的颗粒产生上下、左右的冲击跳跃,在其作用下,被加工材料表面被切下很细的微粒,从而对加工表面起着细微的切削作用,使之平整光滑。

固着磨料式超声波抛光,只是把磨料与抛光磨具制成一体,像日常使用的油石一样。采用这种磨具抛光,不需要添加剂,只需要加些水或者煤油作为工作液。工作时,附着在抛光磨具上露出的磨粒都以每秒2万~5万次的振动频率在被抛光工件上振动(也可以说,每一颗磨粒都以这样高的频率进行微细切削),虽然每一颗磨粒的振幅很小,一般在0.01~0.025 mm之间,但是极高的频率使得抛光的切除量大大增加,生产效率大幅度提高,并且由于磨粒大小一致,因此,被抛光工件的表面将迅速生成均匀的划痕,逐渐形成高光洁、高精度的抛光表面。

11.4.3 超声波抛光的特点

(1)超声波抛光具有相当高的金属去除率,这对提高抛光效率是必须的。

(2)适应性好。超声波抛光既适用于不同的模具材质,包括从不导电的硬脆材料(如玻璃、陶瓷)到导电的硬质合金等;还可用于各种形状的抛光,如型孔、型腔、深槽、狭缝或其他成型表面,以及不规则的圆弧和棱角。

(3)超声振荡过程中的气穴现象,使磨料具有极大的活性,而在研磨过程中极少发生堵塞和"粘砂"现象,并使研磨抛光省时、省力、精度高。

(4)超声波振动抛光将随着振幅的减小、抛光粒度的变细达到其最高抛光表面粗糙度值 Ra 0.05 μm,这是手工抛光难于实现的。

(5)生产效率高,缩短模具制造周期,减轻劳动强度。

目前,随着技术的不断进步和发展,为了提高抛光效果,将超声波模具抛光技术和电火花强化技术结合起来。电火花表面处理是利用脉冲放电将硬质合金、石墨、合金钢材料作为电极,通过放电热熔将电极材料熔合在模具表面以形成超硬合金层,并利用火花放电形成的电蚀麻纹起到型腔表面装饰作用,方法简单、电蚀层牢固。电火花强化表面处理工艺,由于硬化特性突出,故一般较多的用于刀具、冷冲模等的强化。对塑料模具,同样可用于型芯间的防咬强化及动作机构如抽板与抽板槽的强化,以增加耐磨性等。然而对塑料模具来讲,由于表面强化后被强化表面上形成均匀的电蚀麻点,其形状同电脑脉冲加工后的型腔那样,可作为模具型腔的表面装饰处理。对一些模具零件,当加工失误及使用日久配合过松时,还可采用电火花强化修补的办法来达到紧密配合的目的,从而减少零件的报废和延长使用寿命。采用电火花强化工艺可很方便地在模具上作标记和写字,特别当零件已热处理后特点更为显著。

11.4.4 超声波抛光装置

超声波抛光装置如图11-10所示,它是由超声波发生器、换能器、变幅杆、抛光工具等组成。

(1)超声波发生器 超声波发生器(也称超声电源)是供给换能器超声频电能的能源。它将50 Hz的交流电转变为超声频电功率输出,其输出功率范围为20~4 000 W。

(2)超声波振动系统 超声波振动系统包括超声换能器和变幅杆,抛光磨具作为变幅杆的负载也是超声波振动系统的组成部分。它的主要功能是把超声频电振荡放大转换成同一频率的高频机械振动。为了适应模具型腔工作面不规则的形状,超声波抛光装置应设计成手持形式。抛光工具与超声波发生器之间,为了减少损耗又方便操作,采用弹性软轴连接。振动系统经调谐后,超声波发生器即产生高频超声振动进行工作。

(3) 悬浮液的供给　为了提高抛光的效果,磨具头和工件之间需要形成悬浮液的环流,用水和机油作为工作液。

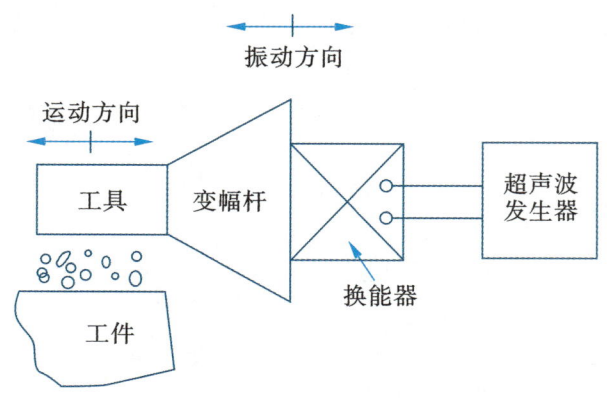

图 11-10　超声波抛光装置示意图

11.5　磁力研磨抛光

磁力抛光在制导弹药中的应用

磁力研磨抛光技术泛指利用磁性磨料、辅助磁场的作用,进行精密研磨的一种工艺方法,其适应性强,性能优于已知的超精加工技术,原理上适合于任何几何形状的表面研磨,可以广泛地应用到机械、汽车、轴承、模具、医疗器械等制造行业,特别是基于曲面数字化的复杂曲面磁力研磨抛光光整加工技术,将具有广阔的应用前景。

11.5.1　磁力研磨的机理

如图 11-11 所示,在磁极 N 和 S 之间形成了一个磁场。如果在磁场中填充一种既有磁性又有切削能力的磨料,磨料将沿着磁力线紧密地、有规则地排列起来,形成刷子状,即所谓的"磁刷",并对工件表面产生一定的压力。当工件置入该磁场中,"磁刷"就会产生磁力,并在工件表面上产生压力作用。当工件进行旋转运动和轴向运动时,磁力研磨刷和工件间就发生相对运动,从而对工件内孔表面进行研磨和抛光。磁性研磨抛光过程中,单颗磨粒在磁场作用力、磁场保持力和切向摩擦力的共同作用下,使磨粒稳定地保持在抛光区域中,实现对工件表面的研磨抛光。同时由于受

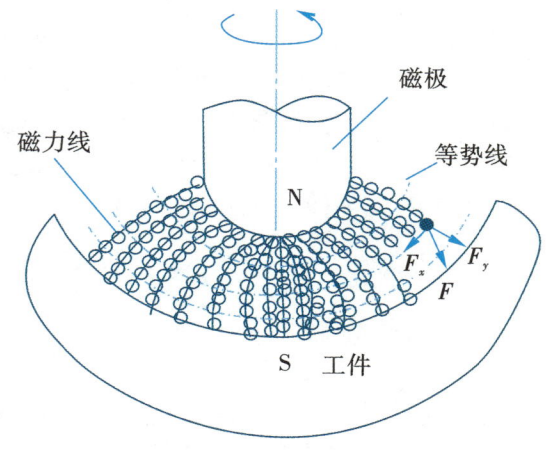

图 11-11　磁力研磨机理示意图

磁场力的作用,磨粒将自动向抛光区域汇集,汇集于被抛光工件内表面进行研磨,形成一个完整的抛光循环过程。

磁性磨料是指既有磁性又具备切削能力的磁性磨粒的集合。磁性磨粒通常是由基质相和硬质相组成,基质相一般是具有磁性的软磁材料粉末,如 Fe、Cu、Ni 等;硬质相通常是具有切削能力的金属氧化物、碳化物或硼化物,或陶瓷等非金属粉末。基质相能够与硬质相结合起来,并随着磁场的变化而运动。硬质相能够在运动中实现对工件的研磨与抛光。

11.5.2　磁力研磨抛光的特点

与传统的加工工艺相比,磁粒研磨抛光加工技术具有如下优点:

(1) 在研磨抛光过程中,磁性磨粒随着磁场的旋转在加工表面上同时产生滑动和滚动,能够不断地变换位置,使得磁性磨料所形成的"磁刷"具有很好的自锐性,增强了磨削能力,能够像切削工具那样对复杂形状零件进行 0.01 mm 的精密加工。

(2) "磁刷"能够随着工件形状的变化而变化,具有特殊的柔性和适应性,适用于加工形状复杂的表面,如内圆、外圆和曲面等,可以完成凹凸变化频繁的三维曲面,甚至齿轮表面、螺纹和钻头等复杂表面的精密研磨抛光。

(3) 在研磨抛光加工过程中,每一磁粒位置的不断变换使得磨削时间短,而且切削深度小,能量的损失小,不会使工件的表面温度升得过高,表面的金相组织结构没有受到破坏,工件不容易变形,适于加工薄壁零件。

(4) 在加工过程中,工件表面反复受到交变或运动磁场的励磁作用,磁性磨粒所产生的电动势使得工件表面反复充电和放电,强化了工件表面的电解过程,改变了应力分布状况,提高了工件的表面硬度,改善了工件的机械物理性能。

(5) 在用电磁场所形成的旋转磁场进行磁粒研磨抛光加工时,磁场可以得到有效的控制,容易实现加工过程的自动化。

(6) 适合于加工非磁性材料,如不锈钢、陶瓷和玻璃等。

(7) 由于不需要刀具和砂轮,磁极和工件安装之间可以有一定的距离,适用于加工弯管、长径比较大的工件以及入口小内腔大、工具难以伸入的工件。

(8) 磁力研磨抛光适用于零件表面的光整加工、棱边倒角和去毛刺。利用磁力研磨抛光方法去除精密机械零件的毛刺,通常用于液压元件和精密耦合件的去毛刺,效率高、质量好;棱边倒角可以控制在 0.01 mm 以下,这是其他工艺方法难以实现的。

(9) 能以较高的效率完成丝米级精度的精密表面加工。

11.5.3　磁力研磨抛光类别

磁力研磨抛光中应用较多的方法有磁悬浮法、堆积研磨法、平面磁力研磨抛光法、外圆面磁力研磨抛光法、内圆面磁力研磨抛光法、球面磁力研磨抛光法、自由曲面磁力研磨抛光法等。磁力研磨抛光加工技术可对轴承滚道、钢管、螺纹环规、丝锥、电机轴、齿轮、阶梯轴、钢球等工件进行去毛刺、光整处理。其中较新的加工方法有:电解磁力研磨抛光复合技术、旋转磁场磁力研磨抛光加工技术、脉冲电路控制产生旋转磁场实现无运动部件光整加工。

11.5.4 杠杆式磁性研磨抛光装置

这种简易磁性研磨装置,是利用流体状磁性磨料,在磁场力作用下对工件表面进行抛光和研磨的加工装置。如图 11-12 所示,磨料箱 4 内装有磁性磨料的流体介质,向电磁线圈 1 和电磁铁线圈 5 通入电流,分别使轭铁 2 产生极性和电磁铁产生电磁吸力,吸引杠杆的一端,工件 3 在杠杆的带动下做往复运动。同时电磁线圈 1 在磨料箱内建立的磁场使磁性磨料磁化,形成沿磁力线方向排列的"磁刷",并随着电流的变化而产生疏密变化。通过控制电流的大小等技术参量,可使工件形成一定的研磨速度并受到"磁刷"的交变压力,进行抛光和研磨加工。

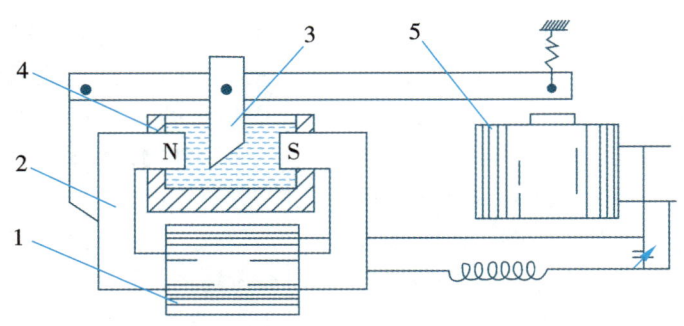

1,5—电磁线圈;2—轭铁;3—工件;4—磨料箱。
图 11-12 杠杆式磁力抛光装置

由于这种加工方法可以得到一定的加工速度,实现连续研磨抛光,且磨料的移动和自锐性好,所以抛光效率得以提高。

此外,还有凸轮式和螺线管磁性研磨抛光装置。

11.6 流体抛光

流体抛光进展

流体抛光是指依靠具有较高速度的流体对工件表面进行冲刷,从而达到表面抛光的目的的一项技术。

流体抛光分为干式流体抛光和湿式流体抛光两种类型。

(1) 干式流体抛光 又称干喷砂处理技术,是指以压缩气体为介质,将直径为数微米至数毫米的磨粒喷射或者投射到被加工工件的表面上。由于这种抛光技术劳动条件恶劣,目前,一些工业发达国家广泛运用湿式流体抛光技术对金属件进行表面清理和电镀前的表面预处理等。

(2) 湿式流体抛光 是指将直径约 0.1 mm 的液体射流以高于每秒数百米的速度喷射到待加工表面上。根据液体射流中是否含有磨粒,湿式流体抛光又分为水射流抛光和磨液射流抛光。而根据水射流的压力大小,水射流抛光又可分为低压水射流抛光和高压水射流抛光。低压水射流抛光是利用低压(≤0.8 MPa)水射流对船舶、管道、锅炉等的清洗,以及除锈和除垢处理;高压水射流抛光是将高压水射流用于煤矿,多金属矿和其他矿山开采及混凝土、石材的切割与破碎。下面将分别对高压水射流抛光和磨液射流抛光以及新出现的液流悬浮抛光的抛光原理进行介绍。

11.6.1 高压水射流抛光原理

高压水射流是以水为介质,通过高压发生设备,使它获得巨大的能量后,以一种特定的流体运动方式,从一定形状的喷嘴中高速喷射出来的、能量高度集中的一股水流,如图 11-13 所示。利用这种水流能完成对材料的切割、物料的破碎、物体表面的清洗等工作。

1—喷嘴;2—输料管;3—水流。
图 11-13 高压水射流工作原理

11.6.2 磨液射流抛光原理

磨液射流抛光原理是将磨粒掺入在较低压力下流动性好的特殊化合物(聚合物状物质)中,配置成磨液。磨液在高速气流的带动下,通过喷射,得到很高的速度。磨削抛光时,虽然磨粒的质量很小,但因速度很高,故磨料具有足够的动能对金属或非金属表面进行磨削抛光加工。磨削抛光时,作用于工件表面上的冲击力可分解为水平分力 P_x 和垂直分力 P_y(图 11-14 所示)。水平分力使凸峰承受弯矩,导致断裂而成切屑,垂直分力 P_y 对工件进行锻压作用,使工件表面产生冷硬作用,改变倾斜角度可得到所要求的 P_x/P_y 值。喷向被加工表面的磨液填满加工表面的凹谷,并在它上面形成一层薄膜,薄膜层的厚度与液体组成有关,露在薄膜外面的凸峰,首先受到磨粒的切削作用,在工件表面形成犁沟,凹谷中较厚的薄膜层则起着缓冲作用,一方面减少对凹谷的切削,另一方面又减少磨粒的破碎,使得工件表面粗糙度得到改善。

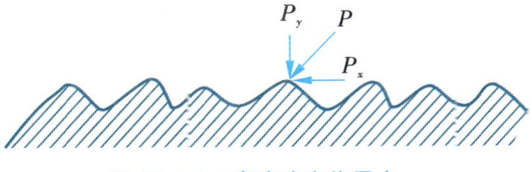

图 11-14 磨液冲击作用力

由于磨料粒子质量集中且具有锋利的棱角,则由磨料粒子组成的高速粒子流对工件会产生高频冲击作用,故具有良好的工艺性。其加工过程中不会产生热变形,且加工精度很高,操作简单、方便。其工作原理与传统的喷丸相似,但其能量高度集中,并采用湿式系统,不会造成环境污染,属于绿色加工。磨液射流磨削抛光加工范围广,适用于金属、合金、石材等材料的光整加工。

磨液射流磨削抛光机主要由箱体、喷嘴、吸液管、搅拌器、旋转滚筒等组成,其结构示意图如图 11-15 所示。

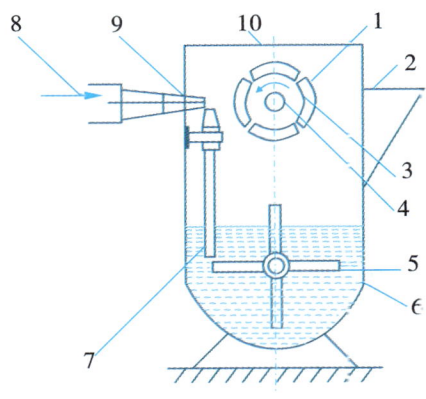

1—旋转滚筒;2—出风口;3—工件;4—旋转轴;5—搅拌器;6—抛光液;7—吸管;8—磨料;9—喷嘴;10—箱体。
图 11-15 磨液射流抛光机示意图

11.6.3 液流悬浮抛光原理

液流悬浮抛光是针对光电子元件表面超精加工而开发的新技术之一,它是集机械研磨抛光、粒子动力学、流体动力学以及化学于一体的纳米加工技术。液流悬浮抛光技术是依据动压理论和弹性发射加工的原理,以高速旋转的非金属弹性工具带动纳米颗粒悬浊液,对工件表面产生物理化学、弹性发射和机械冲击等综合效应,使被加工工件表面获得纳米水平的加工质量。

液流悬浮技术是通过能量粒子的弹性冲击以及在工件与轮子之间形成的微小间隙,通过运动的悬浊液对工件和与之接触的区域产生很大的剪切力,从而使工件表面材料被去除,它属于弹性抛光,因而不会在工件表面形成残留破坏层,而且加工效率比较高,尤其是在对不规则曲面进行抛光时更能体现其优越性。液流悬浮抛光技术具有加工效率高,而且不产生亚表面破坏层及易于实现数控等优点。结合数控技术,液流悬浮抛光可以精密高效地加工平面、球面以及非球面工件。在提高面形精度,改善表面质量的同时,液流悬浮抛光还可以去除上一道工序所造成的亚表面破坏层。

11.7 磁流变抛光

磁流变抛光技术研究

磁流变抛光是新兴的表面精密加工技术之一,它是一种磁场辅助的流体动力抛光技术,其加工对象主要是玻璃、陶瓷和塑料等非磁性材料;对磁流变液加以改进,也可加工磁性材料。磁流变抛光所使用的抛光材料是磁流变抛光液,该液体在磁场的作用下可以在抛光区范围内具有一定硬度,再配合一个转动的由计算机控制的工件轴,就可以按照需要准确地进行光学镜片的精密加工。它可以抛光的材料包括玻璃、石英、氟化钙及蓝宝石。

11.7.1 磁流变液抛光原理

磁流变抛光技术的原理:在磁流变液中加入抛光粉,利用磁流变液固化现象来对工件表面进行抛光。在高强度的梯度磁场中,磁流变抛光液变硬,成为具有粘塑性的宾汉(Bingham)介质。当这种介质通过工件与运动盘形成的很小空隙时,对工件表面与之接触的区域产生很大的剪切力,从而使工件表面材料被去除。

磁流变液是由非胶体的细小微粒分散在载液中形成的悬浮液。其基本构成:铁磁颗粒、载液、稳定剂。铁磁微粒通常为直径在 $0.1 \sim 10\ \mu m$ 范围的球形颗粒,一般选用具有高磁导率的羰基铁粉。载液是磁流变液的基体,要求热稳定性好、挥发性低、使用温差宽。有学者对油基磁流变载液进行了研究,成功开发了体积比例为 33.84% 羰基铁、57.34% 硅油、6% 氧化铈、2.82% 稳定剂的标准硅油基抛光液,经粗糙度指标的试验研究,获得了超光滑量级的抛光表面($Ra = 0.6739\ nm$)。稳定剂一般采用表面活性剂,其作用是增强磁流变液的流变与团聚稳定性,并稳定磁流变液的力学性能。表面活性剂是一种两亲分子,即分子中的一部分具有亲水性质,而另一部分具有亲油性质。这些表面活性剂分子通过离子键吸附在铁磁颗粒的表面,从而阻止颗粒的团聚,有利于磁流变液的稳定,不会在短时间内产生沉降,表面活性剂有利于保持磁流变液的沉降稳定性。当有磁场存在时,流体中的磁性粒子被磁化,成链状或纤维状排列,这种排列导致整个流体的黏度增大,流动性降低从而表现出类固体性质;当磁场消失时,磁性粒子又恢复到原来的自由无序状态,从而恢复流体的性能。

下面以加工凸球面为例简述磁流变抛光原理,如图 11-16 所示。被加工工件位于抛光盘上方,并与抛光盘成一很小的固定不变的距离,于是被加工的工件与抛光盘之间形成了一个凹形空隙。磁极置于工件和抛光盘的下方,在工件与抛光盘所形成的狭小空隙附近形成一个高梯度磁场。当抛光盘内的磁流变液随抛光盘一起运动到工件与抛光盘形成的小空隙附近时,高梯度磁场使之凝聚、变硬,形成一带状凸起缎带,成为粘塑性的 Bingham 介质。这样具有较高运动速度的 Bingham 介质通过狭小空隙时,对工件表面与之接触的区域产生很大的剪切力,从而使工件的表面材料被去除,达到微量去除的目的。工件被抛光的区域称为抛光区。工件轴除了绕自身轴线作回转运动外,还可以作以轴上某点为中心、以工件曲率半径为半径的摆动。于是工件表面的各个带区都可以经过抛光区,从而实现对工件整个表面的材料去除。通过控制工件表面各个带区在抛光区内的停留时间,来控制各带区材料去除量,进而精修工件面形。

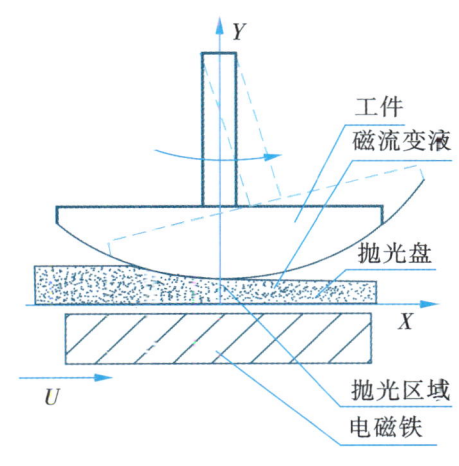

图 11-16 磁流变抛光原理图

11.7.2 磁流变液抛光的特点

(1) 磁流变抛光的方法可以认为是磁流变液在磁场作用下,在抛光区范围内形成的一定硬度的"小磨头"来代替散粒磨料抛光过程中的刚性抛光盘,并且"小磨头"的形状和硬度可以由磁场实时控制,而影响抛光区域作用效果的其他因素都固定不变,这样既能通过控制磁场来控制抛光区的大小和形状,又能确保在一定磁场强度下抛光区的稳定性,这一优点是传统的刚性抛光盘无法比拟的。

(2) 由于磁流变液在抛光区形成点状的、硬度可控的抛光介质,可以实现计算机数控抛光,因此非常有利于光学非球面加工,并获得非常好的表面粗糙度。对微晶玻璃工件进行抛光加工,表面粗糙度 Ra 可以达到 0.813 nm。

(3) 磁流变抛光加工速度快,效率较高,不产生下表面破坏层,且易于实现微机数控。

（4）磁流变抛光方法特别适合非球面光学元件的制造。

但目前磁流变抛光还只局限于对中小口径（直径在 100 mm 以下）的光学元件的加工。因此应对其进一步研究，使之对大中口径的光学元件的加工也行之有效。

11.7.3 磁流变抛光设备研制

美国 Rochester 大学的光学加工中心将电磁学、流体力学、分析化学的理论结合于光学加工，已经研制出了 QED 系列磁流变抛光机，可以对光学元件进行确定性加工。

磁流变抛光设备结构采用抛光盘垂直放置方案，结构如图 11-17 所示。磁流变抛光设备从功能上分为两部分，上部为工件轮廓控制部分，该部分由三轴运动组成，即 X 轴运动、Y 轴运动和 C 轴运动。其中，X 轴的运动实现工件水平方向的进给，Y 轴运动实现工件垂直方向的进给，C 轴运动实现工件的摆动，三轴的单独与复合运动可实现对平面、球面、非球面光学工件的加工，使该设备有很强的适用性。下部为磁流变液循环和电磁铁控制部分，该部分的功能是实现磁流变液的循环和磁场强度的控制。磁流变液循环装置包括磁流变液搅拌装置、回收装置、黏度控制装置等。该部分的主要作用就是为加工区提供连续的、性能稳定的磁流变液。磁感应强度控制部分通过改变电流，来实现磁场强度的控制。抛光轮位于电磁铁上方，抛光轮的转动由高精度变频主轴电动机带动，转速的调节由变频器完成。图 11-18 为实际加工过程的抛光区实物图。

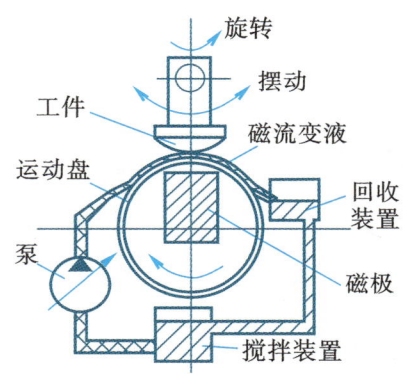

图 11-17　磁流变抛光设备结构

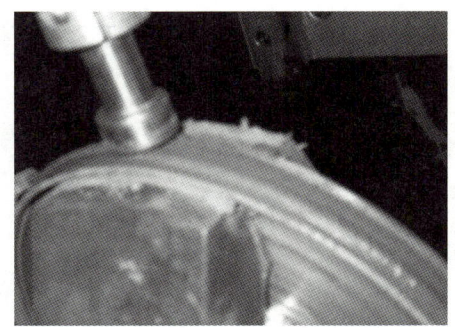

图 11-18　磁流变抛光加工区

11.8　激光抛光

模具钢表面双激光抛光

激光抛光是随着激光技术的发展而出现的一种新型材料表面处理技术，它是用一定能量密度和波长的激光束辐照特定工件，使其表面一薄层物质熔化或蒸发而获得光滑表面。激光抛光可用于抛光传统抛光方法很难或根本不可能抛光的、具有非常复杂形貌的表面，并且提供了自动加工的可能性。

11.8.1　激光抛光的机理

激光抛光的机理是当激光束聚焦于材料表面时，会在很短的时间内在近表面区域积累大量的热,使材料表面温度迅速升高,当温度达到材料的熔点时,近表面层物质开始熔化,当温度进而达到材料的沸点时,近表面层物质开始蒸发,而基体的温度基本保持在室温。

当上述物理变化过程主要为熔化时,材料表面熔化部分各处曲率半径的不同使熔融的材料向曲率低(即曲率半径大)的地方流动,各处的曲率趋于一致。同时,固液界面处以每秒数米的速度凝固,最终获得光滑平整的表面。在这个过程中,如果材料处于熔融状态的时间过长,熔化层就会向深处扩展,材料的整体外观和机械性能也会随之降低。因此,激光束和特定材料的相互作用必须产生一个高的温度梯度,促进材料快速加热和冷却。当上述物理变化过程主要为蒸发时,激光抛光的实质就是去除材料表面一薄层物质。激光产生的能量足以击穿 Cu、W、Al 或其他任何材料的禁带,从而使它们蒸发。

11.8.2 激光抛光的特点

(1)应用范围很广 既可以抛光金属材料,又可以抛光非金属材料;既可以抛光精度要求不高的一般器件,又可以抛光精度要求高的精密元件。

(2)精度高 通过激光抛光加工的表面粗糙度很小。一般来说,可以将被抛光表面的粗糙度降低为微米级;精度要求较高时,可以达到纳米级。

(3)可控性强 加工过程为非接触加工,可控性强,与计算机连接可以实现加工过程的自动化。而且可以精确地控制熔深,限制被加工材料的温度以及为将要加工的区域提供高度的选择性(能对选定的小区域进行局部抛光;也可以利用多脉冲扫描,对选定区域内进行大面积抛光)。

(4)环保性 在激光抛光过程中,材料要么被熔化,要么被蒸发,所以最后加工表面不留任何抛光渣滓,清洁,无污染,是一种环保性加工方法。

(5)生产效率高 激光抛光是三维表面的自持抛光,可抛光非球形和非旋转表面,不需要平面层,工艺简单,加工过程具有很高的生产率。

11.8.3 激光抛光的应用

(1)金刚石薄膜的抛光 金刚石薄膜具有优异的机械性能、摩擦学性能、热传导性以及光学透明性,在机械、电子、光学等领域应用十分广泛。然而,大多数金刚石薄膜表面非常粗糙,很难直接应用于实际。又由于金刚石硬度高,化学性质不活泼,用传统的抛光方法很难获得满意的抛光效果。实验结果表明:经过激光抛光,金刚石薄膜的表面粗糙度大大降低,获得了十分光滑的表面,并表现出低摩擦和低磨损特性,这与激光抛光过程中石墨化产生的润滑效应是分不开的。表层以下的金刚石并没有受到激光抛光处理的影响,具有和未处理区域一样的优异性能。

(2)对光纤的末端表面进行抛光 2000 年,Udrea 等利用一台 10 W 的单模纵流连续 CO_2 激光器,功率密度为 140 W/cm^2,对光纤的连接端表面进行了抛光,使表面粗糙度从 3 μm 减少到 100 nm。如果激光抛光技术得到发展,就能够加工出更好的微光学元件,将会促进光纤通信的发展,从而产生巨大的经济效益。

(3)光学玻璃表面抛光 有学者利用大功率 CO_2 激光器进行了对光学玻璃表面的抛光研究。结果表明:高达 500 nm 的粗糙度被有效地减小,抛光后的粗糙度值减小到

1 nm。他们还建议把这种技术和计算机技术集成用于工件的批量激光处理。

（4）强激光武器系统中晶体输出窗口和全反镜的抛光　激光输出窗口（透过率要求达99%以上）是石英、金刚石或类金刚石材料、白宝石材料等；全反镜（反射率要求达99%以上）通常采用硅反射镜，SiC、CN、Al_2O_3 或 AlN 等材料也被认为是很好的全反镜材料。这些材料共同点是硬度较高，镜面加工比较困难。

11.8.4　激光抛光装置

由于激光抛光是一种新型抛光技术，有关其抛光装置的研究还少见报道。此处，介绍一种用于光学玻璃表面大平面抛光的激光抛光实验装置。

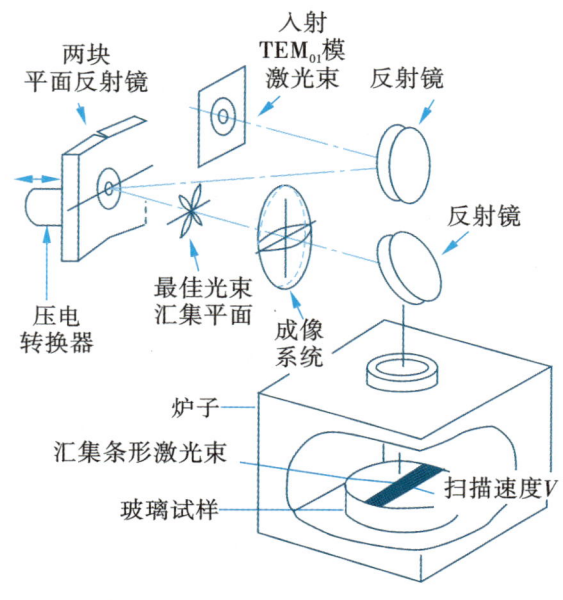

图 11-19　激光抛光实验装置原理图

如图 11-19 所示，用 CO_2 激光器发出一束具有高空间相干性的入射光束，激光器最大功率为 2 kW，光束活动汇集系统是用两块小平面反射镜进行工作，其中一块在压电转换器的驱动下进行振动。两块小平面反射镜把入射光束分成两束，两束光聚焦后在空间位置上重叠到一块儿，以便得到更均匀的光束强度分布。借助压电转换器的作用，两块平面反射镜中的一块做周期性的运动，使两束反射光束之间产生周期变化的相位移。干涉图样和平面反射镜以相同的频率进行振动，结果使强度分布均匀。最后，把平面反射镜和光学成像系统的作用结合到一块能产生一束强度分布很均匀的大面积的条形光束。该成像系统是用两个 ZnSe 玻璃透镜构成，透镜表面镀有减反射膜。其中第一块透镜是会聚柱透镜，第二块是发散球透镜，利用改变两块透镜之间的距离来改变样品表面上光束的尺寸。

11.9 无磨料低温抛光

随着科学技术的发展,在光学仪器、激光、空间天体探测、航空航天等尖端科技领域都对表面提出了超光滑的要求。针对这一要求,人们的思路一般都是基于精细磨料的抛光技术,达到利用弱力甚至微力实现对表面的微量去除以降低表面粗糙度的目的,这就要求磨料粒度越来越细、分布均匀,而且机床精度高,工艺复杂,即使这样,由于磨料不可避免地对已加工表面产生划痕,所以很难获得超光滑表面。

凸轮轴低温
无磨料抛光

无磨料低温抛光彻底摈弃磨料,而用由水冻成的冰盘替代传统的抛光盘作为工具实现对工件表面的无划伤性的熨平加工,最终实现超光滑表面的目的。无磨料低温抛光是一种新型抛光技术,其工艺、机理以及应用方面的研究还处于研究阶段。

11.9.1 无磨料低温抛光的机理

一般来讲,两平面之间的摩擦,能量应主要消耗在粘着引起的塑性变形、表面层的塑性变形以及粗糙峰引起的塑性变形等,而从无磨料低温抛光的工艺过程来看,它是一种两光滑表面之间的摩擦作用。研究表明,超光滑表面之间的摩擦中,当表面粗糙度下降到纳米量级时,两摩擦表面的粘着作用大大减少。无磨料低温抛光是水与玻璃之间的摩擦作用,两者的摩擦系数很低,并且所加的载荷很小,故粘着作用和表面层的塑性变形也很小,在抛光过程中,冰盘不断融化,玻璃表面始终有一层水膜,而水和玻璃之间的水解作用使玻璃表面生产一种易于去除的物质,其表达式如下:

$$Si—O—Si + H_2O \rightleftharpoons 2Si—OH$$

因为在粗糙峰顶的压力大,故这种易于去除的物质首先在玻璃表面的粗糙峰上形成,在摩擦作用下被去除,同时伴随着峰顶向峰低的塑性沉动,使表面粗糙度进一步降低。与传统的有磨料抛光的不同在于,这种加工工艺过程中没有磨料的存在,故不会出现对已加工表面的二次损伤,也不会形成新的粗糙峰,故得到的已加工表面的残余应力小,并且不产生微观裂纹。

11.9.2 无磨料低温抛光的特点

(1)无磨料低温抛光过程中没有磨料的存在,加工表面无二次损伤和新形成的粗糙峰,故残余应力小、不产生微观裂纹。

(2)无磨料低温抛光是冰与玻璃之间的摩擦作用,两者的摩擦系数很低,故表面层的塑性变形很小。

(3)该工艺将无磨料和低温抛光结合起来,可使光学材料获得 $Ra<1$ nm 的原子级超光滑表面。在光学仪器、激光、空间天体探测、航空航天等尖端科技领域具有极大的应用前景。

11.9.3 无磨料低温抛光装置

抛光设备是在平面高速抛光机上进行的。其主要部分的功能框图如图 11-20 所示,机床的主要结构如图 11-21 所示。电机经过传动部分变速后驱动机床主轴转动,冰盘通过模子上的螺纹与机床主轴相联,与主轴一起转动。压头与气缸活塞联在一起,由活塞进行驱动,工件盘在压头的压力作用下压在冰盘上,使工件盘只能绕其自身的轴线旋转,通过调节气阀阀门大小来改变气缸压力从而改变工件与冰盘间的压力。工件盘在抛光过程中由于受到来自冰盘的摩擦力的作用,故随着冰盘一起转动。松开紧固螺钉,旋转摆臂,可以改变工件盘中心线相对冰盘中心线的偏心量。

为了保证无尘埃的洁净及低温环境,加工是在一个封闭的筒状空间内进行的,加工区如图11-22所示。本实验为保证低温的加工环境,在加工区内放满了冰块。通过测量可知,加工区周围的环境温度为3~5℃(受室内温度的影响而略有变化)。

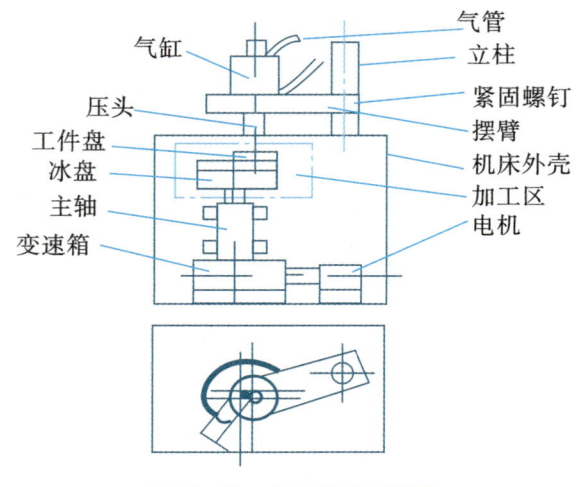

图11-20 抛光机结构简图

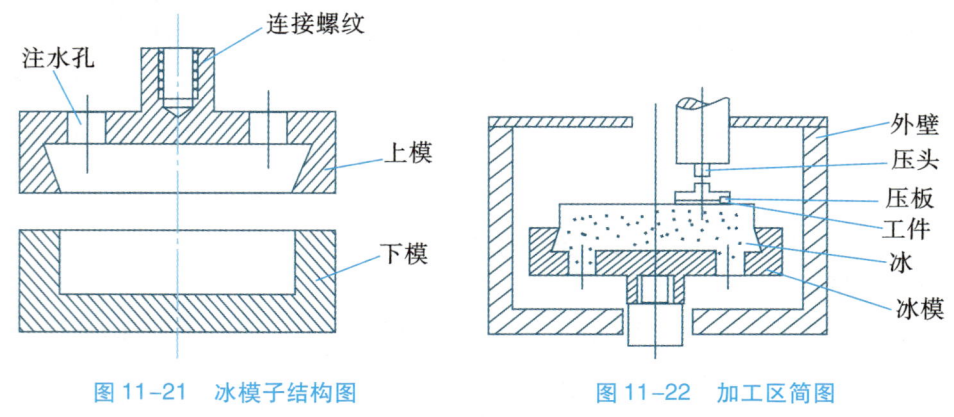

图11-21 冰模子结构图　　　　图11-22 加工区简图

值得提出的是,由于这种抛光方法是用由水冻成的冰盘替代传统的抛光盘作为工具对工件进行抛光,所以冰盘的制备是这种新工艺的关键因素。冰盘是采用特殊的工艺在特制的尼龙材料的冰模子(如图11-21所示)中制备而成的,为了使冰盘在对工件进行抛光时,不产生振动,以保证抛光效果,冰盘还需要进行修整,即用一个与工件盘大体相同的预抛光工件盘代替正式的工件盘进行抛光,抛光一直进行到压头无振动为止。

与传统抛光工艺中的铸铁工件盘不同,为了防止冰盘融化得过快,无磨料低温抛光中的工件盘的材料也是尼龙。由于沥青软化温度不高,并且温度越低其硬度越高,故采用一定的方法,用沥青将工件粘到工件盘上。

11.10 化学-机械抛光

11.10.1 化学-机械抛光技术的基本原理

化学-机械抛光技术(chemical-mechanical polishing,CMP)是一种将化学抛光技术和机械抛光技术相结合的复合抛光技术。其基本原理是将待抛光工件在一定的压力下及抛光液的存在下相对于一个抛光垫做旋转运动,借助磨粒的机械磨削及化学氧化剂的腐蚀作用来完成对工件表面的材料去除,并获得光洁表面。

碳化硅晶片的化学机械抛光

CMP 技术是综合化学和机械两方面的特性,实现材料表面高平坦的一种工艺技术。其工艺过程如下:将待抛晶片正面朝下固定在抛光盘上,然后以一定的压力将其压到抛光垫上,晶片和抛光垫接触好后,以一定的流量添加抛光液,抛光液中添加有化学试剂、磨料及多种附加剂。在 CMP 过程中,首先,被抛光表面材料与抛光液中的化学试剂发生化学作用,形成易去除的薄膜反应层;再通过抛光垫与晶片之间的磨料的机械研磨作用,使薄膜反应层从晶片上被剥离下来;最后,剥离下来的物质被流动的抛光液带走,露出新的表面。新的表面再反应,再磨除,周而复始最后达到全局平坦化。

11.10.2 化学-机械抛光技术的特点

(1) CMP 技术是目前能提供超大规模集成电路制造过程中全面平坦化的一种新技术,采用不同的抛光液分别对层间电介质 SiO_2 和导电材料钨、铝、铜金属进行化学-机械抛光,被公认为是目前几乎唯一的全局平面化技术。

(2) 同时利用化学与机械作用而不是只依靠机械磨擦来抛光就避免了对层间电介质表面的机械损伤。

(3) CMP 技术对于器件制造具有补偿亚微米光刻中步进机大象场的线焦深不足、改善片子平面的总体平面度,显著地提高了芯片测试中的圆片成品率、改善了金属台阶覆盖及其相关的可靠性,允许所形成的器件具有更高的纵横比、使更小的芯片尺寸增加层数成为可能等优点。

11.10.3 化学-机械抛光装置

图 11-23 表示出了 CMP 设备的简图。CMP 设备的基本组成部分是一个转动着的圆盘和一个圆晶片固定装置。两者都可施力于圆晶片并使其旋转。在含有胶状二氧化硅悬浮颗粒的碱性溶液研浆的帮助下完成抛光。用一个自动研浆添加系统就可保证研磨垫湿润程度均匀,适当地送入新的研浆及保持其成分不变。

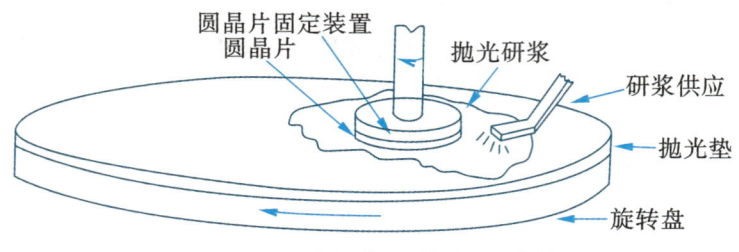

图 11-23 一种化学-机械抛光设备简图

图 11-24 画出了需平坦化薄膜的圆晶片、抛光垫及圆晶片固定装置及背膜(backingfilm)。值得注意的是,圆晶片没有直接固定在固定装置上,在它们之间加了一层背膜。这层背膜是弹性物质制成的,以使固定装置具有弹性。抛光垫由两层物质构成,以满足既有刚性,又有弹性的需要。

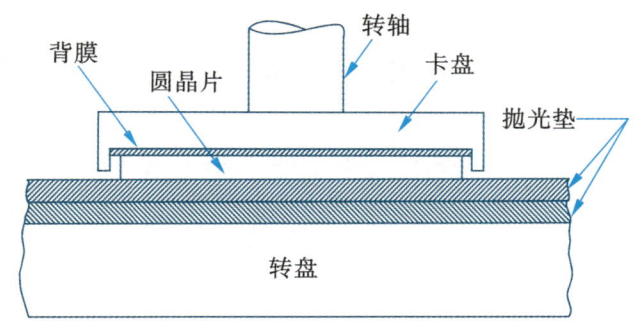

图 11-24 化学机械抛光设备中圆晶片固定装置和抛光垫示意图

11.10.4 CMP 技术的应用

随着半导体工业沿着摩尔定律的曲线急速下降,驱使加工工艺向着更高的电流密度、更高的时钟频率和更多的互联层转移。由于器件尺寸的缩小、光学光刻设备焦深的减小,要求片子表面可接受的分辨率的平整度达到纳米级。传统的平面化技术都不能做到全局平面化。目前,对于最小特征尺寸在 0.135 μm 及以下的器件,必须进行全局平面化,为此必须发展新的全局平面化技术。目前,CMP 技术几乎公认为唯一的全局平面化技术,随着关于 CMP 技术的研究的广泛展开,其应用范围正日益扩大,将从半导体工业中的层间介质(ILD)、绝缘体、导体、镶嵌金属(W、Al、Cu、Au)、多晶硅、硅氧化物沟道等的平面化拓展到薄膜存贮磁盘、微电子机械系统(MFMS)、陶瓷、磁头、机械磨具、精密阀门、光学玻璃、金属材料等表面加工领域。

11.10.4.1 硅衬底的抛光

硅衬底的抛光,按照抛光精度,一般可分为粗抛和精抛。粗抛的目的是将研磨造成的损伤层和畸变层高效率地去除,并达到一定的平整度和光洁度,对粗抛的要求是在保证平整度的情况下,实现高速率;精抛的主要任务是去除粗抛过程中存在的损伤层,改善硅片表面的微粗糙度,实现表面高光洁度(在强聚光照垂射下,无雾出现)。近年来,关于硅衬底的抛光主要集中在精抛上。通过羟基多胺的引入，形成易去除的大分子络合物，进而采用小粒径磨料，即可实现高速率的抛光。由于研磨料粒径的减小，可降低表面的损伤层。采用粒径分散度 0.11、平均粒径 20 nm 的硅溶胶研磨料，可实现 975 nm/min。通过螯合剂、络合剂、特选活性剂的综合作用，实现了高速率、低损伤、低沾污。该研究根据试验，提出了抛光过程中参与机械研磨的有效粒子数是影响机械磨削过程的重要因素。

11.10.4.2 层间介质膜的抛光

关于介质层的抛光研究，主要包括层间介质及 STI 中的隔离介质层的平坦化。有文献报道，采用大粒径气相二氧化硅与小粒径硅溶胶混合磨料，抛光速率达到 220 nm/min。由于二氧化硅介质抛光过程中不存在氧化还原反应，抛光速率一般较低，国际上通常采用大粒径气相二氧化硅(大于 130 nm)为磨料。由于存在煅烧和再分散过程，硬度较大且容易形成棱角，在抛光过程中容易形成表面划伤，且黏度相对较大，增强了颗粒表面吸附，抛光难以清洗。另外有人采用凝聚法，制备了低分散度、大粒径硅溶胶研磨料，粒径达 100 nm 左右；通过各种添加剂的综合作用，实现了二氧化硅介质的高速率抛光，速率达到 630 nm/min，且表面微粗糙度小于 2.5 nm。随着铜互连工艺的实现，低介电常数(k)介质的 CMP 也成为介质抛光的一大热点，还有文献采用胶体硅酸盐磨料配制抛光液，对低介电常数材料($k = 2.25$)的多孔聚硅烷进行 CMP 研究，抛光速率为 68.1 nm/min。

STI 结构中，介质层的 CMP 是目前研究的热点之一。有学者采用氧化铈抛光液，研究了 PE TEOS 的抛光。在不含活性剂的情况下，粒径不同的两种磨料在不同压力下的抛光实验表明遵循 Preston 方程；但在加入活性剂后，大粒径研磨料遵循 Preston 方程，而 Preston 方程不适合解释小粒径氧化铈抛光液的抛光过程。

11.10.4.3 金属布线和插塞的抛光

IC 工艺中，金属的 CMP 主要有 Al、W 和 Cu。其中，Cu-CMP 的研究是现在 ULSI 工艺研究中最大的热点。Al-CMP 包括插塞和导线两部分，有人对 0.18 μm Dual Damascene 工艺中 Al 的 CMP 进行了研究，采用氧化铝抛光液，速度可达 450 nm/min，Al/SiO_2 的抛光选择性可达 10 左右。W-CMP 的研究相对较多，钨的 CMP 主要用于取代钨层的回蚀。尤其在同时使用介质 CMP 和钨 CMP 时，可以极大地提高成品率。钨插塞 CMP 的研究，一般以酸性氧化铝为研磨料，在强氧化剂作用下，抛光速率为 200~300 nm/min。

为了降低互连延迟的影响，降低金属电阻率是主要手段，而铜互连与铝布线相比，具有低电阻率、高抗电迁移性。因此，铜布线代替铝布线是特征尺寸微细化发展的必然趋势。但是，铜难以像铝一样采用等离子体刻蚀加工，由此发展的 Damascene 工艺要求铜的高度平坦化。由于铜互连的众多优点及飞速发展，近年来，有关铜 CMP 的文章较多。根据 CMP 抛光液的不同，可分为两大类：一种是以 Cabot 和 Motorola 为首的酸性氧化铝抛光浆料；另一种是刘玉岭教授研发的碱性二氧化硅水溶胶抛光浆料。氧化铝为研磨料时，抛光速度最高可达 479 nm/min；而碱性二氧化硅水溶胶用于铜的 CMP 时，抛光速率可达 700~900 nm/min，且可以通过改变助剂含量，控制抛光速度。采用氧化铝作研磨料，抛光机理是先机械后溶除。刘玉岭教授的碱性二氧化硅水溶胶是采用强络合、弱氧化,先化学后机械的去除机理模型。但是,当前铜 CMP 仍有许多问题亟待解决,如选择性、配套清洗及污染问题。关于铜布线的 CMP 的进一步研究将影响下一代 IC 的发展。目前,铜布线完美 CMP 的研究已成为 IC 工艺研发最迫切的任务。

总之,CMP 在 IC 领域应用广泛,平均每个晶片需进行 7~10 次 CMP,每年需进行数亿次 CMP。

此外,为了更有效地提高抛光效率,改善表面粗糙度,还出现了电解-机械抛光、超声波-电解抛光、电火花-超声抛光、磁力-电解抛光等新型复合抛光技术。应用于模具光整加工,得到了良好的抛光效果;另外,在高表面质量、高精度加工、难加工材料,如不锈钢、SnSb 合金等的精加工等方面,取得了良好的效果。

思考题

1. 由于加工对象的材质各有不同、形状多种多样,同时对表面的光洁度要求也各不相同,因而,需要采取各种各样的抛光方法。你了解目前出现的主要研磨抛光方法有哪些吗?它们各自的特点和应用领域又是什么?

2. 化学-机械抛光(CMP)是一种将化学抛光技术和机械抛光技术相结合的复合抛光技术,可以完成对工件表面的材料去除,并获得光洁表面。你了解 CMP 技术的机理及应用领域吗?

参考文献

[1] 李砚咸.涂附磨具[M].北京:中国原子能出版社.2019.

[2] 邹文俊.涂附磨具制造[M].郑州:郑州大学出版社,2017.

[3] 邹文俊.涂附磨具制造[M].北京:中国标准出版社,2002.

[4] 袁巨龙,王金虎,吕冰海,等.力流变抛光技术[J].机械工程学报,2022,58(15):21-30.

[5] 邰培丽,张振宇,王冬,等.绿色环保化学机械抛光液的研究进展[J].物理学报,2021,70(6):59-73.

[6] 燕禾,吴春蕾,唐旭福,等.化学机械抛光技术研究现状及发展趋势[J].材料研究与应用,2021,15(4):432-440.

[7] 杨丰,娄晓,骆晏榕,改性淀粉/PVA水溶性薄膜的制备与性能表征[J].山东化工,2021,50(16):61-62.

[8] 李华,任坤,殷振,等.超声振动辅助磨料流抛光技术研究综述[J].机械工程学报,2021,57(9):233-253.

[9] 黄伟.耐水性优良的聚醋酸乙烯酯乳液的合成研究[J].安徽科技,2021(8):51-53.

[10] 马子强.酚醛树脂的合成及应用研究进展[J].合成树脂及塑料,2021,38(5):71-74.

[11] 许善锋,李竞,罗兴,等.核桃壳三聚氰胺改性脲醛树脂的制备及其热降解性能表征[J].材料科学与工程学报,2021,39(5):826-831.

[12] 池凯,欧章明,石爽,等.聚丙烯酸酯对植物纤维纸基透水性材料性能的影响[J].中国造纸学报,2021,36(4):18-25.

[13] 吴媛媛,尚玉栋,贺江平.水性聚氨酯改性研究进展[J].针织工业,2021(11):85-90.

[14] 王旭,隋智慧,伞景龙,等.改性聚丙烯酸酯复合乳液的研究进展[J].应用化工,2020,49(2):466-475.

[15] 王嘉琪,肖强.磁流变抛光技术的研究进展[J].表面技术,2019,48(10):317-328.

[16] 胡茂明,严兵.有机硅改性酚醛树脂合成及应用性能[J].工程塑料应用,2019,47(4):30-34.

[17] 向科炜,林金斌.水性光固化树脂研究进展[J].材料导报,2019,33(S2):577-579,589.

[18] 黄云,肖贵坚,邹莱.航空发动机叶片机器人精密砂带磨削研究现状及发展趋势[J].航空学报,2019,40(3):53-72.

[19] 曹新伟,宋秦杰,朱博,等.冷水可溶性马铃薯淀粉的低温上浆性能[J].纺织学报,2018,39(3):79-85.

[20] 肖乐银,林峰,谢德龙,等.不同磨削层图案对 cBN 砂带磨削性能的影响研究[J].超硬材料工程,2018,30(5):16-19.

[21] 唐洋洋,丁金华,王嘉循,等.机器人柔性砂带磨削加工力控制研究与应用[J].制造技术与机床,2017(5):97-102,106.

[22] 孙亚东,陈启凤,吕闪闪,等.淀粉改性的研究进展[J].材料导报,2016,30(11):68-74.

[23] 王晓娜,张银,任煜.空气等离子体处理对涤纶非织造布表面亲水性的影响[J].合成纤维工业,2016,39(4):24-27.

[24] 杨兴娟,修志锋,尤丛赋,等.PET 薄膜表面改性研究进展[J].工程塑料应用,2015(4):148-152.

[25] 宋旭东,邹文俊,彭进.金刚石砂带的发展现状及应用[J].金刚石与磨料磨具工程,2015,35(6):79-84.

[26] 李敏,袁巨龙,吴喆,等.复杂曲面零件超精密加工方法的研究进展[J].机械工程学报,2015,51(5):178-191.

[27] 张云飞,刘辉,吴艳光,等.酚醛树脂改性脲醛树脂胶黏剂的研究进展[J].武汉工程大学学报,2015(4):23-29.

[28] 路勇,黄云.砂带磨削磨损性能试验研究[J].机械科学与技术,2014,33(12):1865-1868.

[29] 齐士成,汪尧双,王红睿,等.碳硼烷酚醛树脂的合成及性能研究[J].航空材料学报,2014,34(1):46-51.

[30] 王宝,尹化洁,王丽媛.热定型温度对改性双向拉伸聚酯薄膜性能的影响[J].包装学报,2013,5(4):1-4.

[31] 李永亮,李颖,邹文俊,等.酚醛树脂的增韧改性研究进展[J].河南化工,2012(19):23-27.

[32] 马莉娜,齐暑华,程博,等.国内外环氧树脂增韧改性的研究进展[J].粘接,2012(12):74-80.

[33] 赵恒华,宋涛,蔡光起.磨削加工技术的发展趋势[J].制造技术与机床,2012(1):55-58.

[34] 王伟,负超,张令.机器人砂带磨削的曲面路径优化算法[J].机械工程学报,2011,47(7):8-15.

[35] 黄云,张磊,黄智,等.Zr-4 合金管砂带随形磨削实验分析[J].重庆大学学报:自然科学版,2012,35(10):30-37.

[36] 王伟,负超.砂带磨削机器人的灵活性分析与优化[J].机器人,2010,32(1):48-54.

[37] 崔一辉,负超,李成群,等.基于复杂曲面加工的机器人砂带磨削系统的设计及其试验分析[J].中国机械工程,2009,20(10):1144-1147,1154.

[38] 曹志峰,苗青,金勇.聚醋酸乙烯酯乳液改性研究进展[J].皮革科学与工程,2008,18(3):31-36.

[39] 肖冰,蒋蒙宁.镀铁棕刚玉磨料的制备及性能[J].稀有金属材料与工程,2008,37(S1):589-591.

[40] 黄智,黄云.砂带磨削原理及其应用[J].金属加工:冷加工,2008(24):28-30.

[41] 李建章,李文军,周文瑞,等.脲醛树脂固化机理及其应用[J].北京林业大学学报,2007,29(4):90-94.

[42] 黄云,黄智.砂带磨削的发展及关键技术[J].中国机械工程,2007,18(18):2263-2267.

[43] 朱凯旋,陈延君,黄云,等.叶片型面砂带磨削技术的现状和发展趋势[J].航空制造技术,2007(2):102-104.

[44] 王维朗,潘复生,陈延君,等.不锈钢材料砂带磨削试验[J].重庆大学学报(自然科学版),2006(10):91-95.

[45] 陈精明,敖文亮,吴晓卫,等.甲阶酚醛树脂的合成研究进展[J].热固性树脂,2004,19(6):31-34.

[46] 张双庆,强敏,林慧珊,等.热固性钼酚醛树脂的合成工艺研究[J].武汉科技大学学报(自然科学版),2003,26(4):370-373.

[47] 刘国杰.水性醇酸树脂的干性及其催干剂体系[J].水性涂料,2003(4):156-167.

[48] 边寒寒.基于电弧放电方式大气等离子体抛光技术研究[D].西安工业大学,2021.

[49] 海阔.磁射流抛光加工机理与实验研究[D].中国科学院大学(中国科学院长春光学精密机械与物理研究所),2020.

[50] 郭天博.丝锥刀具旋转磨粒流钝化抛光工艺与实验研究[D].辽宁:大连理工大学,2022.

[51] 王雪梅.常压等离子体处理对棉织物退浆的影响[D].青岛大学,2020.

[52] 杨赫然.叶片双面砂带磨削工艺理论与关键技术研究[D].吉林大学,2012.

[53] 周振新.难加工材料的高速外圆磨削仿真与工程实验研究[D].东华大学,2010.

[54] 赵扬.机器人磨削叶片关键技术研究[D].吉林大学,2009.

[55] 任守良.钛合金砂带磨削研究[D].南京航空航天大学,2007.

[56] 杨雪峰,邓相荣,栗正新,等.棕刚玉磨料热处理工艺及对其力学性能影响的研究[C]//十四省市热处理暨全国有色金属热处理学术交流会.中国机械工程学会:河南省机械工程学会,2011.

[57] 谢志刚,刘志环.超硬涂附磨具的应用前景和研究现状[C]//中国材料研讨会,2011.

[58] 蒋蒙宁,芦恕安.包覆棕刚玉磨料的研制与应用[C]//中国硅酸盐学会特种陶瓷分会.第十一届全国高技术陶瓷学术年会论文集.材料导报社,2000:396-397.

[59] 刘哲,富凯,宋强,等.一种具有超涂层的涂附磨具、加工设备、制备方法:CN202110890228.2[P].2022-09-09.

[60] 安建民,安奕瑾.一种表面有序排列的树脂金刚石砂带:CN202120561083.7[P].2020-05-19.

[61] 李安东,朱洪升,贾友兵,等.乳胶纸及其制备方法:CN201811582090.4[P].2019-04-12.

[62] 马柳敏.涤纶织物的退浆处理方法:CN201610785250.X[P].2016-12-07.

[63] 黎珊玉,黎桂林,张洪涛. 聚酯布砂带浸渍粘接剂及其生产工艺:CN201310123083.9[P]. 2015-02-04.

[64] 吴安波. 乳胶砂纸原纸:CN201410104724.0[P]. 2014-07-09.

[65] 孙旭. 一种搭扣砂布的织物基体及其制备方法:CN201310310436.6[P]. 2013-10-23.

[66] 翟建昌,吴三国,孟强,等. 一种涂附磨具的热熔型超涂层涂附方法:CN201010287998.X[P]. 2011-04-13.